Bertram, Björn

Innovationsprozesse wissensbasierter Technologien

Beispiel der PEM-Brennstoffzelle

Innovationsprozesse wissensbasierter Technologien

Beispiel der PEM-Brennstoffzelle

von
Björn Bertram

KIT Scientific Publishing

Dissertation, Karlsruher Institut für Technologie
Fakultät für Wirtschaftswissenschaften
Tag der mündlichen Prüfung: 28.06.2011
Referent: Prof. Dr. Kay Mitusch
(Karlsruher Institut für Technologie)
Korreferent: Priv.-Doz. Dr. Ulrich Schmoch
(Fraunhofer-Institut für System- und Innovationsforschung)

Impressum

Karlsruher Institut für Technologie (KIT)
KIT Scientific Publishing
Straße am Forum 2
D-76131 Karlsruhe
www.ksp.kit.edu

KIT – Universität des Landes Baden-Württemberg und nationales
Forschungszentrum in der Helmholtz-Gemeinschaft

KIT Scientific Publishing 2011
Print on Demand

ISBN 978-3-86644-728-8

Inhaltsverzeichnis

Abkürzungsverzeichnis

A&HCI	Arts & Humanities Citation Index
AF	Angewandte Forschung
APU	Auxiliary Power Unit
CEN	European Committee for Standardization
CENELEC	European Committee for Electrotechnical Standardization
CEP	Clean Energy Partnership
CSS	Carbon Capture und Storage
DGRST	Delegation Generale à la Recherche Scientifique et Technique
DIN	Deutsches Institut für Normung
DPMA	Deutsches Patent und Marken Amt
DWV	Deutschen Wasserstoff und Brennstoffzellenverband
EE	Experimentelle Entwicklung
EHA	European Hydrogen Association
EPO	European Trademark Office
F&E	Forschung und Entwicklung
FCE	Fuel Cell Europe
FCEV	Fuel Cell Electric Vehicle
FCH JTI	Fuel Cells and Hydrogen Joint Technology Initiative
FPBEV	Full Performance Battery Electric Vehicles
FzTV	Fahrzeugteileverordnung (FzTV)
GDL	Gas Diffusion Layer
GLF	Grundlagenforschung
H2/FC TP	European Hydrogen and Fuel Cells Technology Platform
HFP	European Hydrogen and Cell Technology Platform
IEC	International Electrotechnical Commission
IPC	International Patent Classification
ISO	International Organization for Standardization
JTI	Joint Technology Initiative
KMU	Kleine- und Mittelständische Unternehmen

LIS	Lokales Innovationssystem
MEA	Membrane Electrode Assembly
MoU	Memorandum of Understanding
NIP	Nationales Innovationsprogramm Wasserstoff- und Brennstoffzellentechnologie
NIS	Nationales Innovationssystem
NKJ	Nationale Koordinierungsstelle Jülich für Wasserstoff und Brennstoffzellen
NOW	Nationalen Organisation Wasserstoff und Brennstoffzellentechnologie
NPL	Nichtpatentliteratur
OECD	Organization for economic co-operation and development
PEM	Polymer Elektrolyt Membran
PHEV	Plug-in Hybrid Electric Vehicles
PVA	Patent- und Verwertungsagenturen
RCS	Regulations, Codes und Standards
RCS	Regulations, Codes and Standards
RIS	Regionales Innovationssystem
SC	Subcommittee
SCI	Science Citation Index
SIS	Sektorales Innovationssystem
SNA	Soziale Netzwerkanalyse
SSCI	Social Sciences Citation Index
StVZO	Straßenverkehrs-Zulassungs-Ordnung
TC	Technical Committee
TIS	Technologisches Innovationssystem
USPTO	United States Patent and Trademark Office
VDMA	Verband Deutscher Maschinen- und Anlagenbau e.V.
WG	Working Group
WIPO	World Intellectual Property Organization
ZIM	Zentrales Innovationsprogramm Mittelstand
ZIP	Zukunftsinvestitionsprogramm

Tabellenverzeichnis

Abbildungsverzeichnis

[Sofern keine Quelle angegeben wird, handelt es sich um eigene Darstellungen des Autors]

Legende

Perioden der empirischen Ergebnisse:

Periode A: 1991 – 1993,

Periode B: 1994 – 1996,

Periode C: 1997 – 1999,

Periode D: 2000 – 2002,

Periode E: 2003 – 2005.

Hypothesen dieser Arbeit:

Hypothese 1: Die PEM-Technologie hat sich als „Dominantes Design" innerhalb der verschiedenen Typen von Brennstoffzellen für mobile Anwendungen durchgesetzt.

Hypothese 2: Die wissenschaftliche Forschung wird vor allem durch Universitäten und Forschungseinrichtungen getragen.

Hypothese 3: Die angewandte Forschung und die Entwicklung werden vor allem durch Unternehmen getragen.

Hypothese 4: Universitäten und Forschungseinrichtungen messen der F&E-Förderung mehr Bedeutung bei als Unternehmen.

Hypothese 5: Unternehmen messen der Nachfrage des Marktes mehr Bedeutung bei als Universitäten und Forschungseinrichtungen.

Hypothese 6: Die Aktivitäten deutscher Akteure innerhalb der wissenschaftlichen Forschung, die durch nationale Kooperationen entstehen, nehmen über den Betrachtungszeitraum hinweg zu.

Hypothese 7: Die Wahrscheinlichkeit, dass die Ergebnisse der wissenschaftlichen Forschung bei anwendungsnahen Forschungseinrichtungen in den Anwendungsbereich übergehen, ist hoch.

Hypothese 8: Die Konzentrationen der weltweiten Verteilung der Forschungsaktivitäten der Länder nehmen ab.

Hypothese 9: Internationale Kooperationen deutscher Akteure nehmen über den Betrachtungszeitraum hinweg zu.

1. Einleitung

1.1. Innovationstheoretische Motivation und Ziele der Arbeit

Die Rolle des technologischen Fortschritts und dessen dominierender Einfluss auf die wirtschaftliche Leistungsfähigkeit eines Landes sind unbestritten. Dies beschrieb bereits Schumpeter (1911) und identifizierte die Innovation als treibende Kraft der wirtschaftlichen Entwicklung. Auch Solow (1956) gelang es, den Beitrag der technologischen Entwicklung für das Wirtschaftswachstum sichtbar zu machen. So ist auf Dauer nicht die reine Akkumulation von Kapital und Arbeit dafür verantwortlich, sondern letztendlich der technologische Fortschritt, der im Modell von Solow noch als exogen modelliert wird. Dessen Endogenisierung wurde durch die „neue" Wachstumstheorie unter anderem von Arrow (1962) und Romer (1990) vorangetrieben, die versuchte, die Entstehung des Fortschritts zu erklären, und nicht wie die neoklassischen Varianten „vom Himmel fallen" zu lassen. Der technologische Fortschritt wird durch die Endogenisierung das Produkt gezielter Aktivitäten und ist eng an die Verfügbarkeit von Humankapital geknüpft. Welche dieser Theorien man auch betrachtet, es herrscht Einigkeit darüber, dass der Wohlstand und die Wettbewerbsfähigkeit eines Landes von dessen technologischer Leistungsfähigkeit abhängen. Dabei kann aber der Einfluss der Technologien nicht pauschalisiert werden. So sind es gerade die wissensbasierten Technologien, die eine zunehmende Bedeutung für industrialisierte Staaten haben (vgl. Schmoch 2007, S.1000). Die Träger des Produktionswachstums der Industrie sind insbesondere die F&E-intensiven Wirtschaftszweige (vgl. TLF 2007, S.29). Das Wissen als entscheidender Produktionsfaktor ist dabei immer mehr für eine langfristige technologische und die entstehende wirtschaftliche Entwicklung verantwortlich. Wissen als Ergebnis der verschiedenen Tätigkeiten der Forschung und Entwicklung stellt die Basis für die Entwicklung von Technologie dar und führt somit letztendlich zu neuen wissenschaftlichen und technologischen Erkenntnissen. Wissen ist dadurch Voraussetzung für erfolgreiche Innovationsprozesse. Insgesamt wird dadurch ein Paradigmenwechsel angestoßen, aus dem eine wissensbasierte Wirtschaft („knowledge-based economies", vgl. OECD

1996, S.7) resultiert, die sich unter anderem in den Beschäftigungszahlen von wissensintensiven Sektoren und in den Ausgaben für das Wissen (u.a. gemessen an den Ausgaben für F&E und Bildung, vgl. OECD 2008) widerspiegelt.

Die zunehmende Bedeutung der wissensbasierten Technologien (und des Wissens) macht es nötig, die Rolle der zugrundeliegenden wissenschaftlichen und technologischen Aktivitäten im Innovationsprozess genauer zu betrachten (vgl. Schmoch 2007, S.1003). Da an dieser Stelle noch Forschungsbedarf besteht, ist das Ziel dieser Arbeit die Untersuchung des Innovationsprozesses einer wissens-intensiven[1] Technologie über einen längeren Zeitraum. Die Betrachtung des Innovationsprozesses ist in der innovationsökonomischen Forschung weit verbreitet und wird dazu genutzt, die Entwicklung von Technologien formal zu beschreiben. Dazu existieren in der Literatur verschiedene Ansätze von Innovationsprozessen. Die „Linearen Ansätze", die auf den verschiedensten Aggregationsstufen existieren, gehen von einem sequentiellen Ablauf aus und teilen den Innovationsprozess in starre, aufeinanderfolgende Phasen ein. Ursprung und Ausgangspunkt des Innovationsprozesses in diesen linearen Modellen sind entweder Ergebnisse der F&E-Aktivitäten[2] oder aber die Nachfrage des Marktes[3]. Durch die sogenannten „Feedback Modelle" wird die starre Phaseneinteilung der linearen Prozesse durch Rückkopplungschleifen aufgeweicht. So ist es möglich, sowohl wissenschaftliche Erkenntnisse als auch die Bedürfnisse des Marktes als Ursprung des Innovationsprozesses darzustellen. Insgesamt bilden die „Feedback Modelle" dadurch den Innovationsprozess wesentlich realitätsgetreuer ab als die „Linearen Ansätze", berücksichtigen aber die Rolle des Wissens innerhalb des Prozesses auch nur unzureichend und lassen sich daher für die Analyse wissensbasierter Technologien nicht nutzen. Zu diesem Zweck gilt es, explizit Modelle heranzuziehen, die die Entstehung von Wissen realistisch berücksichtigen. Dazu gehören die Modelle von Grupp (1997) und Schmoch (2007), denen es gelingt, die Entwicklung von

---

[1] oder auch forschungsintensiven.
[2] Stichwort: „Science Push".
[3] Stichwort: „Market Pull".

wissensbasierten Technologien darzustellen. Hauptaussage dieser Modelle ist zum einen die Tatsache, dass wissenschaftliche und technologische Aktivitäten nicht in einer starren Reihenfolge ablaufen, sondern parallel stattfinden und sich sogar verflechten können. Zum anderen der typisch wellenartige Verlauf der Entwicklung von wissensbasierten Technologien, der von zwei „Booms" geprägt ist und sowohl den „Science Push-" als auch den „Market Pull"-Effekt für die Entwicklung verantwortlich zeichnen.

Dieses von Schmoch (2007) identifizierte „Double-Boom"-Schema der idealtypischen Entwicklung wissensbasierter Technologien geht von einem rein technologisch getriebenen wellenartigen Verlauf aus. So sind es gerade die mangelhaft ausgereiften Eigenschaften der Technologie, die insbesondere für das Ende des ersten Booms verantwortlich sind und eine Stagnationsphase der Entwicklung einleiten, die den Übergang zur Markteinführung darstellt. Im Rahmen dieser Arbeit soll untersucht werden, ob die Entwicklung einer wissensbasierten Technologie tatsächlich nur von ihrem Reifegrad abhängig ist, und wenn nicht, welche anderen Faktoren für die Abweichung der Entwicklung vom idealtypischen Muster verantwortlich sind. Zum besseren Verständnis untersucht diese Arbeit daher die kurz vor dem Markteintritt herrschenden Zustände, Vorgänge und die einflussnehmenden Faktoren, also die Aktivitäten der Akteure und deren Rahmenbedingungen, von denen die idealtypische Entwicklung abhängt. Die Zielsetzung der Arbeit wird dadurch auf diese spezielle Phase vor dem Markteintritt beschränkt. Da der Fokus auf einer wissensbasierten Technologie liegt, ist an dieser Stelle die Frage nach der Wissensgenese von zentraler Bedeutung.

1.2. Auswahl der Technologie

Als wissensintensive (forschungsintensive) Technologie wird die PEM-Brennstoffzellentechnologie[4] gewählt, anhand deren Analyse Rückschlüsse auf die aus diesem Ziel abgeleiteten Forschungsfragen[5] nach der Wissensgenese gezogen werden

---

[4] Für eine ausführliche Darstellung der Funktionsweise einer Brennstoffzelle siehe Kapitel 4.1.
[5] Siehe dazu Kapitel 3.1.

können. Die PEM-Brennstoffzelle ist eine Niedrigtemperatur Brennstoffzelle, die aufgrund Ihrer Eigenschaften für die Anwendungen im mobilen Bereich prädestiniert ist und von vielen Autoren[6] als zentrale Technologie gesehen wird. Zurückzuführen ist das auf ihre Flexibilität und Leistungsdichte im Vergleich zu anderen Brennstoffzellenvarianten. Zum Betrieb der PEM-Brennstoffzelle wird Wasserstoff benötigt, der an Bord des Fahrzeuges mitgeführt werden muss. So wandelt die Brennstoffzelle die im Wasserstoff gespeicherte chemische in elektrische Energie und kann so über einen Elektromotor emissionsfrei als Fahrzeugantrieb dienen.

Das Merkmal einer forschungs- oder wissensintensiven Technologie ist auf die starke Verflechtung von Wissenschaft und Technologie zurückzuführen[7]. So ist die Entwicklung anwendungsnaher Artefakte auf die Ergebnisse und die Erkenntnisse der wissenschaftlichen Forschung angewiesen. Es gilt zu beachten, dass die Bedeutung des Wissens für die Entwicklung von Technologien fallspezifisch untersucht werden muss, da zwischen Technologien erhebliche Unterschiede existieren (vgl. Schmoch 2003, S.365). Die Wissenschaftsbindung (als Merkmal einer wissensintensiven Technologie) dieser hier im Fokus stehenden PEM-Technologie wurde unter anderem von Haller (2009) durch eine Analyse der Zitate auf wissenschaftliche Fachpublikationen in Patentprüfungsberichten gezeigt und ist daher nicht Bestandteil dieser Arbeit.

Die Brennstoffzellentechnologie als eine wissensbasierte Technologie ist bereits sehr alt. Erste wissenschaftliche und technologische Aktivitäten können nach Rabeharisoa (1992) bereits in den 1960er Jahren identifiziert werden. Trotz dieser langen Tradition wurden Fahrzeuge mit Brennstoffzellenantrieb bislang nie am Markt eingeführt. Die Markteinführung wurde zwar von den Akteuren immer wieder angekündigt, zögert sich bis heute aber dennoch weiter hinaus. Die in dieser Arbeit durchgeführte Umfrage unter Akteuren der Brennstoffzellentechnologie zeigt, dass eine Vielzahl an Akteuren die Markteinführung in Deutschland für das Jahr 2017 erwartet, wie aus der

---

[6] Siehe u.a. Hall und Kerr 2003, S.464, Gerl 2002, S.97f, Geitmann 2004, FG42, Grahl 2000, S.12, Theenhaus und Bonhoff 2000, S.87.
[7] Siehe dazu Kapitel 2.2.5.

folgenden Abbildung 1 zu erkennen ist. Grundsätzlich erwarten 87% der Akteure die Einführung der Brennstoffzellenfahrzeuge am Markt in den nächsten zehn Jahren.

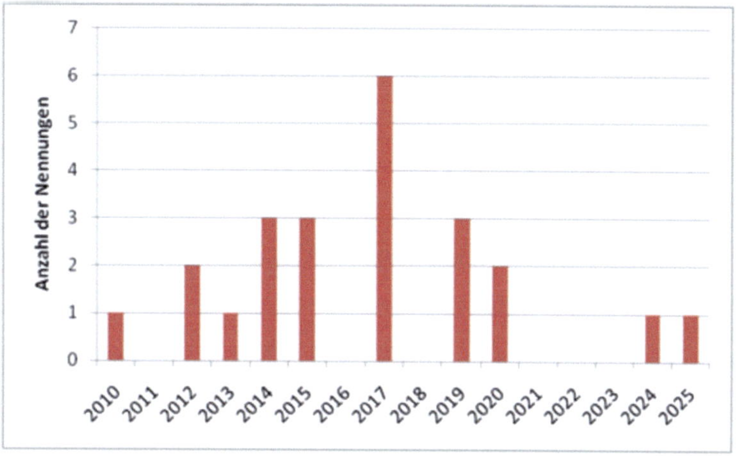

Abbildung 1: Jahr des Beginns der seriellen Fertigung von PEM-Brennstoffzellen-Fahrzeugen (siehe Anhang 1)

Zu den Hauptursachen für die sich stetig verschiebende Markteinführung können zum einen die niedrigen Energiepreise (insbesondere des Öls) gezählt werden. Die dauerhaft niedrigen Preise der letzten Jahrzehnte verhinderten eine Markteinführung, da die Anreize für die (industriellen) Akteure der PEM-Technologie nicht gegeben waren, die aus technologischer Sicht aber denkbar und machbar gewesen wäre. Desweiteren verhinderten auch politische Hintergründe eine Markteinführung, wie das Beispiel der Elektromobiltät in Frankreich ab 1960 zeigt. Callon (1980) beschreibt den Auf- und Abstieg der Elektromobilität und macht deutlich, wie wichtig die Integration der verschiedensten Akteure ist und stellt die unabhängige Rolle des Staates heraus, deren mangelnde Wahrnehmung in Frankreich die Einführung zu dieser Zeit verhinderte. Es scheint, dass die Entwicklung und die Markteinführung der PEM-Technologie verschiedenen Faktoren unterliegen, die nicht nur auf die technologische Reife der Brennstoffzelle zurückzuführen sind.

Im Rahmen der aktuellen Diskussion um Elektromobilität findet die Brennstoffzelle neben den batteriebetriebenen Fahrzeugen häufig nicht allzu viel Beachtung, ist jedoch ein wesentlicher Teil davon. Beide Technologien sind dabei als komplementär zu sehen, die sich aufgrund ihrer technologischen Eigenschaften eher ergänzen als gegenseitig ausschließen oder konkurrieren. Die wirtschaftliche Bedeutung des Automobilsektors ist für Deutschland unbestritten. So bietet der Fokus auf die Elektrifizierung des Antriebstranges von Fahrzeugen die Möglichkeit, einen Leitmarkt in Deutschland zu schaffen, um so auch in Zukunft dem allgemeinen Innovationsdruck und der zunehmenden weltweiten Konkurrenzsituation entgegenzutreten. Schwindende Ressourcen und steigende Energiepreise erfordern einen dringenden Handlungsbedarf und Anstrengungen aller beteiligten politischen, wissenschaftlichen und industriellen Akteure. Daneben bieten brennstoffzellenbetriebene Fahrzeuge die Möglichkeit, durch Nullemissionen einen Beitrag zur Minderung lokaler aber auch globaler Umweltverschmutzungen beizutragen, wenn der benötigte Wasserstoff regenerativ erzeugt wird. Die Motivation zur Auswahl der PEM-Technologie liegt somit neben den innovationsökonomischen Motiven sowohl in ökonomischen als auch ökologischen Faktoren.

1.3. Methodik und Gang der Arbeit

Um dem Ziel und den daraus abgeleiteten Forschungsfragen und Hypothesen dieser Arbeit nachzugehen, wird auf die Heuristik des Innovationssystems zurückgegriffen. Da Innovationsprozesse nicht isoliert ablaufen und die Entwicklung der Technologie nicht auf einzelne Organisationseinheiten (Akteure) begrenzt werden kann, muss die Entwicklung der Technologie in ihrem systemischen Kontext betrachten werden. Das Innovationssystem eignet sich durch seinen organisationellen und institutionellen Ansatz für die Abbildung und die Analyse des Innovationsprozesses und kann Antworten auf die wesentlichen Fragen der Wissensgenese geben. Durch die Möglichkeit der Blockbildung (wissenschaftliches und industrielles System) im Innovationssystem, können die parallel ablaufenden wissenschaftlichen und die technologischen Aktivitäten des wissensbasierten Innovationsprozesses abgebildet und analysiert werden.

Grundlage für die Untersuchungen der vorliegenden Arbeit und den Aufbau des Innovationssystems bilden verschiedene empirische Datensätze. Dazu zählen die

Publikationsdaten, die mit der Literaturdatenbank „ISI Web of Science" erhoben wurden und als Indikator für wissenschaftliche Aktivitäten herangezogen werden. Die Entwicklung der Technologie als Ergebnis der angewandten Forschung und Entwicklung wird durch Patentdaten beschrieben, die über eine für diese Arbeit definierte Suchstrategie in der Datenbank „EPO Worldwide Statistical Patent Database Version April 2010"[8] identifiziert wurden. Die dritte empirische Quelle ist eine im Rahmen dieser Arbeit durchgeführte Umfrage unter Akteuren der Brennstoffzellentechnologie, die in Kooperation mit dem Deutschen Wasserstoff- und Brennstoffzellenverband (DWV) durchgeführt wurde. Das Verhalten der Akteure soll mit Hilfe der durchgeführten Umfrage und den daraus resultierenden Erwartungen beurteilt und interpretiert werden.

Aufbauend auf diesen empirischen Quellen ist es möglich, die relevanten Akteure des Innovationssystems zu identifizieren und die existierende Akteursstruktur in der Wissenschaft und der Technologie darzustellen. Darüber hinaus ist es möglich, die Zusammenarbeit zwischen den Akteuren durch Kooperationen[9] abzubilden. Um der zunehmenden Internationalisierung von Innovationsprozessen[10] gerecht zu werden, muss die Untersuchung neben einer im Fokus stehenden nationalen Betrachtung auch auf internationaler Ebene erfolgen. Die Unterteilung der empirischen Daten in mehreren Perioden erlaubt dabei eine Analyse einer längerfristigen Entwicklung des Innovationsprozesses kurz vor dem Markteintritt. Durch die Betrachtung der einflussnehmenden Faktoren und Rahmenbedingungen des Innovationssystems können Rückschlüsse auf die Entwicklung der Technologie und den Verlauf des Innovationsprozesses getroffen werden.

Die Arbeit gliedert sich in neun Kapitel. Im Anschluss an diese Einleitung folgen die theoretischen Grundlagen der Innovationsforschung. Schwerpunkte dieses Kapitels sind die Klärung der grundlegenden Begriffe, Wissen und die Wissensentstehung

---

[8] Teilweise auch mit der Version September 2007.

[9] Mit Hilfe von Ko-Publikationen und Ko-Patenten.

[10] Vgl. zum Beispiel: Niosi und Bellon (1994), Gassmann und von Zedtwitz (1996), Archibugi und Iammarino (1999).

sowie Modelle der in der Literatur vorkommenden Innovationsprozesse. Desweiteren werden Innovationsindikatoren und die Heuristik des Innovationssystems vorgestellt. Im Anschluss daran wird in Kapitel 3 die Konzeption und die Methodik dieser Arbeit erörtert. Ausgehend vom Ziel und aufbauend auf den theoretischen Erkenntnissen werden die Forschungsfragen abgeleitet und daraus die Hypothesen generiert und im Forschungsdesign zusammengefasst. Die zum Testen dieser Hypothesen nötige Konzeption und Methodik ist weiterer Bestandteil dieses Kapitels. Kapitel 0 zeigt den Status-quo der Brennstoffzellentechnologie auf, stellt die Funktionsweise und den Forschungsbedarf vor. Der Fokus liegt dabei immer auf der PEM-Technologie, die sich gegen Konkurrenztechnologien behaupten muss. Das 5. Kapitel identifiziert die Akteursstruktur des Innovationssystems sowohl in der wissenschaftlichen Forschung als auch in der angewandten Forschung und der Entwicklung. Zur Beurteilungen der so identifizierten Akteure und deren Verhalten werden diese Ergebnisse im Lichte der Umfrage behandelt. Anschließend wird in Kapitel 0 das kooperative Verhalten der Akteure näher beleuchtet, wobei der Fokus auf der Zusammenarbeit innerhalb des wissenschaftlichen Systems und auf dessen Kopplung mit dem industriellen System liegt. Die internationalen Entwicklungen beider Systeme werden in Kapitel 7 aufgezeigt, bevor in Kapitel 0 die Treiber der technologischen Entwicklungen identifiziert, abgebildet und daraus Handlungsempfehlungen abgeleitet werden. Jedes dieser Kapitel endet mit einem Zwischenfazit, das die wichtigsten Ergebnisse zusammenträgt. Die Arbeit endet mit einer Zusammenfassung in Kapitel 9, wie die folgende Abbildung 2 zeigt:

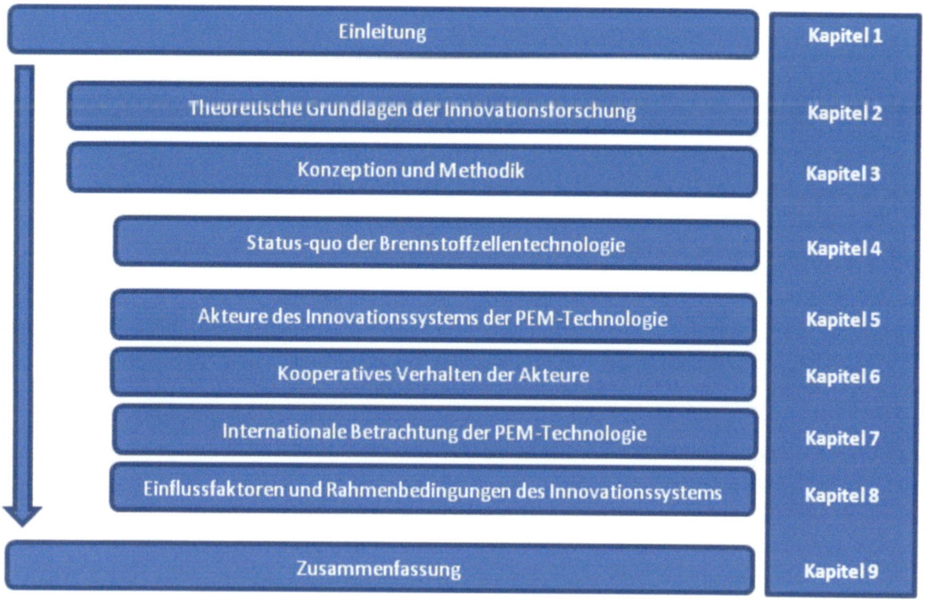

Abbildung 2: Gang der Arbeit

2. Theoretische Grundlagen der Innovationsforschung

Die für das Verständnis dieser Arbeit zentralen Begriffe werden zu Beginn dieses Kapitels aus der Vielzahl der in der Literatur existierenden Definitionen erklärt und abgegrenzt. Weitere Grundlage ist das Verständnis der Innovation von Schumpeter, der in seinen zahlreichen Veröffentlichungen immer wieder auf die wirtschaftliche Entwicklung eingegangen ist. Daran anschließend werden verschiedene Modelle und Ansätze des Innovationsprozesses vorgestellt und kritisch betrachtet. Den zweiten Schwerpunkt dieses Grundlagenkapitels bildet der Abschnitt über die Heuristik des Innovationssystems.

2.1. Grundlegende Begriffe

2.1.1. Wissenschaft

Aus der Vielzahl der in der Literatur vorkommenden Ansichten hat die Definition von Stehr und Meja (1992) einen breiten Konsens erfahren (vgl. Schmoch 2003, S.24), die die Wissenschaft mit den folgenden wesentlichen, zusammenhängenden Merkmalen darstellt:

- Ein Komplex von Methoden, mit denen wissenschaftliche Wissensansprüche generiert und gesichert werden.
- Ein spezifischer, sich ständig veränderter Wissensvorrat und
- eine bestimmte, von spezifischen Konventionen gesteuerte soziale Organisation wissenschaftlicher Aktivitäten, insbesondere Forschung, Lehre und Wissens-transfer (vgl. Stehr und Meja 1992, S.663).

Die Wissenschaft besteht demnach aus dem bereits vorhandenen Wissensvorrat und aus Methoden, die zur Wissensentstehung führen. Desweiteren gehört zur Wissenschaft aber auch die soziale Organisation, also der Ort, an dem das Wissen[11] entsteht und vorgehalten wird. Der Begriff „**Wissensschaft**" und dessen Verständnis in dieser Arbeit orientiert sich an der Definition von Stehr und Meja (1992) sowie an

[11] Siehe dazu auch Kapitel 2.2.1.

Schmoch (2003), der die verschiedenen Dimensionen der Wissenschaft ähnlich zusammenfasst:

- „Die systematische Genese neuen wissenschaftlichen Wissens,
- der systematische organisierte Bestand wissenschaftlichen Wissens und
- die soziale Organisation der Wissenschaftler“ (Schmoch 2003,S.26).

Die Gemeinsamkeit der vielfältigen Ausprägungen der in der Literatur vorkommenden Definitionen der Wissenschaft ist die systematische Genese neuen Wissens. Diese **Wissensgenese** ist als das Streben nach neuen Erkenntnissen zu interpretieren (vgl. Schmoch 2003, S.59) und stellt somit den Kern der Wissenschaft dar.

Desweiteren lässt sich die Wissenschaft in reine und angewandte Wissenschaft unterscheiden. Die reine Wissenschaft „beschäftigt sich mit der Erforschung theoretischer Zusammenhänge und allgemeiner Gesetzmäßigkeiten“ (Rheinhold et al. 1992, S.662). Die Forschung der angewandten Wissenschaft hingegen orientiert sich demgegenüber an spezifischen Problemen[12]. Dadurch wird deutlich, dass die Wissenschaft nicht nur rein theoretisch ausgerichtet ist, sondern durchaus auch angewandte Aspekte berücksichtigt.

2.1.2. Technik und Technologie

Die Begriffe Technologie und Technik beschreiben unterschiedliche Sachverhalte. Hinzu kommt, dass diese Begriffe in der Literatur sehr unterschiedlich definiert sind (vgl. Berger 2006, S.5; Weule 2002, S.23). Daher muss zuerst auch hier eine eindeutige Begriffsabgrenzung vorgenommen werden.

Technologie bezeichnet „das Wissen über naturwissenschaftlich-technische Wirkungsbeziehungen, das bei der Lösung praktischer Probleme Anwendung finden kann“ (Specht und Beckmann 1996, S.14). Technologie stellt demnach Vorschriften über die Bereitstellung von Mitteln dar, durch deren Einsatz bestimmte Wirkungen und Ergebnisse erzielt werden können. Schmoch (2003) weist auf die daraus resultierende hohe Bedeutung des Wissens (und der Wissensgenese) für den

[12] Eine ähnliche Unterteilung findet sich auch bei der Definition der Forschung in Kapitel 2.1.3.

Technologiebegriff hin und macht deutlich, dass neben der reinen Bereitstellung von Funktionsmechanismen und Artefakten auch die soziale Einbettung des Wissens eingeschlossen werden muss (vgl. Schmoch 2003, S.34). Demgegenüber steht eine enge Definition, die die Technologie lediglich als die „Wissenschaft von der Technik" (Bullinger 1994, S.32) sieht. Der Begriff **Technik** ist dabei ein konkretes tatsächlich realisiertes, angewandtes Element einer Technologie (Brockhoff 1999, S.27). Es beschreibt nicht nur das Wissen über die Anpassung wissenschaftlicher Ergebnisse sondern vor allem auch Arbeitsweisen und Methoden (also auch die zugehörigen Artefakte) zur Nutzbarmachung naturwissenschaftlicher Erkenntnisse (vgl. Grupp 1997, S.10). Schmoch (2003) berücksichtigt diese Eigenschaften und fasst die verschiedenen Dimensionen der Technik wie folgt zusammen:

- „Sachliche Artefakte und deren Funktionsmechanismen, die zur Erzielung beabsichtigter Wirkungen eingesetzt werden,
- Fertigkeiten und Handlungen zur Entwicklung und Erzeugung solcher Artefakte und Funktionsmechanismen, und
- Handlungen zur Nutzung solcher Artefakte und Funktionsmechanismen" (Schmoch 2003, S.33).

Grupp (1997) weist weiterhin daraufhin, dass im englischen beide Begriffe häufig durch „technology" bezeichnet werden. Gerade in der englischsprachigen Literatur zum Thema Innovationsforschung sei darauf besonders zu achten (vgl. Grupp 1997, S.10). Zwar weist Grupp (1997) auf eine Trennung der Begriffe hin, die Überlegungen von Schmoch (2003) machen jedoch deutlich, dass eine klare Trennung von Technologie und Technik bei einem genaueren Vergleich nicht möglich sei, da in der „Erzeugung" und „Nutzung" von den Artefakten auch immer das dafür erforderliche Wissen implizit enthalten ist (vgl. Senker 1995, S.483 zitiert in Schmoch 2003, S.34). Die Definition von Technik umfasst daher bereits Wissen und Kenntnisse zu Ihrer Herstellung und Verwendung. So ist auch der Begriff der Technik (genauso wie die Technologie auch) an den Begriff des Wissens geknüpft (vgl. Heinze 2006, S.48). Gerade die Betrachtung einer wissensintensiven Technologie erschwert die Unterscheidung umso mehr. Im Folgenden wird daher nicht mehr zwischen Technologie und Technik unterschieden. Aus der besonderen Rolle des Wissens folgt aber auch, dass eine klare Trennung zwischen Wissenschaft und Technologie[13] nicht mehr gezogen werden kann, da beide Begriffe den Bestand und die Genese von Wissen innehaben. So hängt es von der Betrachtungsweise ab, ob die Forschungsaktivität der Wissenschaft oder der Technologie zugordnet werden kann (vgl. Schmoch 2003, S.59-62).

2.1.3. Forschung und Entwicklung

Auch für die Begriffe **Forschung und Entwicklung** (F&E) existieren in der Literatur verschiedene Definitionen. Das Verständnis dieser Begriffe im Rahmen dieser Arbeit orientiert sich an der „Organization for Economic Co-operation and Development" (OECD), die im „Frascati Manual" Forschung und Entwicklung wie folgt definiert: „Forschung und Entwicklung ist die systematische schöpferische Arbeit zur Erweiterung des vorhandenen Wissens und die Nutzung des so gewonnenen Wissens zur Entwicklung neuer Anwendungen" (OECD 2002, S.30, übersetzt aus dem englischen). Desweiteren werden dort die Begriffe Forschung und Entwicklung in folgende drei Aktivitäten untergliedert: **Grundlagenforschung**[14] **(GLF)** bezeichnet experimentelle oder theoretische orientierte Aktivitäten zur Gewinnung neuen Wissens, ohne dabei auf eine konkrete Anwendbarkeit abzuzielen. Allerdings lässt sich der Anwendungsbezug nicht vollständig ausklammern, da die Ergebnisse der Grundlagenforschung durchaus potentielle Anwendungsmöglichkeiten bieten können (vgl. Corsten et al. 2006, S.5). Die **angewandte Forschung (AF)** zielt ebenfalls wie die Grundlagenforschung auf die Schaffung neuer wissenschaftlicher Erkenntnisse ab, ist dabei aber auf eine konkrete praktische Fragestellung ausgerichtet. **Experimentelle Entwicklung (EE),** basierend auf den wissenschaftlichen Erkenntnissen, ist die

---

[13] Schmoch (2003) führt dazu den Begriff der „partiellen Dualität von Wissenschaft und Technologie" ein. Dies soll die (allerdings) nicht deckungsgleiche Doppeldeutigkeit der Begriffe widerspiegeln (vgl. Schmoch 2003, S.61). Eine Trennung der Begriffe bleibt dadurch erhalten.

[14] Die Grundlagenforschung wird an dieser Stelle noch weiter aufgeteilt in die „reine Grundlagenforschung" und die „angewandte Grundlagenforschung" (vgl. OECD 2002, S.78). Diese weitere Differenzierung wird hier nicht berücksichtigt, macht generell jedoch deutlich, dass auch in anwendungsorientierten Forschungsgebieten Grundlagenforschung möglich ist und das die Ergebnisse der erkenntnisorientierten Forschung in der Anwendung Verwendung finden.

systematische Arbeit, um neue Materialien, Produkte oder Verfahren zu schaffen oder die bestehenden inkrementell zu verbessern (vgl. OECD 2002, S.77-79; übersetzt aus dem Englischen). Im Gegensatz zur Grundlagen- und der angewandten Forschung, die vor allem an der Generierung neuer Erkenntnisse durch die Erzeugung neuen Wissens interessiert sind, ist die experimentelle Entwicklung auf die „Anwendung dieser Erkenntnisse gerichtet" (vgl. Corsten et al. 2006, S.6). Insgesamt betonen die hier verwendeten Definitionen die Zielorientierung und die Motive der jeweiligen Forschungsaktivitäten. Die Definitionen der Grundlagen- und angewandten Forschung sind dabei auf alle Bereiche der Wissenschaft anwendbar und stellen die Erzeugung neues Wissen in den Vordergrund. Der Begriff der Entwicklung wird dabei eher mit Technik assoziiert (vgl. Schmoch 2003, S.37), beinhaltet aber auch wissensgebundene Tätigkeiten und kann daher auch unter dem Begriff der Technologie subsummiert werden (vgl. Schmoch 2003, S.39). Auch hier wird erneut die Überschneidung zwischen Technologie und Technik deutlich.

Diese Einteilung ist keineswegs trennscharf, so dass sich vor allem die Grenzen zwischen den einzelnen Arten der Forschung überschneiden. So kommt es zwischen der angewandten Forschung und der experimentellen Entwicklung häufig zu Überlappungen (vgl. Völker und Kasper 2004, S.13). Daneben weist Rosenberg (1989) darauf hin, dass auch die Grundlagen- und die angewandte Forschung nicht als vollständig getrennt anzusehen sind, sondern sich sogar gegenseitig ergänzen (vgl. Rosenberg 1989, S.170) und daher sogar als komplementär gesehen werden können (vgl. Schmoch 2003, S. 141).

Grupp (1997) sieht die Rolle der Forschungs- und Entwicklungsaktivitäten als eine Art der Problemlösung, auf die zu jedem Zeitpunkt der technologischen Entwicklung zurückgegriffen werden kann (vgl. Grupp 1997, S.27). Eine feste Zuordnung der verschiedenen Forschungs- und Entwicklungsaktivitäten zu den einzelnen Phasen der Entwicklung kann es daher nicht geben und beschränkt sich nicht strikt auf einzelne Abschnitte des Innovationsprozesses. Forschungs- und Entwicklungsaktivitäten weisen eine unterstützende Funktion der gesamten technologischen Entwicklung auf.

Das „Funktionale Referenzschema"[15] der Innovation von Grupp (1997) unterstreicht diesen Aspekt insofern, dass es keine eindeutige Zuordnung der verschiedenen Forschungs- und Entwicklungsaktivitäten zu den Entwicklungsstadien von Technologien gibt (Grupp 1997, S.22).

2.1.4. Invention, Innovation, Imitation und Diffusion

Die Begriffe Invention und Innovation werden häufig im allgemeinen Sprachgebrauch synonym verwendet (vgl. Vahs und Burmester 2002, S.44), sind aber im ökonomischen Kontext gesehen strikt zu unterscheiden (vgl. Specht und Beckmann 1996, S.15). Bereits Schumpeter grenzte diese Begriffe in seinen Werken ab. Die **Invention**, oder auch Erfindung genannt, bezeichnet eine „technische Realisierung neuer wissenschaftlicher Erkenntnisse" (vgl. Haß 1983, zitiert in Bullinger 1994, S.35). Inventionen können geplant und ungeplant auftreten. Im Falle von ungeplantem Auftreten einer Erfindung spricht man auch vom sogenannten Serendipitäts-Effekt. Findet diese Invention, ob geplant oder ungeplant, Ihren Weg in den wirtschaftlichen Kreislauf, so spricht man von einer Innovation. Eine **Innovation** ist demnach eine am Markt realisierte Invention (vgl. Grupp 1997, S.15). Die „Innovation umschließt also das Entwickeln von Neuem inklusive dessen Markteinführung" (Bullinger 1994, S.35). Innovationen können sowohl auf Produkt- oder Prozessebene stattfinden, als auch in Form der Erschließung neuer Märkte oder der Schaffung neuer Organisationsformen (Schumpeter 1911, S.100f). Diese hier aufgezeigten Definitionen spiegeln das Verständnis dieser Begriffe in dieser Arbeit wieder. Der Fokus bei der Innovation liegt auf der Produkt- und Prozessebene. Eine grundlegende, ausführliche Übersicht über Definitionen der Innovation in all Ihrer Breite, die für diese Arbeit nicht relevant sind, findet sich in Hausschildt (1997).

[15] Grupp (1997) beschreibt in diesem Modell die denkbaren Einflüsse der Forschungs- und Entwicklungstätigkeiten auf die verschiedenen Innovationsstadien. Aus den Ergebnissen der Forschungs- und Entwicklungstätigkeiten können durchaus neue Ideen, Theorien und Entdeckungen resultieren. Dazu gehören auch die technischen Konzeptionen. Die Markteinführung selber, also die Innovation (siehe unten für die Definitionen der Begriffe), wird ebenfalls von Forschungs- und Entwicklungstätigkeiten beeinflusst, so auch die sich daran anschließende Imitation, die genauso so forschungs- und entwicklungsintensiv sein kann. Selbst während der Diffusion können noch Probleme, die durch die Anwendung und die Verfügbarkeit am Markt entstehen, angegangen und gelöst werden. Auch die Entsorgung von z.B. defekten Produkten kann Auslöser neuer Forschungs- und Entwicklungsaktivitäten sein.

Die Abgrenzung der **Imitation** von der Innovation kann klar vorgenommen werden. Imitationen „sind konkurrierende Neuerungen, die lediglich etwas später auf dem Markt eingeführt werden und ansonsten gleich sind" (Grupp 1997, S.24). Imitationen gelten häufig als einfallslose und reine Nachahmungen. Der Begriff ist dadurch negativ vorbelastet (vgl. Hausschildt 1997, S.61). Allerdings können Imitationen durchaus genauso ressourcenintensiv sein wie die Erstinnovation. Der Imitator muss nicht zwangsläufig vom Innovator Kenntnis haben (vgl. Grupp 1997, S.24).

Eine der am weitesten verbreiteten Definitionen der Diffusion liefert Rogers (2003). Er beschreibt die **Diffusion** als einen Prozess, durch den sich eine Innovation durch bestimmte Kanäle über die Zeit zwischen den Mitgliedern eines sozialen Systems ausbreitet (vgl. Rogers 2003, S.5). Dabei spielen sowohl der verwendete Kommunikationskanal als auch die Eigenschaften der Innovation selber eine wichtige Rolle. Die Mitglieder des sozialen Systems, z.B. Individuen oder Organisationen, kommunizieren untereinander und beeinflussen sich letztlich in Ihrer Adoptionsunterscheidung. Die Definition der OECD geht in die gleiche Richtung wie die Definition von Rogers (2003) und fokussiert aber mehr die Verbreitung einer Innovation über die Märkte, und zwar von der ersten Markteinführung bis hin zur Einführung in anderen Ländern und Märkten (vgl. OECD 2005, S.17).

2.2. Wissen und Wissensenstehung

2.2.1. Definition und Typen von Wissen

Die bisherige Diskussion der relevanten Begriffe und Definitionen hat bereits gezeigt, dass das Wissen eine wesentliche Rolle spielt und eine Art Grundlage darstellt. Der allgemeine Begriff des „Wissen" wird in der Literatur kontrovers diskutiert und verschieden definiert. Der in dieser Arbeit verwendete Begriff des Wissens orientiert sich an der Definition von Willke (2004) der Wissen in einem dreistufigen Aufbau beschreibt:

- **Daten** sind Rohstoffe des Wissens, die in Zahlen, Sprache oder Texten und Bildern kodiert sind und beobachtete Unterschiede darstellen. Es gibt daher keine Daten an sich, sondern nur durch Beobachtungen konstruierte Daten. Es besteht die Gefahr der Überflutung mit sinnlosen oder irrelevanten Daten, sofern Daten für nur für sich gesehen werden.

- Durch das Einbinden von Daten in einen ersten Kontext von Relevanzen werden daraus **Informationen.** Voraussetzung dazu ist es, das das beobachtete System über systemspezifische, systemabhängige Relevanzkriterien verfügt. Durch die Relevanzkriterien wird die Komplexität der Daten reduziert und es werden nur die Daten zu Informationen, die von Bedeutung sind. Informationen stellen somit relevante, systemspezifische Unterschiede dar. Genau wie bei Daten, besteht auch bei Informationen die Gefahr der Überflutung infolge eines nicht kritisch begrenzten Angebots.
- Durch die Einbindung von Informationen in einen Praxiszusammenhang entsteht **Wissen**. Die Informationen werden in einen zweiten Kontext aus Relevanzen eingebunden, der sich aus bedeutsamen Erfahrungsmustern zusammensetzt. Wissen stellt so in Erfahrung eingebettete Informationen dar (vgl. Willke 2004, S.27-34).

Die reine Betrachtung der Daten, die durch Beobachtungen entstehen, macht demnach keinen Sinn. Durch die Relevanzkriterien des jeweiligen Betrachters werden die Daten in einen Kontext gestellt und dadurch zu Informationen. Nach Schmoch (2003) ist eine Abgrenzung zwischen Daten und Informationen sinnvoll, da Informationen auf einer höheren Stufe als einzelne Beobachtungen (Daten) stehen. Durch die Einbettung von Informationen in einen Erfahrungskontext entsteht Wissen, was wiederum mehr als reine Informationen ist. Weiterhin weist er darauf hin, dass eine strikte Trennung zwischen den Relevanzkriterien und den Erfahrungsmustern nicht immer möglich ist (vgl. Schmoch 2003, S.139f).

Ebenso wie die Definition selbst werden auch verschiedene Typen von Wissen in der Literatur unterschieden (vgl. Albrecht 1993, S.51). In Verbindung mit der in dieser Arbeit behandelten Forschungsfragen steht die Relevanz des Wissens für die technologische Entwicklung und den zugrundeliegenden Innovationsprozess im Fokus. Daher orientiert sich das Verständnis von Wissen in dieser Arbeit an **technologischem**

Wissen. Der Begriff des technologischen Wissens wird von Scheler (1960), der die verschiedene Wissensarten nach dem Grad der Künstlichkeit unterscheidet, eingeführt und explizit als eigene Wissensart[16] dargestellt (vgl. Scheler 1960, S.63). Auch Machlup (1962), der das Wissen hingegen aus der Sicht des Wissenden klassifiziert, nimmt indirekt Bezug auf das technologische Wissen, stellt dieses als eine Art praktisches Wissen dar und unterteilt es in die Arten „professional knowledge", „business knowledge" und „workman´s knowledge" (vgl. Machlup 1962, S.21). Mit der idealtypischen Einteilung des technischen Wissens nach sechs Arten gelingt es Urban (1986) die ganze Reichweite des technologischen Wissens aufzuzeigen. So gehören zu seiner idealtypischen Einteilung sowohl das „theoretische Technikwissen" als auch das „technologische Realisationswissen[17]" (vgl. Urban 1986, S.139, Tabelle 3.4). Gleicher Auffassung ist auch Schmoch (2003), der das Spektrum des technologischen Wissens von rein Abstraktem bis zu Praktischem abgrenzt und betont, dass das (theoretische) technologische Wissen gleichzeitig auch als wissenschaftliches Wissen zu charakterisieren ist (vgl. Schmoch 2003, S.137). Dadurch wird deutlich, dass das Wissen sowohl Bestandteil der Wissenschaft und der Technologie[18] ist und die Basis für diese dennoch zu unterscheidenden Begriffe bildet.

2.2.2. Eigenschaften von Wissen

Der Begriff des Wissens lässt sich nach verschiedenen Eigenschaften weiter differenzieren[19]. Zu diesen Eigenschaften gehört die Kodifizierbarkeit, die das Wissen in implizites und explizites Wissen unterteilt. Dabei gilt Polanyi als Schöpfer des Begriffs **implizites Wissen**, verwendet ihn jedoch selber äußerst selten (vgl. Büschken und Blümm 2000, S.5). Durch die Aussage Polanyis „das wir mehr wissen, als wir zu sagen wissen" (Polanyi 1985, S.14) kennzeichnet er das implizite Wissen als etwas

[16] Daneben identifiziert Scheler (1960) folgende Arten: Mythos und Sage, natürliche Volkssprache, religiöses Wissen, mystisches Wissen, philosophisch-metaphysische Wissen und das positive Wissen (vgl. Scheler 1960, S.63).

[17] Zusätzlich dazu enthält seine Typologie das technische Regelwissen, das technische Anwendungswissen, das technische Gesetzeswissen und das technische Inventionswissen (vgl. Urban 1986, S.139, Tabelle 3.4).

[18] Die Bedeutung des Wissens für die Technologie wird genauer in Kapitel 2.2.5 untersucht. Die Bedeutung des Wissens für die Wissenschaft ist offensichtlich und leitet sich aus der Definition der Wissenschaft ab.

[19] So unterscheidet Foray (1997) nach der Kodifizierbarkeit, Eigentumsstatus, Offenlegungsstatus, Spezifität und institutionellen Bezug (vgl. Foray (1997), S.67ff, zitiert nach Schmoch (2003), S.141f).

unbewusstes, schwer artikulierbares (tacit knowledge). Implizites Wissen[20] stellt individuelles (Erfahrungs-) Wissen dar, das schwer kommunizierbar ist und nicht unmittelbar bewusst realisiert werden kann (vgl. Holzhausen und Wein 1999, S. 6). Dabei bleibt das implizite Wissen nicht auf einzelne Personen beschränkt („privat tacit knowledge"), sondern kann auch auf mehrere Personen oder Organisationen verteilt sein („shared tacit knowledge", vgl. Dasgupta und David 1994, S.502). **Explizites Wissen** stellt genau das Gegenteil von implizitem Wissen dar und wird auch als kodifiziertes Wissen bezeichnet (vgl. Schmoch 2003, S.143 sowie insbesondere Nonaka und Takeuschi 1997, S.72f). Durch den Prozess der Kodifizierung erfährt das (Erfahrungs-) Wissen eine Reduktion auf die wesentlichen Inhalte. Dadurch kann es einfacher vorgehalten (gespeichert) und kommuniziert werden. Außerdem nimmt das Wissen dadurch die Eigenschaften eines öffentlichen Gutes an und wird durch das Kriterium der Nicht-Ausschließbarkeit charakterisiert. So ist eine gleichzeitige Nutzung mehrerer Akteure möglich (Nicht-Rivalität[21]), die nur durch kostspielige Maßnahmen von der Nutzung ausgeschlossen werden können (Kriterium der Ausschließbarkeit). Der Ausschluss kann durch die Nutzung von „intellectual property rights" (Dasgupta und David 1994, S.496) durchgesetzt werden. Allerdings finden auch „Kodes" (Fachsprachen) Anwendung, die nicht allen bekannt sind und so Dritte von der Nutzung ausschließen können. Lundvall (1995) nennt dieses Verhalten „interlectual tribalism" (vgl. Lundvall 1995, S.11).

Beide Wissensarten sind als komplementär zu sehen und erst deren Kombination ermöglicht einen effizienten Einsatz (vgl. Straßberger 1998, S.54f). Das für eine Organisation[22] verfügbare Wissen setzt sich zum einen aus internem, individuellem (Erfahrungs-) Wissen und aus externem kodifiziertem Wissen zusammen (vgl. Büschken und Blümm 2000, S.17). Um das externe Wissen einzubeziehen und

[20] Callon (1997) geht an dieser Stelle noch einen Schritt weiter und bezeichnet das implizierte Wissen als „embodied knowledge". Dadurch erweitert er den Wissensbegriff auch auf Instrumente und Maschinen (vgl. Callon 1997, S.3). Schmoch (2003) umschreibt dieses als an Artefakte gebundenes Wissen (vgl. Schmoch 2003, S.142).

[21] Dasgupta und David (1994) sprechen in diesem Zusammenhang von einem Gut, das „infinitly expansible" ist (Dasgupta und David 1994, S.493). Im Gegensatz dazu herrscht Rivalität bezüglich eines Gutes, wenn es nur von einem Akteure gleichzeitig genutzt werden kann.

[22] Siehe dazu auch Kapitel 2.2.4.

überhaupt anwenden zu können, ist es erforderlich, ein gewisses Maß an technologischem Verständnis vorzuhalten. Cohen und Levinthal (1990) nennen diesen Sachverhalt „absorptive capacity“ (vgl. Cohen und Levinthal 1990, S.128). Auch Rosenberg (1989) weist darauf hin, das gerade Unternehmen eigene Forschungstätigkeiten unternehmen müssen, um das extern verfügbare Wissen adaptieren zu können (vgl. Rosenberg 1989, S. 171). So setzt die Nutzung von explizitem Wissen auch immer ein Mindestmaß an implizitem Wissen voraus.

2.2.3. Wissen und Lernen

Wie in Kapitel 2.2.2 schon angedeutet, muss zwischen dem Wissen einer einzelnen Person und dem Wissen einer Organisation[23] unterschieden werden. Zwar können Organisationen nur über einzelne Personen ihr organisationales Wissens aktivieren, in der Summe ist das **organisationale Wissen** aber mehr als die Summe des Wissens der einzelnen Personen (Mitarbeiter), deren Wissen somit eine Art Basis darstellen. So profitiert das organisationale Wissen von Synergieeffekten und entwickelt sich als eigenständiges Wissen weiter. So können sich organisationspezifische Relevanzkriterien zur Beurteilung von Informationen bilden und so in Verbindung mit spezifischem Erfahrungswissen diese zu organisationalem Wissen verdichten. Die Möglichkeit zur Aktivierung dieser beiden Wissensformen determiniert dabei maßgeblich die Leistungsfähigkeit der Organisationen (vgl. Schmoch 2003, S.161).

Die Ressource Wissen wird für die Wettbewerbsfähigkeit von Organisationen (insbesondere von Unternehmen) immer wichtiger. Die Wissensgenese ist dabei eng mit dem Begriff des **Lernens** verbunden, der auch auf ganze Organisationen übertragen werden kann. Durch die zunehmende Bedeutung des Wissens für die Wettbewerbsfähigkeit von Organisationen ist die „lernende Organisation“ dadurch in den Fokus der Organisationsforschung gerutscht (vgl. Schmoch 2003, S.161). So ist das Lernen als ein Prozess zu verstehen, dessen Ergebnis das Wissen ist. Gerade für

[23] Im Rahmen dieser Arbeit sind mit Organisation sowohl Unternehmen als auch Universitäten und Forschungseinrichtungen gemeint (sofern identifizierbar werden in den empirischen Analysen dieser Arbeit die beteiligten Institute der Universitäten genannt).

komplexe adaptive Systeme[24] ist das Lernen unvermeidlich, da jede Art von Praxis (Aktivität) irgendein Lernen erzeugt. Lernen ist dabei definiert als Anpassung eines komplexen Systems an die herrschenden Umweltbedingungen im Sinne von externen Gegebenheiten, die sich ständig ändern. So lernen Organisationen aus Erfahrungen und Eindrücken der Vergangenheit und leiten daraus organisationale Strukturen und Verhaltensweisen ab (vgl. Kieser et al. 1998, S.32), die aber ständig angepasst und überprüft werden sollten (vgl. Willke 2004, S.48f). So kommt es zu einer Wissensgewinnung aus der Beobachtung der Umwelt (als Kernelement des organisationalen Lernens), die externe Kontakte und Kommunikationen voraussetzt; denn letztendlich sind es die Mitglieder der Organisationen die mit anderen Personen der Umwelt in Kontakt treten (vgl. Schmoch 2003. S.165) Die erfolgreiche Kommunikation und der dadurch verbundene Transfer von Wissen erfordert aber eine minimale Strukturgleichheit des Wissens, durch die das interorganisationale Lernen erst ermöglicht wird. Dabei gilt es zu berücksichtigen, dass nicht das Lernen selbst Inhalt des Transfers ist, sondern das zugrundeliegende Wissen. Interorganisationales Lernen stellt so einen Transfer von Wissen dar (vgl. Prange 1996, S.172). Dabei muss berücksichtigt werden, dass die Anschlussfähigkeit von Lernprozessen an das bestehende Wissen gebunden ist. Außerdem müssen die Lernmöglichkeiten aus der Umwelt in die Sprache des Systems (der Organisation) übersetzt werden. Der **Wissenstransfer** bezeichnet hier also die Übersetzung des externen Wissens in die systemeigene Sprache (vgl. Prange 1996, S.174). Dabei ist es Aufgabe der Organisation, ihre Mitglieder zu diesem Austausch zu befähigen, um diese so für die Aufnahme von externem Wissen vorzubereiten sowie die relevanten Außenkontakte zu determinieren. Es wird deutlich, dass sowohl das organisationale Lernen (lernende Organisation) als auch der interorganisationale Wissenstransfer für den Fortbestand von Organisationen entscheidend sind. Schmoch (2003) weist weiterhin darauf hin, dass es dabei von entscheidender Bedeutung ist, sich nicht nur der Umwelt anzupassen, sondern diese vor allem auch aktiv zu gestalten (vgl. Schmoch 2003, S.167).

[24] Damit sind Organisationen gemeint.

2.2.4. Wissen und Netzwerke

Durch diesen im vorherigen Kapitel beschriebenen interorganisationalen Wissenstransfer werden Netzwerke zwischen den einzelnen Organisationen aufgespannt. Grundsätzlich stellen diese Netzwerke für die beteiligten Organisationen eine Möglichkeit dar, „Zugang zu implizitem oder nur begrenzt zugänglichem explizitem Wissen zu erlangen" (Schmoch 2003, S.147). Dabei kann es allerdings zu Interessenkonflikten kommen, da die beteiligten Organisationen verschiedene, (teilweise eigennützige) Ziele verfolgen. So würden nach Schmoch (2003) zum Beispiel die Ergebnisse der wissenschaftlichen Organisationen (Universitäten oder Forschungseinrichtungen) nicht in vollem Umfang weitergegeben, da ein Spannungsverhältnis zwischen der persönlichen Karriere und der Weitergabe von Wissen besteht (vgl. Schmoch 2003, S.168). Die komplette Weitergabe ermöglicht anderen Organisationen dieses Wissen zu erweitern und zu verbessern, wodurch die eigenen Ergebnisse abgeschwächt werden (vgl. Dasgupta und David 1994, S.500). Für die industriellen Organisationen (Unternehmen) steht vor allem die private Aneignung des Wissens im Hinblick auf spätere Innovationsrenten im Vordergrund[25]. So sind sie an einer Ausschließbarkeit von Dritten interessiert, um Profit aus dem Wissen zu schlagen und so letztendlich ihre Investitionen zu refinanzieren. Diese verschiedenen Interessen gilt es in den empirischen Analysen der Akteure (Organisationen) und deren Kooperationen zu berücksichtigen und in die Interpretation der Ergebnisse mit einfließen zu lassen.

Einen weiteren Aspekt der Reichweite des Wissens wirft Callon (1997) auf, der den Status des Netzwerkes[26] selber für die Eigenschaft des Wissens verantwortlich zeichnet (vgl. Callon 1997, S. 2 und 13). Grundsätzlich unterscheidet er den Status der Netzwerke in emergente und konsolidierte Konfigurationen wie die folgende Tabelle 1 zeigt:

---

[25] Siehe Kapitel 2.3.1 und Callon 1997, S.8.

[26] Das hier vorgestellte Modell von Callon (1997) bezieht sich auf „socio-technical networks" (Callon 1997, S.12) kann jedoch auch auf soziale Netzwerke übertragen werden (vgl. Schmoch 2003, S.170).

	Emergent configurations	Stable configurations
Knowledge	Statements + instruments + embodied skills	Statements are information because embodied competences are duplicated
	Non-substitutability between codified and embodied knowledge	Codified knowledge and embodied knowledge are relatively substitutable
	Private knowledge: rival and exclusive	Knowledge is public - i.e. non-rival, non-exclusive, within the network where it circulates
	Knowledge replication = laboratory replication	Replication of knowledge = coding and replication of strings and symbols
	Local knowledge is generalized through successive and costly translations	The degree of universality of knowledge is measured by the length of the network
States of the world	Lists of identity of social and natural entities constantly reconfiguring	Lists and identity of social and natural entities are known
	States of the world revealed, ex post, through trials and interactions	All states of the world are known ex ante and the probability of thier occurrence can be calculated
	Uncertain and vague knowledge uses	Uses of knowledge are predictable
Modalities of action	Programs only exist ex post, as the outcome of action and learning	Research programs (problems + operation) are defined ex ante and provide a framework for action (coordination)
	Cooperation is an obligatory passage point for action i.e. for translating identities and interests and for negotiating the content of knowledge	Cooperation is a strategy for cost and risk sharing or for consolidation of power positions
		Rational expectations

Tabelle 1: Eigenschaften emergenter und konsolidierter Netzwerke (vgl. Callon 1997, S.21f)

Dieser analytische Rahmen verdeutlicht, wie die Eigenschaften des Wissens vom Status des Netzwerkes abhängig sind. In emergenten Netzwerken zeichnet sich das Wissen durch Rivalität, Appropriierbarkeit[27] und Spezifität[28] aus, wohingegen in stabilisierten Netzwerken das Wissen eher als öffentliches Gut (Keine Rivalität, keine Appropriierbarkeit und generelle Anwendbarkeit) charakterisiert wird (vgl. Callon 1997, S.16). In emergenten Netzwerken bedarf es nach Callon (1997) für die Reproduktion von Wissen eines großen Aufwands, da es nicht ausreicht, die zugrundeliegenden Information des Wissens zu duplizieren, sondern auch die

[27] Appropriierbarkeit (engl. appropriation oder appropriable good) meint in diesem Zusammenhang die Möglichkeit zum Ausschluss Dritter um so die möglichen ökonomischen Erträge für sich beanspruchen zu können. Wenn dieser Ausschluss nicht einfach möglich ist, spricht Callon (1997) von „non- appropriable" Gütern (vgl. Callon 1997, S.5).

[28] Spezifität unterscheidet das Wissen in Bezug auf seine Anwendbarkeit in eine generelle Anwendbarkeit („general use") und geringe Anwendbarkeit („specific use") (vgl. Callon 1997, S.6).

zugehörigen Labore und Instrumente transferiert werden müssen. Das Wissen basiert in emergenten Phasen auf einer lokalen Infrastruktur, deren Transfer sehr kostspielig ist. Das Wissen ist in der emergenten Phase demnach durch Rivalität gekennzeichnet und der Zugang mit Investitionen verbunden. In der stabilen, konsolidierten Phase hingegen, unterliegt das Wissen eher der Nicht-Rivalität. Durch die Abstimmung und Standardisierung der Labore und Instrumente kann jeder im Netzwerk die Ressourcen und die Kompetenzen das Wissen fast kostenlos nutzen. An dieser Stelle wird deutlich, dass sich für Callon (1997) das Wissen aus den „statements", den „instruments" und aus den „embodied skills"[29] zusammensetzt. Daraus resultiert die Appropriierbarkeit des Wissens in emergenten Phasen. So ist es zu dieser Zeit noch sehr einfach, das Wissen „geheim" zu halten, da es außerhalb des Labors aufgrund der fehlenden Infrastruktur niemand verstehen und anwenden kann. Sobald aber in konsolidierten Phasen die nötigen Kompetenzen und Instrumente breit dupliziert wurden, wird es finanziell aufwendiger, das erzeugte Wissen privat zu halten (Nicht-Appropriierbarkeit). Auch die Anwendbarkeit des Wissens unterscheidet sich in diesem Modell in den zwei Konfigurationen. So ist die generelle Anwendbarkeit des Wissens das Ergebnis eines Diffusionsprozesses, der ohne die Anwendung und Übernahme des Wissens durch die verschiedensten Akteure nicht möglich wäre. Die generelle Anwendbarkeit des Wissens ist als das Ergebnis langwieriger und kostspieliger Translation[30] zu sehen, durch die das Netzwerk geformt und dessen Beziehungen determiniert worden sind. So wird das spezifische Wissen der emergenten Phase durch die Translation in Wissen mit einer generellen Anwendbarkeit in der konsolidierten Phase transformiert (vgl. Callon 1997, S.12-17). Mitglieder dieser emergenten Netzwerke sind insbesondere industrielle oder wissenschaftliche Forschungslabore (vgl. Callon 1997, S.26). Die Translation als

---

[29] Siehe Tabelle 1.

[30] Translation beschreibt das Ausbilden von Beziehungen zwischen den Entitäten eines Netzwerkes in eine bestimmte Richtung. Das Netzwerk wird dadurch modifiziert und es werden weitere Reaktionen der Entitäten (Netzwerkteilnehmer) hervorgerufen. Der Prozess der Translation zerfällt in drei Komponenten: In „Translator-Spokesman", der der Ursprung der Translation ist und das Ziel vorgibt. Die „problematisation" beschreibt die nötigen Vorrausetzungen zur Erreichung des Ziels und gibt dadurch die Richtung für die Netzwerkteilnehmer vor. Das „displacement" meint die Vernachlässigung von Alternativen und die Konzentration auf die vom „Translator-Spokesman" vorgegebene Richtung (vgl. Callon 1986, S.24-28).

„strategy of interessment" (Callon 1997, S.17) soll zur Einbindung neuer Akteure führen, mit denen gerade in emergenten Konstellationen kooperiert werden muss, um das Gebiet einer breiten Akzeptanz zuzuführen. Die Netzwerke entstehen demnach aus dem Wunsch einzelner Akteure heraus, ihre Forschungsrichtung bei jeglicher Form von (heterogenen) Akteuren zu etablieren. Über die Zeit entstehen so Netzwerke, deren Akteure (hauptsächlich Unternehmen) immer mehr die gleichen (technologischen) Ziele verfolgen und darauf abzielen, dass Wissen innerhalb dieser Netzwerke frei zirkulieren zu lassen. Für das Fortbestehen von Akteuren wird die Teilnahme an diesen Netzwerken daher unerlässlich[31]. In der stabilisierten Konfiguration hingegen ist das Netzwerk von ähnlichen, homogenen Akteuren geprägt, die durch die gleiche Wissensbasis gekennzeichnet sind und die gleichen Erwartungen haben. Die Motive zur aktiven Teilnahme an den Netzwerken liegen in der Absicht begründet, Kosten und Risiken zu teilen oder die eigene Position abzusichern (vgl. Callon 1997, S.17-20). Schmoch (2003) macht deutlich, dass die Überlegungen von Callon (1997) als interessante Begründung für die Entstehung von Netzwerken zu sehen sind, weist jedoch darauf hin, dass die Voraussetzung dazu eine lange Phase der Emergenz ist (vgl. Schmoch 2003, S. 174). Die Entstehung der Netzwerke unterliegt dabei keinem Lebenszyklus. So repräsentieren die zwei extremen Konfigurationen lediglich einen „snap shoot", die in der Realität aber nur selten vorkommen. So besteht zum einen die ständige Tendenz der emergenten Konfiguration durch Translation stabilisiert zu werden. Zum anderen neigen stabilisierte Konfigurationen aber auch dazu, sich aufzulösen und sich zu verändern. So brechen immer wieder Akteure aus den Netzen mit dem Wunsch nach Differenzierung aus und orientieren sich (technologisch) um, so dass es auch immer wieder zu Rekonfigurationen des Netzes kommt (vgl. Callon 1997, S.22). Dieser Ausbruch wird durch den technologischen „lock-in" erschwert, der die Unternehmen als Gefangene in die „competency trap" führen kann. Gerade ein langes Engagement macht es den Unternehmen häufig schwer, den eingeschlagenen Pfad (trajectory) zu verlassen (vgl. Callon 1997, S.25). Diese Rekonfigurationen sind aber nicht nur auf die

[31] „Actors are condemned to interaction ... if they do not wish to disappear..." (Callon 1997, S.19).

stabilisierten Netzwerke beschränkt, sondern kennzeichnen auch die emergenten Konstellationen (vgl. Schmoch 2003, S.171), bei denen der Ausbruch und die Umorientierung aber noch leichter angegangen werden kann. Festzuhalten bleibt, dass das Engagement von Organisationen in Netzwerken auf den inhärenten Bedarf an Wissen zurückzuführen ist. Der Status des Netzwerkes determiniert dabei die Eigenschaften des Wissens und so die Motive der Netzwerkteilnehmer.

2.2.5. Wissen und Technologie

Der Zusammenhang zwischen Wissen und Technologie wird immer wieder in verschiedenen Studien untersucht[32], die zeigen, dass die Bedeutung des Wissens für Technologien und die technologische Entwicklung nicht pauschalisiert werden darf. Grundsätzlich ist diese Bedeutung des Wissens abhängig vom jeweilig betrachteten Technologiefeld (vgl. Schmoch 2003, S.148) und es gilt daher, die Bedeutung nach einzelnen Technologiefeldern zu differenzieren (vgl. Schmoch 2003, S.155). Der förmliche Begriff „science-based“ wurde zuerst von Pavitt (1984) eingeführt, der die britische Industrie nach vier verschiedenen Unternehmenstypen einteilt. So gehen die Innovationen der „science-based firms“ auf naturwissenschaftliche Erkenntnisse zurück, die vor allem auf den Entwicklungen der zugrundeliegenden wissenschaftlichen Erkenntnisse der Universitäten beruhen[33] (vgl. Pavitt 1984, S.362). Der sich dadurch im angelsächsischen Sprachraum etablierte Ausdruck „science-based“ (vgl. Grupp 1997, S.312) wird in der deutschsprachigen Literatur mit dem Begriff der „Wissenschaftsbindung[34]“ übersetzt (vgl. Grupp und Schmoch 1992, S.2). Die Messung der Wissenschaftsbindung ist, ähnlich wie die Festlegung der Begrifflichkeit, schwierig. Daher gibt es keine eindeutige Messvorschrift. Allerdings hat sich eine Ansatz als tragfähig erwiesen (vgl. Schmoch 2003, S.149), der den Umstand ausnutzt, dass bei der Prüfung von Patentanmeldungen der Stand der Technik recherchiert

[32] u.a. Kline (1985): Innovation is not a linear process; Schmidt-Tiedemann (1982): A New Model of the Innovation Process

[33] Diese Studie von Pavitt (1984) hat ebenfalls gezeigt, dass die Untersuchung der Wissenschaftsbindung nicht auf gesamte Industrien bezogen werden sollte, sondern eher ein technologieorientierter Ansatz gewählt werden sollte (vgl. Grupp und Schmoch 1992, S.6).

[34] Die Adjektive „wissensorientiert“, „wissensintensiv“, „wissensbasiert“ und „forschungsintensiv“ können dazu synonym verwendet werden (vgl. Grupp und Schmoch 1992, S.2).

werden muss. Der frühere Stand der Wissenschaft und Technik wird durch Verweise auf andere Patente, aber auch auf wissenschaftliche Literatur, beschrieben. Dabei wird der Anteil dieser „Nichtpatentliteratur" (NPL) als Maß der Wissenschaftsbindung herangezogen (vgl. Grupp und Schmoch 1992, S.7). Die Motive zur Vergabe von Verweisen auf Nichtpatentliteratur liegen vor allem darin begründet, dass der frühere Stand des Wissens noch in keinem anderen Patent erfasst wurde. So muss die Neuheit und die Erfindungshöhe der Patentanmeldung anhand wissenschaftlicher Publikationen belegt werden. Ein weiteres Motiv besteht darin, dass nicht patentierbare Forschungsergebnisse[35] bei der Patentanmeldung zitiert werden müssen. Ausweichend muss dann auf Nichtpatentliteratur zurückgegriffen werden. Diese Motive entsprechen dem klassischen Fall der Wissenschaftsbindung (vgl. Grupp und Schmoch 1992, S.12-13). Patente, die eine hohe Zahl an Zitate auf Publikationen aufweisen, knüpfen so stark an die Erkenntnisse der grundlagenorientierten Forschung an. Schmoch (2003) schlägt dafür den Begriff einer „wissensbasierten" Technologie vor (vgl. Schmoch 2003, S.150).

2.3. Innovationsprozesse

Bislang wurden die verschiedenen relevanten Begriffe dieser Arbeit aufgezeigt und definiert. Es wurde dabei deutlich, welche bedeutende Rolle Wissen für die Wissenschaft und die Technologie innehat. In diesem Abschnitt werden nun verschiedene Modelle des Innovationsprozesses aufgezeigt und es wird untersucht, welche Modelle sich für Analysen wissensgetriebener Technologien eignen.

2.3.1. Schumpeter und die Innovation

Schumpeter gilt als Vater der Innovationsforschung und hat alle weiteren Innovationstheorien stark beeinflusst (vgl. Grupp 1997, S.56). In seinem Werk „Theorie der wirtschaftlichen Entwicklung" von 1911 legte er den Grundstein für die moderne Innovationsforschung und unterscheidet zwischen wirtschaftlichem Wachstum und wirtschaftlicher Entwicklung. Wirtschaftliches Wachstum bezeichnet

---

[35] Zum Patentschutz nicht zugelassen sind u.a. Entdeckungen, wissenschaftliche Theorien, mathematische Methoden (vgl. Schmoch 1990, S.16).

lediglich „das bloße Wachstum der Wirtschaft, wie es sich in Bevölkerungs- und Reichtumszunahme darbietet“ (Schumpeter 1911, S.96). Die wirtschaftliche Entwicklung dagegen ist eine „fundamentale Veränderung in der Sphäre der Produktion“ (Schumpeter 1911, S.95), die zu „spontanen und diskontinuierlichen Veränderungen der Bahnen des (Wirtschafts-) Kreislaufs“ (Schumpeter 1911, S.99) führt. Ursache der wirtschaftlichen Entwicklung sei eine diskontinuierliche, spontane Durchsetzung neuer Kombinationen von Produktionsmitteln (vgl. Schumpeter 1911, S.100). Diese Umwälzung des Produktionsapparates bezeichnet Schumpeter als Innovation (vgl. Matis und Bachinger 2004) und unterscheidet dabei fünf Fälle:

- „Herstellung eines neuen, d.h. dem Konsumentenkreise noch nicht vertrauten Gutes oder einer neuen Qualität eines Gutes“.
- „Einführung einer neuen, d.h. dem betreffenden Industriezweig noch nicht praktisch bekannten Produktionsmethode, die keineswegs auf einer wissenschaftlich neuen Entdeckung zu beruhen braucht und auch in einer neuartigen Weise bestehen kann mit einer Ware kommerziell zu verfahren“.
- „Erschließung eines neuen Absatzmarktes, d.h. eines Marktes auf dem der betreffende Industriezweig des betreffenden Landes bisher noch nicht eingeführt war, mag dieser Markt schon vorher existiert haben oder nicht“.
- „Eroberung einer neuen Bezugsquelle von Rohstoffen oder Halbfabrikaten, wiederum: gleichgültig, ob diese Bezugsquelle schon vorher existierte – und bloß sei es nicht beachtet wurde sei es für unzulänglich galt – oder ob sie erst geschaffen werden muss“.
- „Durchführung einer Neuorganisation, wie Schaffung einer Monopolstellung oder Durchbrechen eines Monopols“ (Schumpeter 1911, S.100f).

Diese verschiedenen Arten der Innovation entspringen spontan der Wirtschaft und treten diskontinuierlich in Erscheinung. Die zugrundeliegenden neuen Kombinationen treten zunächst neben den alten auf und konkurrieren miteinander. Falls erfolgreich, entziehen sie diesen aber auf Dauer die Produktionsmittel (vgl. Schumpeter 1911, S.101 – 103). Weiterhin, so Schumpeter, sind Innovationen „die überragende

Tatsache in der Wirtschaftsgeschichte der kapitalistischen Gesellschaft“ (Schumpeter 1939, S.93) und Grundlage für die Veränderung des wirtschaftlichen Prozesses (vgl. Schumpeter 1939, S.94). „Die Veränderungen im wirtschaftlichen Prozess, die durch die Innovation hervorgerufen werden, zusammen mit allen ihren Wirkungen und der Reaktion des ökonomischen Systems auf diese Veränderungen, werden mit dem Ausdruck wirtschaftliche Entwicklung gemeint“ (Schumpeter 1939, S.94).

Triebkraft dieser wirtschaftlichen Entwicklung ist der dynamische, innovative Unternehmer, der „rastlos schafft, weil er nicht anders kann“ (Schumpeter 1911, S.137). Der Unternehmer betritt wirtschaftliches Neuland und muss sich ständig neuen Situationen anpassen. Darüber hinaus muss er ausreichend Widerstandskraft besitzen, um mit negativen Reaktionen umgehen zu können. Die Persönlichkeit des Unternehmers ist demnach für die innovative Leistung von entscheidender Bedeutung. Motivation schöpft er aus einem Traum und dem Willen, ein privates Reich zu gründen, das ihm Machtgefühl und Freiheit gibt. Außerdem aus seinem unbedingten Siegeswillen. Das wirtschaftliche Handeln ist für den Unternehmer eher Sport als Arbeit. Dazu zeichnet ihn die Freude am Gestalten aus. Nach Schumpeter ist ein Unternehmer also kein klassischer Beruf, sondern entspricht eher einer Berufung oder einer Fähigkeit, neue Kombinationen (also Innovationen) durchsetzen zu können. Seine unternehmerischen Aktivitäten sind genau dann innovativ, wenn daraus eine Umstrukturierung eines Teils der Wirtschaft entsteht. Für den Unternehmer ist demnach die Umsetzung einer Idee das Maß aller Dinge, und nicht die Schaffung der Idee selber. Durch seine innovativen Tätigkeiten verschafft sich der Unternehmer gegenüber seiner Konkurrenz Vorsprungsgewinne. Diese sogenannten Quasi-Renten heben sich im Laufe der Zeit allerdings wieder auf, da die Konkurrenz beginnt zu imitieren oder selbst zu innovieren.

Der so entstehende Innovationsprozess nach Schumpeter besteht aus drei Phasen: Invention, Innovation und Diffusion[36]. Dabei ist Innovation definiert als eine neue Kombination von Produktionsmitteln. Der Unternehmer muss dabei nicht

[36] Siehe dazu auch in Kapitel 2.1.4.

notwendigerweise der Erfinder eines neuen Produktes oder eines neuen Prozesses sein, die sich aus diesen neuen Kombinationen ergeben. Er setzt lediglich vorhandene Ideen am Markt um und macht dadurch die Invention zur Innovation. Es wird deutlich, dass Schumpeter zwischen der reinen Idee (Invention) und deren Umsetzung (Innovation) unterscheidet: „die Erfindung als solche und die Ausführung der entsprechenden Innovation sind ökonomisch (...) zwei ganz verschiedene Dinge" (Schumpeter 1939, S.92). Allerdings gibt Schumpeter zu bedenken, dass eine Erfindung nicht notwendigerweise eine Innovation auslöst (vgl. Schumpeter 1939, S.91). Die geniale Erleuchtung eines Erfinders wird zunehmend „zur Sache von geschulten Spezialistengruppen, die das, was man von Ihnen verlangt, liefern und dafür sorgen, dass es (...) funktioniert" (Schumpeter 1942, S.215). In seinen späten Werken veränderte sich die Sicht Schumpeters auf die Entstehung von Innovationen. Im Gegensatz zu seinen frühen Werken, die den individuellen Unternehmer betonen[37] vertritt er später die Auffassung, dass es gerade große Unternehmen sind, die die wirtschaftlichen Entwicklung als treibende Kraft[38] zielorientiert und systematisch herbeiführen[39]. Unabhängig von dieser Entwicklung wird deutlich, dass bei Schumpeter die Phase der Erfindung (oder Invention) wesentlicher Bestandteil des Innovationsprozesses und der Phase der Innovation vorgelagert ist.

Eine Begleiterscheinung der Innovation ist nach Schumpeter die Imitation, also das Nachahmen einer Innovation. Innovationen an sich sind keine isolierten Ereignisse, da viele Unternehmen „im Fahrwasser erfolgreicher Innovationen" (Schumpeter 1939, S.108) schwimmen. Die durch die Innovation vorübergehend erreichte Monopolstellung und die dadurch entstehenden Quasi-Renten werden über die Zeit relativiert. Dies geschieht als Folge von Markteintritten imitierender Unternehmen, dient aber auch der Ausbreitung der Innovation (Diffusion) auf den Märkten.

Zusammenfassend zeigt sich, dass Schumpeter nur einige wenige, aber richtungweisende Anmerkungen zum Innovationsprozess in seinen diversen

[37] Auch „Mark 1" genannt. Siehe Schumpeter (1911).
[38] Auch „Mark 2" genannt. Siehe Schumpeter (1942).
[39] Im heutigen Verständnis der Innovation sind beide Sichtweisen von Schumpeter als komplementär zu sehen.

Veröffentlichungen macht. Schumpeter selbst nutzt den Ausdruck „Innovationsprozess" allerdings in keiner seiner Veröffentlichungen. Er thematisiert bei seinen Arbeiten vor allem die Innovation als Teil des Innovationsprozesses. Zu dem auch von Schumpeter nur verbal beschrieben Modell gehören allerdings auch die Invention und die Diffusion (Ausbreitung der Innovation) sowie die Imitation, die jeweils in seinen Werken einen weit geringeren Stellenwert als die Innovation einnehmen, aber dennoch von ihm berücksichtigt werden.

2.3.2. Lineare Modelle

Die Forschung zum Thema Innovationsprozesse wurde lange Zeit von der Vorstellung „linearer" Modelle dominiert. Diese Modelle beschreiben den Innovationsprozess auf verschiedenen Aggregationsstufen als sequentielle Abläufe der Aktivitäten, die sich selber kaum oder gar nicht überschneiden. So werden innerbetriebliche Prozesse beschrieben, diese dann aber auch in einen weiteren (überbetrieblichen) Kontext gestellt werden.

In der englischsprachigen Literatur dominieren zu Beginn der Forschung um den innerbetrieblichen Innovationsprozess sogenannte „Phase-Review-Modelle", die von der NASA in den sechziger Jahren entwickelt und vor allem im militärischen Bereich eingesetzt wurden. Jede abgeschlossene Phase[40] wird durch ein sogenanntes „Management Review" beurteilt, um die korrekte Fertigstellung der einzelnen Aufgaben zu gewährleisten und die nächste Phase einzuleiten (vgl. Herstatt und Verworn 2000, S.2). Ähnlich wie das „Phase-Review-Modell" ist auch das „Stage-Gate-Modell" in verschiedene Phasen („Stages") unterteilt. Zwischen diesen Phasen[41], an den sogenannten „Gates", werden die Entscheidungen jetzt allerdings funktionsübergreifend getroffen (vgl. Herstatt und Verworn 2000, S.3). Generell

[40] Hughes und Chafin (1996) identifizieren folgende Phasen: „Concept Phase", „Definition Phase", „Implementation Phase" und die „Manufacturing Phase" (Hughes und Chafin 1996, S.92).

[41] Die in diesem Modell beschriebenen Phasen sind: „Preliminary Investigation", „Detailed Investigation", „Developement", Testing and Validation" und „Full Production" und „Market Launch" (Cooper 1994, S.5). Im Gegensatz zu Modellen der ersten und zweiten Generation berücksichtigt das Modell der dritten Generation nicht mehr ganz so starre Phasen und Phasenübergänge. Das Modell erlaubt es nicht nur einen Innovationsprozess zu verfolgen, sondern berücksichtigt das ganze Portfolio an Projekten, betont dabei aber gleichzeitig die Individualität jeder einzelnen Innovation (Cooper 1994, S.9).

dienen diese „Phase-Review-Modelle“ und „Stage-Gate-Modelle“ alle der Planung und Durchführung betriebsinterner Innovationsprozesse.

Auch in der deutschsprachigen Literatur gibt es eine Vielzahl an Modellen des Innovationsprozesses, die weitestgehend genauso wie die Modelle aus dem englischsprachigen Raum die betrieblichen Abläufe eines Innovationsprozesses beschreiben. Alle diese Modelle haben gemein, dass sie bei der Ideengenerierung starten und mit der Einführung am Markt enden. Die dazwischen stattfindenden Prozessschritte sind dabei in unterschiedlicher Tiefe ausdifferenziert. Je differenzierte ein Modell, desto spezifischer ist es und kann daher selten auf andere Analysen und Untersuchungsgegenstände transferiert werden[42]. So beleuchten die verschiedenen Modelle jeweils „unterschiedliche Aspekte des Innovationsgeschehens“ (Vahs und Burmester 2002, S.84).

Vahs und Burmester (2002) identifizieren ein Grundschema eines Innovationsprozesses, das die Kernphasen übersichtlich darstellt[43]. Aufbauend auf einer Situationsanalyse und der dadurch entstehenden Problemidentifikation kommt es zu Ideenerfassung und Ideenspeicherung. Durch das Screening wird sichergestellt, dass die ursprüngliche Problemstellung nicht aus den Augen verloren wird. Aus der Vielzahl an gefundenen Lösungen werden durch eine Bewertung die aussichtsreichsten Ideen vom Top-Management ausgewählt. Das Innovationsmanagement wird dadurch zu einer zentralen Führungsaufgabe. Nach der Auswahl erfolgen die Umsetzung und die Realisierung. Erst mit der Markteinführung beginnt der Marktzyklus, und die Invention wird zur Innovation. Durch das parallel ablaufende Innovationscontrolling wird eine systematische und zielorientierte Durchführung des Innovationsprozesses sichergestellt (vgl. Vahs und Burmester 2002, S 89 – 93).

---

[42] Die wichtigsten Beiträge zum Thema Innovationsprozess der deutschen Literatur im kurzen chronologischen Überblick: Thom: Dreiphasenmodell des Innovationsprozesses (Thom 1980, S.53), Geschka: Phasenmodell des Innovationsprozesses (Geschka 1993, S.160), Brockhoff: Phasenmodell (Brockhoff 1994, S.29), Witt: Kernstufen des Innovationsprozesses (Witt 1996, S.10) und Pleschak und Sabisch: Ablauf eines Innovationsprozesses (Pleschak und Sabisch 1996, S.24).

[43] Siehe Abbildung 3.

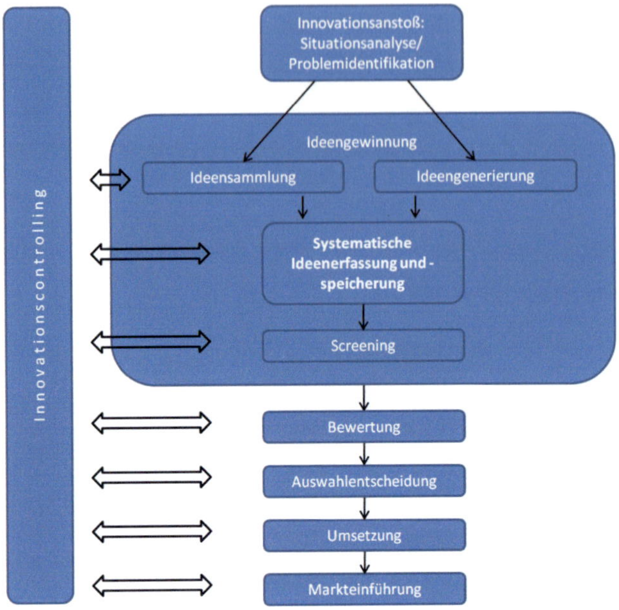

Abbildung 3: Grundschema eines innerbetrieblichen Innovationsprozesses (Vahs und Burmester 2002, S.90)

Gerpott (2005) weist weiterhin auf die prozessuale Betrachtung von Innovationen hin. Der Innovationsprozess ist eine sowohl logische als auch zeitliche Abfolge von Aktivitäten und Entscheidungen. Je nach Definition des Start- und Endpunktes, lassen sich unterschiedlich weit gefasste Abgrenzungen des Innovationsprozesses vornehmen. Der Innovationsprozess im engeren Sinne beschreibt nach Gerpott lediglich die Prozesse, die in einem Unternehmen ablaufen (siehe oben), um ein neues Produkt oder einen neuen Prozess am Markt einzuführen. Zusätzlich dazu umfasst der Innovationsprozess im erweiterten Sinn sowohl Forschungs- als auch Entwicklungsaktivitäten, die optimalerweise eine neue Technologie in Form eines Prototyps hervorbringen. Der Innovationsprozess im weitesten Sinne fügt dem betrieblichen Innovationsprozess einen weiteren wichtigen Aspekt hinzu. Folgende Abbildung 4 macht deutlich, dass zusätzlich noch die Marktausbreitung, also die Diffusion, Bestandteil des Prozesses ist. Die Berücksichtigung der Diffusion sei positiv zu bewerten, da auch „der Markterfolg und Schlüsselfaktoren, welche die Akzeptanz eines Neuproduktes beeinflussen, mit in die Analyse einbezogen werden“ (Gerpott 2005, S.48-50).

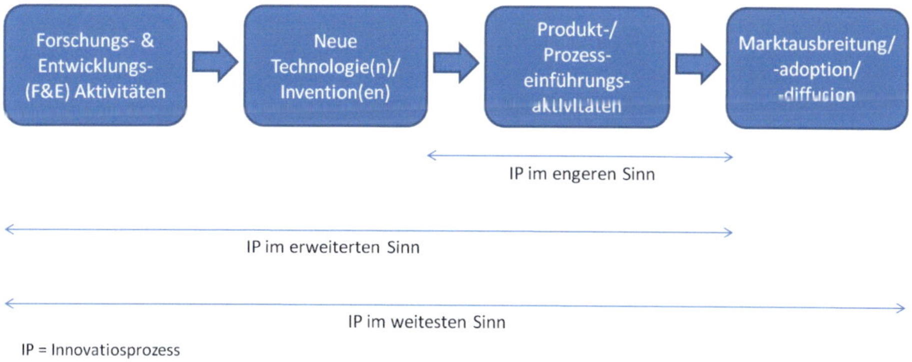

Abbildung 4: Unterschiedliche Abgrenzungen von betriebswirtschaftlichen Innovationsprozessen (Gerpott 2005, S.49)

Auch Brockhoff (1999) sieht die Diffusion als Teil des Innovationsprozesses. Die Invention ist für ihn das Ergebnis von Forschungs- und Entwicklungstätigkeiten. Durch die Markteinführung wird aus der Invention eine Innovation. Setzt sich diese Innovation am Markt durch, spricht Brockhoff (1999) von Diffusion, die durch imitative Nachahmungen der Konkurrenz noch verstärkt wird. Abbildung 5 stellt diesen Sachverhalt grafisch dar:

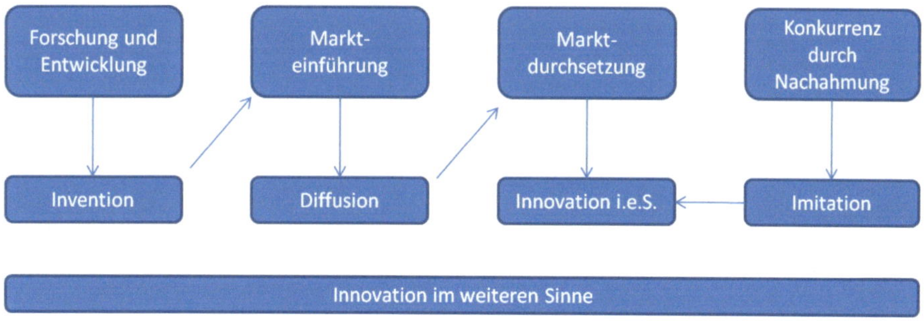

Abbildung 5: Der Innovationsprozess nach Brockhoff (Brockhoff 1999, S.38)

Ähnlich wie Gerpott (2005) sehen auch Brose (1982) und Mohr (1977) die Diffusion als Bestandteil des Innovationsprozesses. Für Brose (1982) sind die Phasen des technischen Fortschritts die Grundlagenphase, die Inventionsphase, die Innovationsphase und die Diffusionsphase (vgl. Brose 1982, S.43). Für Mohr (1977) umfasst die Inventionsphase den Zeitraum der Forschung- und Entwicklung, die Innovationsphase den Zeitraum zwischen abgeschlossener Entwicklung und erster wirtschaftlicher Nutzung und die Diffusionsphase letztlich den Zeitraum der Verbreitung der Neuerung (vgl. Mohr 1977, S.26).

Ein Konsens über Abgrenzung und Umfang dieser Prozesse ist in der Literatur nicht erkennbar. Lediglich die Tatsache, dass die Diffusionsphase im Anschluss an die Inventions- und Innovationsphase als Bestandteil des Innovationsprozesses zu sehen ist, haben diese hier vorgestellten Modelle gemein. Grundsätzlich sind alle diese Modelle sogenannte Phasenmodelle, das bedeutet, dass sich der Innovationsprozess „aus einer Reihe zeitlich aufeinanderfolgender Ereignisse“ (Milling und Maier 1996, S.19) zusammensetzt.

Gleichzeitig entwickelte sich eine Diskussion über den Ursprung und den Antrieb der Innovation, der sich auch in der Modellbildung niederschlug[44].

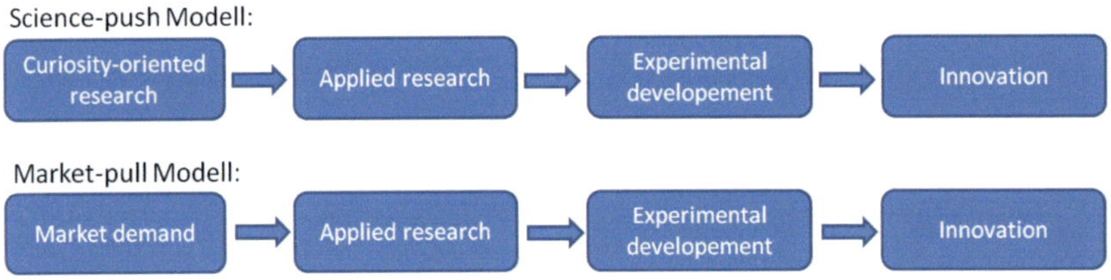

Abbildung 6: "Science-Push" und "Demand-Pull" Varianten des Innovationsprozesses (vgl. Irvine und Martin 1984, S.15f)

In der „Science-Push“-Variante[45] wird der Innovationsprozess durch „curiosity-oriented research“ gestartet. Der Ursprung des Prozesses geht demnach auf die damit gemeinte Grundlagenforschung zurück, was zur angewandten Forschung, zur experimentellen Entwicklung und letztendlich zur Innovation führt. In der „Market-pull“ Variante[46] ist es die Nachfrage des Marktes, die über die verschiedenen Phasen der Forschung zu Innovationen führt.

Das Modell von Pfeiffer und Bischoff (1981) ist ein klassisches lineares Modell der „Science-Push“ Variante aus Unternehmensperspektive und berücksichtig detailliert die Entwicklung der Technologie („Entstehungszyklus“) bevor der typische

[44] Siehe Abbildung 6.
[45] Geht vor allem auf Bush (1945) zurück.
[46] Stark vertreten durch empirische Arbeiten von Schmookler (1966).

Marktzyklus beginnt. Insgesamt ist der integrierte Lebenszyklus dreigeteilt[47], so dass vor dem Entstehungszyklus noch der Beobachtungszyklus durchlaufen wird. Dabei beschreibt der Beobachtungszyklus Beobachtungen im wissenschaftlich-technologischen Vorfeld und ist durch sowohl industrielle als auch nicht-industrielle Grundlagenforschung geprägt. Der sich daran anschließende Entstehungszyklus beschreibt im Gegensatz dazu eher die angewandte Forschung und die Entwicklung (vgl. Reger und Schmoch 1995, S.105). Der darauf folgende Marktzyklus[48] beschreibt lediglich die Marktdurchdringung anhand des Umsatzes bzw. des Gewinns, lässt jedoch offen welche weitere Entwicklung die wissenschaftlichen und technologischen Aktivitäten in dieser Zeit nehmen (vgl. Schmoch 2007, S.1002).

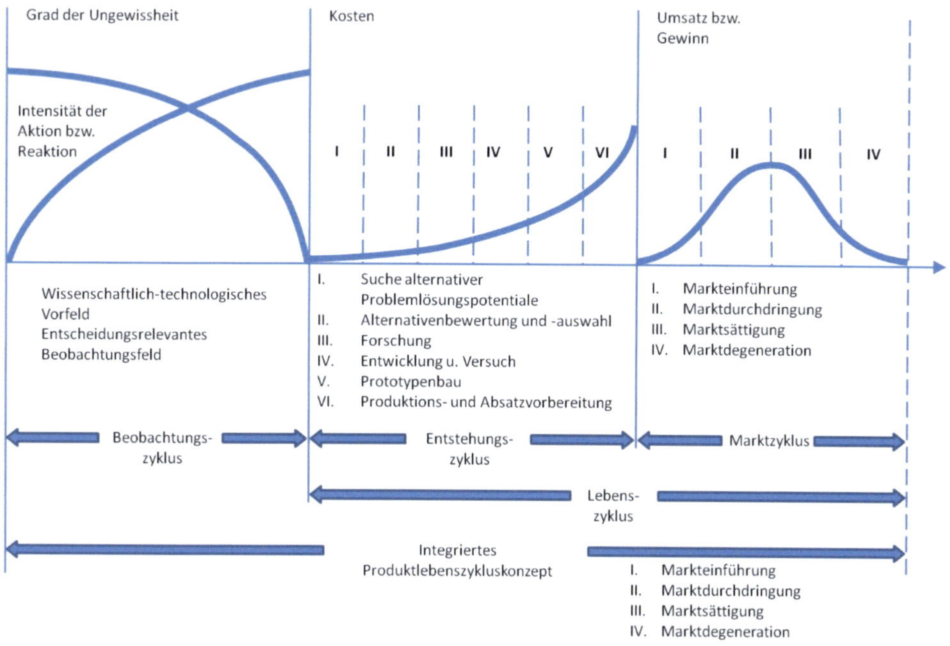

Abbildung 7: Integriertes Produktlebenszykluskonzept (vgl. Pfeiffer und Bischoff 1981, S.136)

---

47 Siehe Abbildung 7.

48 Dieser typische Marktzyklus orientiert sich an dem von Bass (1969) eingeführten Diffusionsmodell, das die Marktdurchdringung als typische Normalverteilung anhand der neuen Nutzer der Technologie (des Produktes) darstellt. Die Integration dieses Verlaufs führt zur klassischen S-Kurve, die durch externe Faktoren (z.B. Marketing) häufig asymmetrische werden kann.

Zusammenfassend lässt sich feststellen, dass sich die in der Literatur vorkommenden innerbetrieblichen Modelle[49] stark in Ihrer Komplexität und ihrem Verwendungszweck unterscheiden. Es wird deutlich, dass es nicht ein Standardmodell gibt. Je nach Fokus und Zielsetzung der Analyse haben alle diese Modelle im Einzelnen ihre Berechtigung. Die daraus resultierende unterschiedliche „Phasierung" ist jeweils vom Untersuchungsgegenstand abhängig (vgl. Thom 1980, S.45). Des Weiteren ist die Abgrenzung der einzelnen Phasen problematisch, da „unter Umständen bestimmte Stufen übersprungen werden oder mehrere Phasen iterativ aneinandergekoppelt sind" (Vahs und Burmester 2002, S.93). Dadurch werden die Grenzen der einzelnen Phasen unscharf (vgl. Miller und Maier 1996, S.19) und die diskreten Prozessschritte sind in der Realität eher ein sich über einen längeren Zeitraum erstreckender stetiger Übergang (vgl. Gerpott 2000, S.53). Demnach läuft der Innovationsprozess nicht streng nach einem Phasenschema ab, sondern die einzelnen Aktivitäten überlappen sich oder laufen sogar parallel ab.

2.3.3. Rückkopplungsmodelle

Die strickte Linearität der im vorherigen Kapitel beschriebene Phasenmodelle wird durch sogenannte „Feedback Modelle" aufgeweicht, deren Hauptaussage darin besteht, dass Innovationen sowohl durch wissenschaftliche Erkenntnisse angetrieben werden (Science-Push) als auch von der Marktseite (Market-Pull) angestoßen werden können (vgl. Schmoch und Reger 1995, S.93). Dieser Umstand wird durch sogenannte Rückkopplungschleifen[50] realisiert.

[49] Nach Gerpott 2005 handelt es sich dabei um den Innovationsprozess im erweiterten Sinne, der aus Forschungs- und Entwicklungsaktivitäten, der Inventionen und den Produkteinführungsaktivitäten besteht (Gerpot 2005, S.49).

[50] Rückkopplungen (engl.: feedback loops) beschreiben den Einfluss einer Komponente über Interaktionsbeziehungen mit anderen Komponenten wieder zurück auf die ursprünglich einflussgebende Komponente (vgl. Niemeyer 1977, S.2). Ursprung ist die Systemtheorie und Kybernetik die auf Bertalanffy (1968) und Wiener (1968) zurückgehen. Man unterscheidet zielsuchende, negative Feedback-Systeme, die zu einem Gleichgewicht tendieren und Wachstums- und Schrumpfungsprozess erzeugende positive Feedbacksysteme, die sich gegenseitig aufschaukeln können (vgl. Forrester 1972, S.15, sowie Kuchenbecker 1999, S.55).

Ein prominenter Vertreter dieser Rückkopplungsmodelle ist Ropohl (1989), der in seinem Modell[51] die strenge Abfolge zwischen den verschiedenen Innovationsstadien aufhebt und die technologische Entwicklung anhand von drei Blöcken (Wissensproduktion, Güterproduktion und Güterverwendung) beschreibt. Dabei existieren Rückkopplungen („Bedürfnisse") von der Güterverwendung hin zur Wissen- und Güterproduktion, aber auch von der Wissensproduktion hin zu Güterprododuktion und Güterverwendung („Technische Möglichkeiten) (vgl. Ropohl 1998, S.19).

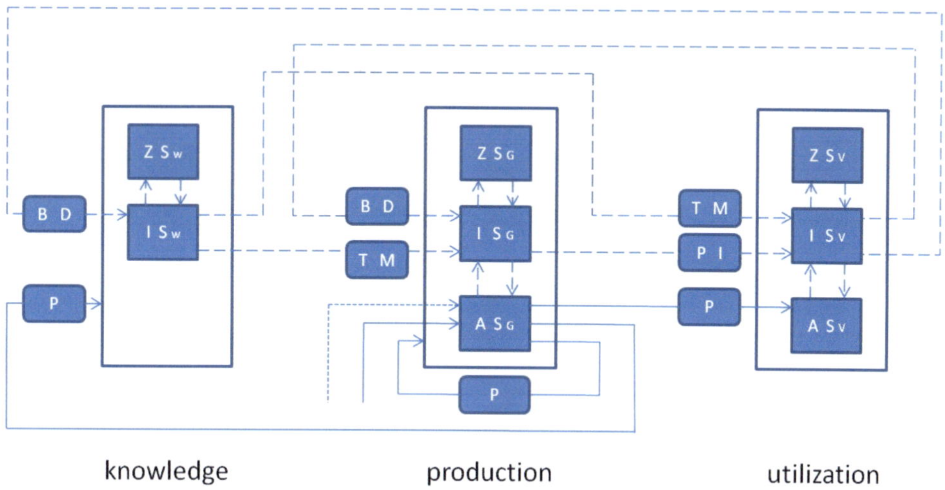

Abbildung 8: Soziotechnische Systeme der Mesoebene und ihr Einfluss auf den technischen Fortschritt (vgl. Ropohl 1989, S.19)

Genauso wie bei Ropohl (1989), findet sich auch im Modell von Roy und Cross (1983)[52] die Abbildung der zwei Treiber der technologischen Entwicklung. Ausgehend vom zentralen Block „sources of ideas" wird der Innovationsprozess in einem Kreislauf beschrieben, der über die Invention, die Entwicklung, die Produktion letztendlich in der Innovation und deren Diffusion resultiert. An dieser Stelle gibt es eine Rückkopplung zur Invention. Der starre Ablauf des Prozesses wird dadurch aufgehoben, dass der zentrale Block jederzeit auf die anderen Abschnitte Einfluss hat, diese aber nicht auf ihn Einfluss nehmen können.

---

[51] Siehe Abbildung 8.

[52] Siehe Abbildung 9.

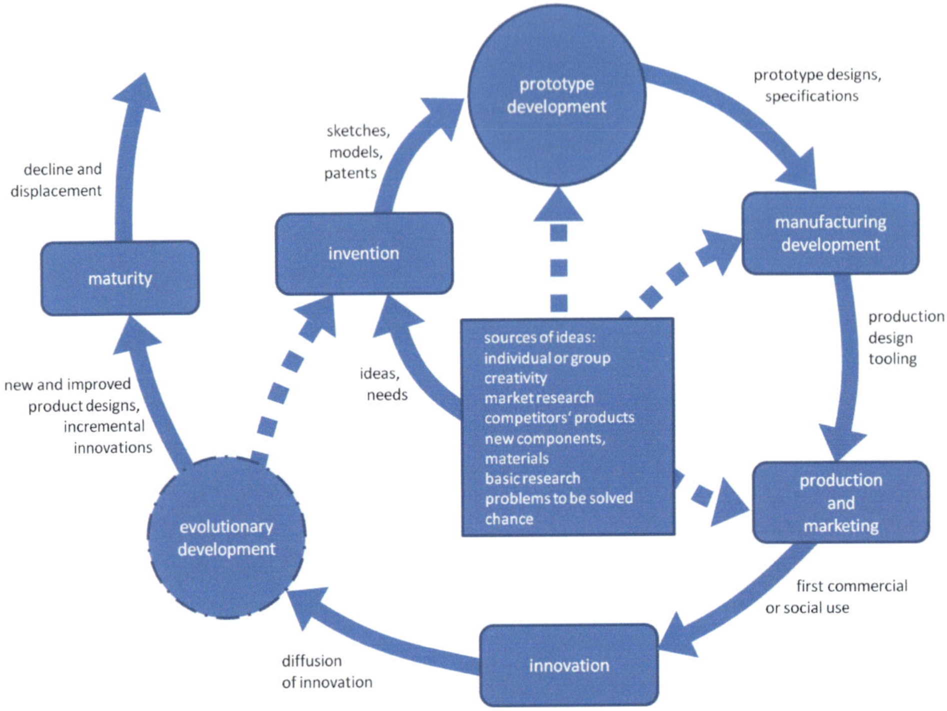

Abbildung 9: Kreismodell der Innovation nach Roy und Cross (1983) (zitiert in Schmoch und Reger 1996, S.95)

Eine weitere rekursive Modellkonstruktion ist das Modell von Kline und Rosenberg (1986), dass in der folgenden Abbildung 10 dargestellt ist und auch unter dem Namen „chain-linked modell" bekannt ist. Dieses Modell besteht aus den verschiedenen Elementen, die auf unterschiedliche Weise miteinander verbunden sind und verschiedene Pfade der Innovation ermöglichen. Der zentrale Prozess dieses Modells („C") ähnelt stark den bereits dargestellten Innovationsprozessen und beginnt und endet mit Bezug zum Markt. Dadurch wird die Bedeutung des Marktes als anstoßgebender Faktor herausgestellt. Neu an diesem Modell sind die Rückkopplungen vom Markt („Distribute and Market") zu den einzelnen Elementen des zentralen Pfades („F" und „f"), insbesondere zum „potentiellen Markt". Somit wird deutlich, dass neben der Invention auch der Markt selbst Treiber von Innovationen sein kann. Parallel dazu steht die Forschung, die den Prozess in den einzelnen Phasen mit Wissen versorgt („D" und „S") und nicht nur am Anfang des Prozesses Einfluss nimmt (vgl. Kline und Rosenberg 1986, S.289).

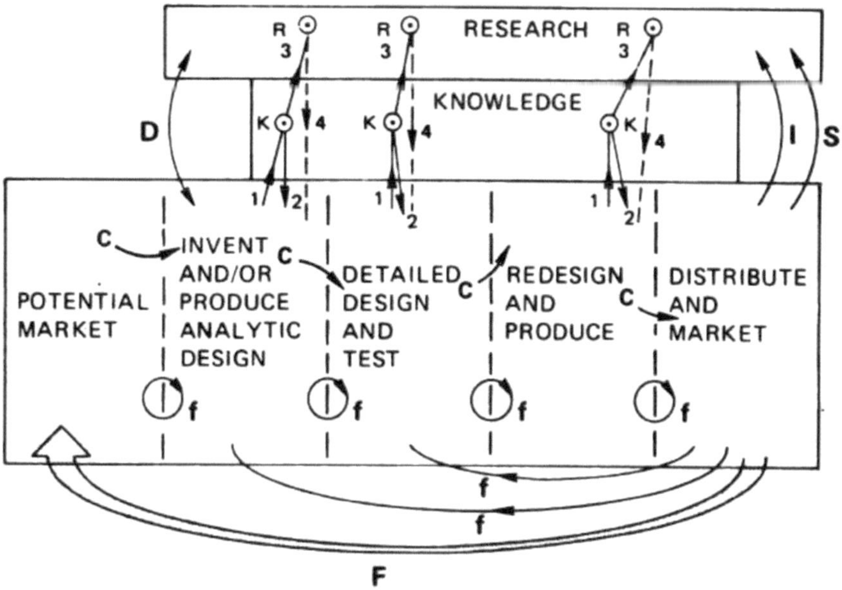

Abbildung 10: Das verkettete Model von Kline und Rosenberg (Kline und Rosenberg 1986, S.290)

Gleichzeitig bleiben aber auch diese Modelle nicht ohne Kritik. So vermischt zum Beispiel das Modell von Kline und Rosenberg (1986) die zugrundeliegenden analytischen Kategorien und verwendet unkonventionelle Terminologien. So sind die Elemente des zentralen Prozesses offensichtliche Teile des Innovationsprozesses, die Forschung und das Wissen sind dabei allerdings eher kognitiven und partielle institutionellen Kategorien zuzuordnen (vgl. Schmoch und Reger 1995, S.98). Desweiteren sind die in diesem Kapitel beschriebenen rückgekoppelten Innovationsmodelle zwar realitätsnäher als die sequentiellen Modelle, können allerdings auch nicht restlos deutlich machen, wie das Wissen mit dem Innovationsprozess in Berührung kommt. Ohne eine Einbeziehung dieses Aspekts kann die Entwicklung wissensbasierter Technologien nicht beschrieben werden. Die reine Existenz von Rückkopplungen ist zwar plausibel, kann aber das Zustandekommen von Innovationen aufgrund des fehlenden ökonomischen Kalküls nicht erklären (vgl. Grupp 1997, S.18). Desweiteren mangelt es den hier vorgestellten sequentiellen und Rückkopplungs-Modellen[53] an einer expliziten Zeitachse. Grupp

[53] Ausnahme ist das zweidimensionale „Gleichzeitigkeits"-Modell („concomitance-model") von Schmidt-Tiedemann (1982). Die horizontale Achse entspricht dem Zeitverlauf durch die Phasen der Exploration, der

macht deutlich, dass diese beiden Modelltypen für die Darstellung wissensbasierter Innovationsprozesse nicht geeignet sind, weil die Wechselwirkungen zwischen Wissenschaft, Technik und Innovation nicht berücksichtigt werden (vgl. Grupp 1997, S.19). Gerade die zunehmende Bedeutung wissensbasierter Technologien macht es nötig, die Rolle der Wissenschaft und der Technologie in Innovationsprozess genauer zu betrachten (vgl. Schmoch 2007, S.1003).

2.3.4. Innovationsprozesse und wissensbasierte Technologien

Untersuchungsgegenstand dieser Arbeit ist die Analyse des Innovationsprozesses einer einzelnen, wissensbasierten Technologie. Wie gesehen, können die bisher vorgestellten Modelle zu diesem Zweck nicht herangezogen werden. Daher werden an dieser Stelle Modelle und Studien von Innovationsprozessen und Technologielebenszyklen eingeführt, die die Wissensgenese berücksichtigen und auf wissensbasierte Technologien angewendet werden können. Diese Modelle existieren in der Literatur auf verschiedenen Aggregationsstufen und Herangehensweisen und können sich daher unterscheiden. Die Ursache für die unterschiedlichen Technologielebenszyklen ist in der Zugehörigkeit zu verschiedenen Sektoren und in der Komplexität der Technologien begründet (vgl. Schmoch 2007, S.1000).

Ein Beispiel für eine hohe Aggregationsstufe ist das Modell von Kondratieff (1926), das auf der Annahme basiert, dass es einen Zusammenhang zwischen der wirtschaftlichen Entwicklung und der Entwicklung von Technologien (Innovationen) gibt[54]. Kondratieff beschreibt diesen Zusammenhang in seinem Modell der langen Wellen.

Innovation und der Diffusion. Die vertikale Achse unterscheidet drei verschiedene Funktionen: Forschung, Technik und Kommerzialisierung, deren Aktivitäten simultan ablaufen und untereinander interagieren (vgl. Schmidt-Tiedemann 1982, S.18-21).

[54] Ähnlich wie bei Schumpeter der auch Innovationen als die Triebfeder der wirtschaftlichen Entwicklung sieht (Stichwort: Konjunkturzyklen, siehe auch Kapitel 2.3.1).

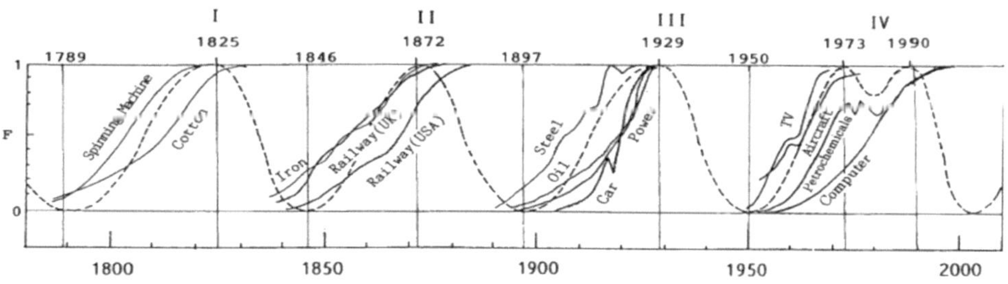

Abbildung 11: Modell der langen Wellen nach Kondratieff (gestrichelt) und Diffusion von Innovationen[55] (vgl. Hirooka 2003, S.557)

Abbildung 11 verdeutlicht diese Entwicklungen und stellt gleichzeitig die für die wirtschaftliche Entwicklung relevanten Innovationen dar. Es wird deutlich, das ökonomische und technologische Zyklen parallel verlaufen. So beschreibt die erste Welle (1789-1825) die industrielle Revolution in England, die durch die starke Entwicklung der Textilindustrie, charakterisiert durch Innovation bei den Webmaschinen, hervorgerufen wird. Die zweite Welle (1846-1872) der wirtschaftlichen Entwicklung ist durch Innovationen im Bereich der Eisenbahn und der Stahlherstellung geprägt. Die dritte Welle (1900-1942) resultiert aus dem Übergang der USA von einem Entwicklungsland hin zu einer Industrienation. Im Rahmen dieser Industrialisierung gab es eine Reihe von Innovationen im Bereich der Stahlherstellung, der Ölförderung oder in der Automobilindustrie. Nach dem zweiten Weltkrieg startet die vierte Welle (1950-1990) der wirtschaftlichen Entwicklung, getrieben durch Innovationen in der Flugzeugindustrie und in der Petrochemie. Diese Welle wurde schwer von der Ölkrise (1973) beeinflusst, erholte sich jedoch durch Entwicklungen in der Informations- und Kommunikationstechnologie sowie der High-Tech-Industrien (vgl. Hirooka 2003, S.556-558).

Die Analyse dieser langen Zyklen bezieht sich wie beschrieben auf ein stark aggregiertes Level (Makro-Level) der technologischen Entwicklung und beleuchtet teilweise die Bedeutung ganzer Industrien. Für die Analyse spezieller, einzelner Technologien sind diese Art von Modellen daher nicht geeignet. Zur Analyse der einzelnen Technologien werden Modelle und Studien auf der sogenannten Meso-

[55] Die vertikale Achse steht für die Marktsättigung der dargestellten Technologien. Die Marktsättigungsgrenze liegt bei 1.

Ebene herangezogen (vgl. Schmoch 2007, S.1002), die im Folgenden betrachtet werden.

In diesem Zusammenhang ist die grundlegende Arbeit von Dosi (1982) zu nennen, der eine weitere Präzisierung von Mustern des technologischen Wandels lieferte, indem er die „wissenschaftssoziologische Auffassung des Paradigmas[56]“ (Grupp 1997, S.81) auf die Erklärung von Dynamiken des technologischen Wandels überträgt. Das so entstehende technologische Paradigma stellt ein Leitbild dar, das für die relevanten Probleme und deren Lösung das benötigte Wissen bereitstellt. Innovationen sind nach Dosi (1982) demnach paradigmen-gebundene Problemlösungsprozesses, die durch die technologischen Chancen und die Aneignungsmöglichkeiten beeinflusst werden. Im Zentrum dieser Innovationstheorie steht die Art und Weise, wie Organisationen ihr Wissen anhäufen, um technologische und organisatorische Probleme zu lösen. Da nicht alles technologisches Wissen frei zirkuliert und manches firmenintern gehalten wird, ist der Zugang zu technologischem Wissen, und somit auch die Chancen, nicht für alle Organisationen gleich. Die Aneignungsmöglichkeiten werden durch gewerbliche Schutzrechte oder die frühe Vermarktung gekennzeichnet und sind je nach Technologie sehr unterschiedlich (vgl. Schwitalla 1992, S.64-65). Gleichzeitig liefert das technologische Paradigma, sofern es sich durchgesetzt hat, den Rahmen für die Entwicklung technologischer Trajektorien (Pfade): „Thus, a technological trajectory is a cluster of possible technological directions whose outer boundaries are defined by the nature of the paradigm itself“ (Dosi 1982, S.154). Der technologische Wandel verläuft auf dieser technologischen Trajektorie entlang den ökonomischen und technischen Zielkonflikten innerhalb des Paradigmas (vgl. Grupp 1997, S.81).

Im Rahmen der Diskussion technologischer Paradigmen und deren Trajektorien fällt auch immer wieder der Begriff des „Dominanten Designs“, der ebenfalls wie Dosi in seiner Theorie die Durchsetzung einzelner Technologien beschreibt. Der Begriff geht auf Studien in der Automobilindustrie von Abernathy (1978) und Abernathy und

[56] Der Begriff des Paradigmas geht auf Thomas Kuhn zurück.

Utterback (1978) zurück und wird seitdem zur Untersuchung der Entwicklung von Technologien und den angeschlossenen Industrien angewendet und weiterentwickelt. So sind für die Strukturierung von Industrien nicht nur die Nachfrageseite relevant, sondern auch die Potentiale und Möglichkeiten der Technologie selbst. Hinter dem Begriff des „Dominanten Designs“ steht die Beobachtung, dass die Entwicklung von Technologien[57] auf ein „Trial and Error“ Verfahren der involvierten Organisation zurückzuführen ist, welches durchaus ein Risiko darstellen kann. So ist einerseits zu Beginn des Engagements das gesamte Potential der Technologie häufig nicht abzusehen. Anderseits sind in diesem frühen Stadium die Bedürfnisse der Nachfrageseite noch nicht deutlich ausgeprägt. Als Resultat daraus müssen zur Reduktion der noch herrschenden Unsicherheit verschiedene Designs entwickelt und getestet werden. Setzt sich ein Design technologisch durch und wird breit von der Nachfrage akzeptziert, ist das „Dominante Design“ gefunden. Die zugehörige Industrie ändert sich dadurch und muss sich diesem Design anpassen (vgl. Murmann und Frenken 2006, S.932). Die Entwicklung eines „Dominanten Designs“ beschreibt demnach die Fokussierung auf eine standardisierte, massentaugliche Technologie über einen gewissen Zeitraum. Nach Abernathy (1978) vollzieht sich diese Entwicklung von flexiblen hin zu spezialisierten Prozessen in verschiedenen Schritten. Im ersten Schritt wird ein Modell entworfen, das sich zwar nicht als radikale Innovation, sondern als Synthese von Innovation vorheriger Modelle darstellt, allerdings noch eine geringe Zahl an Nutzern anspricht. Der zweite Schritt ist dadurch gekennzeichnet, dass sich ein „Dominantes Design“ abzeichnet und sich bereits erhebliche Marktanteile sichern kann, dadurch aber gleichzeitig imitative Aktivitäten konkurrierender Designs hervorruft. Im dritten und letzten Schritt sind alle Wettbewerber gezwungen, dem „Dominanten Design“ zu folgen und sich der beginnenden Standardisierung anzuschließen. Eine mögliche Alternative ist nur die Einstellung der Aktivitäten (vgl. Abernathy 1978, S.147). Das „dominanten Design“

---

[57] Die Ausdehnung des Begriffs auf einzelne Technologien ist durchaus üblich, wie im Lead-Markt-Modell von Beise (2006) zu sehen. So kann durchaus auch ein bestimmter Entwicklungspfad (Trajektorie) dominant werden. Ein Design (Technologie oder Trajektorie), dass sich international durchsetzt, kann als „Global Dominantes Design“ bezeichnet werden (vgl. Beise 2006, S.49).

diffundiert damit vollständig durch die technologieentwickelnde Industrie (vgl. Abernathy 1978, S.61-62). Das „Dominante Design" muss dabei nicht der technologisch elegantesten Lösung entsprechen, sondern ist eher als ein Kompromiss zu sehen, der die Anforderungen der Nachfrage am ehesten erfüllen kann.

Studien zur Entwicklung von wissensbasierten Technologien sind bislang nicht sehr verbreitet. An dieser Stelle sollen zwei dieser Studien vorgestellt werden, die sich mit dem Innovationsprozess von wissensbasierten Technologien als Forschungsgegenstand beschäftigen. Eine qualitative Studie ist die von Rickerby and Matthews (1991), die einen typischen Innovationsprozess der wissensbasierten Oberflächentechnologie abstrahiert und sogar eine zeitliche Betrachtung zulässt.

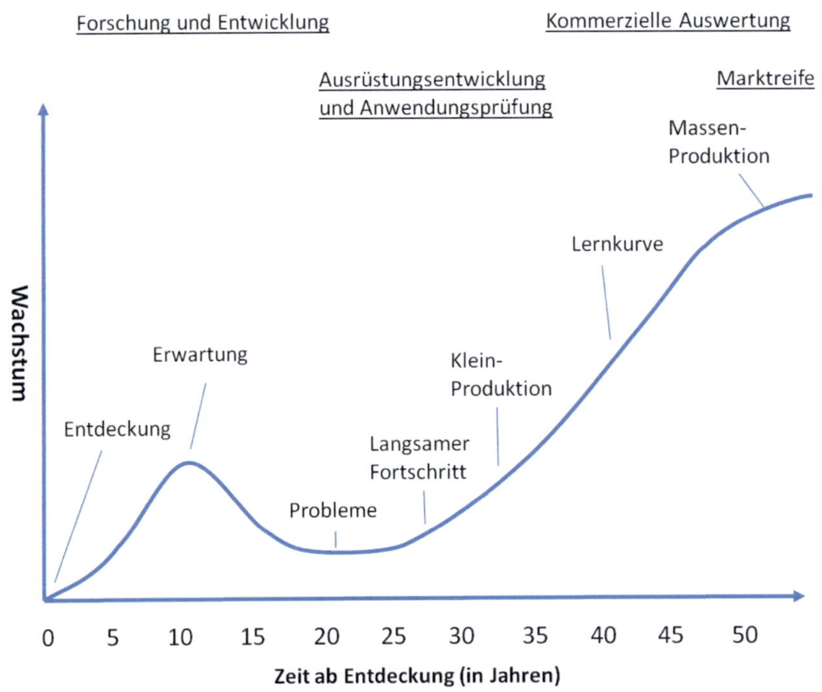

Abbildung 12: Innovationsverlauf der Oberflächentechnologie (Rickerby and Matthews 1991, S.347[58])

Wie in Abbildung 12 zu sehen erstreckt sich die Entwicklung von der Entdeckung hin bis zur Massenproduktion über 50 Jahre und wird am Wachstum der Verkäufe gemessen. Die Entwicklung „technological commercial exploitation curve" lässt zwei

[58] Im Original liegt die Abbildung im Englischen vor. Die Übersetzung orientiert sich an Schmoch 2003, S.177.

Spitzen erkennen. Die frühe Wachstumsphase ist durch hohe Erwartungen an die Technologie gekennzeichnet, die allerdings durch auftretende Probleme schnell wieder gebremst werden und zu einem Rückgang des Wachstums führen. Über den langsamen Fortschritt und eine Kleinproduktion kommt man von der Forschung und Entwicklung hin zur kommerziellen Auswertung mit der Massenproduktion zur zweiten Spitze. Schmoch (2003) zieht an dieser Stelle eine Verbindung zu Callon[59] (1997) und vermutet, dass die frühe Phase mit der ersten Spitze zu emergenten Konfigurationen passen würde, die von Unsicherheiten und Risiken geprägt sind.

Neben dieser qualitativen Betrachtung besteht die Möglichkeit die Entwicklung von wissensbasierten Technologien quantitativ zu beschreiben. Dazu werden häufig die folgenden Indikatoren herangezogen:

- Publikationen zur Messung wissenschaftlicher Aktivitäten.
- Patentanmeldungen zur Messung technischer Aktivitäten und
- installierte oder verkaufte Einheiten zur Messung der Marktdurchdringung (vgl. Schmoch 2007, S.1004-1005).

So beschreiben Grupp und Schmoch (1992b) die Entwicklung der Laser- und Polyimidetechnologie[60] quantitativ anhand von Patentdaten (siehe Grupp und Schmoch 1992b, S.278). Im Falle der Lasertechnologie fügte Schmoch (1997) noch die wissenschaftliche Entwicklung anhang von Publikationen hinzu[61].

[59] Siehe dazu Kapitel 2.2.4.
[60] „laser beam sources“ und „polimides“.
[61] Siehe Abbildung 13.

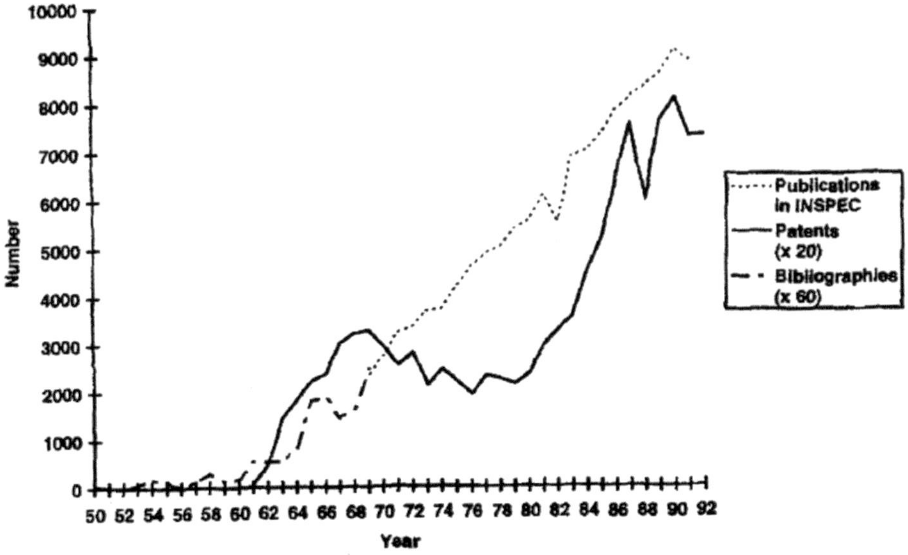

Abbildung 13: Patente (durchgezogene Linie) und Publikationen (gestrichelte Linie) im Bereich der Lasertechnologie (vgl. Schmoch 1997, S.111)

Beeindruckend ist die Tatsache, dass sich der Verlauf der qualitativ identifizierten Entwicklungen der Technologie nach Rickerby and Matthews (1991) auch in der Analyse der quantitativen Patentdaten wiederfindet. Wie die Abbildung 13 zeigt, starten die Publikations- und Patentaktivitäten nahezu gleichzeitig. Nach der Phase der hohen Erwartungen fielen die Patentanmeldungen bis Mitte der 70ger wieder ab, da verschiedene technische Probleme die Bedienung des breiten Marktes (noch) verhinderten. Durch die verschiedenen Anwendungsmöglichkeiten des Lasers ergaben sich neue Einsatzgebiete und ließen die Patentaktivitäten wieder ansteigen. Im Gegensatz dazu stiegen die wissenschaftlichen Aktivitäten kontinuierlich an und folgten nicht dem zyklischen Verhalten der Patente. Dies lies auf eine hohe Unabhängigkeit der Wissenschaft schließen (vgl. Schmoch 1997, S.110-111).

Wie schon in Kapitel 2.3.2 angedeutet, ist der Ursprung der in den Studien und Modellen beschriebenen technologischen Entwicklung in der Literatur zu Innovationsprozessen umstritten[62]. Schmoch (2007) gelingt es zu zeigen, dass diese zwei „Einflüsse" („Science-Push" und „Demand-Pull") in der Entwicklung von wissens-

[62] Stichwort: „Science-Push" vs. „Market-Pull".

basierten Technologien wiederzufinden sind. So untersucht Schmoch (2007) 44 wissensbasierte Technologien zwischen 1970 und 2001 und identifiziert 22[63] dieser Technologien, deren Entwicklung dem „Double Boom"-Schema folgen. Für zehn Technologien konnte ein schwacher „Double Boom" festgestellt werden. Zwei Felder zeigten bereits Anzeichen für den ersten Boom und zehn Technologien zeigten kein typisches „Double Boom"-Verhalten. Der erste Boom kann als "Science-Push" beschrieben werden und wird durch die hohen Erwartungen der wissenschaftlichen Aktivitäten ausgelöst, deren technologische Realisation und Umsetzung sich aber dann als schwieriger erweist als angenommen. Führen die unbefriedigten Forschungsergebnisse zu Beginn des ersten Booms noch zu weiteren Forschungsaktivitäten, wird nach dem ersten Boom vorerst auf weitere, neue Forschung verzichtet. So sind in der Entwicklung deutliche Rückkopplungen[64] zu erkennen, die innerhalb des Booms erst negativ und dann positiv sind. Sobald die grundlegenden Probleme aber wissenschaftlich gelöst sind, kommt es zur Markteinführung, auch wenn die Unternehmen noch skeptisch und eher abwartend sind. Die Nachfrage des Marktes nach spezifischen Anwendungen stößt den zweiten Boom an, der durch technologische Aktivitäten geprägt ist und daher als „market pull" bezeichnet wird. Auch hier sind Rückkopplungen zu beobachten. So führt das Fehlen von neuen Anwendungen oder von unbefriedigten technischen Realisationen zu einem Ansteigen der Aktivitäten. Zusammengefasst führt der erste Boom, der durch eine hohe Unsicherheit und durch gleichzeitiges Engagement der Wissenschaft und der Industrie geprägt ist, zu grundlegenden Konzepten und Lösungen. Der zweite Boom hingegen ist durch ein höheres Level an Sicherheit bezüglich der noch zu lösenden Probleme geprägt und gleichzeitig stark auf die Anforderungen des Marktes fokussiert (vgl. Schmoch 2007, S.1008-1012).

Diese Idee des „Science-Push" und des „Demand-Pull" ist bereits bei Grupp (1997) zu finden und fasst die Ergebnisse der empirischen Studien und theoretischen Modelle

[63] Siehe dazu Schmoch 2007, S.1006.
[64] Siehe dazu Kapitel 2.3.3.

zur Entstehung von wissensbasierten Technologie zusammen. Die oben beschrieben Analyse der 44 Technologien von Schmoch (2007) geht auf dieses Modell zurück. In dem von Grupp (1997) veröffentlichten Modell „Standardisiertes Schema zur Einordnung des wissenschaftlich-technischen Fortschritts bei der Marktentstehung“[65] werden die folgenden Phasen des Innovationsprozesses unterschieden:

I. Erste Explorationen im wissenschaftlichen Bereich.

II. Gut entwickelte Wissenschaft; erste technische Realisierungen.

III. Wissenschaft entfaltet; Technik noch ausbaufähig; Prototypen.

IV. Schwierigkeiten bei der wirtschaftlichen Umsetzung erkennbar.

V. Zeitweilige Stagnation in Wissenschaft und Technik; Umorientierungen.

VI. Industrielle F&E sieht neue Möglichkeiten; aber noch ausbaufähig.

VII. Erste kommerzielle Anwendungen; industrielle F&E und wirtschaftliche Entwicklung entfalten sich voll.

VIII. Durchdringung aller Märkte; F&E nimmt bezogen auf den Umsatz an Bedeutung ab (vgl. Grupp 1997, S.34).

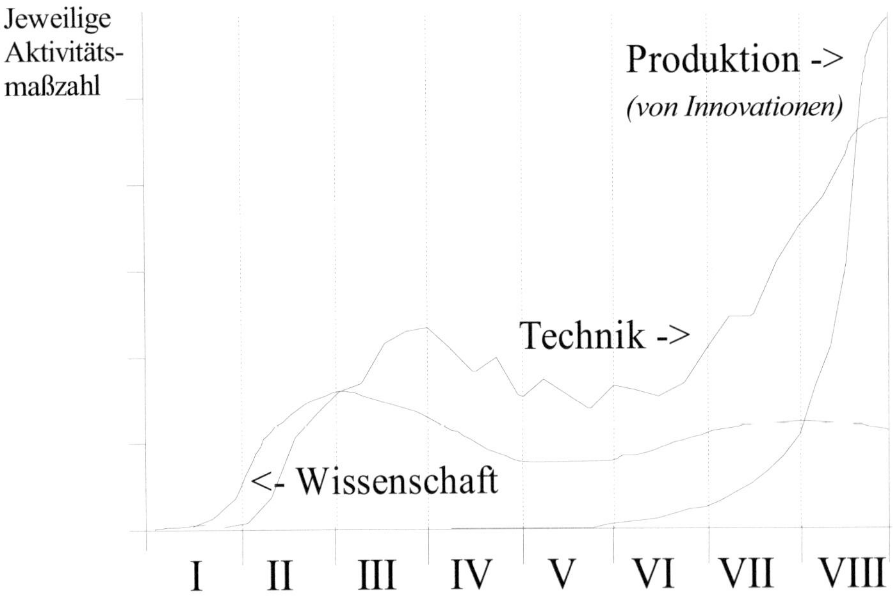

Abbildung 14: Standardisiertes Schema zur Einordnung des wissenschaftlich-technischen Fortschritts bei der Marktentstehung (Grupp 1997, S.34)

[65] Siehe Abbildung 14.

Dieses Schema macht deutlich, dass die Entwicklung einer Technologie als Ergebnis des Innovationsprozesses einem gewissen Muster folgt, das durch Indikatoren (Aktivitätsmaßzahlen) dargestellt werden kann. Wie auch Schmoch (2007) später zeigte, entwickeln sich diese Aktivitäten des Innovationsprozesses wellenartig, so dass man von einem „Double Boom“ spricht (vgl. Schmoch 2007, S.1005). Dabei wird der erste „Boom“ als „Science-Push“ (insbesondere Phase II und III) oder auch „Technology-Push“ bezeichnet. Das bedeutet, dass die Entwicklung der Technologie in dieser Phase hauptsächlich durch die Erwartungen der Wissenschaft angetrieben wird. Nach einer kurzen Retardierungsphase (Phase V) setzt der sogenannte „market-pull“ (Phase VI) ein. Treiber für die Weiterentwicklung der Technologie ist dann der Markt, der nach Verbesserungen und Differenzierung verlangt (vgl. Schmoch 2007, S.1011 und Grupp 1997, S.34). Dabei müssen die Anwendungen (Technik) nicht unbedingt auf die wissenschaftlichen Erkenntnisse des ersten Booms zurückgreifen, sondern gehen parallel einher mit neuen wissenschaftlichen Erkenntnissen (vgl. Grupp 1997, S.33). Das Modell von Grupp (1997) macht bereits deutlich, dass die Entwicklung von Technologien nicht als S-Kurven modelliert werden kann, sondern durch die vor allem von Schmoch (2007) identifizierten Rückkopplungen modelltheoretisch zu einem „Auf und Ab“ (Grupp 1997, S.31) mit zyklischem Charakter führt.

Die in diesem Kapitel eingeführten Modelle und Theorien geben außerdem einen Einblick in die zeitliche Dynamik der Entwicklung von Technologien und deren Innovationsprozesse. Dabei sind für diese Arbeit vor allem die Erkenntnisse der Mesoebene von Interesse. Im Modell von Rickerby und Matthews (1991) sind die ersten 20 Jahre mit dem ersten Boom gekennzeichnet durch Forschungs- und Entwicklungsaktivitäten, motiviert durch hohe Erwartungen. Nach Lösung der auftretenden Probleme beginnt die zweite Welle 30 Jahre nach der ursprünglichen Entdeckung. Der typische Innovationsverlauf endet in diesem Modell 50 Jahre mit der Massenproduktion und der Marktreife. Die Entwicklung der Laser- und Polyimidetechnologie bei Grupp und Schmoch (1992b) erstreckt sich lediglich über 40, bzw.

über 30 Jahre. Auch Schmoch (2007) verweist auf eine beachtliche Länge seiner identifizierten technologischen Entwicklung hin und terminiert die Verzögerung (Retardierung) zwischen den zwei Booms mit 15 Jahren oder länger, macht aber gleichzeitig auch klar, dass der Gipfel des zweiten Booms bei den betrachteten Technologien noch nicht erreicht und so eine klare Aussage über die zeitliche Dynamik schwierig ist (vgl. Schmoch 2007, S.1009).

Wenn auch keine Einigkeit über die zeitliche Dynamik der Entwicklung von wissensbasierten Technologien herrscht, kann jedoch der typische wellenartigen Verlauf der Entwicklung mit den zwei Booms und den eng verflochtenen wissenschaftlichen und technologischen - parallel stattfindenden - Aktivitäten angenommen werden. Eine starre lineare Betrachtung der Entwicklung einer wissensbasierten Technologie ist daher nicht zielführend, dennoch können auch wie z.B. im Modell von Grupp (1997) gesehen, Phasen identifiziert werden.

2.4. Innovationsindikatoren

Um die Innovationstätigkeiten im Rahmen des Innovationsprozesses quantitativ darzustellen, bedient man sich bei empirischen Untersuchungen verschiedener Maße, wie z.B. staatliche Förderung der Forschung und Entwicklung, wissenschaftliche Veröffentlichungen oder Patentanmeldungen. Diese quantitativen Maße sind einerseits Grundlage des Innovationsprozesses. Andererseits resultieren sie aus dem Innovationsprozess. Insgesamt können diese Maße Hinweise auf die Intensität der Innovationsaktivitäten geben (vgl. Schwitalla 1992, S.10) und lassen sich wie folgt gruppieren.

Zum einen in die **„Input- oder Ressourcenindikatoren"**, die messen, was in den Innovationsprozess hineinfließt. Der F&E-Personalindikator erfasst dabei alle direkt an F&E-Aktivitäten beteiligten Personen. Um die internationale und branchenübergreifende Vergleichbarkeit sicherzustellen, beziehen sich die Angaben zum F&E-Personal immer auf das Vollzeitäquivalent. Die F&E-Ausgaben als weiteres Beispiel umfassen alle Ausgaben, die in F&E-Prozesse fließen (vgl. OECD 2002, S.20f). Die staatliche F&E-Förderung unterstützt die ganze Bandbreite der Akteure des

Innovationsprozesses. Angefangen bei Hochschulen und Forschungseinrichtungen durch die gezielte Förderung der Grundlagenforschung bis hin zu Unterstützung von F&E-Projekten in Unternehmen zur Förderung gezielter Entwicklungen.

Zum anderen die „**Output- oder F&E-Ertragsindikatoren**", die versuchen die Ergebnisse des Innovationsprozesses quantifizierbar zu machen. Dazu gehören die Publikationen, also wissenschaftliche Veröffentlichungen, die den Output der wissenschaftlichen Forschung widerspiegeln. Die Analyse dieser überwiegend in Fachzeitschriften publizierten Ergebnisse nennt man Bibliometrie (vgl. Grupp 1997, S.174). Carrizo-Sainero (2000) definiert die Bibliometrie als ein „ensemble of methodological knowledge that will serve the application of quantitative techniques in order to evaluate the processes of production, communication and use of scientific information" (Carrizo-Sainero 2000, S.6). Bereits 1969 definierte Pritchard die Bibliometrie als „application of mathematics and statistical methods to books and other media of communication" (Pritchard 1969, S.349). Den Grundstein für weitere zahlreiche Veröffentlichungen zu diesem Thema legte aber de Solla Price (1965). Zu den bibliometrischen Indikatoren selbst gehören die absoluten Publikationszahlen sowie die „zeitschriftenspezifische Beachtung" oder die „Internationale Ausrichtung" (vgl. Schmoch 2004, S.2). Mit Hilfe dieser Indikatoren lassen sich Aussagen über die Quantität und den Einfluss des wissenschaftlichen Outputs treffen (vgl. Katz und Hicks 1994, S.3).

Als weiterer Outputindikator werden auch Patente genutzt, die sich eher auf den Output der Angewandten Forschung und der experimentellen Entwicklung beziehen (vgl. Grupp 1997, S.174). Die Voraussetzung zur gewerblichen Nutzbarkeit bei Anmeldung eines Patentes unterstreicht diesen Aspekt. Daneben müssen die Kriterien der Neuheit und der Erfindungshöhe erfüllt sein. Insgesamt stellt das Patent ein gewerbliches Schutzrecht für technische Erfindungen dar, dass seinem Inhaber ein zeitlich begrenztes Monopol sichert und anderen Unternehmen die Produktion, die Nutzung und den Verkauf der Erfindung verbietet (vgl. Schmoch 1990, S15). Patente werden demnach für technische Erfindungen angemeldet, die auch tatsächlich Aussicht auf eine gewerbliche Nutzung versprechen (vgl. Edler et al. 2003, S.35). Ähnlich wie bei den Publikationen existieren auch bei den Patenten diverse Spezialisierungsindizes (z.B. der RPA-Index), die Aussagen über die technologische Ausrichtung, z.B. eines Landes treffen können.

Wie bereits im Kapitel 2.3.4 gesehen, werden für die quantitative Analyse von wissensbasierten Technologien verschieden Innovationsindikatoren herangezogen. Schmoch (2007) nutzt Publikationen zur Messung wissenschaftlicher und Patentanmeldungen zur Messung technologischer Aktivitäten. Auch Grupp (1997) beschreibt in seinem Schema die Entstehung von Technologie anhand dieser Indikatoren, die Wissenschaft und Technologie repräsentieren. Die notwendige definitorische Unterscheidung von Wissenschaft und Technologie wurde bereits gezeigt. Zur Analyse des Innovationsprozesses wird die Zuordnung geeigneter Indikatoren an dieser Stelle essentiell und orientiert sich in dieser Arbeit an Grupp(1997) und Schmoch (2007). Grundsätzlich liegt der Unterschied zwischen Wissenschaft und Technologie neben den jeweiligen angewandten sozio-ökonomischen Regeln (vgl. Dasgupta und David 1994, S.495) vor allem in der Verwertung des generierten Wissens, wodurch sich geeignete Indikatoren ableiten lassen. Charakteristisch für die Wissenschaft ist die Verwertung der Ergebnisse in wissenschaftlichen Publikationen. Entlohnung bietet dabei allein die „erste" Veröffentlichung der Ergebnisse. Personen, die publizieren, können dem wissenschaftlichen Bereich, also der Wissenschaft, zugeordnet werden. **Publikationen** sind somit ein Indikator für die wissenschaftliche Forschung. Dazu können sowohl Aktivitäten der Grundlagenforschung, aber auch der Angewandten Forschung gezählt werden. So stehen zwar theoretische Konzepte im Vordergrund, dennoch kann durchaus ein Anwendungsbezug vorhanden sein.

Im Gegensatz dazu weisen Patente auf ein kommerzielles Interesse der Akteure hin (vgl. Dasgupta und David 1994, S.517). Das Patent als gewerbliches Schutzrecht bietet dabei die Möglichkeit zur zeitlich begrenzten, exklusiven Nutzung der Erfindung und stellt somit einen Anreiz für überwiegend industrielle F&E-Aktivitäten dar. So kann Akteuren, die patentieren, ein kommerzielles Interesse unterstellt werden, wodurch sie der Technologie zugeordnet werden können. Patente stellen daher einen Indikator für eine Erfindung oder Invention, mit deutlichem Interesse, diese am Markt einzuführen, dar und repräsentieren das Interesse an einer kommerziellen Ausbeutung neuer Technologien (vgl. Schmoch 1997, S.2). So kann mit **Patenten** der Output der Angewandten Forschung (mit einem konkreten Ergebnis) und die Experimentelle Entwicklung (Umsetzung der Ergebnisse) gemessen werden, die vor allem dem industriellen Bereich zuzuordnen sind.

Die in dieser Arbeit verwendete Trennung von Wissenschaft und Technologie mit den jeweiligen Indikatoren schließt jedoch nicht aus, dass technologische, industrielle Akteure neben ihren Patentaktivitäten auch publizieren oder dass Akteure des wissenschaftlichen Bereichs patentieren. So können also auch wissenschaftliche Akteure „technologische Forschung“ und industrielle Akteure „wissenschaftliche Forschung“ durchführen (vgl. Schmoch 1997, S.104).

2.5. Heuristik des Innovationssystems

2.5.1. Historische Entwicklung und Systemgedanke

Ähnlich wie Schumpeter als Vater der Innovationslehre gilt Friedrich List als Vordenker nationaler Innovationssysteme. Bereits 1841 schrieb List, dass jede „Nation, mit ihrer besonderen Sprache und Literatur, mit ihrer eigentümlichen Abstammung und Geschichte, mit ihren besonderen Sitten und Gewohnheiten, Gesetzen und Institutionen“ (List 1841, S.175) für die eigene Entwicklung maßgeblich selbst verantwortlich sei. Im Gegensatz zu Adam Smith, der „davon ausging, dass der britische Kapitalismus des 18.Jahrhunderts wegweisend für alle anderen Volkswirtschaften sein würde“ (Giesecke 2000, S.136), vertrat List demnach die Ansicht, dass es nötig ist, die Besonderheiten einer Nation zu berücksichtigen, anstatt andere nachzuahmen. Dadurch sollten die Produktion optimiert und nationale Infrastrukturen und die Institutionen gestärkt werden, um so das geistiges Kapital zu fördern und die wirtschaftliche Entwicklung anzuregen. Diese Argumentation von List stellte die Strategie für das „wirtschaftliche Aufholen“ Deutschlands im 19.

Jahrhundert dar und zeigte, dass die Förderung des „nationalen Produktionssystems" für die wirtschaftliche Entwicklung notwendig ist (vgl. Lundvall 2007, S.113).

Aufbauend auf dem Konzept von List verfasste Freeman (1982) seinen Artikel „Technological Infrastructure and International Competitiveness", in dem auch er die Wichtigkeit der aktiven Rolle des Staates bei der Förderung der technologischen Infrastruktur betont und den Begriff „national system of innovation" formte (vgl. Freeman 1982). Die Ideen von Freeman wurden von verschiedenen Wissenschaftlern aufgegriffen und weiter geführt. 1985 veröffentliche Lundvall einen Artikel („Product Innovation and User-Producer Interaction") und stellte darin ein Konzept für ein Innovationssystem vor (Carlsson 2005, S.57). Darauf aufbauend wurden die Überlegungen zum „Innovationssystem" durch Freeman, Nelson, Lundvall und Pelikan weiter vorangetrieben (Christ 2007, S.10).

Neben der generellen Ausarbeitung des Konzepts entstand eine Reihe verschiedener Ansätze, die das Konzept des „Innovationssystems" aufgriffen und an die jeweiligen Fragestellungen, die sich nicht an geographische Grenzen hielten, der Untersuchung anpassten. Die Idee des Innovationssystems eröffnete somit ein weites Feld an Forschungsgebieten in der Ökonomik und verwandten Disziplinen. Allein bis 2002 gab es 750 Publikationen zu diesem Thema (vgl. Carlsson 2005, S.58).

Allen diesen Arbeiten zum Thema „Innovationssystem" liegt der Systemgedanke zu Grunde. Ein verändertes Verständnis des Innovationsprozesses ist darin zu finden[66]. Dieses Konzept ermögliche es, vom linearen Verständnis des Innovationsprozesses abzukommen (vgl. Sharif 2006, S.762). Die Motivation hinter dem Ansatz ist klar erkennbar. Durch den Systemgedanken wird der traditionelle Innovationsprozess aufgebrochen und die einzelne Organisation in Kontext zu ihrem Umfeld gestellt. „Innovationen und technischer Fortschritt werden nicht mehr als zwingende Folge von Forschungs- und Entwicklungsleistungen gesehen, sondern als Ergebnis eines komplexen Beziehungsgeflechtes zwischen Akteuren" (Wilhelm und Thierstein 1999,

[66] Vergleiche dazu Kapitel 2.3.

S.5). Neben den Akteuren wird demnach auch die Frage nach dem Beziehungsgeflecht, also den Kooperationen, zentral. Fagerberg (2005) betont, dass innovative Aktivitäten und Prozesse nicht in Firmen verankert sind, die vollkommen isoliert sind. Die Betrachtung der Innovation setzt also auch die Analyse der Kooperation voraus und diese darf daher nicht isoliert betrachtet werden. Im Gegensatz zur Idee des klassischen linearen Innovationsprozesses innovieren Organisationen durch Kooperation, also durch gemeinschaftliche und verflochtene Aktivitäten in Netzwerken. So ergibt sich ein komplexes Bild der Innovation, aus dem das Konzept des Innovationssystems hervorgeht. Das Konzept des Innovationssystems entstand also aus dem Bestreben heraus, die komplexen Strukturen und Verknüpfungen des Innovationsprozesses zu theoretisieren und weiter zu entwickeln[67] (vgl. Christ 2007, S.1).

Eng verknüpft mit dem Grundgedanke des Innovationssystems ist die Systemtheorie, die verschiedene Konzepte unterscheidet. Das funktionale Konzept, vergleichbar mit der „Black Box", betrachtet lediglich verschiedene Zustände des Systems und lässt so nur Analysen von Input und Output zu. Im Gegensatz dazu, steht das strukturale Konzept, dass dem modernen Systemgedanken des Innovationssystem schon sehr nahe kommt. Dieses strukturale Konzept betrachtet die Gesamtheit als eine Menge von miteinander über Relationen verbundene Elemente und folgt dem holistischen Gesetz, „dass die Eigenschaften der Ganzheit nicht allein aus den Eigenschaften einzelner Teile, sondern nur aus der besonderen Art des Zusammenwirkens der Teile erklärt werden können" (Ropohl 2005, S.27). Die Systeme selbst treten wiederum selten alleine auf. Das hierarchische Konzept besagt, „dass die Elemente eines Systems wiederum als Systeme, dass System seinerseits aber als Element eines umfassenderen Systems angesehen werden können" (Schröder 2004, S.150). Auf diese

[67] Aus Sicht der allgemeinen Systemtheorie ist diese Entwicklung nachzuvollziehen. „In der Innovationsforschung wird der Systembegriff i.d.R. nicht als Ordnungsschema verwendet, sondern im gegenständlichen Zusammenhang als ein Gebilde von Elementen betrachtet, die zueinander in Beziehung stehen" (Peter 2001, S.49). So spiegelt sich die Entwicklung des Systemgedankens in den verschiedenen systemtheoretischen Ansätzen wieder (siehe Abbildung 15).

Weise entstehen Sub- und Supersysteme. Folgende Abbildung 15 verdeutlicht die verschiedenen Ansätze der Systemtheorien.

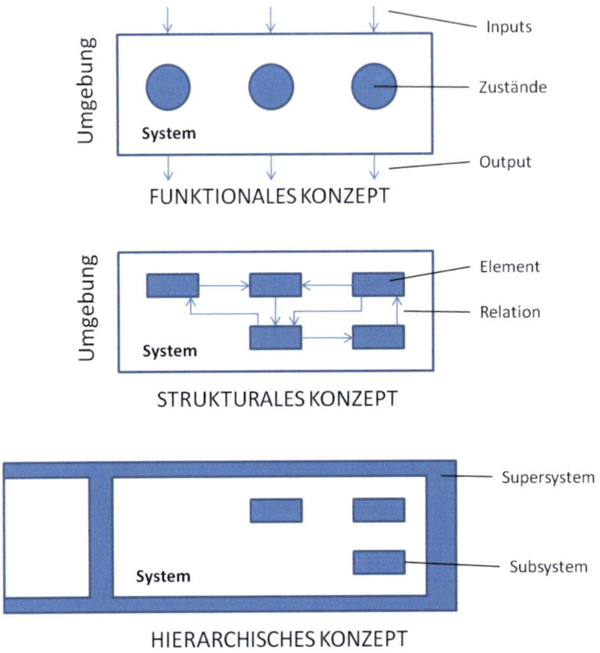

Abbildung 15: Konzepte der Systemtheorie (Ropohl 2005, S.27)

2.5.2. Definition und Varianten

In der Literatur findet sich eine Vielzahl von verschiedenen Definitionen eines Innovationssystems. Eine umfassende chronologische Übersicht der Definitionen findet sich in Christ (2007). Im Folgenden werden einige daraus ausgewählte, für diese Arbeit relevante Definitionen vorgestellt:

- "...the network of institutions in the public and private-sectors whose activities and interactions initiate, import, modify and diffuse new technologies" (Freeman 1987, S.1).
- "...a system of innovation is constituted by elements and relationships which interact in the production, diffusion and use of new and economically useful knowledge and that a national system encompasses elements and relationships" (Lundvall 1992, S.2).

- "...a system which includes all important economic, social, political, organizational, institutional and other factors that influence the development, diffusion and use of innovations" (Edquist 1997, S.14).
- "...beyond firms, other factors and actors play a role in favouring the diffusion and economic exploitation of knowledge, such as the presence of networks among firms, appropriate financial institutions, technical agencies and R&D public infrastructures, the capacity of the education and training system to up-grade and re-shape skills and competences, and the presence of appropriate and effective innovation policies" (Evangelista et al. 2002, S.173).
- "The innovation system approach considers innovation as an interactive process among a wide variety of actors" (Malerba 2005, S.65).
- "... there seems to be general agreement that the main components in SIs are organizations – among which firms are often considered to be the most important ones – and institutions. However, the specific set-ups of organizations and institutions vary among systems" (Edquist 2005, S.189).

Diese Definitionen unterstreichen den strukturalen Systemgedanken[68] eines Innovationssystems. So berichtet Freeman 1987 bereits von einem Netzwerk, dessen Akteure untereinander interagieren[69]. Daneben wird deutlich, welche weiteren Elemente ein Innovationssystem definieren. So werden neben den „firms" (Evangelista et al. 2002, S.173) und „organisations" (Edquist 2005, S.189) vor allem immer wieder „Institutionen" genannt (Freeman 1987, S.1; Edquist 1997, S.14 und Edquist 2005, S.189). Gleichzeitig verdeutlichen diese Definitionen die Aufgaben und das Ziel eines Innovationssystems. Grundsätzlich dient das Innovationssystem dazu, die Produktion und den Austausch neuen Wissen zwischen diesen Akteuren zu beschleunigen, um so die technologische Entwicklung voranzutreiben.

Die wichtigsten Eckpfeiler eines Innovationssystems sind dabei folgende Kernelemente: Komponenten, wie Akteure und Institutionen, Verbindungen dieser Komponenten und Attribute (Eigenschaften) von Komponenten und Verbindungen.

[68] Siehe Kapitel 2.5.1.
[69] Ebenso Lundval (1992) und Evangelista (2002).

Attribute geben Auskunft über Kompetenzen und Funktionen und determinieren dadurch die Leistung des Innovationssystems (vgl. Carlsson 2007).

- **Akteure** können private Unternehmen, Universitäten, Forschungseinrichtungen oder auch private Personen sein (vgl. Markard und Truffer 2008, S.598, Carlsson et al. 2002, S.234). In der englischen Literatur werden Akteure häufig mit „Organizations“, „Actors“, „Agents“ oder „Firms“ übersetzt. Durch Auswahl der Akteure in Abhängigkeit der Fragestellung ergeben sich automatisch die Grenzen des Systems. Diese Grenzen können z.B. geographischer Natur sein (Carlsson 2007, S.859). Attribute von Akteuren können zum Beispiel die Unternehmensgröße, das Alter oder die Rechtsform sein.
- **Institutionen**[70] stellen Spielregeln („rules of the game“, Markard und Truffer 2008, S.598; Edquist 2005, S.188, insbesondere North 1990, S.3) dar, die das Verhalten der Akteure beeinflussen. Sie bezeichnen gesellschaftliche, politische oder wirtschaftliche Artefakte.
- Die **Verbindungen** zwischen Akteuren, zwischen Institutionen und zwischen Akteuren und Institutionen sind sehr vielfältig (vgl. Markard und Truffer 2008, S.598) und können z.B. „Zulieferbeziehungen, Kooperationen, Wettbewerb, Förderung, Wissenstransfer, ...“ sein. Dabei sind die „non-market-mediated“ Interaktionen, wie Wissensspillover von besonderer Bedeutung und müssen daher unbedingt Bestandteil der Analyse eine Innovationssystems sein (vgl. Carlsson 2007). Attribute von Verbindungen können zum Beispiel die Intensität oder die Art der Kooperation sein.

Folgende Abbildung 16 greift diese Kernelemente eines Innovationssystems auf und setzt sie in Beziehung zueinander. Die relevanten Akteure werden in das Industrielle System und in Bildung und Forschung unterteilt. Intermediäre versuchen, den Wissenstransfer aus der Forschung in das industrielle System zu transferieren. Innerhalb der Akteure kommt es durch Kooperationen zu Verbindungen. Die für das Innovationssystem relevanten Institutionen werden durch die Rahmenbedingungen,

[70] Für weitere Ausführungen zum Thema Institutionen siehe Kapitel 0, insbesondere Kapitel 8.1.

das politische System und die Infrastruktur abgebildet. Die Attribute der Komponenten sind ebenfalls beispielhaft in der Abbildung 16 vertreten. So können die Akteure des Industriellen Systems nach ihrer Größe unterschieden werden. Akteure der Bildung und Forschung lassen sich zum Beispiel in Höhere Bildung und Forschung, wie Universitäten und Forschung im öffentlichen Sektor, wie Forschungseinrichtungen unterscheiden.

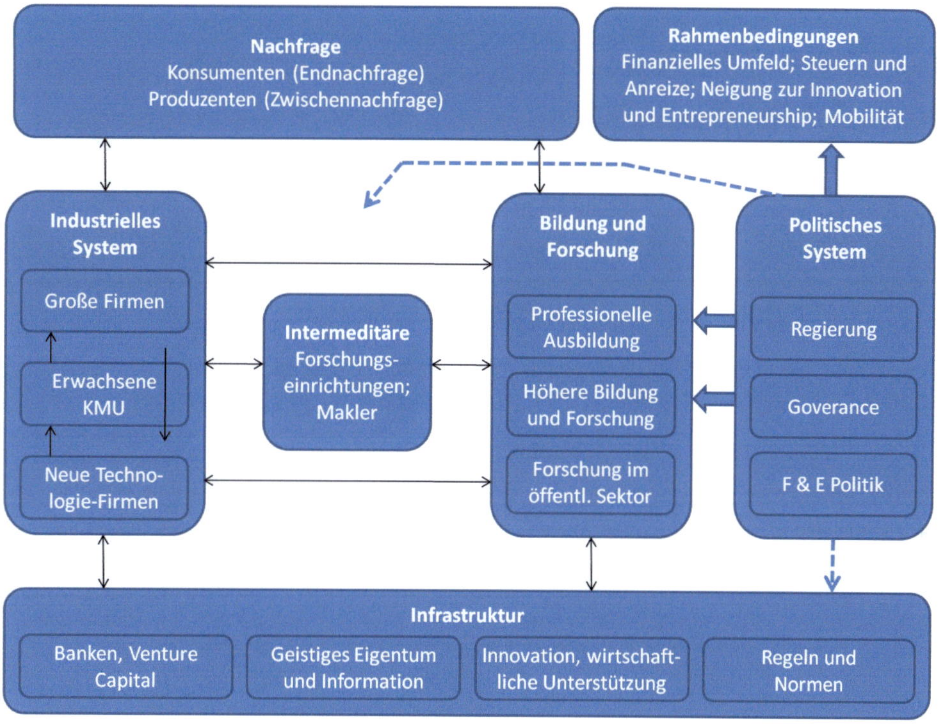

Abbildung 16: Abgrenzung eines Innovationssystems (Bradke et al. 2007, S.44)

Zur vollständigen Analyse eines Innovationssystems gehören neben fassbaren Elementen (Organisationen) auch die schwer zu greifenden Institutionen. Um die Entstehung von „Neuem" ausführlich darzulegen, müssen diese beiden Aspekte berücksichtigt werden. Daneben ist die Nachfrage nach diesem „Neuen" nicht außer Acht zu lassen. Die Bereitschaft der Industrie oder generell der Gesellschaft, Innovationen zu adaptieren, ist eine Grundvoraussetzung für eine spätere erfolgreiche Diffusion der Innovation.

Je nach Forschungsinteresse können Innovationssysteme auf verschiedene Fragestellungen angewendet und angepasst werden. Dazu können räumliche, technologische und sektorale Perspektiven kombiniert werden. Christ (2007) visualisiert diesen Zusammenhang, wie in Abbildung 17 zusehen:

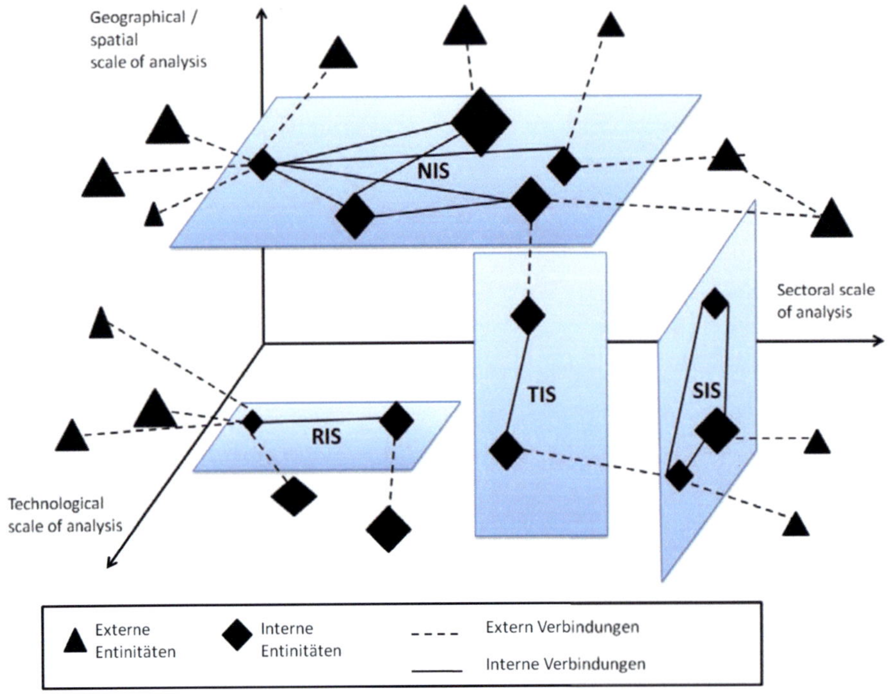

Abbildung 17: Varianten des Innovationssystems (Christ 2007, S.44)

Dieses Modell von Christ (2007) fasst die verschiedenen in der Literatur behandelten Innovationssysteme sinnvoll zusammen:

- **Nationale Innovationsysteme**[71] (NIS) sind grundsätzlich durch nationale Grenzen skizziert und vernachlässigen technologische und sektorale Aspekte (vgl. Bradke et al. 2007). Die Analyse eines ganzen Landes steht deshalb dabei im Vordergrund[72].
- **Regionale Innovationssysteme**[73] (RIS) sind vergleichbar mit Nationalen Innovationssystem, allerdings geographisch auf eine Region und nicht auf ein

[71] Englisch: National System of Innovation (NSI).
[72] Freeman, Lundvall, Nelson, Edquist, Fagerberg und Sharif gelten als populäre Vertreter dieser Forschungsrichtung.
[73] Englisch: Regional System of Innovation (RSI).

ganzes Land beschränkt. Innerhalb dieser Regionen vernachlässigen sie Technologien oder Sektoren[74]. In letzter Zeit wird ebenfalls der Begriff des Lokalen Innovationssystems (LIS) immer populärer, der eine noch kleinere Einheit, wie zum Beispiel eine „Metropole und ihre unmittelbare Peripherien" (Blättel-Mink 2006, S.163), analysiert.

- **Sektorale Innovationssysteme[75] (SIS)** analysieren länder- und technologieübergreifend Wirtschaftssektoren. „Die Stärke des Ansatzes liegt darin, dass er unterhalb der Betonung nationaler Prägung von Innovationsprozessen den Blick auf deren sektorale Grundlagen und Besonderheiten richtet" (Dolata 2007, S.9)[76].
- **Technologische Innovationssysteme[77]** (TIS) untersuchen eine spezifische Technologie und sind normalerweise nicht durch geographische und sektorale Grenzen eingeschränkt. Gerade Carlsson trägt mit seiner Arbeit einen wesentlichen Beitrag zu dieser Forschungsrichtung bei.

2.6. Erkenntnisse der theoretischen Grundlagen

Die Darstellung der theoretischen Grundlagen macht deutlich, dass die grundlegenden Begriffe dieser Arbeit in der Literatur häufig nicht eindeutig definiert werden und eine genaue Abgrenzung der Definitionen nicht gegeben werden kann. Häufig sind die Definitionen zudem nicht trennscharf. Die relevanten Definitionen wurden daher diskutiert und für diese Arbeit festgelegt, so dass Klarheit über deren Verwendung herrscht.

Grundsätzlich zeigen die angeführten Definitionen die hohe Bedeutung des „Wissens" für die Wissenschaft und die Technologie auf. Die Wissenschaft subsummiert die Wissensgenese, den Wissensbestand und den Entstehungsort des Wissens (soziale Organisation). Technologie wird in Abgrenzung dazu auch „Wissenschaft von der Technik" genannt und beschreibt das Wissen über naturwissenschaftliche Wirkungs-

---

[74] Wichtige Vertreter dieses Ansatzes sind Cooke, Asheim und Isaksen.
[75] Englisch: Sectoral System of Innovation(SSI).
[76] Wegweisende Arbeiten zu dieser Variante lieferten Pavitt, Malerba und Breschi.
[77] Englisch Technological Systems of Innovation (TSI).

beziehungen. Die Rolle des Wissens ist klar erkennbar, und es lässt sich eine klare definitorische Trennung nur schwer erkennen. So hängt es letztendlich von der Betrachtungsweise ab, Forschungsaktivitäten der Wissenschaft oder der Technologie zuzuordnen.

Im Gegensatz dazu können die Begriffe der Technologie und der Technik synonym verwendet werden. Die Technik als ein konkretes Element einer Technologie ist durch Artefakte zur Erzielung beabsichtigter Wirkungen charakterisiert. Zudem gehören Fertigkeiten zur Entwicklung und Nutzung solcher Artefakte hinzu. Da aber diese Fertigkeiten zur Entwicklung und Nutzung auch das dazu benötigte Wissen enthalten, muss zwischen Technologie und Technik nicht mehr unterschieden werden. Die Bedeutung des Wissens für Technologien kann aber nicht pauschalisiert werden und ist von der Technologie abhängig. Technologien, die auf Erkenntnissen der wissenschaftlichen Forschung beruhen, werden als wissens- oder forschungsintensiv, sowie wissensbasiert bezeichnet. Auch die Definitionen der verschiedenen Forschungstätigkeiten stellen die Erzeugung neuen Wissens in den Vordergrund und können nicht einzelnen Phasen zugeordnet werden, sondern unterstützen die technologische Entwicklung fortlaufend. Der Begriff des Wissens selbst beruht auf Daten, die durch Relevanzkriterien zu Informationen verdichtet und durch die Einbindung in einen Praxiszusammenhang zu Wissen werden. Aufgrund der Zielsetzung dieser Arbeit steht hier insbesondere das technologische Wissen im Vordergrund[78], das weiter in implizites und explizites Wissen unterteilt werden kann. Diese beiden Eigenschaften sind als komplementär zu sehen und ergänzen sich deshalb. Das Wissen einzelner Individuen fügt sich innerhalb von Organisationen zu organisationalem Wissen zusammen und ist gleichzeitig mit dem Begriff des Lernens verbunden. Das Lernen ist als ein Prozess zu verstehen, dessen Ergebnis das Wissen ist. Desweiteren führt die in den Organisationen inhärent nötige Anpassung an die Umwelt zu einer Wissensgewinnung durch Interaktion mit anderen Organisationen, die als Interorganisationales Lernen beschrieben werden kann und einen Wissenstransfer

[78] Im weiteren Verlauf der Arbeit wird trotzdem generell von Wissen gesprochen, auch wenn technologisches gemeint ist.

darstellt. Durch diesen interorganisationalen Wissenstransfer entstehen Netzwerke zwischen den einzelnen Organisationen, deren Konfigurationen in Anlehnung an Callon (1997) als emergent oder stabil bezeichnet werden können. Die Eigenschaften des Wissens hängen dabei immer vom Status des Netzwerkes ab und werden durch Rivalität, Appropriierbarkeit und Spezifität determiniert.

Einen weiteren Schwerpunkt des Kapitels bilden Innovationsprozesse. Die Ausführung zu den „Linearen Ansätzen" machen deutlich, dass der Innovationsprozess nicht streng in Phasen eingeteilt werden kann, da sich die zugrundeliegenden Aktivitäten überlappen oder sogar parallel ablaufen können. Zwar werden die linearen, sequentiellen Ansätze durch „Rückkopplungs-" oder „Feedback-Modelle" erweitert und dadurch die häufig empirisch beobachtete Tendenz berücksichtigt, dass Innovation sowohl von wissenschaftlichen Erkenntnissen als auch von den Bedürfnissen des Marktes angetrieben werden können. Dennoch berücksichtigen diese rückgekoppelten Innovationsmodelle nicht die Rolle des Wissens im Innovationsprozess und lassen auch keine Rückschlüsse auf die zeitliche Dynamik zu. Für die Analyse forschungsintensiver Technologien können nur Modelle angewendet werden, die die Wissensgenese berücksichtigen. Dazu gehören Modelle auf unterschiedlichen Ebenen und Aggregationsstufen. Beachtenswert ist dabei das „technologische Paradigma" von Dosi (1982), dass die Entstehung von Technologien (also den Innovationsprozess) innerhalb dieses Paradigmas entlang technologischen Trajektorien beschreibt. Auch der Ansatz des „Dominanten Designs" von Abernathy (1978) ermöglicht die Analyse der Entwicklung forschungsintensiver Technologien. Desweiteren existieren in der Literatur verschiedene Studien, die die Entstehung forschungsintensiver Technologien beschreiben, die auf qualitativen oder quantitativen Ergebnissen beruhen. Eine qualitative Studie von Rickerby and Matthews (1991) zeigt einen typischen Innovationsprozess der wissensbasierten Oberflächentechnologie und lässt eine zeitliche Betrachtung zu. Zur quantitativen Analyse werden verschiedene Indikatoren wie Publikationen oder Patente herangezogen. So repräsentieren Publikationen den Output des wissenschaftlichen

Bereichs (vorwiegend Universitäten und Forschungseinrichtungen) und beschreiben so die wissenschaftliche Forschung. Patente hingehen weisen auf ein kommerzielles Interesse des Anmelders hin und repräsentieren technologische Aktivitäten vorwiegend industrieller Akteure (Unternehmen). Es gelingt Schmoch (2007) unter Zuhilfenahme dieser Indikatoren zu zeigen, dass die Entwicklung von einer großen Anzahl an forschungsintensiver Technologien einem „Double Boom"-Schema folgt, dessen erster Boom von der Wissenschaft, der Zweite durch die Nachfrage getrieben ist. Ein ähnlicher Ansatz ist auch bereits bei Grupp (1997) zu sehen, der ein „Standardisiertes Schema zur Einordnung des wissenschaftlich-technischen Fortschritts bei der Marktentstehung" anhand der Lasertechnologie entworfen hat und so genau wie Schmoch (2007) deutlich macht, dass die Entwicklung einer Technologie als Ergebnis des Innovationsprozesses einem gewissen Muster und einer zeitlichen Dynamik folgt. Grundsätzlich bleibt der wellenartige Verlauf der Entwicklung bei forschungsintensiven Technologien festzuhalten, der durch die gleichzeitig stattfindenden wissenschaftlichen und technologischen Aktivitäten gekennzeichnet ist.

Die bisherigen Ausführungen machen deutlich, welche Rolle das technologische Wissen für die Entwicklung von Technologien und die daraus resultierenden Innovationen spielt. Das veränderte Verständnis der oben beschriebenen Innovationsprozesse wird von der Heuristik des Innovationssystems aufgegriffen und in einen systemischen Zusammenhang gestellt. So entwickeln sich Technologien nicht isoliert und der Innovationsprozess lässt sich nicht auf einen einzelnen Akteur begrenzen, sondern vor allem in gemeinschaftlichen und verflochtenen Aktivitäten in Netzwerken, sowohl national als auch international. Zu den Eckpfeilern eines Innovationssystems zählen Akteure und deren Kooperationen, sowie Institutionen, die als „Spielregeln" gesehen werden können. Die Produktion und die Diffusion von Wissen ist dabei das Hauptziel eines Innovationssystems, das in verschiedenen Varianten existiert und auf den jeweiligen Untersuchungsgegenstand angepasst werden muss.

3. Konzeption und Methodik

Dieses Kapitel beschreibt den konzeptionellen Bezugsrahmen und die methodische Vorgehensweise zur Analyse des Innovationsprozesses. Zusätzlich dazu werden die Erkenntnisse der theoretischen Betrachtung zu Hypothesen verdichtet. Das Innovationssystem wird abgegrenzt und es wird auf die durchgeführte Publikations- und Patentanalyse sowie die Umfrage eingegangen. Grundlagen der Sozialen Netzwerkanalyse, die im Rahmen dieser Arbeit durchgeführt wird, schließen das Kapitel ab. Teilweise werden bereits in diesem Kapitel Eigenheiten der PEM-Brennstoffzellentechnologie vorausgesetzt. Eine vollständige Einführung in die Brennstoffzellentechnologie, insbesondere in die PEM-Technologie, folgt allerdings erst im Anschluss in Kapitel 4.

3.1. Hypothesengenerierung und spezifisches Forschungsdesign

Ziel dieser Arbeit ist die Analyse des Innovationsprozesses einer forschungsintensiven Technologie über einen längerfristigen Zeitraum kurz vor dem erwarteten Markteintritt. Die dazu nötigen Definitionen und Konzepte wurden bereits vorgestellt, und die zentralen Punkte wurden herausgearbeitet und diskutiert[79]. So lassen sich aus den theoretischen Überlegungen und dem zugrundeliegenden Ziel dieser Arbeit Forschungsfragen ableiten. Aus diesen Fragen werden die Hypothesen[80] generiert, die letztendlich das Forschungsdesign dieser Arbeit determinieren. Die dem Ziel dieser Arbeit untergeordneten **Forschungsfragen** lauten wie folgt:

- Wie ist der aktuelle Stand der Brennstoffzellentechnologie? Welches der zur Verfügung stehenden Varianten[81] hat sich als „Dominantes Design“ durchgesetzt?
- Wer sind die Akteure der PEM-Technologie[82] und wie sehen deren Aktivitäten aus? Wer produziert das zugrundeliegende Wissen? Was sind dabei die Motive der verschiedenen Akteure?

---

[79] Siehe dazu Kapitel 2.6.

[80] Aufgrund der doch sehr geringen Stichprobe werden auf statistische Auswertungen zur Beantwortung der Hypothesen verzichtet. Die Beantwortung beruht daher auf Plausibilitäten.

[81] Eine Einführung in die Brennstoffzellentechnologie findet sich in Kapitel 4.1.

[82] Die PEM-Brennstoffzelle ist eine Variante, die aufgrund ihrer Eigenschaften von vielen Autoren als die aussichtsreichste Brennstoffzelle für den mobilen Einsatz bezeichnet wird. Siehe dazu Kapitel 4.1.

- Welches kooperative Verhalten der beteiligten Akteure ist zu beobachten? Was motoviert die Akteure zur Kooperation? Welche Rolle spielt Kooperation bei der Wissensgenese?
- Wie wird das in der Wissenschaft erzeugte Wissen zur Anwendung gebracht? Existiert eine Kopplung von Wissenschaft und Technologie und wenn ja, welche Akteure sind dafür verantwortlich?
- Welche Bedeutung hat Deutschland in der internationalen Betrachtung der PEM-Technologie? Wie sieht die internationale Wissensproduktion aus? Welche Länder sind dabei führend? Welche Rolle spielen dabei internationale Kooperationen?
- Was sind die Treiber der technologischen Entwicklung? Wie beurteilen die Akteure diese Treiber Was wirkt auf die Entstehung der Technologie ein und beeinflusst daher die Wissensgenese? Welche Handlungsempfehlungen können daraus abgeleitet werden?

Diese abgeleiteten Forschungsfragen decken ein breites Spektrum ab und beleuchten verschiedene Teilaspekte. Der erste Teilaspekt berücksichtigt die technologische Seite dieser Arbeit. Die PEM-Brennstoffzellentechnologie wird exemplarisch als forschungsintensive Technologie gewählt, deren Innovationsprozess analysiert wird. Die Grundlagen der Brennstoffzellentechnologie werden dargestellt, indem Aufbau und Funktionsweise sowie die verschiedenen Typen von Brennstoffzellen aufgezeigt werden. Die weiteren Forschungsfragen zielen auf ein besseres Verständnis der Wissensgenese innerhalb des Innovationsprozesses ab. Die relevanten Akteure der Wissenschaft und der Technologie werden identifiziert und deren Verhalten und Motivation analysiert. Den letzten Schwerpunkt stellt die Identifikation der den Innovationsprozess beinflussenden Treiber dar. So werden systematisch sowohl positive als auch negative Treiber identifiziert und daraus dann Empfehlungen abgeleitet, wie sich die Wissensgenese und die daraus resultierende technologische Entwicklung der PEM-Brennstoffzelle aktiv gestalten lässt. Im Folgenden werden nun aus diesen Forschungsfragen die **Hypothesen** generiert.

Die für diese Arbeit relevante PEM-Technologie bedarf einer genauen Betrachtung. Dazu wird ein Blick auf den aktuellen, allgemeinen Stand der Brennstoffzellentechnologie geworfen, sowie auf weitere alternative Antriebstechnologien und –systeme und den Wasserstoff, der als Energieträger für Brennstoffzellen benötigt wird. Gleichzeitig muss eine innovationsökonomische Betrachtung der PEM-Brennstoffzellentechnologie klären, ob sich die PEM-Technologie sich als „Dominantes Design" für Brennstoffzellen für mobile Anwendungen etabliert hat. Gerade im Hinblick auf die Analyse des Verhaltens der Akteure und deren Aktivitäten, spielt dies eine wichtige Rolle. Das Herausbilden eines „Dominaten Designs" beschreibt die Einigung der beteiligten Akteure auf ein gewisses „Schema". Dabei ist die Entwicklung dieses „Dominaten Designs" sowohl von F&E-Anstrengungen als auch von der Nachfrageseite abhängig. Da zu Beginn der Entwicklung die Nachfrage noch nicht existiert, wird vorerst an verschieden Designs geforscht und die Technologie dadurch weiterentwickelt. Setzt sich ein Design durch und wird auch von der Nachfrage akzeptiert, ist das „Dominante Design" gefunden. Überträgt man diesen Ansatz auf die Brennstoffzellentechnologie sind die zur Verfügung stehenden Designs die verschiedenen Typen der Brennstoffzelle für mobile Anwendungen. Da Brennstoffzellenfahrzeuge noch nicht am Markt eingeführt wurden, wird die Nachfrage vorerst noch von den industriellen Akteuren generiert, die letztendlich das dominante Design in Ihre Fahrzeuge einbauen. Gegenstand dieser Hypothese ist demnach nicht die Konkurrenzsituation zwischen den herkömmlichen Verbrennungsmotoren sowie den noch existierenden Antriebsvarianten und dem Brennstoffzellenantrieb, sondern es soll getestet werden, welche Brennstoffzelle sich innerhalb der für die mobile Anwendung zur Verfügung stehenden Varianten durchgesetzt hat. Die Nutzung einer Brennstoffzelle stellt anspruchsvolle Anforderungen an den Fahrzeugantrieb bezüglich verschiedener Eigenschaften. Aus der Vielzahl der verschiedenen Brennstoffzellentypen ist die PEM-Brennstoffzelle auf dem besten Wege sich als Stromquelle für Brennstoffzellenfahrzeuge gegenüber den anderen verfügbaren Brennstoffzellen-Typen durchzusetzen (vgl. Grahl 2000, S.12; Theenhaus und Bonhoff 2000, S.87; Gerl 2002, S.97f; Geitmann 2004, FG42). Daraus resultiert die Hypothese 1, die genau dies testen soll:

Hypothese 1: Die PEM-Technologie hat sich als „Dominantes Design" innerhalb der verschiedenen Typen von Brennstoffzellen für mobile Anwendungen durchgesetzt.

Vorgehen: Mit Hilfe einer Publikations- und Patentanalyse über die für den Fahrzeugbetrieb in Frage kommenden Brennstoffzellenvarianten (AFC, DMFC, PEM) kann der relative Anteil der PEM-Technologie dargestellt werden. Darüber hinaus werden die Prototypen der industriellen Akteure untersucht, die weitere Hinweise auf das erwartete „Dominate Design" geben können.

Getragen wird der der PEM-Technologie zugrundeliegende Innovationsprozess von verschiedenen Akteuren und deren Aktivitäten. Die Unterscheidung der Akteure hat in der Innovationsforschung eine lange Tradition. Bereits Schumpeter (1939) unterschied zwischen dem Erfinder und dem Innovator, die Erfindungen beziehungsweise Innovation hervorbringen und die es zu unterscheiden gilt. Diese könnten zwar von der gleichen Person getätigt werden was allerdings nur ein zufälliges Zusammentreffen darstellen würde. Die Gültigkeit der Unterscheidung würde dadurch nicht beeinträchtigt werden. Aufgrund der persönlichen Fähigkeiten und der verschiedenen Arbeitsweisen und Methoden sind Erfinder und Innovatoren (Unternehmer) „verschiedenen Sphären" (Schumpeter 1939, S.93) zuzuordnen. Diese Zweiteilung der Akteure ist auch bereits bei Marx erkennbar, wenn auch nicht in dieser drastischen Form. So spricht Marx zum einen von wissenschaftlichen Entdeckungen und der Konzeption technischer Erfindungen, weist aber gleichzeitig darauf hin, dass die konkrete Umsetzung mit immensen Kosten (vgl. Schmoch 2003. S.43) und einem „weitläufigem Apparat" verbunden ist. Dieser Apparat beschreibt die kapitalistische Produktion, also das Wirken einer großen Arbeiteranzahl zur selben Zeit unter dem Kommando desselben Kapitalisten in einer Manufaktur (vgl. Marx 1953, S.337). Marx macht deutlich, dass zwischen Wissenschaft und der Produktion unterschieden werden muss (Marx 1979, S.631, zitiert in Schmoch 2003, S.42). Auch nach Schumpeter gerät der Unternehmer, der die Invention durch Einführung am Markt zu einer Innovation macht, in den Besitz von Betriebsanlagen und weiteren Merkmalen eines gut eingespielten Betriebes (vgl. Schumpeter 1939, S.114) und es gilt ihn daher vom reinen Erfinder abzugrenzen.

Ferner spricht Pyka (1999) von einer „Vielzahl unterschiedlicher Akteure" (Pyka 1999, S.71), die an der (industriellen) Entwicklung neuer Technologien beteiligt sind, die dadurch von einer Vielzahl unterschiedlicher Quellen gespeist wird. Auch Birdzell und Rosenberg (1986) zeigen, dass wesentliche Neuerungen nur noch durch große Forschungslabors möglich sind (vgl. Birdzell und Rosenberg 1986, S.242ff). Auch Hinter den Aktivitäten der Akteure stehen demnach vermehrt verschiedene Organisationstypen, die durch Ihre Aktivitäten die organisationelle Zusammensetzung des Prozesses festlegen. Die Identifikation dieser organisationellen Zusammensetzung der Akteure ist für die Analyse des Innovationsprozesses entscheidend. Die theoretische Betrachtung der Innovationsprozesse von wissensbasierten Technologien hat deutlich gemacht, dass sowohl wissenschaftliche als auch technologische Aktivitäten, für die Publikationen sowie Patente als Indikator genutzt werden können, parallel ablaufen. Die Nutzung dieser Indikatoren erlaubt die Identifikation verschiedener Organisationstypen, die sowohl in wissenschaftliche Akteure (Universitäten und Forschungseinrichtungen[83]) als auch in industrielle Akteure (Unternehmen) sowie private Personen gruppiert werden[84]. Aufgrund der Schwerpunkte der F&E-Aktivitäten der unterschiedlichen Akteure ist eine demensprechend verschiedene organisationelle Zusammensetzung der parallel ablaufenden wissenschaftlichen und technologischen Aktivitäten zu erwarten. Im wissenschaftlichen Bereich ist ein starkes Engagement von Universitäten und Forschungseinrichtungen zu erwarten. Bei den technologischen Aktivitäten hingegen ist eher mit industriellen Akteuren zu rechnen. Dennoch kann erwartet werden, dass wissenschaftliche Akteure auch technologisch aktiv sind. Außerdem kann auch von

[83] Mit dem Begriff der Forschungseinrichtung sind in dieser Arbeit außeruniversitäre Forschungseinrichtungen gemeint.

[84] Diese Unterteilung der Akteure in der heutigen Innovationsforschung durchaus üblich (vgl. Carlsson et al. 2002, S.234; Markard und Truffer 2008, S.598; Fornahl und Tran 2010, S.341). Diese Klassifizierung ist Grundlage für die Bearbeitung der in dieser Arbeit gestellten Hypothesen.

wissenschaftlichen Aktivitäten der industriellen Akteure ausgegangen werden. Aus diesen Überlegungen resultieren zur Analyse der Akteursstruktur die folgenden Hypothesen:

Hypothese 2: Die wissenschaftliche Forschung wird vor allem durch Universitäten und Forschungseinrichtungen getragen.

Hypothese 3: Die angewandte Forschung und die Entwicklung werden vor allem durch Unternehmen getragen.

Vorgehen: Durch die Publikations- und Patentanalyse können die relevanten Akteure im Rahmen des Innovationssystems bestimmt werden. Durch die Klassifizierung nach wissenschaftlichen und industriellen Akteuren lässt sich deren Anteil an den Aktivitäten bestimmen und so die organisationelle Zusammensetzung festlegen.

Das in den Hypothesen 2 und 3 identifizierte Verhalten der Akteure muss zum besseren Verständnis deren Motivation beurteilt werden. So kann davon ausgegangen werden, dass die Aktivitäten der wissenschaftlichen und technologischen Akteure unterschiedlich motiviert sind und die einflussnehmenden Faktoren unterschiedlich beurteilt werden. So werden der Innovationsprozesses und die dahinterstehenden Akteure und deren Aktivitäten von einer Reihe verschiedenster Elemente beeinflusst. Die folgenden Hypothesen 4 und 5 beleuchten allerdings nur zwei ausgewählte Faktoren. Alle weiteren Einflussfaktoren werden systematisch in Kapitel 0 identifiziert. Wie anhand Grupp (1997), Schmoch (2007) und ausführlich in den theoretischen Grundlagen gezeigt, entwickeln sich Technologien in zwei Phasen. Dieser stilisierte Ablauf ist auf zwei Effekte zurückzuführen, die die Entwicklung von Technologien nachhaltig beeinflussen: „Science-Push“ und „Demand-Pull“ (vgl. Dosi 1982, S.147; Grupp 1997, S.34; Schmoch 2007, S.1011). In der Innovationsforschung gab es lange Zeit eine Diskussion um diese zwei Effekte. So herrschte Uneinigkeit darüber, ob der technologische Wandel eher durch die Ergebnisse der Forschung und Entwicklung oder durch den Markt angestoßen und getrieben wird (vgl. Nemet 2009, S.701). Letztendlich setzte sich die Überzeugung durch, dass beide Effekte[85] für die Entwicklung von Technologien verantwortlich sind (Dosi 1982, Pavitt 1984, Mowery und Rosenberg 1979, Rothwell 1992):

- „Science-Push" oder auch „Technology-Push":
  Kern dieses Effektes ist die Annahme, dass Fortschritte in der Wissenschaft die Innovationsrate und deren Ausrichtung beeinflussen (vgl. Nemet 2009, S.701).
- „Demand-Pull" oder auch „Market-Pull":
  Die Innovationsrate und deren Ausrichtung werden vor allem durch die Nachfrage beeinflusst. Eine Änderung der Marktkonditionen motiviert die Akteure, um durch inventive und innovative Aktivitäten unbefriedigte Bedürfnisse zu bedienen.

Diese Effekte können durch sogenannte Innovationstreiber beeinflusst werden, die sowohl treibend als auch hemmend wirken können. Als politische Instrumente können diese die Effekte beeinflussen und damit den Einfluss auf den Innovationsprozess nehmen. Die treibenden Faktoren („Driver") beeinflussen die Akteure im positiven Sinne und unterstützen daher den Innovationsprozess und die Entwicklung der Technologie. Hemmende Faktoren („Barriers") hingegen, beeinträchtigen die Aktivitäten (vgl. Ren 2009, S.291) und daher auch den Innovationsprozess. Innovationstreiber können sowohl „Science-Push-" als auch "Demand-Pull"-Effekte auslösen und zur regulativen Steuerung von Innovationsprozessen bewusst eingesetzt werden. In diesem Fall spricht man von „Regulatory-Push-" und „Regulatory-Pull-Effekten" (vgl. Rennings 2000, S.326). So kann der Innovationsprozess durch den Einsatz regulativer Innovationstreiber initiiert, beschleunigt, verlangsamt oder sogar beendet werden. Diese Treiber lassen sich in verschiedene Gruppen zusammenfassen, die den Innovationsprozess in den unterschiedlichen Phasen beeinflussen. Eine „anwendungsnahe F&E-Politik" beeinflusst zum Beispiel durch eine politikgetriebene Entwicklung einer Vision oder durch eine gezielte F&E-Förderung alle Phasen des Innovationsprozesses, insbesondere aber dessen ersten Boom. Die „Förderung früher Märkte", durch beispielsweise

[85] Van den Ende und Wilfred (2005) nennen diese Effekte auch „supply and demand factors" (vgl. Van den Ende und Wilfred 2005, S.83).

Demonstrationsprojekte oder die öffentliche Beschaffung, nimmt vor allem auf die Phase des zweiten Booms Einfluss. Die „Förderung von Massenmärkten" unterstützt dabei insbesondere die breite Marktdiffusion. (vgl. Wietschel et al. 2006, S.9).

Grundsätzlich stehen mit diesen zwei Effekten und den dahinterstehenden Instrumenten Innovationstreiber zur Verfügung, die es gilt, im Sinne der technologischen Entwicklung bewusst einzusetzen. Die folgenden zwei Hypothesen sollen untersuchen, in wie fern diese Einflussfaktoren von den verschiedenen Akteuren wahrgenommen werden, um deren Verhalten und das daraus resultierende Engagement in der PEM-Technologie besser zu beurteilen. So bezieht sich Hypothese 4 auf den „Science-Push"-Effekt und soll die Rolle der F&E-Förderung untersuchen. Die Bereitstellung finanzieller Mittel ist für F&E-Aktivitäten zur Entwicklung neuer Technologien ein wichtiger Baustein. So weisen Vahs und Burmester (2002) daraufhin, dass es gerade ausreichende Finanzmittel sind, die Inventionen und Innovationen forcieren können (vgl. Vahs und Burmester 2002, S.380). Nach Grupp (1997) nehmen die F&E-Aktivitäten Einfluss auf jede Phase des Innovationsprozesses und damit auch auf die verschiedenen Typen von Akteuren. Da die Finanzierung dieser F&E-Aktivitäten bei den wissenschaftlichen Akteuren aber nur durch Drittmittelakquisition und eine (staatliche) Förderung erreicht werden kann (im Gegensatz zu den industriellen Akteuren), wird vermutet, dass es gerade diese Akteure sind, die dieses Instrument als wichtig erachten. Hypothese 5 bezieht sich hingegen auf den „Demand-pull"-Effekt", insbesondere auf die Nachfrage selbst sowie deren Steuerung. Die Nachfrage beeinflusst die Akteure und dadurch auch die Entwicklung der Technologie und letztendlich die Produkte. So kann die Nachfrage Anreize setzten, die sich auf das Verhalten der Akteure des Systems direkt auswirken (vgl. Markard und Truffer 2008, S.602). Die Nachfrage ist letztendlich für den Erfolg einer Innovation, verantwortlich. Sie kann in private und öffentliche Nachfrage unterteilt werden. Eine (staatliche) Beeinflussung dieser Nachfragen, kann so über Erfolg und Misserfolg einer Innovation entscheiden. Nur durch eine möglichst breite Diffusion können Innovationen ihre positiven wirtschaftlichen Wirkungen entfalten (vgl. Blind

2006, S.1). Es wird daher vermutet, dass gerade Unternehmen, die auf einen Absatz ihrer Produkte zur Refinanzierung der Investitionen in Innovationen hoffen müssen (Innovationsrenten im Sinne Schumpeters), die Nachfrage und deren Stimulans als essentieller beurteilen als die wissenschaftlichen:

Hypothese 4: Universitäten und Forschungseinrichtungen messen der F&E-Förderung mehr Bedeutung bei als Unternehmen.

Hypothese 5: Unternehmen messen der Nachfrage des Marktes mehr Bedeutung bei als Universitäten und Forschungseinrichtungen.

Vorgehen: Mit Hilfe der Umfrage unter den Akteuren des Innovationsprozesses kann Einblick in deren Motivation gewonnen werden. Dazu werden die befragten Teilnehmer in „industrielle“ und „wissenschaftliche“ Akteure unterteilt. Die Deutsche Wasserstoff- und Brennstoffzellen-Verband (DWV), mit dessen Hilfe die Umfrage durchgeführt wurde, stellt einen repräsentativen Schnitt durch alle Akteure dar, darüber hinaus ist eine mehr als akzeptable Rücklaufquote erreicht worden.

Diese Aktivitäten der wissenschaftlichen Forschung und der anwendungsorientierten Entwicklung und die damit verbundene Wissensproduktion werden, wie oben beschrieben somit von verschiedenen Akteuren unterschiedlicher Gruppen getragen, finden aber nicht isoliert statt, sondern in einem interaktiven Zusammenspiel, durch das Synergieeffekte entstehen. Zum einen kommt es zu technologische Spillover-Effekte. Durch die Forschungs- und Entwicklungstätigkeiten eines (industriellen) Akteurs kommt es ungewollter Weise auch zu „Ergebnissen, die zur Erweiterung des allgemeinen, externen Wissens beitragen“ (Grupp 1997, S.307). Der Begriff Spillovereffekte beschreibt genau diese auf andere Akteure wirkenden positiven ex-ternen Effekte der Wissenserzeugung. Dadurch rückt der „kollektive Innovationsprozess“ (collective invention) in den Vordergrund, der in der Innovationsökonomik breite Anwendung findet (vgl. Pyka 1999, S.72ff). Um auf Dauer konkurrenzfähig zu sein, sind die Akteure aber auf der anderen Seite auch gezwungen, sich externes Wissen bewusst anzueignen. Krugman (1991) hat gezeigt, dass für die wirtschaftliche Entwicklung eines Akteurs das externe Wissen eine entscheidende Rolle spielt. Gleiches stellen auch Reinstaller and Unterlass (2008) fest und betonen, dass durch die Neukombination von bekanntem und angeeignetem Wissen Marktneuheiten kreiert werden können. Eine Möglichkeit sich dieses externe Wissen anzueignen sind Kooperationen, also das gemeinsame Arbeiten („jointly working"). Diese reduzieren das finanzielle Risiko von neuen Produkten (und Technologien), da diese im Einklag mit mehreren Akteure entwickelt werden (vgl. Reinstaller and Unterlass 2008, S.35). Darüber hinaus kommt es zur Reduktion der Unsicherheiten von Forschungs- und Entwicklungstätigkeiten, die auf die beteiligten Akteure verteilt wird. Diese spielt gerade bei wissensintensiven und komplexen Technologien eine wichtige Rolle. Zusätzlich gilt es, durch Kooperationen Entwicklungen, vor allem auch international, zu erkennen und sich daran zu beteiligen, um so durch strategische Partnerschaften auch neue Märkte erschließen zu können (vgl. Hagedoorn 1993, S.373). Auch Dosi (1982) beschreibt die zunehmende Kooperationsintensität über die Zeit anhand der seiner „technological paradigms and technological trajectories"[86]. Zu Beginn des Innovationsprozesses besteht die Tendenz der Akteure eher isoliert zu arbeiten, da nicht genügend Kooperationspartner zur Verfügung stehen. Im Laufe der Zeit kommt es aufgrund der Pfadabhängigkeit („natural trajectories of technical progress", Dosi 1981, S.154) zu Fortschritten, da mehr und mehr Akteure in die gleiche technologische Richtung arbeiten (vergleiche auch Hypothese 1). Dadurch steigen gleichzeitig die Möglichkeiten zur Kooperation. Die steigende Komplexität der Forschung und Entwicklung, der sich intensivierende globale Wettbewerb und der zügige technologische Fortschritt steigern dabei die Bedeutung der Kooperation mehr und mehr. Akteure sind dadurch gezwungen immer mehr Wissen preis zu geben, um sich im Austausch neues Wissen anzueignen (vgl. Reinstaller and Unterlass 2008, S.36). Die Intensität der Kooperation nimmt mit fortschreitender Entwicklung der Technologie zu (vgl. Haller 2009, S.122). Durch diese kooperativen Aktivitäten entstehen Netzwerke zwischen den Akteuren, in denen die Entwicklung der

[86] Siehe dazu Kapitel 2.3.4.

Technologie vorangetrieben wird. Im Rahmen der folgenden Hypothese soll untersucht werden, wie sich die durch Kooperationen entstehenden Aktivitäten über die Zeit entwickeln:

Hypothese 6: Die Aktivitäten deutscher Akteure innerhalb der wissenschaftlichen Forschung, die durch nationale Kooperationen entstehen, nehmen über den Betrachtungszeitraum hinweg zu.

Vorgehen: Die kooperativen Aktivitäten des Innovationsprozesses werden durch die Verbindungen des Innovationssystems abgebildet, die eine wesentliche Säule des Innovationssystems darstellen. Unter Zuhilfenahme der Sozialen Netzwerkanalyse lässt sich der Anteil der Aktivitäten berechnen, die durch nationale Kooperationen[87] entstehen und zu den Gesamtaktivitäten ins Verhältnis setzen.

Die Darstellung der kooperativen Tätigkeiten bleibt in dieser Arbeit auf die wissenschaftliche Forschung beschränkt. Zwar kooperieren die Akteure auch in der angewandten Forschung und der Entwicklung, allerdings nicht oder sehr selten durch gemeinsames Anmelden eines Patentes. Zurückzuführen ist dieser Sachverhalt auf rechtliche Probleme, die durch gemeinsames Auftreten als Anmelder ausgelöst werden können. So kommt es anstatt dessen eher zu der Konstellation, in der ein Kooperationspartner das Patent anmeldet sich dadurch alle Rechte an der Erfindung sichert und diese dann an seinen Partner lizensiert. Die Vergabe von Lizenzen kann so die rechtlichen Probleme einer gemeinsamen Anmeldung umgehen und findet häufig Anwendung (vgl. Porter und Newman 2004, S.603). Daher werden die Netzwerke der angewandten Forschung und der Entwicklung nicht explizit dargestellt.

Das Ziel dieser Arbeit liegt auf der Untersuchung des Innovationsprozesses der PEM-Technologie. Dabei gilt besonderes Interesse vor allem der zugrundeliegenden Wissensgenese. Wie bereits weiter oben gesehen, zählen zur Wissensproduktion der PEM-Technologie verschiedene Akteursgruppen, die mit unterschiedlicher Intensität

[87] Im Rahmen dieser Arbeit wird dieser Ansatz als Kooperationsneigung definiert, die sich an Komar (2005) anlehnt.

und Orientierung an der Wissensproduktion im Bereich der Wissenschaft und der Technologie teilnehmen. Diese Aktivtäten verlaufen nicht sequentiell, sondern parallel ab, wie in der theoretischen Darstellung zu den Innovationsprozessen gesehen. Dabei kommt es aber immer wieder zu Verflechtungen der beiden Systeme Wissenschaft und Technologie. Schmoch (2003) beschreibt das Verhältnis beider Systeme als „partielle Dualität" und meint damit, dass die dieselbe Forschungsaktivität je nach Blickwinkel sowohl der Wissenschaft als auch der Technologie zugeordnet werden kann. Der geforderten Unterscheidung der Wissenschaft und der Technologie (wie in den theoretischen Erörterungen gezeigt) wird durch das Wort partiell Rechnung getragen (vgl. Schmoch 2003, S.61). Weiterhin weist Schmoch darauf hin, dass das Konzept der partiellen Dualität sich vornehmlich auf wissensbasierten Technologien bezieht (vgl. Schmoch 2003, S.155).

Die Frage, die hier im Hinblick auf die Wissensgenese aufgeworfen wird, ist die Frage nach genau dieser Verflechtung der Wissenschaft und der Technologie. Nach Luhmann (1997) benötigen die Funktionssysteme der Wissenschaft und der Technologie allerdings Organisationen um die Leistungen transferieren zu können (vgl. Luhmann 1997, S. 843). Wie und durch wen wird das in der wissenschaftlichen Forschung erzeugte Wissen nun funktionssystemübergreifend dem technologischen Bereich zur Verfügung gestellt? Anstatt der Betrachtung der Kooperationen nur innerhalb der angewandten Forschung und der Entwicklung wird deren Kopplung mit der wissenschaftlichen Forschung untersucht. Die Fähigkeit von Unternehmen, technische Innovationen hervorzubringen, stellt das Rückgrat leistungsfähiger Volkswirtschaften dar. Deren Leistungsfähigkeit hängt dabei eng mit funktionierenden Prozessen der Wissens- und Technologietransfers ab (vgl. Heinze 2005, S.61). Aufgrund der parallelen Entwicklung der wissenschaftlichen Forschung und der Entwicklung (also Wissenschaft und Technologie) ist dieser so entstehende Wissenstransfer zwischen den Vertretern der jeweiligen Bereiche aber nicht unidirektional, sondern eher als ein bidirektionaler Austausch zu verstehen, von dem alle beteiligten Akteure profitieren. Weiterhin stellt dieser Wissenstransfer kein punktuelles Ereignis dar, sondern erstreckt sich über einen längeren Zeitraum (vgl. Schmoch 2003, S. 343) und kann an jeder Stelle des Innovationsprozesses auftreten. In Anlehnung an Heinze (2006) können Organisationen je nach Ihrem Tätigkeitsschwerpunkt in den Funktionssystemen der Wissenschaft und der Technologie als verschiedene Organisationstypen charakterisiert werden. So gibt es Akteure (oder Organisationen) die lediglich einem Bereich zuzuordnen sind und Akteure, die primär in einem Bereich aktiv sind, sich aber sekundär noch einem anderen Bereich widmen. Zusätzlich dazu wird ein dritter Typ unterschieden, der sich in den Funktionssystemen der Wissenschaft und der Technologie gleichzeitig bewegt, ohne einen davon als primär zu definieren. Diese Organisationsstyp, der durch keine priorisierte Funktionssystemorientierung gekennzeichnet ist, wird auch als „Hybrid oder Grenzorganisation" bezeichnet. Zu diesem hybriden Organisationstyp zählen insbesondere stark angewandt orientierte Forschungseinrichtungen[88], die bei der Koppelung von Wissenschaft und Wirtschaft eine wichtige Rolle spielen, indem sie sowohl in der Produktion und im Transfer von wirtschaftlich relevantem Wissen aktiv sind (vgl. Heinze 2006, S. 59-73). Auch nach Schmoch (2003) ist die Zuordnung von Akteuren zu Funktionssystemen keineswegs stringent. So ist auch immer wieder „systemfremdes" Verhalten (Schmoch 2003, S.334) zu beobachten. Das bedeutet, dass Akteure und deren Aktivitäten sowohl der Wissenschaft als auch der Technologie zugeordnet werden können. Aufbauend auf diesen Erkenntnissen soll folgende Hypothese 7 getestet werden:

Hypothese 7: Die Wahrscheinlichkeit[89], dass die Ergebnisse der wissenschaftlichen Forschung bei anwendungsnahen Forschungseinrichtungen in den Anwendungsbereich übergehen, ist hoch.

Vorgehen: In einem Fallbeispiel soll untersucht werden, inwieweit die Ergebnisse der wissenschaftlichen Forschungsaktivitäten einem Anwendungsbereich zugeführt

[88] Zwar zeigt Heinze (2006) lediglich die Fraunhofer Gesellschaft als Vertreter dieses Organisationstypen auf, es können allerdings auch andere stark anwendungsorientierte Organisationen dazu gezählt werden.
[89] Aufgrund der geringen zur Verfügung stehenden Datenmenge wird auf den statistischen Beweis der Wahrscheinlichkeit verzichtet und wie im Vorgehen zur Hypothese geschrieben auf ein Fallbeispiel.

werden. So sollen ausgehende von den Publikationsaktivitäten einer Unternehmung und deren Kooperationspartner geprüft werden, ob diese Autoren zeitversetzt als Erfinder bei Patentanmeldungen der Unternehmen auftauchen.

Wie gesehen, werden die dem Innovationsprozess zu Grunde liegenden Aktivitäten von den verschiedensten Akteuren und deren Kooperationen getragen. Dabei ist es für die meisten Akteure keine Option, sondern eine Notwendigkeit international tätig zu werden (vgl. Apfelthaler und Fuchs 2009, S.267). Diese internationalen Aktivitäten können unter dem Begriff der Internationalisierung (als Eingrenzung der Globalisierung) zusammengefasst werden und beziehen sich auf die vielfältigen Verbindungen zwischen Nationalstaaten, Gesellschaften und deren Akteuren (vgl. Apfelthaler und Fuchs 2009, S.7). Folgende Abbildung 18 fasst diesen Sachverhalt und deren zugrundeliegenden Motive[90] zusammen:

Abbildung 18: Motive für Internationalisierungstendenzen des Innovationsprozesses (Eigene Darstellung nach Gassmann und von Zedtwitz 1996, S.3)

Historisch gesehen wurde unter Internationalisierung lediglich die Ausweitung der Absatzmärkte verstanden. Gerade für exportorientierte Länder, wie Deutschland, spielt der Außenhandel eine essentielle Rolle. Archibugi und Iammarino (1999)

[90] Für weitere Triebkräfte und Barrieren der Internationalisierung von Forschung und Entwicklung siehe Gassmann und von Zedtwitz (1996).

betonen, dass es zunehmend zu einer internationalen Ausbeutung von national produzierten Innovationen kommt. Später kam die Produktion auf den auswärtigen Märkten hinzu, um zum Beispiel die günstigeren Produktionsbedingungen vor Ort auszunutzen. Bereits existierende Produkte und Technologien mussten außerdem auf die einzelnen Märkte (Marktmotiv) angepasst werden (vgl. Gassmann et al. 2008, S.4). Um neue Produkte und Technologien zu entwickeln, wurden die Akteure immer mehr gezwungen, sich an den internationalen Wissensflüssen zu beteiligen. So kann es sich ein technologieintensives Unternehmen heute kaum noch leisten, seine Aktivitäten lediglich auf den Heimatmarkt zu beschränken (vgl. Reger 1997, S.10). Zu einem, um die Absatzmärkte besser zu bedienen. So wachsen die Kundenansprüche auf den weltweiten Absatzmärkten und fordern ein „Customizing" der Innovationsaktivitäten eines Akteurs (vor allem eines Unternehmens) (vgl. Gassmann und von Zedtwitz 1996, S.3). Zum anderen, um den steigenden technologischen Anforderungen gerecht zu werden. So erfordert gerade die Internationalisierung der Forschungs- und Entwicklungstätigkeiten internationale Strategien, um durch die örtliche Nähe eine Verkürzung der Entwicklungszeiten und Entscheidungsprozesse zu erreichen. Dadurch wird der technologische Wandel gestärkt und gleichzeitig das Risiko minimiert von internationalen Wissensflüssen ausgeschlossen (Wissensmotiv) zu werden (Niosi und Bellon 1994). So gibt es keinen Zweifel daran, dass die F&E-Tätigkeiten von Akteuren ansteigend international ausgerichtet sind. Gerade multinationale Unternehmen nutzen die globale Aneignung der technologischen Möglichkeiten durch Horchposten oder sogenannte „Gatekeeper" „zum Monitoring der wissenschaftlichen und technischen Entwicklung im Ausland" (Chesnais 1992, zitiert in Steg 2005).

Gerade in der frühen Phase des Prozesses ist das der Technologie zugrundeliegende Wissen nicht kodifiziert, was eine persönliche und direkte Kommunikation erfordert (vgl. Reger 1997, S.10ff). Gleichzeitig stellt Carlsson (2007) fest, dass sich die Entwicklung von Technologien nicht auf bestimmte Länder begrenzen lässt (vgl. Carlsson 2007, S.860). Zudem steigt mit der Zeit die Anzahl der technologisch relevanten

Akteure (Dosi 1981). Der Innovationsprozess läuft demnach national nicht isoliert ab. Die nationale Abgrenzung muss aufgeweicht und dadurch der Einfluss des Auslandes berücksichtigt werden.

Neben den internationalen Länderaktivitäten stellen auch die internationalen Kooperationen der Akteure eine wichtige Rolle dar und sind eine essentielle Voraussetzung für die Entwicklung einer Technologie. Archibugi und Iammarino (1999) beschreiben diese Interaktion als wissenschaftliche Joint Ventures, allgemeinen wissenschaftlichen Austausch oder als produktive Vereinbarungen zum Austausch von technischen Informationen (Archibugi und Iammarino 1999, S.319). Ein grundsätzliches Ziel der Internationalen Kooperation ist „die Ergänzung eigener Fähigkeiten durch die Zusammenführung und Nutzung komplementärer Kompetenzen und Möglichkeiten des internationalen Partners“ (Steg 2005, S.26). Verbindungen zwischen den einzelnen Akteuren finden demnach auch grenzübergreifend, also transnational statt. Diese transnationalen Interaktionen der internationalen Zusammenarbeit werden durch Kooperationen bei Publikationen und Patenten sichtbar gemacht. An dieser Stelle steht die internationale Ausrichtung der Kooperationen (Transnationale Interkationen nationaler Akteure) im Vordergrund, also die internationale Zusammenarbeit als ein wesentlicher Kanal internationaler Spillover-Effekte der Wissensentstehung (vgl. Edler et al 2003, S.23).

Die folgenden Hypothesen sollen untersuchen, inwiefern sich die internationalen Aktivitäten und Kooperationen, aggregiert auf Länderebene, entwickeln:

Hypothese 8: Die Konzentrationen der weltweiten Verteilung der Forschungsaktivitäten der Länder nehmen ab.

Hypothese 9: Internationale Kooperationen deutscher Akteure nehmen über den Betrachtungszeitraum hinweg zu.

Vorgehen: Durch die Zuordnung der relevanten Akteure zu den jeweiligen Herkunftsländern ergibt sich ein klares Bild der internationalen Aktivitäten. Unter

Zuhilfenahme eines Konzentrationsmaßes[91] können die Konzentrationen innerhalb der Perioden dargestellt werden. Analog zur Hypothese 6 kann gezeigt werden, welche Rolle die internationalen Kooperationen deutscher Akteure im Verlauf der Betrachtung spielen. So werden in dieser Hypothese die Anteile der deutschen Aktivitäten berechnet, die durch internationale Kooperationen entstehen. Die internationale Zusammenarbeit im Bereich der wissenschaftlichen Forschung wird durch internationale Ko-Publikationen abgebildet. Als internationale Ko-Publikation gilt jede Publikation, die von mindestens einem deutschen Wissenschaftler mit einem weiteren Wissenschaftler aus einem anderen Land veröffentlicht wird (vgl. Schmoch 2006, S.16). Die Auswertung der Patentanmeldungen gibt Aufschluss über die Kooperationen im technologischen Bereich der angewandten Forschung und der Entwicklung. In dieser Arbeit werden internationale Ko-Patente festgestellt, indem verschiedene Erfinder aus unterschiedlichen Ländern auf einer Patentanmeldung identifiziert werden (vgl. Hullmann 2001, S.136). So kann geprüft werden, ob die internationale Ausrichtung der für die Akteure notwendigen Kooperationen tatsächlich auch den Internationalisierungstendenzen der Theorie folgen.

Zur Integration der bisherigen Ergebnisse und zur Strukturierung der weiteren Analysen ist die Einbettung dieser Arbeit in einen Bezugsrahmen nötig. Aufbauend auf den Hypothesen wird daher ein für diese Arbeit spezielles **Forschungsdesign** entworfen, das die systematische Analyse des Innovationsprozesses zulässt und Antworten auf die Forschungsfragen und die daraus abgeleiteten Hypothesen liefern kann[92].

Ziel dieser Arbeit ist die Untersuchung des Innovationsprozesses einer forschungsintensiven Technologie über einen längeren Zeitraum kurz vor dem erwarteten Markteintritt. Insbesondere ist dabei die Wissensgenese interessant, wie die zu Beginn dieses Kapitel aufgestellten Forschungsfragen und Hypothesen zeigen.

---

[91] Als Konzentrationsmaß wird der Hirschman-Herfindahl-Index (HHI) gewählt. HHI = $\sum_{i=1}^{n} p_i^2$ mit p_i ist der relative Anteil der Publikations- bzw. Patentaktivitäten. Siehe dazu auch Traistaru und Iara (2002).

[92] Siehe Abbildung 19 weiter unten.

Antworten auf diese Fragen und die zugehörigen Hypothesen kann die Heuristik des Innovationssystems liefern, zu dessen Schlüsselfragen es gehört, welche Akteure den Entwicklungsprozess beschleunigen oder bremsen und welche grundlegenden Beziehungen (Verknüpfungen) existieren (vgl. Jochem 2009, S.46). Funktion und Aufgabe eines Innovationssystems es ist, eine neue Technologie zu generieren, zu verbreiten und zu benutzen. Damit sind die zentralen Merkmale des Systems die Fähigkeiten der Akteure genau diese Funktion zu erfüllen (vgl. Carlsson et al. 2002, S.235; Freeman 1987, S.1). Dabei steht vor allem die Generierung, Verbreitung und Anwendung von neuem Wissen im Vordergrund (Lundval 1992, S.2; Evangelista et al. 2002, S.173). Wissen als Basis neuer Technologien wird demnach geschaffen und angewendet. Trotz der verschiedenen Varianten verbindet diese Innovationssysteme die gemeinsame Möglichkeit, „den Innovationsprozess in einem systemischen und institutionellen Zusammenhang zu betrachten" (Steg 2005, S.6). Die Analyse des Innovationsprozesses muss die Identifikation der organisationellen und institutionellen Struktur beinhalten. So gehört zur organisationellen Dimension einerseits das wissenschaftliche System, dass durch Akteure der Grundlagegenforschung und der angewandten Forschung geprägt ist. Gerade die Entwicklung wissensintensiver Technologie wird durch eine enge Verflechtung dieser beiden Aktivitäten begünstigt. Andererseits das industrielle System, das die Technologie zur Anwendung bringt und für die Einführung am Markt ausschlaggebend ist. So sind es die Entwicklungstätigkeiten der Unternehmen, die das industrielle System aufspannen (vgl. Jochem 2009, S.44-45). Die Möglichkeit zur parallelen Betrachtung der wissenschaftlichen und technologischen Aktivitäten über den gesamten Betrachtungszeitraum ist dadurch gegeben. Die parallel ablaufenden Aktivitäten des Innovationsprozesses werden so durch die Blockbildung des Innovationsystems berücksichtigt. Durch die Analyse der Akteure und deren Verbindungen (nationale und internationale Betrachtung) im Innovationssystem wird genau die systemische (organisationelle) Gestaltung des Innovationsprozesses dargestellt und dieser somit abgebildet. Zum anderen lässt die Identifizierung der Einflussfaktoren und Rahmenbedingungen des Innovationssystems eine institutionelle Betrachtung zu und zeigt gleichzeitig alle relevanten Innovationstreiber auf.

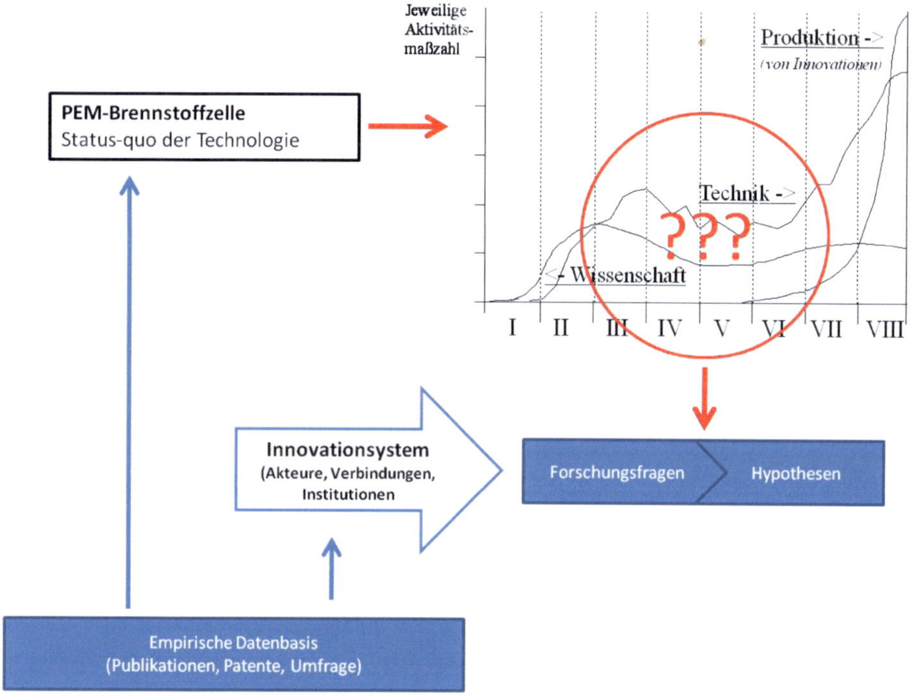

Abbildung 19: Spezifisches Forschungsdesign der Arbeit

Anhand dieses spezifischen Forschungsdesign lassen sich die Hypothesen dieser Arbeit systematisch beantworten. Im folgenden Unterkapitel gilt es nun, das relevante Innovationssystem abzugrenzen, sowie die dazu nötige Methodik und die zugrundeliegende Datenbasis herzuleiten.

3.2. Methodik und Datenbasis

3.2.1. Eingrenzung der Untersuchung

Gegenstand dieser Arbeit ist die Abbildung des Innovationsprozesses und die dahinterstehende Analyse der Wissensgenese. Die theoretischen Überlegungen und die daraus abgeleiteten Hypothesen zeigen, dass dieser Prozess zunehmenden Internationalisierungstendenzen ausgesetzt ist. Eine komplette internationale Betrachtung der Akteure, Verbindungen und Institutionen würde den Rahmen dieser Arbeit sprengen. Es wird daher an dieser Stelle darauf hingewiesen, dass der Fokus der Untersuchung sich wegen der aus der Zielsetzung resultierenden Komplexität auf Deutschland beschränkt. Gerade die für das Innovationssystem relevanten Akteure und Verbindungen werden daher lediglich auf nationaler Ebene betrachtet. Die Hypothesen 2 bis 7 können dementsprechend auch nur auf nationaler Ebene beantwortet werden. Da aber eine komplett nationale Betrachtung eine zu starke Eingrenzung wäre, müssen die Internationalisierungstendenzen dennoch berücksichtigt werden. So wird durch die Hypothesen 8 und 9 diese geforderte Internationalisierung in diese Arbeit mit eingebunden und dadurch der Fokus von einer rein nationalen Betrachtung auf eine weltweite Länderebene gehoben. So kann zum einen die Position Deutschlands in Bezug zu den weltweiten Aktivitäten und Kooperationen gesetzt werden. Zum anderen kann geprüft werden, ob diese theoretischen Überlegungen zur Internationalisierung in dieser Arbeit nachgewiesen werden können.

Um dem statischen Charakter des Innovationssystems mehr Dynamik zu verleihen und Entwicklungen aufzuzeigen, werden die folgenden Analysen für verschiedene zeitliche Perioden[93] durchgeführt:

- Periode A: 1991 – 1993,
- Periode B: 1994 – 1996,
- Periode C: 1997 – 1999,
- Periode D: 2000 – 2002,
- Periode E: 2003 – 2005.

Die Internationalisierung spielt auch bei der Betrachtung der Einflussfaktoren und Rahmenbedingungen eine immer wichtigere Rolle. Dennoch gilt es, die nationalen Perspektiven dabei nicht außer Acht zu lassen. Der für die Abbildung der Treiber verwendete Ansatz wird lediglich auf deutsche Akteure angewendet. Dabei wird aber die von Steg (2005) geforderte Dualität berücksichtigt und auch internationale Faktoren,

[93] Die Abgrenzung dieser Perioden orientiert sich an den Ergebnissen der Publikations- und Patentanalysen. Siehe dazu Abbildung 82 in Kapitel 9.

die Einfluss auf die relevanten nationalen Akteure nehmen, beschrieben. Die sich speziell auf die Innovationstreiber beziehenden Hypothese 2 und 3 können aufgrund der Reichweite der Umfrage lediglich national beantwortet werden.

3.2.2. Auswahl und Aufbau des Innovationssystem

Aufbauend auf den theoretischen Grundlagen des Innovationssystems und den dieser Arbeit zugrundeliegenden Fragestellungen wird an dieser Stelle der Ansatz des Innovationssystems angepasst. Konkret bedeutet das, dass die geografische, die sektorale und die technologische Perspektive auf die Ziele dieser Arbeit abgestimmt werden müssen. Diese Abgrenzung geht auf das Modell von Christ (2007) zurück und bietet eine optimale Voraussetzung, das für die Abbildung des Innovationsprozesses benötigte Innovationssystem zu definieren.

Die geografische Abgrenzung des Systems ist demnach primär an Deutschland zu orientieren[94]. So steht vor allem die nationale Betrachtung im Fokus dieser Arbeit und ist daher für die Abgrenzung des Systems relevant. Die Thematik der Internationalisierung ändert daran nichts. Durch die Bearbeitung der konkreten Hypothesen wird diese Thematik ausreichend abgedeckt.

Da die Fragestellung und Zielsetzung konkret auf Brennstoffzellenfahrzeuge abzielt, ist es angebracht, sich auf die zugrundeliegende Brennstoffzellentechnolgie zu konzentrieren. In Kapitel 4.2.1 wird dargelegt, dass sich aus der Vielzahl der verschiedenen Brennstoffzellen die PEM Technologie für mobile Anwendungen durchgesetzt hat. Daraus resultiert die technologische Perspektive. Die Brennstoffzellentechnologie, insbesondere die PEM-Variante, stellt eine Querschnittstechnologie dar und ist daher nicht in sektoraler Sicht zu behandeln. Folgende Abbildung 20 stellt diese Auswahl anhand des Modells von Christ (2007)[95] dar:

---

[94] Die im Kapitel 3.2.1 gemachten Einschränkungen sind dabei zu berücksichtigen.

[95] Siehe dazu insbesondere Abbildung 17.

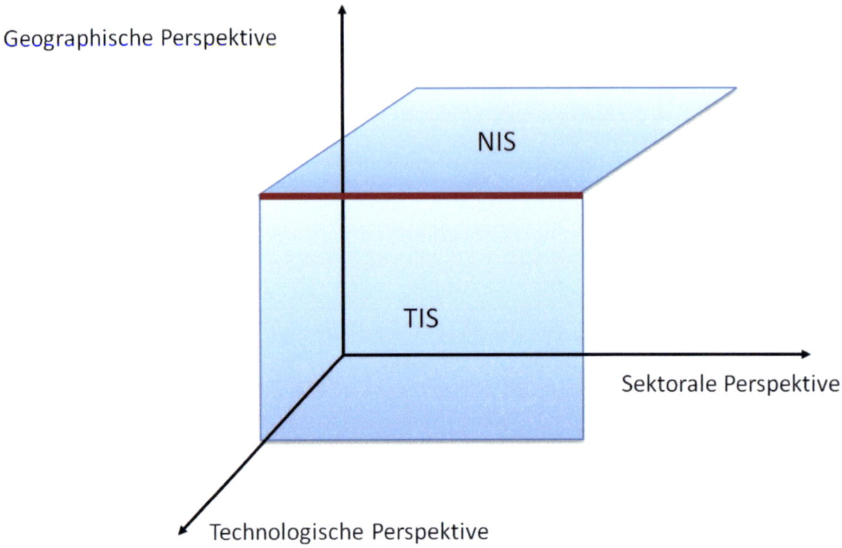

Abbildung 20: Auswahl des Innovationssystems

Es wird deutlich, dass zu Analysezwecken eine Kombination von zwei verschiedenen Innovationssystemen nötig ist. Die zu betrachtenden relevanten Akteure, Institutionen und deren Verknüpfungen liegen genau auf der Schnittstelle des Nationalen Innovationssystem (NIS) und des Technologischen Innovationssystem (TIS). In Abbildung 20 ist diese Schnittmenge als „Roter Strich“ gekennzeichnet. Das in dieser Arbeit zu analysierende Innovationssystem ist somit eine hybride Form und kann als „Technologisches Innovationssystem mit Nationalem Fokus“ gesehen werden.

Wie bereits in Kapitel 2.5.2 erörtert, sind die Eckpfeiler eines Innovationssystems die Akteure, die Institutionen und die Verbindungen zwischen diesen Komponenten. Grundlage der Analyse des Innovationsprozesses zur Beantwortung der Forschungsfragen ist gleichzeitig die Identifikation genau dieser organisationellen und institutionellen Struktur. Carlson et al. (2008) nennen das die „structural components of the TIS“ (vgl. Carlsson et al. 2008, S.413). Für den detaillierten Aufbau eines Innovationssystems werden von Carlson et al. (2002) weiterhin verschiedene Ebenen der Analyse vorgeschlagen. Eine diese Ebenen ist die „organizational and institutional dimension“ (vgl. Carlsson et al. 2002, S.10), die sich aus drei Elementen zusammensetzt:

- Identifikation der relevanten Akteure und deren Kooperationen mit Hilfe von Publikations- und Patentdaten[96],
- Identifikation der relevanten Institutionen[97],
- Interviews mit relevanten Akteuren (vgl. Jochem 2009, S.46).

Um den Innovationsprozess gezielt anhand der Fragestellungen zu analysieren, basiert das in dieser Arbeit entwickelte hybride Innovationssystem genau auf dieser organisationellen und institutionellen Dimension. Abbildung 21 zeigt, wie die einzelnen Elemente des Innovationssystems methodisch fundiert werden können:

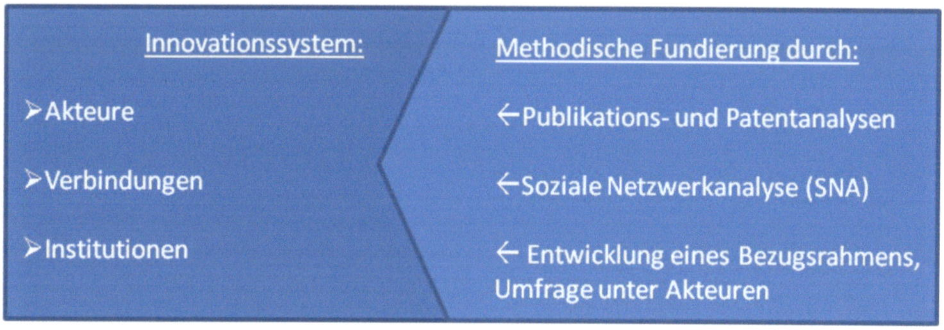

Abbildung 21: Methodische Fundierung des Innovationssystems

Die im Kapitel 2.4 vorgestellten Indikatoren (Publikationen und Patente) bilden somit die empirische Grundlage für die Identifizierung der jeweils relevanten Akteure des hier verwendeten hybriden Innovationssystems. So identifiziert die Publikationsanalyse die aktivsten Organisationen im Hinblick auf wissenschaftliche Veröffentlichungen, die Patentanalyse dagegen den Umfang der technologischer Aktivitäten verschiedener Organisationen (vgl. Carlsson 2008, S.413). So ist es möglich, mit Hilfe der Heuristik des Innovationssystems Antworten auf die Forschungsfragen dieser Arbeit zugeben und die Hypothesen zu testen. Gleichzeitig

[96] Die Akteure des Innovationssystems werden in Kapitel 5 ausführlich beschrieben. Das kooperative Verhalten der Akteure wird in Kapitel 0 dargestellt. Die Betrachtung internationaler Akteure und deren Kooperationen ist in Kapitel 7 zu finden.

[97] Die relevanten Institutionen (und weitere Einflussfaktoren) werden in Kapitel 0 identifiziert. Dabei gilt es insbesondere die Diskussion in Kapitel 8.1 zu beachten.

wurde bereits in Kapitel 2.3.4 festgestellt, dass Publikationen und Patente zur quantitativen Beschreibung der Entwicklung von wissensbasierten Technologien herangezogen werden können. Die Nutzung dieser Indikatoren scheint demnach sinnvoll. Die zwischen den Akteuren des hybriden Innovationssystems vorkommenden Interaktionen werden mit Hilfe der sozialen Netzwerkanalyse sichtbar gemacht. Input dazu liefern wiederum die Ergebnisse der Publikations- und Patentanalyse, wobei der Fokus auf Verbindungen der Publikationen liegt. Insgesamt wird bei der Analyse auf klassische Methoden der Sozialwissenschaften zurückgegriffen. Dazu gehört z.B. die Berechnung von Konzentrationsraten auf verschiedenen Aggregationsstufen, um so exakt die relevanten Organisationstypen und die zugrundeliegenden Akteure zu bestimmen.

Aufbauend auf der Literatur und einem entwickelten Bezugsrahmen werden die für die Entwicklung der Technologie relevanten Institutionen bestimmt. Zusätzlich dazu wurde unter Akteuren des Innovationssystems eine Umfrage (anstatt von Interviews wie bei Carlson, siehe oben) durchgeführt, um die hervorstechenden Institutionen zu bestimmen. Es gilt zu beachten, dass der Begriff Institutionen sehr weit gefasst ist und dadurch das Innovationssystem auf verschiedenen Wegen beeinflusst. Dadurch ist es nötig, bei der Identifikation relevanter Institutionen eine breite Perspektive zu haben (vgl. Carlsson 2008, S.414)[98]. Grundsätzlich sind neben den Institutionen noch weitere Einflussfaktoren und Rahmenbedingungen für die Entwicklung der Technologie verantwortlich. Die Bestimmung dieser Faktoren in Kapitel 0 geht daher weit über eine reine Betrachtung der Institutionen hinaus[99].

3.3. Datenbasis

3.3.1. Ziele und Methodik der Publikationsanalyse

Ziel der hier durchgeführten Publikationsanalyse ist es, zum einen alle relevanten wissenschaftlichen Akteure zu identifizieren. Zum anderen können Aussagen über den Verlauf technologiebezogener Publikationszahlen getroffen werden. Gerade im

[98] Dieser Punkt wurde bei der Entwicklung des Modells berücksichtigt.
[99] Siehe dazu insbesondere Kapitel 8.1.

Hinblick auf die Fragestellung der Internationalisierung liefern die Ergebnisse darüber hinaus Einblicke in das Kooperationsverhalten der beteiligen Akteure auch auf internationaler Ebene.

Im Rahmen dieser Arbeit wurde die Publikationsanalyse mit der Literaturdatenbank „ISI Web of Science“ durchgeführt. Diese Online verfügbare Datenbank vereint den Science Citation Index Expanded (SCI), den Social Sciences Citation Index (SSCI) und den Arts & Humanities Citation Index (A&HCI). Die Abfrage wurde im Februar 2008[100] durchgeführt. Die zugrundeliegende Suchstrategie baut sich aus technologierelevanten Stichwörtern im Abstract der jeweiligen Veröffentlichung auf und ist dreigeteilt:

1) TS=("FUEL CELL*") and TS=("PROTON EXCHANGE MEMBRANE*" or "POLYMER EXCHANGE MEMBRANE*" or "PROTON ELECTROLYTE MEMBRANE*" or "POLYMER ELECTROLYTE MEMBRANE*").

2) TS=("PROTON EXCHANGE FUEL CELL*" or "POLYMER EXCHANGE FUEL CELL*" or "PROTON ELECTROLYTE FUEL CELL*" or "POLYMER ELECTROLYTE FUEL CELL*" or "SOLID POLYMER FUEL CELL*" or "SOLID POLYMER ELECTROLYTE FUEL CELL*").

3) TS=(PEM* or PEMFC* or PEFC* or SPFC*) and TS=("FUEL CELL*" or "PROTON EXCHANGE*" or "POLYMER EXCHANGE*" or "PROTON ELECTROLYTE*" or "POLYMER ELECTROLYTE*" or "SOLID POLYMER*").

4) Vereinigung von 1-3.

“TS” steht dabei für die Suche im Abstract, „*“ ist ein Platzhalter. Eine zusätzliche Suche im Titel veränderte die Lösungsmenge nicht. Da in der Literatur die Abkürzung PEM in verschiedener Weise genutzt wird, wurden aus Gründen der Vollständigkeit alle möglichen Kombinationen abgefragt. Gleiches gilt ebenfalls für die Abkürzungen selber. PEM-Brennstoffzellen nutzen als Elektrolyt „solid polymer“, daher ebenfalls die Berücksichtigung in dieser Suchstrategie. Weiterhin wurde nach allen

---

[100] Eine erneute Abfrage im August 2010 brachte keine neuen Erkenntnisse und veränderte die Daten nur marginal. Daher wurde bei der Analyse über die Perioden auf die Abfrage vom Februar 2008 zurückgegriffen.

Dokumententypen („All Document Types“) und in allen Sprachen („All Languages“) gesucht. Der zeitliche Horizont der Abfrage erstreckt sich von 1980 bis 2005. Insgesamt konnten so 2582 relevante Publikationen identifiziert werden, die somit die Basis für alle weiteren Analysen bilden.

3.3.2. Ziele und Methodik der Patentanalyse

Die Ziele der Patentanalyse gleichen denen der Publikationsanalyse. Neben der Identifikation der innovativen Akteure liefert die Analyse absolute Patentzahlen und bildet die Grundlage für die weitere Analyse des Kooperationsverhaltens, das bei den Patenten allerdings auf die internationale Betrachtung beschränkt bleibt.

Die Patentanalyse dieser Arbeit wurde mit der Datenbank „EPO Worldwide Statistical Patent Database Version April 2010“ (auch „PATSTAT April 2010 database“ genannt) durchgeführt[101]. Zu dieser Datenbank gehören die Patentanmeldungen vom European Patent Office (EPO), der World Intellectual Property Organization (WIPO) dem United States Patent and Trademark Office (USPTO) und anderen bedeutenden Patentämtern (vgl. Griffith et al. 2008, S.7). Die Datenbank beinhaltet detaillierte Informationen zu jeder Patentanmeldung und kann so für individuelle Fragestellungen genutzt werden. Die technologische Klassifikation der Patente in der Datenbank basiert auf der „International Patent Classification“ (IPC). Somit besteht die Möglichkeit in diesem hierarchischen System nach speziellen Technologien zu suchen. Die hier verwendete Suchstrategie der PEM-Technologie sucht sowohl nach kompletten Klassen als auch nach einer Kombination von Klassen[102] und Keywords:

1) Alle Patentanmeldungen in der Klasse H01M – 008/22.
2) Alle Patentanmeldungen in der Klasse H01M – 008/24.
3) Alle Patentanmeldungen in der Klasse H01M -008, diesmal allerdings mit Keywords sowohl im Abstrakt als auch im Titel. Ausgenommen sind die Unterklassen

---

[101] Teilweise wurde auch auf eine ältere Version (September 2007) zurückgegriffen.

[102] Die Klasse „H“ steht z.B. für Elektrotechnik; „01M“ für Verfahren oder Mittel, z.B. Batterien, für die direkte Umwandlung von chemischer in elektrische Energie; Unterklasse „008“ bezeichnet Brennstoffelemente.

H01M – 008/22 und H01M – 008/24, die bereits in 1-2 komplett abgerufen wurden.

4) Vereinigung von 1-3.

Es existieren verschiedene Möglichkeiten Patente anzumelden. So kann die Anmeldung am nationalen Patentamt (in Deutschland: Deutsche Patent und Marken Amt (DPMA)), am Europäischen Patentamt (EPA) oder per PCT-Anmeldung (Patent Cooperation Treaty) beim World Intellectual Property Office (WIPO) eingereicht werden. Die Wahl des Amtes hängt von der jeweiligen Strategie des einzelnen Anmelders ab. Alle diese Anmeldeverfahren haben Vor- und Nachteile (vgl. Schmoch 1990, S.15-24).

Für die Analysen dieser Arbeit wurde das DPMA gewählt[103]. Als zeitliche Einordnung wird das Prioritätsdatum verwendet. Die Zuordnung der Patentanmeldung zu einzelnen Ländern ist abhängig von der Nationalität der Anmelder.

Sowohl für Publikationsdaten als auch für Patentdaten gilt, dass diese „gewichtet" gezählt werden. Bei mehr als einem Anmelder bei Patenten wird die Aktivität entsprechend der gesamten Anmelderzahl gewichtet. Zum Beispiel wird bei zwei Anmeldern deren Aktivität mit einer Intensität von jeweils 0,5 gewichtet. Genauso wird bei Publikationen und deren Autoren und zugehörigen Organisationen verfahren.

3.3.3. Ziele und Methodik der Umfrage

Ziel der Umfrage ist es, die Relevanz der Einflussfaktoren und Rahmenbedingungen aus Sicht der Akteure zu bestimmen, sowie einen Einblick in die Erwartungen der Akteure zu erlangen. Es wird versucht einen möglichen Markteintrittszeitpunkt aus Sicht der Akteure zu bestimmen. Es werden Maßnahmen identifiziert, die für eine Markteinführung nötig sind. Durch die Umfrage sollen Treiber (positiv wie negativ) für die breite Durchsetzung der Technologie am Markt identifiziert und technologische ‚Bottlenecks' aufgezeigt werden. Daneben sollen die Ergebnisse Aus-

[103] Dabei wurden Patentanmeldungen die vom DPMA weiter ans EPA geleitet wurden und dann wieder für einen Patentschutz in Deutschland zurückkommen, ausgeschlossen.

kunft darüber geben, wie die Akteure sowohl die deutschen, als auch die europäischen politischen Bemühungen bewerten. Weiterhin sollen Erkenntnisse über Kooperationen und Konkurrenz von Akteuren innerhalb des Technologischen Feldes gewonnen werden.

In Kooperation mit dem Deutschen Wasserstoff- und Brennstoffzellenverband[104] (DWV) wurde zu diesem Zweck zwischen Februar und März 2009 eine postalische Umfrage durchgeführt. Mit 34 Antworten bei 74 Teilnehmern wurde eine Rücklaufquote von 46% erreicht.

Die oben angesprochenen Ziele geben sogleich die grobe Struktur des Fragebogens wieder. Eine Gliederung des Fragebogens nach Themenkomplexen hat sich in der Literatur als sinnvoll erwiesen und ermöglicht den Teilnehmern eine strukturierte Beantwortung der Fragen (vgl. Mayer 2002, S.94). Daneben wurde sehr genau auf die Formulierung des Anschreibens geachtet, durch das die Teilnehmer zum Ausfüllen animiert werden sollten (vgl. Moosbrugger und Kelava 2007, S.68f, siehe dazu weiterhin Porst 2008, S.31-34; Nardi 2006, S.91f und Kirchhoff et al. 2008, S.29-32).

Die Fragen selbst stellen eine Kombination von offenen und geschlossenen Fragen dar, sogenannte halboffene Fragen. Die Antworten auf offene Fragen können frei gegeben werden, während die Antwortmöglichkeiten bei geschlossenen Fragen vorgegeben werden. Bei den halboffenen Fragen werden Antwortmöglichkeiten vorgegeben, zusätzlich dazu gibt es eine Kategorie „Sonstiges" zur freien Antwortformulierung (vgl. Dieckmann 2008, S.476-478 und Atteslander 2008, S.136). Als Antwortalternativen wird eine Skala mit ungerader Anzahl von Möglichkeiten verwendet (fünf). Das Risiko einer Fluchtkategorie bei einer ungeraden Anzahl wird eingegangen (vgl. Mayer 2002, S.82), da es beim Fehlen dieser mittleren Auswahlkategorie ebenfalls zur Verweigerung der Beantwortung kommen kann (vgl. Mummendey und Grau 2008, S.75-77).

[104] Siehe: http://www.dwv-info.de.

Zur Prüfung der Verständlichkeit der Fragen, wurde vor dem Versenden des Fragebogens ein Pretest durchgeführt. Um den Rücklauf zu erhöhen, wurde ebenfalls nach anderthalb Wochen eine Nachfassaktion gestartet.

3.4. Grundlagen der sozialen Netzwerkanalyse (SNA)

Die soziale Netzwerkanalyse (SNA)[105] ist ein interdisziplinärer Ansatz und bietet ein attraktives Analyseinstrument, insbesondere für die Ökonomik (vgl. Cantner et al. 2009, S.206). Ihr liegt die Bedeutung von Beziehungen zwischen interagierenden Einheiten zugrunde. Diese Beziehungen stellen Verbindungen der einzelnen Einheiten dar und sind somit fundamentales Element der Netzwerktheorie. Die Verbindungen zwischen den einzelnen, unabhängigen Einheiten sind Kanäle, die den Transfer von materiellen oder immateriellen Flüssen darstellen können (vgl. Wasserman und Faust 1994, S.4).

In Rahmen dieser Arbeit sind diese Einheiten als Akteure des technologischen Innovationssystems zusehen. Die Verbindungen zwischen diesen Akteuren stellen eine Form der Kooperation dar, die auf Ko-Autoren (Ko-Publikationen) beruhen[106]. Zwar ist der Ansatz, Kooperationen durch Ko-Autoren darzustellen nicht perfekt, hat sich aber bewährt um grundsätzliche Strukturen der Kooperationen darzustellen (vgl. Glänzel und Schubert 2004, S.257ff) und wird daher hier verwendet. Zur Erstellung der Netzwerke wurde eine in Java geschriebene Software verwendet. Gewichtet wird im Rahmen der Netzwerkverbindungen (Edge[107]) mit dem Kehrwert der Gesamtanzahl der Verbindungen auf einer Publikation. So erhält man für jede Publikation als Summe aller anliegenden Netzwerkverbindungen 1. Der endgültige Wert der Verbindung ergibt sich aus der Summe aller dieser Werte über Publikationen in denen diese Verbindung auftaucht. Die Aktivitäten der Akteure werden ebenfalls gewichtet angegeben. Die Gesamtsumme der Publikationen für jeden Akteur wird mit

---

[105] Englisch: Social Network Analysis.
[106] Neben dem hier angewendeten Verfahren gibt es noch weitere Ansätze, aus Publikations- und Patentdaten Netzwerke aufzuspannen. Eine gute Übersicht dazu liefert Cantner und Graf (2006).
[107] Bedeutet ungerichtete Kante.

dem Kehrwert der Anzahl der beteiligten Akteure gewichtet: Bei den Publikationen[108] sind das alle Autoren. Auch hier erreicht man pro Publikation die Summe 1. Folgendes Beispiel in Tabelle 2 verdeutlicht den hier verwendeten Ansatz:

Publikation	Autor
1	A
1	B
1	C
2	A
2	D
3	B
3	C
3	D

Autor	Aktivität
A	0,83
B	0,67
C	0,67
D	0,83

Kooperationen	Aktivität
[A - B]	0,33
[A - C]	0,33
[B - C]	0,67
[A - D]	1,00
[B - D]	0,33
[C - D]	0,33

Tabelle 2: Beispiel zur sozialen Netzwerkanalyse

Das aus diesem Beispiel entstehende Netzwerk hat vier Knoten (Autor A, B, C, D) mit den gewichteten Aktivitäten, wie in Tabelle 2 in der Mitte zu sehen. Die zugehörigen Verbindungen der Akteure sind in der gleichen Tabelle rechts dargestellt. Daraus resultiert folgendes Netzwerk, wie in Abbildung 22 dargestellt. Die Größe des Knotens entspricht der Aktivität des Akteurs, die Stärke der Linie der Intensität der Kooperation.

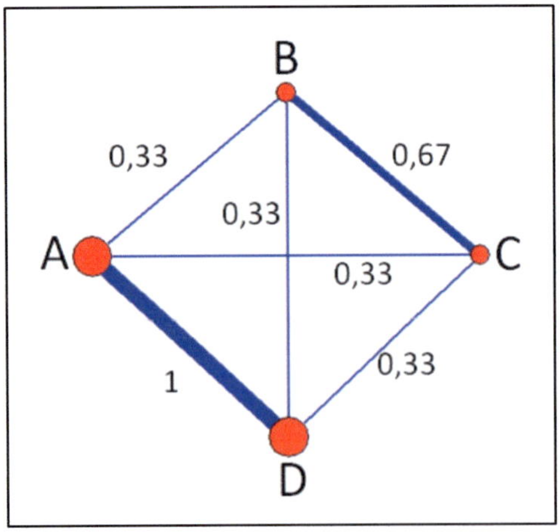

Abbildung 22: Darstellung des Beispiels zur sozialen Netzwerkanalyse

[108] Eine Gewichtung nach dem jeweiligen Erstautor findet nicht statt.

Zusätzlich zum Aufbau der Netzwerke ist es nötig, auf einige Grundlagen der Graphentheorie und die in dieser Arbeit genutzten Netzwerkcharakteristika einzugehen. Wie bereits im obigen Beispiel zu sehen, besteht ein Netzwerk aus Knoten[109] und Verbindungen[110], die jeweils Paare von Knoten verbinden[111]. Da es sich bei den Verbindungen um ungerichtete Kanten handelt, spricht man von ungerichteten Graphen (vgl. Neumann und Morlock 2002, S.177). Die absolute Anzahl von Verbindungen eines Knotens n_i nennt man Grad eines Knotens[112] $d(n_i)$. Knoten mit einem Grad von 1 oder höher sind verbunden und haben mindestens einen Nachbarn. Knoten mit einem Grad von 0 sind isoliert (vgl. Neumann und Morlock 2002, S.180). So entspricht der Grad eines Knotens der Anzahl der direkt verbundenen (inzidenten) Nachbarn. Knoten 1 in Abbildung 23 zum Beispiel hat einen Grad von 2, da er zwei benachbarte Knoten hat. Knoten 5 hingegen ist isoliert, da er mit keinem anderen Knoten verbunden ist. Insgesamt bezeichnet man ein Netzwerk als zusammenhängend, wenn je zwei Knoten des Netzwerkes miteinander verbunden sind (vgl. Neumann und Morlock 2002, S.182). Ist der Graph nicht zusammenhängend, zerfällt er in Teile, die Komponenten[113] genannt werden (vgl. Nitzsche 2009, S.9). So bilden in Abbildung 23 die Knoten 1, 2, 3 und 4 eine Komponente eines Netzwerkes.

Um die aus den Daten aufgespannten Netze zu analysieren, reicht eine visuelle Auswertung mit deren steigender Komplexität häufig nicht mehr aus. Daher müssen Netzwerkcharakteristika zu Hilfe genommen werden, um z.B. die Wichtigkeit einzelner Akteure im Netzwerk, oder allgemeiner, die Lage im Netzwerk, bestimmen zu können. Wichtige Akteure, im Netzwerk repräsentiert durch Knoten, befinden sich an strategisch wichtigen Positionen innerhalb der Netzwerke (vgl. Wasserman und

[109] In dieser Arbeit repräsentieren die Knoten Akteure (Universitäten, Forschungseinrichtung, Unternehmen) oder Länder.
[110] Die Verbindungen stellen im Bereich der wissenschaftlichen Forschung Ko-Publikationen (siehe Kapitel 6.1) und im Bereich der internationalen angewandten Forschung „Erfinder-Erfinder" Netzwerke dar (siehe Kapitel 7.2).
[111] Allerdings ist auch der Fall möglich, dass ein Knoten mit sich selbst verbunden ist. In diesem Fall spricht man von einer Schlinge (vgl. Clark und Holten, S.3).
[112] Englisch.: Degree.
[113] In dieser Arbeit bestehen die Komponenten aus mindestens zwei Knoten. Isolierte Knoten werden nicht als Komponente bezeichnet.

Faust 1994, S.169). Grundsätzlich unterscheidet man zwischen Charakteristika, die sich auf einzelne Knoten beziehen („Centrality") oder die sich auf das gesamte Netz beziehen („Centralization") (vgl. Nooy et al. 2005, S.123).

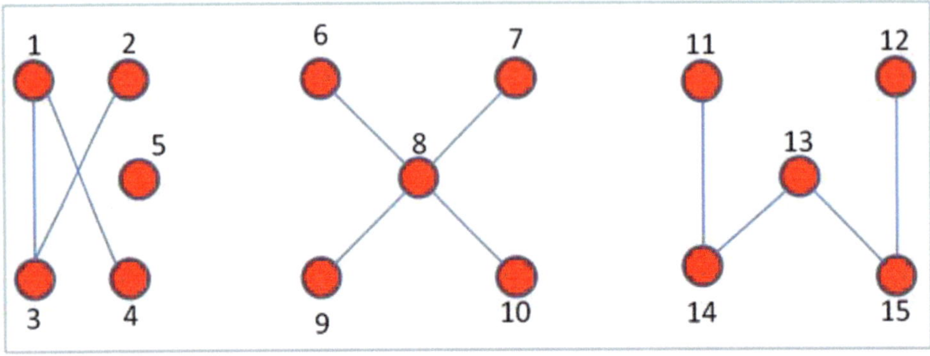

Abbildung 23: Beispiele für Netzwerke: Nicht-zusammenhängendes Netzwerk (linke Seite), Starnetzwerk (Mitte) und Liniennetzwerk (rechte Seite, Nooy et al. 2005, S.125)[114]

Abbildung 23 zeigt zwei extreme Arten von Netzwerken. In der Mitte ist ein sogenanntes Starnetzwerk. Es ist dadurch gekennzeichnet, dass nur ein Knoten (hier: Knoten 8) mit allen anderen Knoten (hier: 6, 7, 9, 10) verbunden ist. Die Bestimmung des zentralen Knotens ist in diesem Netzwerk sehr einfach (Knoten 8). Im Gegensatz dazu ist es in einem so genannten Liniennetzwerk[115], das hier die gleiche Anzahl von Knoten und Verbindungen aufweist, weitaus schwieriger. Um Netzwerke formal zu analysieren, nutzt man Charakteristika bezüglich der Dichte und der Zentralität. Der Ansatz der Dichte folgt der Idee, dass ein Netz umso dichter ist, je mehr Verbindungen es enthält und somit zusammenhängender (engl. cohesive) ist. Formal lässt sich die Dichte *D* eines Netzwerkes wie folgt beschreiben (mit *L* ist die Anzahl der Verbindungen und *n* ist die Anzahl der Knoten):

$$D = \frac{L}{n(n-1)/2}$$

Die Dichte nimmt somit Werte zwischen 0 (nur isolierte Knoten) und 1 in einem zusammenhängenden Netzwerk an (vgl. Wasserman und Faust (1994), S. 102). Um Netzwerke unterschiedlicher Größe vergleichen zu können, greift man auf den Ansatz des

[114] Abstand und Lage der Knoten in den Abbildungen sind in dieser Arbeit bedeutungslos.

[115] In Abbildung 23 auf der rechten Seite.

„Average Degree" zurück, der den strukturellen Zusammenhang (engl. „structural cohesion") eines Netzwerkes widergibt. Der „Average Degree" berechnet sich aus dem durchschnittlichen Grad aller Knoten im Netzwerk (vgl. Nooy et al. 2005, S.62f).

Ein anderer Ansatz greift die Zentralität auf und basiert auf der Idee, so die Bedeutung der Knoten für das gesamte Netz abzubilden. Ein Knoten ist genau dann zentral, wenn dieser auf vielen kürzesten Wegen zwischen Knotenpaaren liegt und somit als Mediator innerhalb des Netzwerkes dient: „The betweenness centrality of a vertex is the proportion of all geodesics[116] between pairs of other vertices that include this vertex" (Nooy et al. 2005, S.131). Formal berechnet sich die betweenness centrality C_B wie folgt (mit g_{jk} ist Anzahl der kürzesten Wege zwischen den Knoten j und k und $g_{jk}(n_i)$ ist die Anzahl der kürzesten Wege auf denen der Knoten n_i liegt):

$$C_B=\sum_{i=1}^{n} \frac{g_{jk}(n_i)}{g_{jk}}$$

Für das gesamte Netzwerk gilt dann: „Betweenness centralization is the variation in the betweenness centrality of vertices divided by the maximum variation in betweenness centrality scores possible in a network of the same size" (Nooy et al. 2005, S.131). Im Starnetzwerk in Abbildung 23 hat Knoten 8 eine maximale Betweenness Centrality von 1, da die kürzesten Wege aller anderen Knoten diesen beinhalten. Dabei haben alle anderen Knoten 1 bis 4 eine Betweenness Centrality von 0, da sie auf keinen kürzesten Wegen liegen. Im Liniennetzwerk haben Knoten 14 und 15 jeweils eine Betweenness Centrality von 0,5. Knoten 13 von 0,67. Der Average Degree im Starnetzwerk und im Liniennetzwerk liegt bei jeweils bei 1,6.

3.5.Zusammenfassung und weiteres Vorgehen

Das Ziel dieser Arbeit ist die Analyse eines Innovationsprozesses einer wissensintensiven Technologie. Über einen längeren Zeitraum soll die Entwicklung vor dem Markteintritt untersucht werden. Wie die Erkenntnisse der theoretischen Ausführungen zeigen, spielt dabei das der Technologie zugrundeliegende Wissen eine wichtige Rolle. Die zu Beginn dieses Kapitels aufgestellten Forschungsfragen zielen in

[116] Gemeint: kürzester Weg zwischen zwei Knoten.

diese Richtung. Es gilt den aktuellen Stand der Technologie abzubilden und die dahinterstehende Akteursstruktur zu identifizieren und deren Motivation zu analysieren. Dazu gehört auch eine detaillierte Übersicht über die kooperativen Aktivitäten, die ebenfalls wesentlicher Bestandteil der Wissensgenese sind. Aufgrund der zunehmenden Internationalisierung müssen neben den nationalen auch die internationalen Akteure und deren Aktivitäten berücksichtigt werden. Nur dann kann ein umfassender Einblick in die Entstehung des Wissens erreicht werden. Aus diesen gestellten Forschungsfragen leiten sich die in dieser Arbeit zu testenden Hypothesen ab, die in folgender Abbildung 24 thematisch zusammengefasst sind:

Status-quo der Brennstoffzellentechnologie (Kapitel 4)

Hypothese 1: Die PEM-Technologie hat sich als „Dominantes Design" innerhalb der verschiedenen Typen von Brennstoffzellen für mobile Anwendungen durchgesetzt.

Akteure der PEM-Technologie (Kapitel 5)

Hypothese 2: Die wissenschaftliche Forschung wird vor allem durch Universitäten und Forschungseinrichtungen getragen.

Hypothese 3: Die angewandte Forschung und die Entwicklung werden vor allem durch Unternehmen getragen.

Motivation der Akteure (Kapitel 5.3)

Hypothese 4: Universitäten und Forschungseinrichtungen messen der F&E-Förderung mehr Bedeutung bei als Unternehmen.

Hypothese 5: Unternehmen messen der Nachfrage des Marktes mehr Bedeutung bei als Universitäten und Forschungseinrichtungen.

Kooperatives Verhalten der Akteure (Kapitel 6)

Hypothese 6: Die Aktivitäten deutscher Akteure innerhalb der wissenschaftlichen Forschung, die durch nationale Kooperationen entstehen, nehmen über den Betrachtungszeitraum hinweg zu.

Hypothese 7: Die Wahrscheinlichkeit, dass die Ergebnisse der wissenschaftlichen Forschung bei anwendungsnahen Forschungseinrichtungen in den Anwendungsbereich übergehen, ist hoch.

Internationale Betrachtung der PEM-Technologie (Kapitel 7)

Hypothese 8: Die Konzentrationen der weltweiten Verteilung der Forschungsaktivitäten der Länder nehmen ab.

Hypothese 9: Internationale Kooperationen deutscher Akteure nehmen über den Betrachtungszeitraum hinweg zu.

Abbildung 24: Hypothesen dieser Arbeit

Die Hypothese 1 zielt darauf ab, die in dieser Arbeit gewählte PEM-Technologie vorzustellen und den Stand der Technologie klar nachzuzeichnen. Insbesondere soll dadurch geprüft werden, ob sich die PEM-Technologie innerhalb der verschiedenen Brennstoffzellenvarianten als „Dominates Design" durchgesetzt hat, um das Verhalten der Akteure besser interpretieren zu können. Hypothesen 2 und 3 sind

Grundlage der Ausführungen zu den Akteuren und deren Aktivitäten der PEM-Technologie, da die Identifikation der organisationellen Zusammensetzung des Innovationsprozesses wesentlicher Bestandteil der Analyse ist. Die parallel verlaufenden wissenschaftlichen und technologischen Aktivitäten müssen in Bezug auf die Wissensproduktion ausgewertet werden. Um das Verhalten der Akteure besser beurteilen zu können, zielen die Hypothesen 4 und 5 auf die Motivation der Akteure ab. Anhand zwei ausgewählter Treiber des Innovationsprozesses, die stellvertretend für „Science-Push"- und „Demand-Pull"-Effekte stehen, wird untersucht, wie die verschiedenen Akteure diese Treiber unterschiedlich wahrnehmen und wie diese Effekte ihr Verhalten beeinflussen. Die zunehmende Komplexität von Technologien erfordert von den Akteuren immer mehr Zusammenarbeit. Ein Akteur kann das Wissen der Technologie nicht alleine vorhalten und wird zur Kooperation gezwungen. So untersucht Hypothese 6 genau diese Kooperationen im Bereich der wissenschaftlichen Forschung und analysiert das Verhalten der beteiligten Akteure. Grundlagen des Innovationsprozesses sind sowohl wissenschaftlichen Aktivitäten als auch technologischen Aktivitäten der angewandten Forschung und der Entwicklung. Zwischen diesen Bereichen kommt es gerade bei einer wissensintensiven Technologie zu einer Verflechtung. Die so entstehende Kopplung sorgt dafür, dass das im wissenschaftlichen System produzierte Wissens seinen Weg in die Anwendungen des industriellen Systems findet. Hypothesen 8 und 9 berücksichtigen die Tatsache, dass sich der Innovationsprozess nicht auf einzelne Länder beschränken lässt, sondern zunehmenden Internationalisierungstendenzen ausgesetzt ist. Ob dies zu einer weltweit verteilten Wissensproduktion (mit einer abnehmenden Konzentration der weltweiten Forschungsaktivitäten) und einer steigenden internationalen Zusammenarbeit führt, ist Inhalt dieser Hypothesen.

Diese aufgestellten Forschungsfragen und Hypothesen führen zum Forschungsdesign dieser Arbeit. Mit der Heuristik des Innovationssystems lassen sich die formulierten Hypothesen testen und Antworten auf die Forschungsfragen geben. Der von der Theorie geforderten parallelen Betrachtung der wissenschaftlichen und technologischen Aktivitäten kann so entsprochen werden. Das Innovationssystem betrachtet genau die organisationelle Zusammensetzung, die Grundvoraussetzung der Analyse des Innovationsprozesses ist. Darüber hinaus geben die Institutionen des Innovationssystems Einblick in die auf den Innovationsprozess einflussnehmenden Treiber. Die Betrachtung aller Einflussfaktoren und Rahmenbedingungen geht sogar weit über eine reine institutionelle Betrachtung hinaus. Das für diese Arbeit relevante Innovationssystem ist eine hybride Form zwischen dem Nationalen Innovationsystem Deutschlands und dem Technologischen Innovationssystem der PEM-Technologie. So grenzen die geografische und die technologische Perspektive den Untersuchungsraum auf Deutschland und die PEM-Technologie ein. Die geforderte Internationalisierung wird aber dennoch berücksichtigt und in einem eigenen Kapitel gewürdigt. Empirische Grundlagen des Innovationsystems sind Publikationen und Patente, die repräsentativ als Indikatoren für wissenschaftliche Aktivitäten und Aktivitäten der angewandten Forschung und Entwicklung herangezogen werden. Die Publikationsdaten wurden im Rahmen einer Analyse in der Datenbank „ISI Web of Science“ erhoben; die Patentanalyse mit der Datenbank „EPO Worldwide Statistical Patent Database version April 2010“. Um eine längerfristige Analyse zu ermöglichen, wird der Beobachtungszeitraum zwischen 1991 und 2005 in fünf Perioden unterteilt. So kann die dynamische Entwicklung des Innovationsprozesses und dessen Aktivitäten dargestellt und analysiert werden.

4. Status-quo der Brennstoffzellentechnologie

4.1. Funktionsweise und Typen von Brennstoffzellen

Bereits im Jahre 1839 experimentierte der Engländer Sir William Robert Grove an einer sogenannten Gasbatterie. Seine Versuche basierten auf den Ergebnissen von Christian Friedrich Schönbein, der herausgefunden hatte, dass Elektrizität freigesetzt werden kann, wenn Wasserstoff mit Sauerstoff reagiert. Groove vermutete in diesem Zusammenhang die Umkehrung der Elektrolyse und gilt seitdem als Erfinder der Brennstoffzelle. Die Erfindung des elektrodynamischen Generators im Jahre 1866 durch Werner Siemens verdrängte allerdings die Brennstoffzelle lange Zeit wieder (vgl. Geitmann 2004, FG34). 1959 wurde das erste mit einer Brennstoffzelle betriebene Landfahrzeug von Allis Chalmer vorgestellt. Dieser Traktor hatte bereits eine Leistung von 15 kW. Parallel dazu fand seit den 1960er Jahren im Rahmen der Raumfahrtforschung eine Weiterentwicklung statt, die sich bis heute fortgesetzt hat (vgl. Gerl 2002, S.90).

Das Prinzip der Brennstoffzelle basiert auf der direkten Umwandlung von chemischer Energie in elektrische Energie durch die Umkehrung der Elektrolyse. Dabei entfällt die konventionelle Stromerzeugung, die dazu eine mehrstufige Umwandlung in thermische und kinetische Energie erfordert (vgl. Geitmann 2004, FG35). Die Brennstoffzelle als Energiewandler wandelt die im Wasserstoff gespeicherte Energie in Verbindung mit Sauerstoff in elektrische Energie und Wärmeenergie um. Als Abfallprodukt entsteht lediglich Wasser. Mögliche Brennstoffe sind somit jeder wasserstoffhaltige Energieträger wie Methanol oder auch Erdgas (vgl. Karamanolis 2003, S.24).

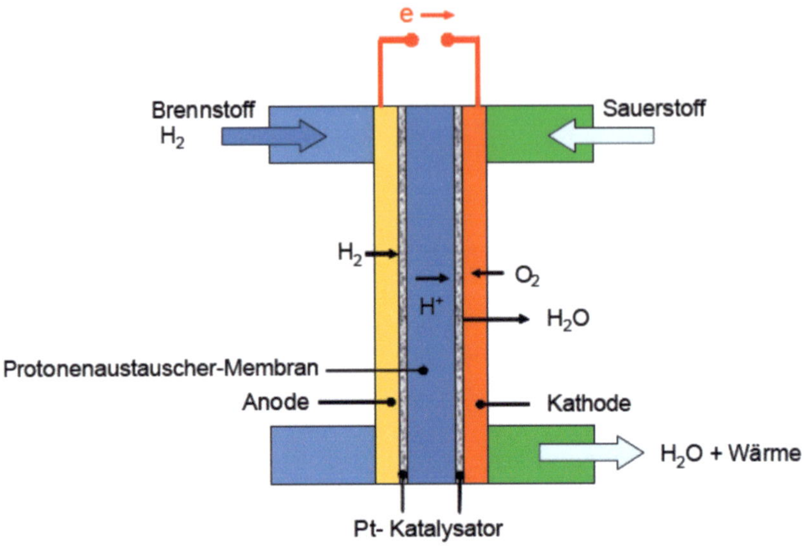

Abbildung 25: Aufbau einer Brennstoffzelle (Eichlseder und Klell 2008, S.155)

Abbildung 25 zeigt die Reaktionen innerhalb einer Brennstoffzelle. Der Weg von der Anode zur Kathode ist durch eine Membran, die lediglich die Protonen leitet, unterbrochen. Diese Membran mit der dazugehörigen Katalysatorschicht werden als „Membran Elektroden Einheit“ (MEA[117]) zusammengefasst. Auf beiden Seiten wird die MEA zusätzlich noch von den Gasdiffusionsschichten (GDL[118]) umgeben, die für eine gleichmäßige Verteilung des Wasserstoffs sorgen, und von Bipolarplatten zusammengehalten, die die Zufuhr des Wasserstoffs und des Sauerstoffs ermöglichen (vgl. Eichlseder und Klell 2008, S.148). Unterstützt durch den Katalysator der MEA, der vorwiegend aus Platin besteht, teilt sich der Wasserstoff in Protonen und Elektronen. Die Protonen wandern durch die Membran, die Elektronen müssen einen Umweg über den „Elektrischen Verbraucher“ wählen und verbinden sich auf der anderen Seite der Membran mit den Protonen und Sauerstoff zu Wasser, wieder unterstützt von einem Katalysator. Neben Elektrizität entsteht vor allem auch Wärme, die durch die Verluste bei der Reaktion entstehen (vgl. Pehnt 2002, S.46f).

[117] Membrane Electrode Assembly.

[118] Gas Diffusion Layer.

Um die Leistung einer Brennstoffzelle weiter zu erhöhen, werden viele Zellen hintereinander zu einem „Stack[119]" geschaltet. Die Bipolarplatten sorgen durch Ihre Strömungsstrukturen nun nicht nur dafür, dass die Gase die Zellen erreichen, sondern trennen vor allem die einzelnen Zellen und leiten den erzeugten Strom nach außen (vgl. Pehnt 2002, S.47). Die Stacks werden durch Endplatten zusammengehalten vgl. Jörissen und Garche, S.21).

Aufbauend auf diesem Prinzip der Brennstoffzelle ist eine Reihe verschiedener Brennstoffzellen-Typen denkbar. Eine Bezeichnung in Abhängigkeit des eingesetzten Elektrolyten hat sich international durchgesetzt (vgl. Oertel und Fleischer 2001, S.39). Untenstehende Tabelle 3 zeigt die verschiedenen Typen, charakterisiert nach verwendetem Elektrolyt, der Betriebstemperatur, dem elektrischen Wirkungsgrad, dem Brenngas und den verschiedenen Anwendungsmöglichkeiten.

[119] zu Deutsch: Stapel.

System	Bezeichnung auf Deutsch und Englisch	Elektrolyt	Betriebs-temperatur	Elektrischer Wirkungsgrad	Brenngas, Oxidans	Anwendung
AFC	Alkalische Brennstoffzelle Alkaline Fuel Cell	Kalilauge 30 Gew.-% KOH	60-80°C	Zelle: 60-70% System bei H_2-Betrieb: ca. 60%	reiner Wasserstoff Sauerstoff, Luft	Raumfahrt, Militär
PEM	Brennstoffzelle mit Protonenaustausch membran Proton Exchange Membrane Fuel Cell	Protonen-leitende Membran	80° C	Zelle: 50- 68% System bei Erdgasbetrieb: 43-50%	Wasserstoff, Sauerstoff, Luft	Elektroantrieb (PKW, Nfz, Bus) BHKW, Batterieersatz, Raumfahrt, Militär
DMFC	Direktmethanol-Brennstoffzelle Direct Methanol Fuel Cell	Protonen-leitende Membran (z.B. Nafion, Dow)	80-130° C	Zelle: 20-30%	Methanol, Sauerstoff, Luft	Elektroantrieb, Batterieersatz, portable Stromerzeuger
PAFC	Phosphorsaure-Brennstoffzelle Phosphoric Acid Fuel Cell	Konzentr. Phosphor-säure (H_3PO_4)	200° C	Zelle: 55 % System bei Erdgasbetrieb: 40-42%	Wasserstoff, Sauerstoff, Luft	BHKW, Mobil (Bus)
MCFC	Carbonatschmelzen-Brennstoffzelle Molten Carbonate Fuel Cell	Alkalikar-bonat-schmelzen (Li_2Co_3,K xCO_3)	650° C	Zelle: 65 %, System bei Erdgasbetrieb : 45-50% (int. Reform.)	Wasserstoff/ CO2, Sauerstoff, Luft	BHKW
SOFC	Festoxid-Brennstoffzelle Solid Oxide Fuel Cell	Yttrium-satbilisiertes Zirkonoxid (ZrO_2/YO_3)	800-1000° C	Zelle: 60-65%, System bei Erdgasbetrieb: 45-50 % (int. Reform.)	Wasserstoff, Kohlen-monoxid, Erdgas, Kohlegas, Biogas, Sauerstoff, Luft	BHKW

Tabelle 3: Verschieden Typen der Brennstoffzelle (vgl. Oertel und Fleischer 2001, S.39f; Gerl 2002, S.94; Stan 2005, S.235)

Wie in Tabelle 3 zu erkennen, arbeiten die verschiedenen Typen bei unterschiedlichen Temperaturen. Die Systeme[120] „AFC" und „PEM[121]" gehören zu den Niedriegtemperatur-Brennstoffzellen, „PAFC" zu den Mitteltemperatur-Brennstoffzellen und „MCFC" sowie „SOFC" zu den Hochtemperatur-Brennstoffzellen (vgl. Oertel und Fleischer 2001, S.40f; Geitmann 2004, FG41f). Desweiteren lassen sich Brennstoffzellen auch nach ihren verschiedenen Anwendungsmöglichkeiten in drei Gruppen einteilen: Im Bereich der **stationären** Anwendungen werden Brennstoffzellen als dezentrale Energie- und Wärmeversorgung als sogenannte Blockheizkraftwerke (BHKW) eingesetzt (vgl. Karamanolis 2003, S.88). Im **portablen** Bereich können

[120] Die Abkürzungen leiten sich aus den englischen Bezeichnungen in der zweiten Spalte der Tabelle 3 ab.

[121] Man findet häufig auch englische Abkürzung wie PEMFC („polymer electrolyte membrane fuel cell" oder „proton exchange membrane fuel cell") oder PEFC sowie SPFC („solid polymer fuel cell").

Brennstoffzellen zum Beispiel Batterien in Handys ersetzten. Grundsätzlich können Sie überall dort eingesetzt werden, wo Strom und Wärme gebraucht werden. **Mobile** Anwendung findet die Brennstoffzelle vor allem als Antrieb jeglicher Fahrzeugarten wie zum Beispiel Busse oder PKWs (vgl. Pehnt 2002. S.57)[122]. Der Einsatz der Brennstoffzelle im Fahrzeugbereich ist dabei nicht nur auf den reinen Antrieb beschränkt. Denkbar sind die folgenden Einsatzmöglichkeiten:

- Direkter Antrieb des Elektromotors durch eine Brennstoffzelle.
- Hybridfahrzeugantrieb: Brennstoffzelle als „Range extender" in Elektrofahrzeugen, dessen Batterie ständig durch eine unter optimalen Bedingungen arbeitende Brennstoffzelle aufgeladen wird.
- Bordnetzversorger: Auf die hohe Nachfrage nach Leistung durch zusätzliche Einzelverbraucher (Sitzheizung,...) kann die Brennstoffzelle durch Erhöhung des Wirkungsgrades eine Antwort sein (vgl. Jörissen und Garche, S.30). Dieses Konzept wird „Auxiliary Power Unit" (APU) genannt, durch das mehr Energie im Fahrzeug verfügbar wäre. (Theenhaus und Bonhoff 2000, S.88).

Diese Arbeit fokussiert sich auf die Brennstoffzelle als direkten Fahrzeugantrieb.

4.2. Brennstoffzellenfahrzeuge – Antrieb und Forschungsbedarf

4.2.1. Brennstoffzellenantrieb für Fahrzeuge – Die PEM-Brennstoffzelle als Dominantes Design

Um am Markt eingeführt zu werden und sich gegen die konkurrierenden Antriebe erfolgreich durchzusetzen zu können, ist die Fokussierung auf eine standardisierte, für den Massenmarkt taugliche Technologie zwingend erforderlich. Wie gesehen, existieren verschiedene Brennstoffzellenvarianten, die durch unterschiedliche Eigenschaften gekennzeichnet sind. Ziel dieses Kapitels ist es das „Dominante Design" unter diesen Varianten zu identifizieren. Hypothese 1 deckt dies ab:

Hypothese 1: Die PEM-Technologie hat sich als „Dominantes Design" innerhalb der verschiedenen Typen von Brennstoffzellen für mobile Anwendungen durchgesetzt.

[122] Eine weitere detaillierte Übersicht über die verschiedenen Einsatzgebiete der Brennstoffzellentechnologie findet sich u.a. in Geitmann 2004, Kapitel 7.

Der Betrieb von Fahrzeugen mit Brennstoffzellen stellt eine mobile Anwendung dar und grenzt die verfügbaren Varianten bereits ein. So sind die PEM-, DMFC und die AFC-Varianten für den mobilen Einsatz am ehesten geeignet, wohingegen die weiteren Brennstoffzellentypen (MCFC, PAFC und SOFC) aufgrund Ihrer Eigenschaften eher für stationäre Anwendungen eingesetzt werden können (vgl. Hall und Kerr 2003, S.464). Dies ist auf die Anforderungen an Brennstoffzellensysteme als Antrieb eines Fahrzeuges zurückzuführen[123]. In der Literatur wird die PEM-Variante einhellig als vielversprechendste Variante genannt, was auf ihre technologischen Spezifikationen zurückzuführen ist. Als wesentliche Vorteile gelten die Tatsachen, dass der benötigte Elektrolyt während des Betriebes nicht verbraucht wird sowie die hohe Dynamik über den gesamten Leistungsbereich vom Leerlauf bis zur Volllast, zusätzlich die hohe Lebensdauer und die Möglichkeit, diese Variante schnell an- und abzufahren (vgl. Gerl 2002, S.97f). Durch ihre Flexibilität und Leistungsdichte werden ihr deshalb die besten Aussichten zugesprochen (vgl. Geitmann 2004, FG42). Auch Grahl (2000) weist bereits darauf hin, dass die PEM-Brennstoffzelle die einzige denkbare Brennstoffzelle zur Anwendung in PKW-Antrieben ist, was auf ihren fortgeschrittenen Entwicklungstand zurückzuführen ist (vgl. Grahl 2000, S.12). So bietet der im Grundsatz konstruktiv einfache Zelltyp eine gute Chance, durch Massenfertigungsverfahren die notwendige Kostenreduktion zu erreichen (Theenhaus und Bonhoff 2000, S.87).

[123] Siehe dazu Kapitel 4.2.2.

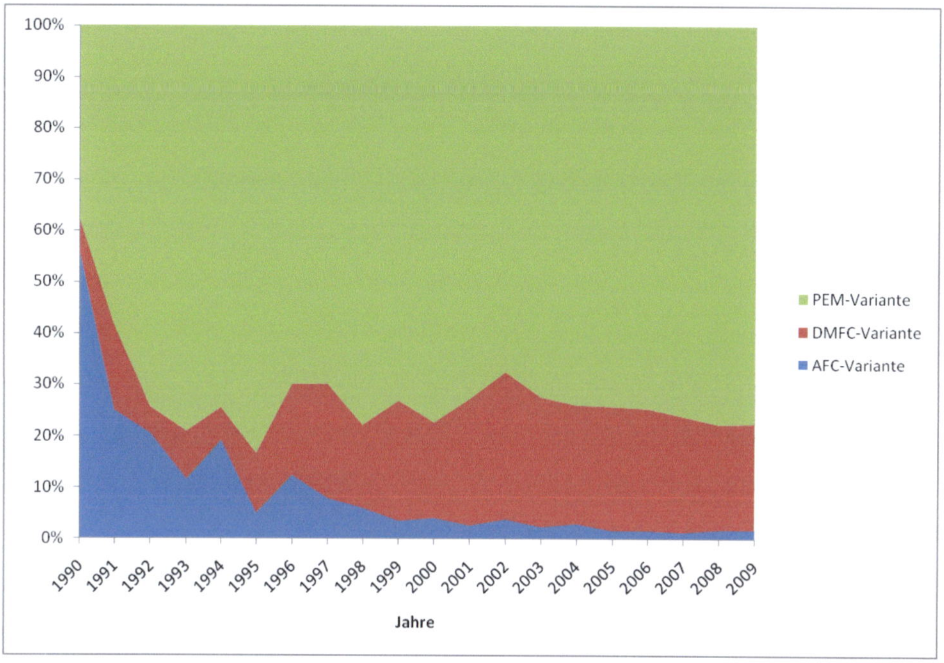

Abbildung 26: Relativer Anteil der verschiedenen Brennstoffzellenvarianten für mobile Anwendungen an der wissenschaftlichen Forschung (gemessen an Publikationen)

Die Tendenzen hin zur PEM-Brennstoffzelle sind zudem in der zugrundeliegenden wissenschaftlichen Forschung zu finden. Basierend auf einer Publikationsanalyse[124] kann der Anteil der jeweiligen Brennstoffzellenvarianten berechnet werden. Die Ergebnisse in Abbildung 26 zeigen, dass 1990 die Intensität der Forschungsaktivitäten zwischen der PEM- und AFC-Variante noch annähernd gleich waren. Die DMFC-Brennstoffzelle spielte noch keine Rolle. In den neunziger Jahren änderte sich dieses Bild. Der Anteil der PEM- und der DMFC-Aktivitäten nimmt in dieser Zeit weiter zu, wohingegen die Forschungsaktivitäten der AFC-Variante über den Betrachtungszeitraum hinweg aber konstant niedrig bleiben. Seit Anfang 2000 bleiben die Anteile der drei verschiedenen Varianten weitestgehend auf einem konstanten Niveau und ändern sich kaum. So erreicht die PEM-Brennstoffzelle stabile Anteile von 70%-80%. Die Forschungsaktivitäten der DMFC-Variante pendeln sich auf ca. 20% ein.

---

[124] Abfrage vom 23.06.2010, ISI Web of Science. Die Keywords der Suchstrategie der einzelnen Brennstoffzellentypen setzten sich aus den gängigen Abkürzungen und den genauen Bezeichnungen der Varianten zusammen.

Darüber hinaus fand und findet die PEM-Brennstoffstelle bereits Anwendung in ersten Prototypen und Kleinserien. Bereits 1966 stellte General Motors den Electrovan mit Brennstoffzellenbetrieb vor. Die großen Automobilhersteller demonstrieren danach immer wieder die Machbarkeit von Brennstoffzellenantrieben und haben so erste Einblicke in die Alltagstauglichkeit eröffnet (vgl. Kurzweil 2003, S.105). Die Allianz um Daimler und den Brennstoffzellenhersteller Ballard baut bereits seit 1994 regelmäßig verschiedene Brennstoffzellenfahrzeuge. Diese NECAR („New Electric Car") genannten Fahrzeuge nutzen allesamt die PEM-Brennstoffzelle. Auch Ford (Modell FC5) und Honda (Modell FCX-V1) stellten 1999 ihre ersten PEM betriebene Modelle vor. Daneben haben auch alle anderen Automobilhersteller Prototypen gebaut und dabei auf die PEM-Brennstoffzelle zurückgegriffen. So auch die aktuellen Modelle, wie die die geplante Kleinwagenserie „F-Cell" auf Basis der B-Klasse von Daimler (vgl. Daimler 2009) und der Honda FCX Clarity (vgl. Honda 2009), wie in Abbildung 27 zu sehen.

Abbildung 27: Mercedes-Benz B-Klasse F-CELL (vgl. Daimler 2009, links) und HondaFCX Clarity (vgl. Honda 2009, rechts) mit einer PEM-Brennstoffzelle

Zusätzlich zur Brennstoffzelle, die lediglich für die Umwandlung der chemischen in elektrische Energie zuständig ist, werden weitere Komponenten für einen Brennstoffzellenantrieb benötigt. Da die Brennstoffzelle lediglich Elektrizität liefert, gehört vor allem ein Elektromotor dazu (vgl. Oertel und Fleischer 2001, S.90). Weitere Hilfskomponenten sind der Verdichter, der Befeuchter und gegebenenfalls ein Reformer. Für den laufenden Betrieb der Brennstoffzelle wird Wasserstoff benötigt, der entweder gasförmig oder verflüssigt an Bord des Fahrzeuges mitgeführt werden muss. Da momentan aber noch keine Distributionsinfrastruktur existent ist, kann die

Brennstoffzelle durch einen Reformer auch mit anderen Kraftstoffen betrieben werden. Verbreitet ist dabei das Methanol, das technisch aufwendig und mit Verlusten behaftet zuerst in Wasserstoff an Bord des Fahrzeugs umgewandelt werden muss[125]. Verschiedene Verfahren zur Reformierung können dabei angewendet werden: Dampfreformierung und partielle Oxidation sowie eine Kombination aus den beiden, die sogenannte autotherme Reformierung. Zusätzlich dazu bedarf es einer CO-Feinreinigung durch selektive Oxidation oder der Diffusion durch eine wasserstoffpermeable Membran (vgl. Jörissen und Garche 2000, S.30f). Im Hinblick auf verfahrenstechnische Vereinfachung und Verbesserung der Dynamik des Gesamtsystems ist ein Verzicht auf die Reformierung wünschenswert. Der DMFC-Brennstoffzelle kann direkt Methanol zugeführt werden. Ein weiterer Vorteil wird darin gesehen, dass die bestehende Distributionsinfrastruktur weitestgehend genutzt werden könnte. Solange also keine Wasserstoffinfrastruktur existiert, könnte die DMFC-Brennstoffzelle eine strategische Übergangslösung sein. Allerdings hat die DMFC-Brennstoffzelle einen sehr hohen Brennstoffverbrauch und zeigt daher gegenüber der PEM-Brennstoffzelle einen weitaus geringeren Wirkungsgrad (vgl. Theenhaus und Bonhoff 2000, S.87; sowie Oertel und Fleischer 2001, S.90). Außerdem befindet sich die DMFC-Brennstoffzelle noch in einer sehr frühen Forschungsphase und ist deshalb eher langfristig eine mögliche Alternative für die PEM-Brennstoffzelle, die wegen ihrer Eigenschaften zurzeit die attraktivste Option für den Brennstoffzellenantrieb darstellt (vgl. Grahl 2000, S.17). Die Kraftstoffoption Methanol wird voraussichtlich eine Zwischenlösung bleiben, da die Brennstoffzelle ihre Vorteile so nicht richtig ausspielen kann (vgl. Pehnt 2002, S.115).

Diese technologisch, marktorientierten Aktivitäten im Rahmen der Prototypen dieser vornehmlich industriellen Akteure spiegelt sich auch in deren Wissensproduktion

[125] Die Versorgung der PEM-Brennstoffzelle mit einem Brenngas geeigneter Qualität spielt für den elektrischen Wirkungsgrad eine wichtige Rolle.

wieder. So weist die Auswertung der Patentdaten[126] als Indikator für die angewandte Forschung und die Entwicklung folgende Struktur auf.

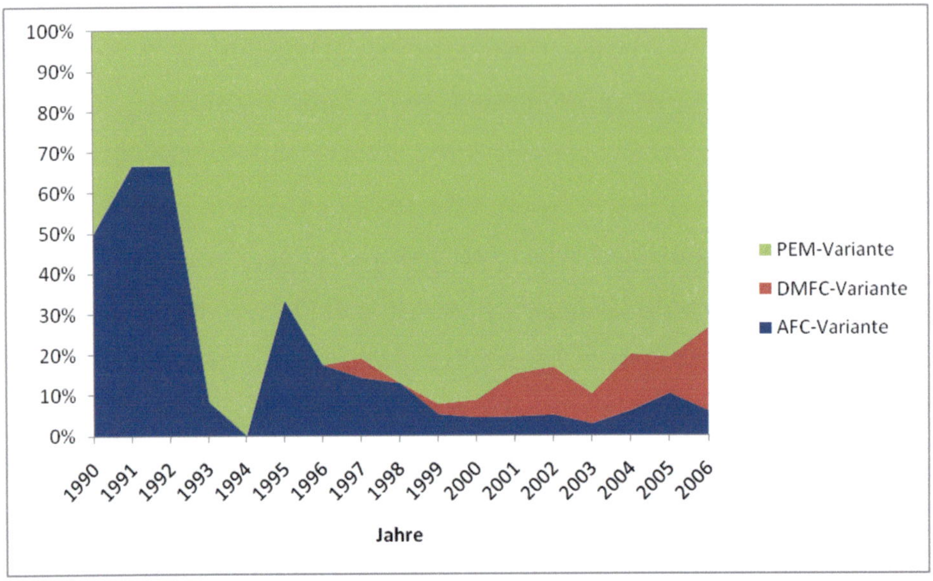

Abbildung 28: Relativer Anteil der verschiedenen Brennstoffvarianten für mobile Anwendungen an der angewandten Forschung und der Entwicklung (gemessen an Patenten)

Abbildung 28 zeigt den relativen Anteil der verschiedenen Brennstoffvarianten für mobile Anwendungen an der angewandten Forschung und der Entwicklung. Interessant ist, dass die Ergebnisse denen der Publikationsanaylse ähneln. Zu Beginn der 90er Jahre ist ein starker relativer Anteil (>50%) der AFC-Variante festzustellen, der nach einem Zwischentief in den Jahren 1993 und 1994 wieder auf 35% anwächst, dann über die Zeit aber immer mehr abnimmt und sich zwischen 5 und 10% einpendelt. Erste Forschungsaktivitäten der DMFC-Variante sind erst ab 1997 zu verzeichnen. Deren relativer Anteil nimmt von da an bis zum Jahr 2006 kontinuierlich zu, wie auch schon bei den Publikationen festgestellt wurde. Die Zunahme der DMFC-Variante scheint darauf hinzuweisen, dass sich einige Akteure diese Variante noch offen halten, letztlich aber die Entscheidung für Wasserstoff von der Mehrzahl der Akteure getroffen wurde. So dominiert die PEM-Variante die verschiedenen Brenn-

[126] Abfrage aus der Datenbank „EPO Worldwide Statistical Patent Database Version September 2007 (Patstat 09/2007). Die Suchstrategie setzte sich aus einer Kombination von technologierelevanten Klassen und Keywords zusammen und berücksichtigt Anmeldungen am Europäischen Patentamt (EPA).

stoffzellen-Varianten für mobile Anwendungen ziemlich eindeutig und erreicht seit 1996 durchweg Anteile von mehr als 80%.

Die Hypothese 1 kann zusammenfassend bestätigt werden. Die PEM-Variante hat sich als „Dominantes Design“ aus der Vielzahl der verfügbaren Varianten durchgesetzt[127]. Interessanterweise hat sich das „Dominante Design“ zuerst innerhalb der Wissenschaft etabliert. Die in der Wissenschaft festgestellten Strukturen setzten sich dann aber Zeit versetzt auch in der Technologie fort. Das in der Wissenschaft erzeugte Grundlagenwissen wird aufbereitet und dann zeitlich versetzt in einen anwendungsbezogenen, gewerblichen Kontext gebracht. Wie die Arbeit zeigen wird[128], sind viele anwendungsorientierte Forschungseinrichtungen an der Entwicklung der PEM-Technologie beteiligt. Diese sowohl in der Wissenschaft und der Technologie vertretenen Akteure sorgen durch ihre Aktivitäten für eine ähnliche Entwicklung der Publikations- und der Patentdaten und transferieren so das wissenschaftliche Wissen in das technologische Wissen und sorgen so für eine Kopplung der Wissenschaft und der Technologie. Die Etablierung des Designs in der Wissenschaft ist nicht unüblich. So beschreiben Bakker et al. (2010), dass Trajektorien bereits lange bevor dem Markteintritt existieren können und verschiedene Designs (durch Prototypen) getestet werden. So kann eine Auswahl auch ohne Markt getroffen werden, was als „pre-market emergence of a dominant design“ (Bakker et al. 2010, S.3) bezeichnet wird. Dabei spielen die Erwartungen an die Märkte und Regulationen eine wichtige Rolle und motivieren die Akteure, sich einig zu werden. Gerade die Signale der steigenden Ölpreise scheinen die Akteure zu motivieren sich auf ein gemeinsames Design einzulassen. Die von Abernathy (1978) identifizierte stufenweise Entwicklung ist hier, wenn auch nicht trennscharf, erkennbar. So wurden bereits recht früh PEM-betriebene Brennstoffzellenfahrzeuge von einzelnen Herstellern getestet und weiterentwickelt. Mitte der neunziger Jahre zeichnete sich ab, dass die PEM-Variante den Anforderungen der Automobilhersteller am ehesten entspricht und wurde daher verstärkt in Prototypen und Kleinserien eingebaut, was sich auch an den Tendenzen der

[127] Alle weiteren Analysen beziehen sich daher von nun an nur noch auf die PEM-Variante (Abkürzung „PEM“).
[128] An dieser Stelle wird auf die Ergebnisse der Akteursstruktur vorgegriffen. Siehe dazu Kapitel 5.

angewandten Forschung und der Entwicklung (siehe Abbildung 28) wiederspiegelt. Diese Prototypen vereinen den „Output“ der F&E-Aktivitäten (sowohl wissenschaftliche Forschung als auch angewandte Forschung und Entwicklung) und werden genutzt um die Machbarkeit unter realen Situationen zu demonstrieren und die Funktionstüchtigkeit des Systems zu beweisen. Gleichzeitig spiegeln die Prototypen Erwartungen der Akteure wider und werden dazu benutzt, auch andere Akteure von der Technologie zu überzeugen. Der Bau von Prototypen beschleunigt die Findung eines „Dominanten Designs“, noch bevor die Marktmechanismen eine Auswahl treffen. Durch die Ankündigung der verschiedenen Hersteller, bald PEM-Brennstoffzellenfahrzeuge in Serie zu produzieren, werden Standardisierungsprozesse[129] angeschoben, die schwer aufzuhalten sind. Alle Hersteller sind daher gezwungen sich diesem Prozess anzuschließen und dem „Dominanten Design“ der PEM-Brennstoffzelle zu folgen. So wurde durch die wissenschaftliche Forschung und den Bau von Prototypen innerhalb der verschiedenen Brennstoffzellen eine aussichtsreiche Variante gefunden, die sich bei den Automobilherstellern etabliert hat und zum sogenannten „Lock-In“-Effekt der gesamten Industrie geführt hat. Der PEM-Brennstoffzellenantrieb muss sich aber im nächsten Schritt gegen die herkömmlichen Motoren und die rein batteriebetriebenen Antriebssysteme, sowie die hybriden Antriebssysteme durchsetzten. Auch wenn die existierenden Prototypen der PEM-Brennstoffzellenfahrzeuge technologisch noch nicht ausgereift sind und gegenüber den herkömmlichen Verbrennungsmotoren noch erhebliche Nachteile haben, demonstrieren sie dennoch die hohen Potentiale dieser Technologie.

4.2.2. Forschungsbedarf der Brennstoffzellenfahrzeuge

Die Nutzung von Brennstoffzellenantrieben in Automobilen wurde von den Automobilherstellern bereits häufig erfolgreich demonstriert. Trotzdem sind weitere Anstrengungen nötig, um die Technologie zur Serienreife zu führen (vgl. BMWA 2005, S.34) und die technischen und ökonomischen Anforderungen an einen PKW-Antrieb

[129] Siehe dazu Kapitel 8.8.5.

zu erfüllen. Aus den Leistungs- und Verbrauchsdaten heutiger Verbrennungsmotoren, lassen sich die wesentlichen Anforderungen an Brennstoffzellensysteme für den Antrieb von Fahrzeugen bezüglich Kosten, Dynamik, Kaltstartfähigkeit, Emissionen, Leistungsgewicht, Systemwirkungsgrad und Lebensdauer (vgl. Heinzel et al. 2006, S.123)ableiten. Aus diesen Anforderungen leiten sich die noch nötigen Forschungsschwerpunkte ab. Im Rahmenprogramm des 5. Energieforschungsprogramms der Bundesregierung werden folgenden Forschungsschwerpunkte identifiziert:

- Reduktion der Material- und Herstellungskosten für die Komponenten der PEM-Brennstoffzelle und der Systemkomponenten,
- Verbesserung der Betriebsbedingungen bzgl. des Wasserhaushalts beim Kaltstart und bei maximaler Betriebstemperatur,
- Erhöhung der Lebensdauer für Nutzfahrzeuganwendungen (vgl. BMWI 2006, S.15).

Um diese Ziele zu erreichen, wird in der Forschung und Entwicklung an diversen Problemfeldern der PEM-Brennstoffzellentechnologie gearbeitet, die im Folgenden beschrieben werden. Eine Reduktion der Herstellkosten ist erforderlich, um den Brennstoffzellenantrieb konkurrenzfähig zu machen. Die **Kosten** pro kW müssen deutlich gesenkt werden, um gegen konkurrierende neue und herkömmliche Antriebe zu bestehen. Nicht nur die Brennstoffzelle selber, sondern auch deren Komponenten wie zum Beispiel der Elektromotor und der Kraftstoffspeicher müssen kostengünstiger produziert werden. Großes Einsparungspotential besteht vor allem beim **Katalysator**, der zur Spaltung des Wasserstoffmoleküls benötigt wird. Wegen seiner exzellenten katalytischen Eigenschaften wurde für diesen Zweck vor allem Platin genutzt, dessen Vorkommen weltweit begrenzt ist, starken Preisschwankungen unterliegt und dadurch auf Dauer keine Lösung darstellt[130]. Mögliche Lösungsansätze wären das Recycling von gebrauchtem Platin oder, weitaus vielversprechender und kostengünstiger, der Einsatz von platinfreien Katalysatoren, die sich in der Entwicklung befinden, aber noch nicht einsatzbereit sind. (vgl. Pehnt 2002, S.118f). Eine

[130] Der Preis für Platin hat sich von ca. 400 Euro je Unze im Jahr 2000 auf knapp 1000 Euro je Unze Anfang 2010 erhöht. Siehe dazu http://www.markt-daten.de; 08.01.2010.

Lösung dieses Problems ist erforderlich, da die Produktion von herkömmlichen Katalysatoren für konventionelle Antriebe bereits heute zwei Drittel des weltweit geförderten Platins verschlingt (vgl. Seiwert 2009, S.55f). Weiteres Einsparungspotential besteht beim Gewicht des Gesamtsystems. Wie oben dargestellt, besteht ein Brennstoffzellenfahrzeug aus verschiedenen Komponenten, die in der Summe schwerer sind als zum Beispiel ein klassischer Verbrennungsmotor.

Neben der Reduktion der Material- und Herstellkosten, die vor allem auf die Entwicklung serientauglicher Herstellverfahren abzielen müssen, sind Verbesserungen bei den Betriebsbedingungen ebenfalls erforderlich. Dazu gehört insbesondere das Problem der **Wasserstoffspeicherung**. Wasserstoff besitzt eine sehr geringe volumenbezogene Energiedichte, die sich bei Brennstoffzellenfahrzeugen direkt auf die Reichweite auswirkt. Um diesen Nachteil auszugleichen, kommen verschiedene Arten der Speicherung in Frage: Verdichtung, Verflüssigung oder chemisch bzw. physikalische Speicherung. Die Verdichtung von Wasserstoff zu CGH2 (compressed gaseous hydrogen) ist das momentan am weitesten verbreitete Verfahren für fahrzeugübliche Mengen, bei dem der Wasserstoff zwischen 200 und 900 bar[131] gespeichert wird. Vorteile liegen in der Einfachheit des Verfahrens und der unbegrenzten Speicherzeit. Um größere Mengen an Wasserstoff zu speichern, nutzt man die Verflüssigung zu LH2 (liquid hydrogen) (vgl. Larminie und Dicks 2003, S.282f). Durch die notwendigen tiefen Temperaturen ergeben sich hohe Anforderungen an die Isolation des Wasserstoffspeichers, in dem ein geringer Restwärmeeintrag zum Verdampfen des flüssigen Wasserstoffs im Behälter und damit zu steigendem Druck führt, der über Sicherheitsventile reguliert werden muss (Boil-Off). Der Speicher eines Brennstoffzellenfahrzeuges wäre nach nur 14 Tagen entleert (vgl. Dildey 2005, S.57), daher scheint diese Form der Speicherung noch nicht praktikabel. So können die für den Antrieb eines Brennstoffzellenfahrzeugs nötigen Speicherkapazitäten noch nicht erreicht werden. Zudem sind die Ladezyklen noch begrenzt (vgl. Eichlseder und Klell 2008, S.127f).

[131] Die Mercedes-Benz B-Klasse F-CELL nutzt komprimierten Wasserstoff mit 700 bar (vgl. Daimler 2009).

Ein weiteres Problem der PEM-Brennstoffzelle sind extreme Umgebungstemperaturen, in denen sich das Fahrzeug bewegt. Bei niedrigen Außentemperaturen besteht die Gefahr, dass das Wasser innerhalb der Brennstoffzelle gefriert, so dass ein Starten des Fahrzeuges dann nicht mehr möglich ist. Der Einsatz in Fahrzeugen verlangt allerdings eine Betriebsbereitschaft bis zu -40°C bei einem **Kaltstart**. Um diese zu gewährleisten, müssen das Kühl- und Prozesswasser innerhalb kürzester Zeit auf Temperatur gebracht werden (vgl. Pehnt 2002, S.118). Bei -30°C dauert es ca. 60 Sekunden bist das Fahrzeug fahrbereit ist. Für eine breite Markteinführung muss eine weitere Reduktion der Startzeit erreicht werden (Aso et al. 2007, S.1610f), um das Brennstoffzellenfahrzeug winterfest zu machen.

Bei zu hohen Umgebungstemperaturen anderseits besteht zusätzlich die Gefahr, dass die Betriebstemperatur überschritten wird. Zum Einen kann der Abtransport der Wärme über Kühlwasser dann nicht mehr garantiert werden. Durch die höhere Betriebstemperatur kommt es daraufhin zu Leistungsabfällen, die es auf jeden Fall durch eine effektive **Kühlung** zu verhindern gilt. Zum Anderen wird durch hohe Außentemperaturen die Leitfähigkeit der Membran eingeschränkt, was zur punktförmigen Austrocknung führen kann. Diese sogenannten „Hot-Spots" können die Membran im Extremfall beschädigen und zerstören. Beim Betrieb einer Brennstoffzelle muss demnach eine angemessene **Befeuchtung** sichergestellt werden, um einen reibungslosen Betrieb zu gewährleisten. Eine vollständige Rehydratisierung ausgetrockneter Membrane kann im Betrieb nicht gewährleistet werden (vgl. Jörissen und Garche 2000, S.38). Zur Lösung dieses Problems in Fahrzeugen bieten sich nur Verfahren an, die wenig Platz verbrauchen, dynamisch regelbar sind und zusätzlich wenig elektrische Energie benötigen. Durchgesetzt haben sich Kontaktbefeuchter (Verfahren mit flüssigem Wasser) und Membranbefeuchter (vgl. Pischinger et al. 2006, S.319).

Um alle benötigten Komponenten des Gesamtsystems besser zu steuern, werden grundsätzlich intelligente Regeltechniken benötigt, die das System überwachen und Fehler diagnostizieren können (BMWA 2005, S.34).

Diese identifizierten „Bottlenecks" der technologischen Entwicklung der PEM-Technologie spiegelt auch die Umfrage unter den Akteuren wider. Tabelle 4 zeigt auf, in welchen Bereichen nach Ansicht der befragten Akteure noch Bedarf an grundlegender Forschung im Bereich der PEM-Brennstoffzellentechnologie besteht: Die Kostenreduktion wird als wichtigster Punkt angesehen, direkt gefolgt von der Wasserstoffspeicherung. Mit der Verringerung der Systemkomplexität machen diese die bedeutendsten Forschungsschwerpunkte aus. Der Betrieb unter extremen Bedingungen und der dadurch notwendige Forschungsbedarf werden dagegen als eher nicht bedeutend angesehen. Weiterhin gilt es zu bedenken, dass die Entwicklung auch immense Investitionen mit sich bringt. So zielen die in den Entwicklungsplänen (z.B. NIP) bereitgestellten Fördergelder genau auf die Lösungen dieser Bereiche ab[132]. Werden alle Ziele erreicht, sinken die Kosten für ein Brennstoffzellenfahrzeug, gleichzeitig steigt die Lebensdauer und ein Schritt in Richtung breiter Markteinführung wäre getan.

Antwortalternativen	Mittelwert	Rangfolge
Reduktion der Kosten	4,7	1
Wasserstoffspeicherung	4,19	2
Verringerung der Systemkomplexität	4	3
Membranmaterialien	3,87	4
Tankstellen-Infrastruktur	3,82	5
Kaltstart bei tiefen Umgebungstemperaturen	3,43	6
Tankmaterialien	3,26	7
Fahrten bei hohen Umgebungstemperaturen	3,03	8
Membranbefeuchtung	2,87	9
Fahrten in großen Höhen	2,63	10
Tankisolierung	2,52	11

Tabelle 4: Notwendiger Forschungsbedarf im Bereich der PEM-Brennstoffzellentechnologie[133] (Frage 3, siehe Anhang)

4.3. Konkurrenztechnologien und alternative Antriebssysteme

Die Brennstoffzelle als Teil der E-Mobility Bewegung muss sich nicht nur gegen andere elektrischen Antriebe und deren Mischformen durchsetzten, sondern vor

[132] Siehe dazu auch Kapitel 8.8.2.

[133] Der Mittelwert berechnet sich aus allen gegeben Antworten. Wertebereich der Frage: 1=keine Bedarf, 2=geringer Bedarf, 3=mittlerer Bedarf, 4=großer Bedarf, 5=sehr großer Bedarf.

allem auch gegen konventionelle Antriebe. Folgende Abbildung 29 fasst diese Konkurrenzsituation zusammen:

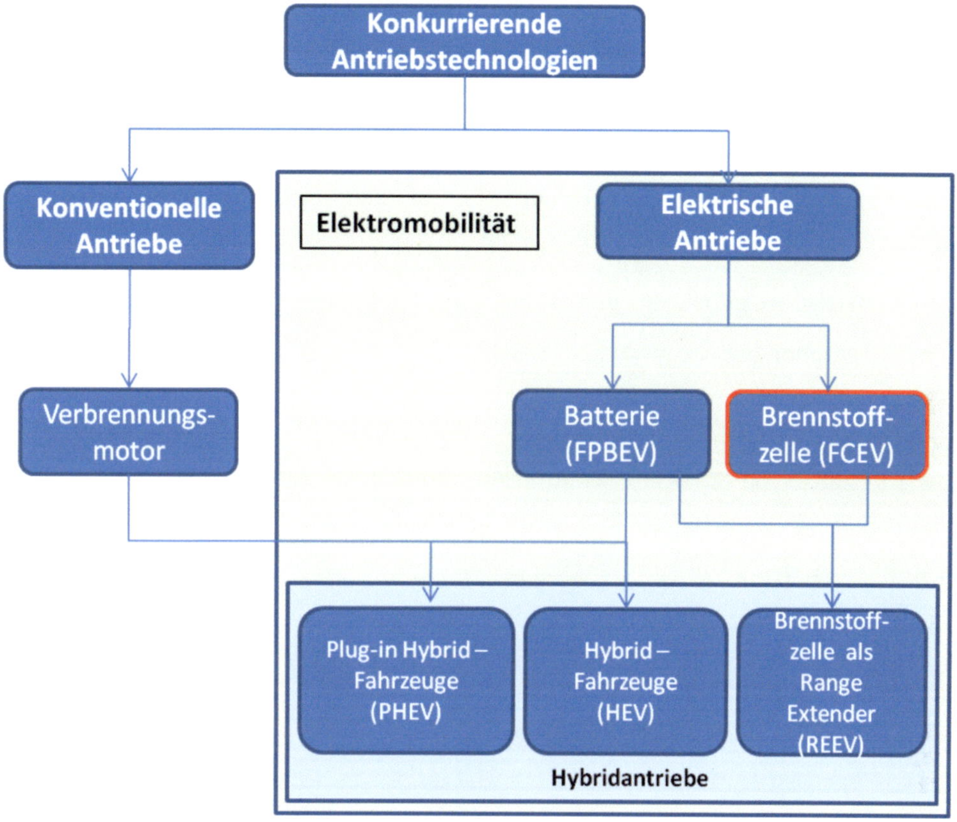

Abbildung 29: Konkurrierende Antriebstechnologie

Die wichtigste Konkurrenztechnologie der Brennstoffzelle sind **Verbrennungsmotoren**[134]**.** Ein lange Tradition und die damit verbundenen Entwicklungsaktivitäten haben dieses Konzept nahezu perfekt optimiert. Zahlreiche Innovationen und Motorvarianten, die sehr kostengünstig in der Herstellung sind, bieten einen hohen Kundennutzen. Um alle Potentiale dieses Antriebs auszuschöpfen, muss konsequent an einer weiteren Erhöhung der Effizienz bei gleichzeitiger Reduktion der Emission geforscht werden. Die sich weltweit verschärfenden Emissionsgesetze auf nationaler und internationaler Ebene stellen hohe Anforderungen an die Emissionsminderung und die Verbrauchsreduktion (vgl.

[134] Oder Hubkolbenmotoren, wie Otto- und Dieselmotoren.

Oertel und Fleischer 2001, S.86). Die technischen Möglichkeiten, den Kraftstoffverbrauch beim konventionellen Ottomotor weiter zu senken, sind sehr vielfältig. Dazu gehört das sogenannte „Downsizing", die Direkteinspritzung, variable Ventilsteuerung und die Zylinderabschaltung (vgl. Grünwald 2006, S.43f). Im Vergleich zu Benzinmodellen, haben Dieselmotoren einen generellen Verbrauchsvorteil, der zwischen 20% und 30% betragen kann (vgl. Mehlin et al. 2003, S.24). Sie sind bereits auf einen günstigen Verbrauch hin optimiert und haben einen hohen Entwicklungsstand erreicht. Die Möglichkeiten durch weitere Kraftstoffeinsparungen eine zusätzliche Optimierung dieses Motortyps zu erreichen, werden daher nicht allzu hoch angesehen (vgl. Grünwald 2006, S.49).

Neben den traditionellen Benzin- und Dieselkraftstoffen findet bei den Verbrennungsmotoren eine Reihe alternativer Kraftstoffe Anwendung. Erdgas kann verflüssigt (Liquified Natural Gas, LNG) oder komprimiert (Compressed Natural Gas, CNG) als Kraftstoff verwendet werden und weist geringere spezifische Schadstoffemissionen auf als Benzin- oder Dieselfahrzeuge (vgl. Oertel und Fleischer 2001, S.87). Auch sogenannter Biodiesel eignet sich zum Einsatz im Verbrennungsmotor, der allerdings stark angepasst werden muss. Zum einen wird Rapsöl oder Rapsmethylester (Biodiesel) als nachwachsende Alternative des konventionellen Dieselkraftstoffes gesehen. Bei Ottomotoren ist Ethanol, ein aus zucker- und stärkehaltigen Pflanzen durch Vergärung gewonnener Bioalkohol, in Reinform oder als Mischkomponente einsetzbar (vgl. Gerl 2002, S.29). Zusätzlich kommt auch Wasserstoff direkt infrage, der bei der Verbrennung kein CO2 ausstößt und deutlich geringere Schadstoffemissionen als konventionelle Verbrennungsmotoren aufweist. Probleme dieser Kraftstoffvariante, deren Entwicklung vor allem durch die Firma BMW AG vorangetrieben wird, liegen in der Wasserstoffspeicherung wie auch bei Brennstoffzellenantrieben (vgl. Grünwald 2006, S.47f).

In Kombination mit den verschiedenen alternativen Kraftstoffen und der fortschreitenden Entwicklung an den Motoren selber, aber auch mit allen anderen den Energiebedarf beinflussenden Faktoren, wie zum Beispiel dem Fahrwiderstand, werden die konventionellen Antriebe noch verbrauchsgünstiger und umweltfreundlicher und stellen so eine starke Konkurrenz für die Brennstoffzellen-technologie dar (vgl. Mali und Steiger 2003, S.255).

Der Brennstoffzellen-Antrieb selber ist Teil der Elektromobilität **(E-Mobility)**, auch wenn in der Literatur und der aktuellen Diskussion darunter häufig nur die batterie-betriebenen Antriebe verstanden werden. Die für den elektrischen Antrieb benötigte Energie kann entweder mit einer Brennstoffzelle erzeugt (**FCEV** =Fuel Cell Electric Vehicle) oder in einer Batterie gespeichert zur Verfügung gestellt werden. Da beide Varianten über eine elektrische Antriebsmaschine verfügen, ist die Bezeichnung **Elektrofahrzeug** in jedem Fall gerechtfertigt (vgl. Naunin 2007, S.1). Historisch gesehen, haben batterieelektrische Fahrzeuge eine lange Tradition. Das erste Elektroauto fuhr bereits 1882 in Berlin[135] und 1899 war es ein Elektroauto, das die Grenze von 100 km/h durchbrach (Gerl 2002, S.41). Letztendlich hatte sich jedoch der Verbrennungsmotor durchgesetzt und die Batterie geriet in Vergessenheit. Die steigenden Ölpreise und die sich verschärfenden Emissionsgesetze (Stichwort: Kalifornische ZEV-Gesetzgebung) bringen heutzutage allerdings immer mehr Automobilhersteller dazu, eigene Elektroautos (international **FPBEV** genannt = Full Perfomance Battery Electric Vehicles) zu bauen und die Technologie weiter zu entwickeln. Die technischen Anforderungen an zuverlässige Energiespeicher erfordern weiterhin Fortschritte im Bereich der Forschung und Entwicklung insbesondere bezüglich der Leistung, der Ladefähigkeit, der Lebensdauer und des Wirkungsgrades der verwendeten Batteriesysteme (vgl. Köhler 2007, S.34f). Zusätzlich dazu müssen die Kosten für diese Batteriesysteme weiter gesenkt werden. Die Bundesregierung sieht dies als eine der wichtigsten Herausforderungen an (vgl. Die Bundesregierung 2009; S.2 und S.10). Der „Nationalen Entwicklungsplan Elektro-mobilität“ zielt darauf ab, Forschung und Entwicklung, die Marktvorbereitung und die Markteinführung von batterieelektrisch betriebenen Fahrzeugen in Deutschland vor-anzubringen und Deutschland bis 2020 zu einem Leitmarkt für Elektromobilität zu

---

[135] Dabei handelte es sich um einen elektrischen hochrädrigen Jagdwagen, der aus einer Oberleitung gespeist wurde und so den „Urahn“ aller Oberleitungsbusse darstellt (vgl. Naunin 2007, S.1).

machen. Die Grundlagen der Technologien für elektrische Antriebe seien dazu erforscht. Allerdings besteht weiterhin Optimierungs- und Vernetzungsbedarf, vor allem in der Schlüsseltechnologie der Batteriespeicher. Lithium Ionen Batterien zeichnen sich dabei durch weltweite Forschungsaktivitäten und den daraus resultierenden Fortschritt, gerade im Bereich der automobilen Anwendung aus. Vielversprechende Materialien erweitern deren Möglichkeiten und machen aus diesem Batterietyp die wahrscheinlichste Variante für den Antrieb von Elektroautos. Trotz dieses substantiellen technologischen Fortschritts werden die weiterhin hohen Herstellungskosten und die aus der geringen Reichweite und den langen Ladezeiten resultierende fehlende Akzeptanz der Kunden auch in der nahen Zukunft nicht zu einem Massenmarkt für Elektroautos führen (vgl. Walsh et al. 2007, S.9).

Weitere Konkurrenz „droht" dem Brennstoffzellenantrieb durch sogenannte **Hybrid** Varianten der Elektromobilität, die eine besonders harte Konkurrenz für Brennstoffzellenfahrzeuge darstellen (vgl. Pehnt 2002, S.124). Die verschiedenen Hybrid-Varianten kombinieren die Vorteile der eingesetzten Antriebssysteme, indem sie zum Beispiel weiterhin auf Mineralöl als Primärenergieträger zurückgreifen und so das Reichweitenproblem der batteriegetriebenen Elektroautos vermeiden (vgl Puls 2006, S.27). Die klassischen Hybrid-Fahrzeuge (**HEV** = Hybrid Electric Vehicles) lassen sich dabei in Parallelhybride, serielle Hybride und Mischhybride unterscheiden. Parallelhybride zeichnen sich dadurch aus, dass das Fahrzeug sowohl alleine als auch gemeinsam von einem Elektro- und einem Verbrennungsmotor angetrieben werden kann. Im Gegensatz dazu wird der serielle Hybrid ausschließlich elektrisch angetrieben. Der Verbrennungsmotor dient lediglich dazu, über einen elektrischen Generator die Batterie aufzuladen (vgl. Grünwald 2006, S.53). Der Vorteil liegt darin, dass der Verbrennungsmotor zur Senkung des Verbrauchs und des Schadstoffausstoßes immer im optimalen Lastbereich betrieben werden kann (vgl. Puls 2006, S.27). Bei Mischhybriden treibt der Verbrennungsmotor gleichzeitig direkt die Räder und indirekt über den Generator und den Elektromotor das Fahrzeug an. Je nach Leistung des Elektromotors an der Gesamtleistung des Fahrzeuges unterscheidet man bei diesen Hybridfahrzeugen zusätzlich nach dem Grad der Hybridisierung: Die Kategorien sind „mild" (Anteil < 23%), „semi" (Anteil zwischen 24-38%) und „voll" (Anteil >38%). Eine mögliche Verbrauchsminderung gegenüber den konventionellen Antrieben resultiert aus der Rekuperation, das heißt aus der Rückgewinnung der Bremsenergie, und der Nutzung des optimalen Betriebsbereichs der verwendeten Verbrennungsmotoren. Zu den Schwachstellen dieser Mischvarianten zählt die hohe Komplexität aufgrund der Anzahl der benötigten Komponenten und die damit einhergehenden Kosten sowie dem zusätzlichen Gewicht (vgl. Grünwald 2006, S.53). Trotz dieser Nachteile sind bereits einige Hybridfahrzeuge auf dem Markt erhältlich wie zum Beispiel der Toyota Prius. Die zukünftige Entwicklung dieser „Misch-Fahrzeuge" ist schwer abzuschätzen. Dennoch stimulieren sie die Aktivitäten in Forschung und Entwicklung für elektronische Antriebsstränge und der Batterietechnologie. Zusätzlich sensibilisieren sie aber den Endkunden bezüglich eines alternativen Antriebes und den damit verbundenen Vorteilen (vgl. Walsh 2007, S.10). Gleiches gilt auch für eine weitere Variante der Hybridfahrzeuge, das sogenannte „Plug-in Hybrid Vehicle" (**PHEV**). Bei dieser Variante besteht die Möglichkeit, die Batterie mit einer externen Stromquelle aufzuladen. Kurze Strecken bis 80km, die häufig die meisten Fahrten ausmachen, können so mit einer einzigen Ladung der Batterie durchgeführt werden (vgl. Holland 2007, S.223). Bei längeren Fahrten kann auf den Verbrennungsmotor umgeschaltet werden. Durch die eingesetzte Elektrizität kann daher konventioneller Kraftstoff substituiert werden. In welchem Umfang hängt jedoch von deren Erzeugung der Energie ab. Als größte technologische Herausforderung wird auch bei diesem Hybridtyp die Weiterentwicklung der eingesetzten Batterie angesehen, die im Plug-in-Betriebsmodus extrem stark beansprucht werden (vgl. Grünwald 2006, S.56).

Als weitere Hybrid-Variante existiert die Kombination einer Brennstoffzelle und einer Batterie, bei dem die Brennstoffzelle als sogennnater „Range Extender" fungiert (**REEV** = Range Extended Electric Vehicle). Das bedeutet, dass die Brennstoffzelle nicht direkt das Fahrzeug antreibt, sondern die zum Antrieb eingesetzte Batterie lädt.

Das Prinzip ähnelt dem des seriellen Hybrids, jedoch mit einer Brennstoffzelle und nicht mit einem Verbrennungsmotor als „Ladeeinheit".

Zum Abschluss dieses Kapitels folgt eine aktuelle Übersicht (Abbildung 30) über die Verteilung der konkurrierenden Antriebe im PKW-Bestand in Deutschland am 01.01.2010:

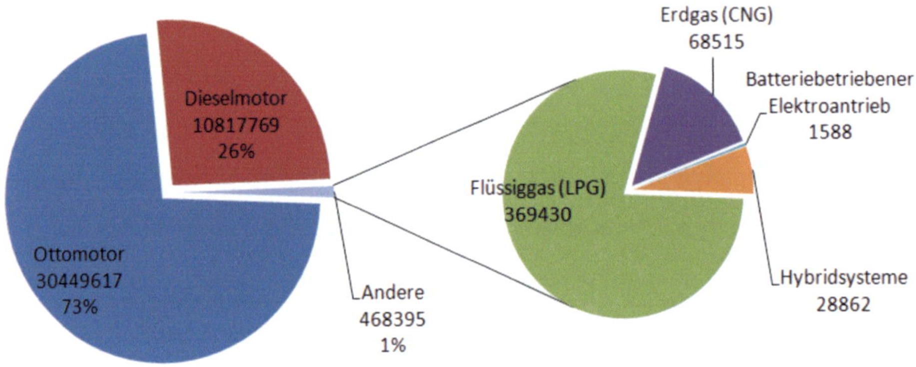

Abbildung 30: Antriebe im PKW-Bestand in Deutschland am 1.1.2010 (eigene Darstellung nach KBA 2010, S.8)

Es fällt auf, dass sich die deutsche PKW-Flotte zu 99% aus konventionellen Antrieben (Otto- und Dieselmotor) zusammensetzt. Das entspricht ca. 41 Millionenen Fahrzeugen. Davon wird lediglich 1 % (468395 Fahrzeuge) durch andere Antriebe bewegt. Den größten Teil darunter machen Fahrzeuge aus, die mit Flüssiggas (LPG) betrieben werden. Batteriebetriebene Elektrofahrzeuge und Hybridsysteme haben nach wie vor einen verschwindend kleinen Anteil. Brennstoffzellenbetriebene Fahrzeuge sind bislang noch nicht am Markt eingeführt.

Nach Meinung der befragten Akteure wird das 3-Liter-Auto[136] im Vergleich zu anderen konkurrierenden Antriebstechniken als momentan[137] stärkste Konkurrenz eingestuft, dicht gefolgt vom batteriebetriebenen Elektromotor. Die klassischen Ver-

[136] Der Begriff Drei-Liter-Auto bedeutet eine Kohlendioxidemission von 90 g CO_2/km.

[137] Die Umfrage wurde im Februar und März 2009 durchgeführt.

brennungsmotoren hingegen stellen aus Sicht der befragten Akteure eine nicht ganz so starke Konkurrenz dar, wie die folgende Abbildung 31 zeigt:

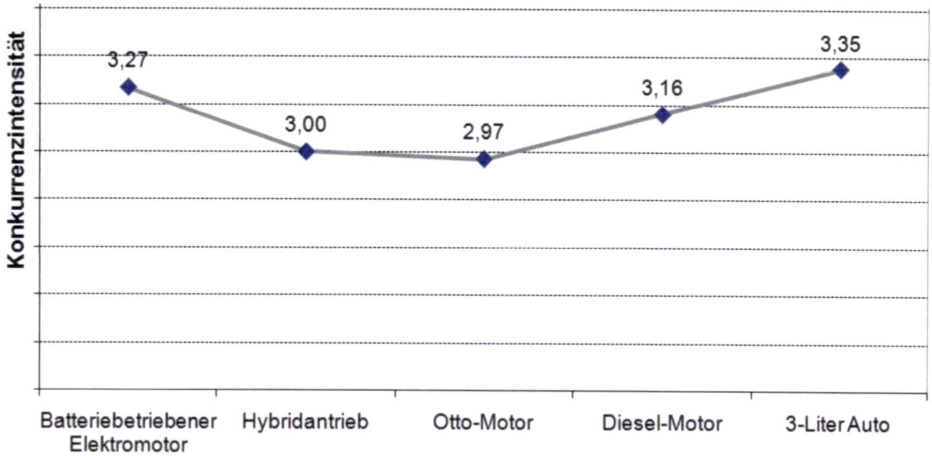

Abbildung 31: Konkurrenzintensität der PEM-Brennstoffzellenfahrzeuge[138]
(Frage 2 siehe Anhang)

Dabei gilt aber bei der Frage nach der zukünftigen Antriebstechnologie zu berücksichtigen, dass sich nicht nur eine Technologie durchsetzten könnte. Gerade das batteriebetriebene Elektroauto ist zwar eine konkurrierende Antriebstechnologie, jedoch nicht unbedingt als Konkurrenz zu sehen. Die technologischen Eigenschaften der einzelnen Antriebe erlauben sogar eine „friedliche Koexistenz“ für verschiedene Mobilitätsbedürfnisse. Folgende Abbildung 32 zeigt auf, wie die verschiedenen Antriebe in Zukunft verschiedene Nischen und Bedürfnisse bedienen könnten:

[138] Der Wertebereich der Konkurrenzintensität: 1=keine Konkurrenz, 2=geringe Konkurrenz, 3=mittlere Konkurrenz, 4=große Konkurrenz, 5=sehr große Konkurrenz.

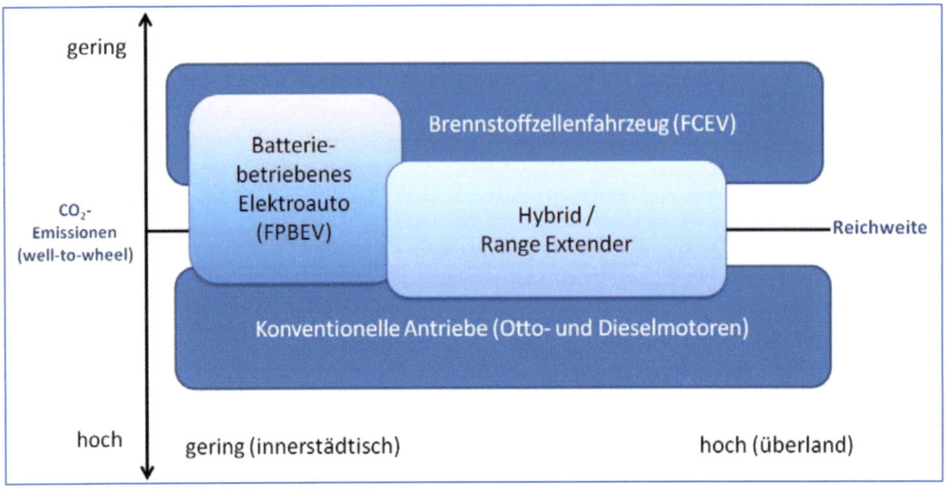

Abbildung 32: Einsatzmöglichkeiten verschiedener Antriebstechniken (Bonhoff 2009, S.25)

Die Abbildung 32 macht deutlich, dass sowohl batteriebetriebene wie auch brennstoffzellenbetriebene Elektroautos (Brennstoffzellenfahrzeuge) aufgrund ihrer verschiedenen Reichweiten zum Einsatz kommen werden. Anderen Technologien stellen so nicht zwangsläufig eine Konkurrenz dar, sondern können aufgrund ihrer Eigenschaften als komplementär gesehen werden. Gleiches ist auch im „Nationalen Entwicklungsplan Elektromobilität" der Bundesregierung zu finden, der explizit darauf hinweist, dass die Batterie- und die Brennstoffzellentechnologien ergänzende, komplementäre Pfade sind, die es gilt, beide weiter zu entwickeln (vgl. Die Bundesregierung 2009, S.6).

4.4. Wasserstoff als Energieträger für Brennstoffzellenfahrzeuge

Wie bereits beschrieben, können die verschiedenen Antriebssysteme mit verschiedenen Energieträgern betrieben werden. Zusätzlich zu den konventionellen Kraftstoffen wie Benzin oder Diesel sind bereits einige weitere am Markt erhältlich, wie zum Beispiel Kraftstoffe aus Erdgas[139] oder aus Biomasse. Im Entwicklungsstadium befinden sich weiterhin die über die „Fischer-Tropsch (FT)-Synthese"[140] erzeugten synthetischen Kraftstoffe[141] aus Kohle (CtL = Coal to Liqiud),

---

139 CNG, LPG, DME = Dimethyl-Ether zur Anwendung im Dieselmotor.

140 Verfahren zur Umwandlung von Gasen (entwickelt 1925 von den Chemikern Franz Fischer und Hans Tropsch) in flüssige Kohlenwasserstoffe, die als synthetische Kraftstoffe genutzt werden können. Eingesetzt

Gas (GtL = Gas to Liquid) oder Biomasse (BtL = Biomass to Liquid). Biodiesel kann entweder in reiner Form getankt oder dem konventionellen Dieselkraftstoff zugemischt werden. Grundsätzlich werden für die Herstellung Ölfrüchte wie Raps oder Sonnenblumen verwendet. Die im Fokus dieser Arbeit stehenden Brennstoffzellenfahrzeuge können durch den Einsatz eines Reformers verschiedene Energieträger nutzen. Der Reformer erzeugt den für die Brennstoffzelle benötigten Wasserstoff, der prinzipiell aus allen Primärenergieträgern hergestellt werden kann (vgl. Grünwald 2006, S.70). Dies gilt sowohl für die heute weit verbreitenden Energieträger wie Benzin, Diesel oder Erdgas aber auch für zukünftige Energieträger, wie zum Beispiel Methanol oder Ethanol. Die Brennstoffzellentechnologie ist demnach eine Technologie, die im Rahmen der bestehenden Infrastruktur bereits eingesetzt wird und in Verbindung mit dem Wasserstoff eine Brücke zu zukünftigen regenerativen Energiesystemen schlagen könnte (vgl. Theenhaus und Bonhoff 2000, S.85). Wasserstoff selbst stellt also lediglich einen Energieträger dar, der aus allen (fossilen, nuklearen und regenerativen) Primärenergieträgern hergestellt werden kann und so eine stetige Anpassung des Energiemixes an die globale geopolitische Ressourcensituation ermöglicht. In einer Übergangsphase zu einer auf regenerativ erzeugtem Wasserstoff basierenden Energiewirtschaft, kann der Wasserstoff vorerst mittels fossiler Energieträger gewonnen werden. Wird er regenerativ erzeugt, ermöglicht er durch diese verstärkte Integration von erneuerbaren Energien in die vorhandene Energieinfrastruktur einen Beitrag zur Schonung fossiler Energieträger (vgl. Tillmetz 2007, S.17). Folgende Abbildung 33 beschreibt mögliche Bereitstellungspfade für Kraftstoffe. So finden sich auf der linken Seite der Abbildung die Primärenergiequellen (Kohle, Erdöl,...). In der Mitte die Energieträger (Benzin, Diesel, Wasserstoff, ...) samt der dazugehörigen Infrastruktur für flüssigen oder gasförmigen Treibstoff, sowie auf der rechten Seite die Antriebssysteme.

---

zum Beispiel zur Gewinnung von Treibstoff aus Steinkohle während des Zweiten Weltkrieges (vgl. Eichlseder und Klell 2008, S.209) und auch kurze Zeit danach.

[141] FT Benzin, FT Diesel.

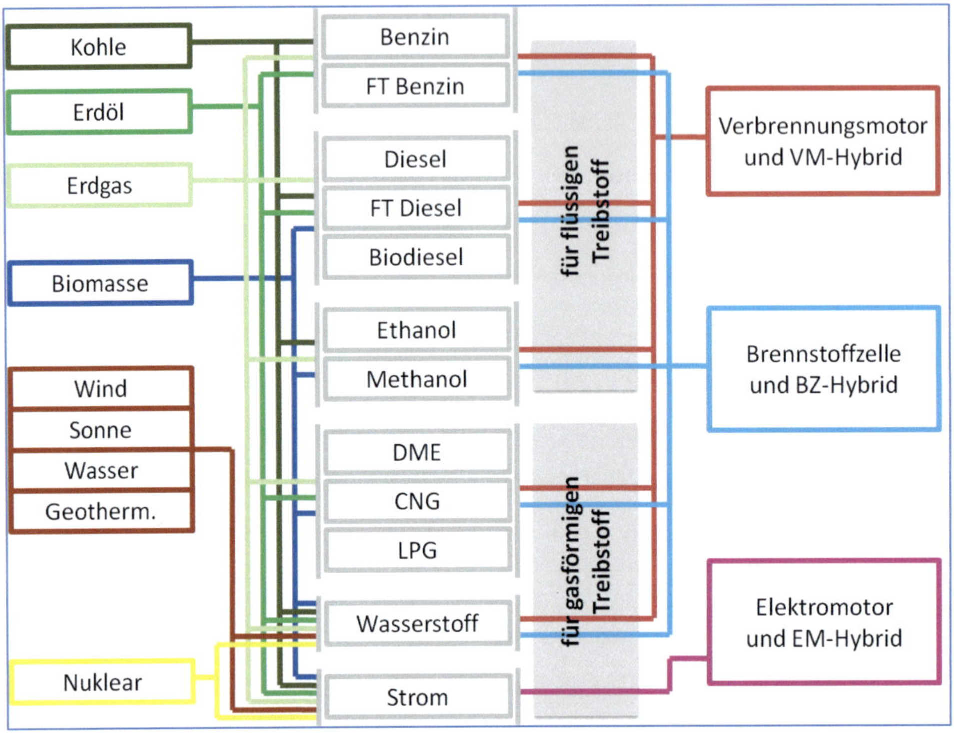

Abbildung 33: Mögliche Bereitstellungspfade für Kraftstoffe (eigene Darstellung nach Grünwald 2006, S.69)

Die energiewirtschaftlichen und ökologischen Vorteile der Wasserstoff- und Brennstoffzellentechnologie lassen sich zwar unabhängig voneinander realisieren, entfalten aber erst in der Kombination ihr volles Potential. In sogenannten „Well-to-Wheel“[142] Analysen wird der gesamte Prozess der Herstellung und Verwendung von Kraftstoffen bis zur Kraftübertragung auf die Räder im Hinblick auf den Energieverbrauch und den Emissionen untersucht. Häufig wird dieser Prozess noch weiter in die Einzelanalysen „Well-to-Tank“ und „Tank-to-Wheel“ aufgeteilt (vgl. Brinkman et al. 2005, S.1). In der aktuellen Studie „Well-to-Wheels analysis of the future automotive fuels and powertrains in the European Context“ werden über 100 verschiedene Energiewege aufgezeigt, darunter alleine 14 verschiedene Möglichkeiten von der Wasserstoffherstellung bis zur Brennstoffzelle. Bezüglich der emittierten Treibhausgase und der benötigten Energie liegt der aus regenerativen Quellen erzeugte Wasserstoff in Kombination mit

[142] Kombiniert den Kraftstoffpfad bis zur Zapfsäule („Well-to-Tank“) und den Energieverbrauch des Fahrzeugs („Tank-to-Wheel“).

der Brennstoffzelle weit vor den konventionellen Antrieben mit Benzin- und Dieselkraftstoffen (vgl. European Kommission 2007, S.49)[143]. Es ist also entscheidend, dass über die gesamte Kraftstoffkette möglichst wenig Energie verloren geht, der Wasserstoff also energieeffizient erzeugt, verteilt und angewendet wird (Leschus und Vöpel 2008, S.15). Diese Supply-Chain des Wasserstoffs umfasst dabei die Wasserstofferzeugung, die Wasserstofflogistik und die Wasserstoffanwendung, wie in Abbildung 34 dargestellt.

Abbildung 34: Supply Chain des Wasserstoffs

Die erste Stufe dieser Supply-Chain ist die **Wasserstofferzeugung**, da der Wasserstoff in reiner Form nicht in der Natur vorkommt. Wie oben schon erwähnt, können für die Produktion von Wasserstoff verschiedene Umwandlungsketten herangezogen werden, die grundsätzlich auf regenerativen oder fossilen Energiequellen basieren. Es ist davon auszugehen, dass die Energie zur Wasserstoffherstellung in absehbarer Zukunft hauptsächlich durch fossile Brennstoffe bereitgestellt wird, da regenerative Energien noch nicht in ausreichendem Maße preisgünstig hergestellt werden können. Dabei ermöglichen regenerative Energien eine praktisch emissionsfreie und nachhaltige Wasserstoffbereitstellung. In Deutschland sind insbesondere Wind und Biomasse relevant (vgl. BMWA 2009, S.13f). Die Möglichkeit, Wasserstoff aus nuklearer Energie CO2 frei zu gewinnen, ist aufgrund der politischen Entscheidung aus der Atomkraft auszusteigen, nicht Teil der folgenden Abbildung 35:

[143] Für weitere Studien zum Thema „Well to Wheel" siehe: Wietschel und Bünger (2010), Weindorf und Bünger (2009), Grünwald (2006), Brinkman et al (2005), IEA (1999).

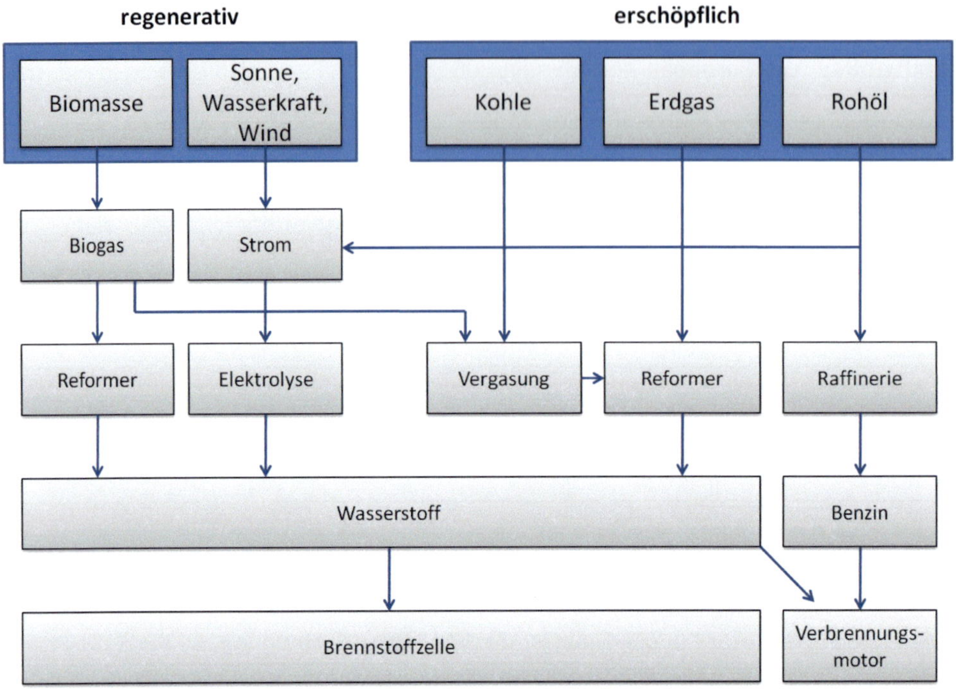

Abbildung 35: Umwandlungsketten für Wasserstoff (Leschus und Vöpel 2008, S.15)

Für die Wasserstofferzeugung[144] kommen verschiedene Herstellverfahren in Frage. Zu den gebräuchlichsten Verfahren gehören die Reformierung, die Vergasung und die Elektrolyse[145]. Am weitesten verbreitet ist die Reformierung fossiler Kohlenwasserstoffe. Man unterscheidet dabei die Dampfreformierung, die partielle Oxidation, die autotherme Reformierung sowie die direkte Spaltung bei hohen Temperaturen. Ein weiteres thermochemisches Verfahren zur Wasserstoffherstellung ist die Vergasung von fossilen Kohlenwasserstoffen, meist aus Kohle, in letzter Zeit aber vermehrt auch aus Biomasse. Sowie die Elektrolyse, die in der Regel emissionsfrei ist, aufgrund des hohen Energieeinsatzes aber derzeit kaum genutzt wird (vgl. Eichlseder und Klell 2008, S.49). Der Forschungsbedarf im Bereich der Wasserstofferzeugung liegt bei den verschiedenen Verfahren in der Erzielung höherer Wirkungs-

[144] Wasserstoff entsteht häufig auch als Nebenprodukt der chemischen Industrie und bei Rohölraffinerieprozessen. Gerade für Versuchsflotten und Nischenmärkte könnte das eine sichere und sogar flächendeckende Versorgung darstellen (vgl. Töppler 2009, S.11).

[145] Für eine detaillierte Beschreibung der Verfahren siehe zum Beispiel Eichlseder und Klell (2008), ab Seite 49.

grade und Verfahrensoptimierungen mit dem Ziel der Kostenreduktion und der Serienfertigung (vgl. BMWA 2009, S.21).

Die zweite Stufe der Wasserstoff Supply-Chain, die **Wasserstofflogistik**, umfasst sowohl die Speicherung und den Transport des Wasserstoffs sowie die Tankstelleninfrastruktur[146]. Zur Speicherung des Wasserstoffs stehen verschiedene Verfahren zur Verfügung, die sich in der Praxis mehr oder weniger bewährt haben: Verdichtung, Verflüssigung oder chemisch bzw. physikalische Speicherung. Entsprechend dieser Speichermöglichkeiten kann der Wasserstoff gasförmig in Druckbehältern, flüssig in Kryobehältern[147] sowie in gebundener Form per LKW, Bahn oder Schiff transportiert werden. Der Transport per Pipeline erlaubt eine saubere Verteilung ohne die Verursachung von Verkehrsaufkommen oder Treibhausgase, allerdings sind Pipelines ortsgebunden und erfordern hohe Investitionen (vgl. Eichlseder und Klell 2008, S.133). So stehen also verschieden Transportmöglichkeiten zur Verfügung, mit denen verschiedene Pfade der Distribution denkbar sind:

- Zentrale Wasserstoffproduktion und der Transport via Pipeline zu den Tankstellen[148]. Diese Option ist wegen der hohen Investitionskosten eher eine langfristige Lösung und macht erst ab einer breiten Markteinführung der Brennstoffzellenfahrzeuge Sinn. Im Wesentlichen stellt der Transport via Pipeline kein Problem dar, für den sogar die bereits existierenden Erdgaspipelines zum Einsatz kommen könnten (vgl. Pehnt 2002, S.72). Darüber hinaus gibt es in Deutschland bereits zwei Pipelinenetze für komprimierten gasförmigen Wasserstoff[149].
- Zentrale Wasserstoffproduktion und Transport per LKW (via Bahn oder Schiff) zu den Tankstellen[150]. Mit Hilfe der Verflüssigung kann der Wasserstoff auch über große Reichweiten transportiert werden. Dadurch wäre ein internationaler Handel mit regenerativen Energien möglich.

---

[146] Eine aktuelle Übersicht über Wasserstofftankstellen wird in Kapitel 8.8.3 gegeben.
[147] Kryobehälter sind ortsbewegliche wärmeisolierte Druckgefäße für die Beförderung tiefgekühlt verflüssigter Gase.
[148] Nur CGH2.
[149] Im Ruhrgebiet (ca.220km) und im Industriegebiet Leuna – Bitterfeld – Wolfen (ca.150km).
[150] CHG2 und LH2 möglich.

- Vor-Ort Produktion (Onsite Produktion) des Wasserstoffs mit einem Speicher als Puffer[151]. Dabei müssen die Investitionskosten für den benötigten Reformer mit einkalkuliert werden. Durch die Herstellung mit Reformer unmittelbar vor Ort können die Emissionen durch den Transport eingespart werden. Bei großen Tankstellen müsste für Stoßzeiten dennoch zusätzlich Wasserstoff per LKW angeliefert werden.

So bieten alle diese Pfade verschiedene Vorteile und Anwendungsmöglichkeiten, so dass voraussichtlich ein Mix dieser Pfade zur Anwendung kommen wird. Egal, ob die Wasserstoffinfrastruktur zentral oder dezentral orientiert ist, es gilt auf Flexibilität, Kosten, Sicherheit und eine ausgewogene Energiebilanz Rücksicht zu nehmen (vgl. HFP 2005, S.36f). Es ist davon auszugehen, dass sich die Wasserstoffinfrastruktur nicht wesentlich von der Gasversorgung unterscheiden wird, da deren eingesetzte Systeme bereits lange Zeit im Einsatz sind (vgl. Biedermann et al. 2001, S.138).

Die Supply-Chain endet mit der **Wasserstoffanwendung**. Anwendungsmöglichkeiten stehen im mobilen, portablen und stationären Bereich zur Verfügung. Wasserstoff und Brennstoffzellen zeigen den Weg zu einem Energiesystem auf, das sich gleichzeitig allen energie- und umwelttechnischen Herausforderungen stellt und die Flexibilität besitzt, diverse erneuerbare Energien über den „Träger" Wasserstoff in die Fahrzeugflotten zu integrieren. Auf dem Weg zu emissionsfreien Fahrzeugen („Zero – Emission – Vehicle", ZEV) stellt die Kombination von regenerativ erzeugtem Wasserstoff und der PEM-Brennstoffzelle als Fahrzeugantrieb im Hinblick auf Effizienz und Nachhaltigkeit daher die plausibelste Lösung dar.

4.5. Zusammenfassung der technologischen Betrachtung

Das Prinzip der Brennstoffzelle basiert auf der direkten Umwandlung von chemischer in elektrische Energie durch die Umkehrung der Elektrolyse. Die Brennstoffzelle besteht aus einer Anode und einer Kathode, die durch eine „Membran Elektroden Einheit" und der dazugehörigen Katalysatorschicht verbunden sind. Als Katalysator

[151] Nur CGH2 möglich.

wird vorwiegend Platin eingesetzt. Durch den Zusammenschluss mehrerer Brennstoffzellen zu sogenannten „Stacks“ kann die Leistung insgesamt verbessert werden. Auf Grundlage dieses Prinzips existieren verschiedene Varianten von Brennstoffzellen, deren Bezeichnung vom verwendeten Elektrolyt abhängig ist. Einsatz finden die Brennstoffzellen in stationären, portablen und mobilen Bereichen. Innerhalb der mobilen Anwendungen kann die Brennstoffzelle verschiedene Aufgaben übernehmen, wie zum Beispiel als direkter Antrieb des Fahrzeugs, als „Range Extender“ oder als Bordnetzversorger. Der Fokus dieser Arbeit liegt auf dem direkten Fahrzeugantrieb. Um den technischen und ökonomischen Anforderungen an einen PKW-Antrieb gerecht zu werden bedarf es weiterer Forschungsanstrengungen im Bereich der Material- und Herstellungskosten, bei den Betriebsbedingungen sowie bei der Lebensdauer. Ein weiteres aktuelles Problemfeld ist der Katalysator, der zur Spaltung des Wasserstoffs innerhalb der Brennstoffzelle benötigt wird. Für das momentan genutzte Platin, dessen Ressourcen weltweit begrenzt sind, gilt es eine Alternative zu finden oder den Bedarf pro Fahrzeug drastisch zu reduzieren. Zu weiteren Problemfeldern zählen die Wasserstoffspeicherung, der Kaltstart, die Kühlung und die Befeuchtung der Zelle.

Durch den Einsatz eines Reformers können die Brennstoffzellenfahrzeuge neben Wasserstoff verschiedene Energieträger nutzen, was aber den Wirkungsgrad des gesamten Systems entscheidend verringert. Auf Dauer wird daher Wasserstoff als optimaler Energieträger Anwendung finden. Im optimalen Fall wird dieser Wasserstoff dann regenerativ erzeugt. Grundsätzlich gilt es darauf abzuzielen, dass innerhalb der gesamten Kraftstoffkette möglichst wenig Energie verloren geht. Diese Kraftstoffkette lässt sich unter dem Begriff der Wasserstoff Supply Chain subsummieren und umfasst die Wasserstofferzeugung, die Wasserstofflogistik und die Wasserstoffanwendung.

Aus der Vielzahl an verschiedenen Brennstoffzellenvarianten hat sich die PEM-Brennstoffzelle als „Dominantes Design" etabliert (Hypothese 1[152]). Treiber dieser „Einigung" war einerseits die wissenschaftliche Forschung, die ihre Anstrengungen und Aktivitäten vor allem der PEM-Brennstoffzelle widmet. Andererseits die industriellen Akteure, die durch ihre F&E-Aktivitäten im Rahmen der Prototypen- und Kleinserienkonstruktion immer wieder die Tauglichkeit des Systems gezeigt haben. Gleichzeitig spiegeln diese Prototypen die Erwartungen der Akteure wider und motivieren andere Automobilhersteller, in die gleiche Richtung zu forschen und sich am Design der PEM-Brennstoffzelle zu beteiligen. So konnte bereits vor der Markteinführung ein „Dominantes Design" gefunden werden, das zwar technologisch nicht ausgereift ist, dennoch aber die hohen Potentiale dieser technologischen Variante demonstriert. Gerade im Hinblick auf eine erfolgreiche Markteinführung ist die „Spezialisierung" auf ein Design ein wichtiger Schritt und zwingend erforderlich. Auch wenn zunächst innerhalb der Brennstoffzellentechnologie ein „Dominantes Design" gefunden wurde, steht der Wettbewerb mit den herkömmlichen Antrieben und den weiteren alternativen Antriebssystemen noch aus. So sieht sich die PEM-Brennstoffzelle als Fahrzeugantrieb einer Vielzahl von konkurrierenden Systemen gegenüber. Neben den konventionellen Antrieben, die zweifelsohne noch lange Zeit hohe Marktanteile aufweisen werden, werden gerade die elektrischen Antriebe, in welcher Form auch immer, durch Intensivierung der Forschungsaktivitäten voraussichtlich eine zunehmend wichtigere Rolle spielen. Momentan wird der PKW-Bestand in Deutschland noch zu 99% von herkömmlichen Verbrennungsmotoren dominiert. Hybridsysteme und reine batteriebetriebene Elektrofahrzeuge spielen so momentan eine noch unbedeutende Rolle. Welches Antriebssystem sich im Endeffekt durchsetzten wird, ist aber momentan nicht absehbar. Fest steht, dass die Einführung eines neuen Antriebssystems auch eines Umdenkens bezüglich der Mobilität bedarf. Die Frage, ob es in Zukunft noch das Konzept eines Universalautos, der

[152] Siehe Kapitel 4.2.1.

„Rennreiselimousine“ (vgl. Canzler und Knie 2009, S.5) geben wird, sei an dieser Stelle dahin gestellt[153].

[153] Siehe dazu vor allem auch Kapitel 8.8.

5. Akteure des Innovationssystems der PEM-Technologie

Gegenstand dieses Kapitels ist die Analyse der Akteure des Innovationssystems, wie es in Kapitel 2.5 definiert und in Kapitel 3.2.2 auf die Fragestellungen dieser Arbeit angepasst wurde. Die Heuristik des Innovationssystems wird dabei genutzt, um systematisch die Aktivitäten des Innovationsprozesses von PEM-Brennstoffzellenfahrzeugen zu analysieren. Die Akteure werden dabei entsprechend der Aktivitäten des Innovationsprozesses in wissenschaftliche und industrielle Akteure gruppiert und können getrennt analysiert werden. Die dieser Arbeit zugrundeliegenden Forschungsfragen bezüglich der Akteursstruktur und der daraus abgeleiteten Hypothese 2 (in Kapitel 5.1) und Hypothese 3 (in Kapitel 5.2) werden beantwortet und dadurch die Akteure des Innovationssystems dargestellt. Bei der Interpretation der Ergebnisse bilden die Erwartungen dieser Akteure einen Schwerpunkt.

5.1. Akteursstruktur der wissenschaftliche Forschung

Die Akteure der wissenschaftlichen Forschung können wie gesehen durch Publikationen identifiziert und zur weiteren Analyse klassifiziert werden. Die Herleitung der Hypothese 2[154] hat deutlich gemacht, dass die an den Aktivitäten beteiligten Akteure verschiedenen Organisationstypen zu zuordnen sind. So werden die Aktivitäten der wissenschaftlichen Forschung durch Universitäten, Forschungseinrichtungen[155] (gruppiert zu wissenschaftliche Akteuren) und Unternehmen (als industrielle Akteure) getragen. Es wird angenommen, dass die Aktivitäten in der Wissenschaft vor allem durch wissenschaftliche Akteure getragen werden:

Hypothese 2: Die wissenschaftliche Forschung wird vor allem durch Universitäten und Forschungseinrichtungen getragen.

Um diese Hypothese zu testen, wurde eine Publikationsanaylse durchgeführt. Abbildung 36 zeigt den relativen Anteil an den Publikationsaktivitäten der einzelnen Organisationstypen, gruppiert nach wissenschaftlichen und industriellen Akteuren.

---

[154] Siehe dazu Kapitel 3.1.

[155] Dabei handelt sich um außeruniversitäre Forschungseinrichtungen. Auf den Zusatz „außeruniversitär" wird in den folgenden Ausführungen verzichtet.

Die wissenschaftlichen Aktivitäten setzen sich aus den Aktivtäten der Forschungseinrichtungen und der Universitäten zusammen.

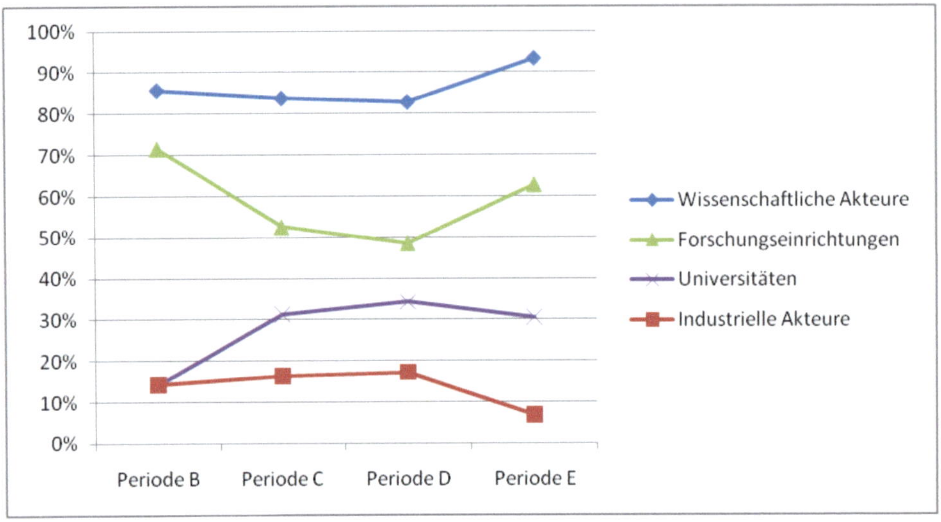

Abbildung 36: Relativer Anteil an den Publikationsaktivitäten[156] der einzelnen Organisationstypen gruppiert nach wissenschaftlichen und industriellen Akteuren[157]

Abbildung 36 macht deutlich, dass die wissenschaftliche Forschung vor allem durch wissenschaftliche Akteure getragen wird. Die Hypothese 2 kann somit bestätigt werden. So kommen die wissenschaftlichen Akteure ab Periode B auf einen relativen Anteil von über 80%. Die industriellen Akteure hingehen kommen innerhalb des Betrachtungszeitraum nicht über 20% der Aktivitäten hinaus. Um den relativen Anstieg der wissenschaftlichen Akteure an den Aktivitäten in der letzten Periode zu erklären, ist es erforderlich die einzelnen Aktivitäten der Forschungseinrichtungen und der Universitäten zu betrachten. So ist die Zunahme in Periode E auf das steigende Engagement (vor allem) der Forschungsinstitute zurückzuführen. Die Aktivitäten der Universitäten nehmen zwar absolut auch zu, bei weitem aber nicht so wie die der Forschungsinstitute. Gleichzeit wird dieser Trend durch den Rückgang der Aktivitäten der Unternehmen verstärkt, die in Periode E absolut wieder auf den Stand der Periode C zurückfallen.

[156] Da die Aktivtäten in Periode A mit zwei Publikationen sehr gering ist, werden die Ergebnisse erst ab Periode B dargestellt.

[157] Die einzelnen Perioden werden in Kapitel 3.2.1 abgegrenzt.

Innerhalb der Gruppe der wissenschaftlichen Akteure sind es in erster Linie **Forschungseinrichtungen**, die im betrachteten technologischen Feld der PEM-Brennstoffzelle publizieren und daher die treibende Kraft der Wissensgenese darstellen. Innerhalb der Forschungsinstitute lassen sich wiederum zwei Gruppen erkennen. Die Treiber der wissenschaftlichen Entwicklung sind hierbei vor allem die angewandten Forschungsinstitute, wie das Forschungszentrum Jülich GmbH oder das Deutsches Zentrum für Luft- und Raumfahrt, die jeweils in der Helmholtz-Gemeinschaft Deutscher Forschungszentren organisiert sind. Dazu gehören auch das Forschungszentrum Karlsruhe GmbH[158] und das GKSS Forschungszentrum Geesthacht GmbH[159]. Eine weitere Forschungseinrichtung mit stark angewandtem Fokus ist das Zentrum für Sonnenenergie- und Wasserstoff-Forschung, dass sich zur Aufgabe gemacht hat, die Ergebnisse der Grundlagenforschung unter angewandten Gesichtspunkten zu betrachten und so den Transfer der Technologie in die kommerzielle Weiterentwicklung zu ebnen (vgl. ZSW 2010). Fast über den gesamten Betrachtungszeitraum hinweg ist auch das Fraunhofer-Institut für Solare Energiesysteme als klassischer Vertreter der angewandten Forschung involviert. Im Gegensatz dazu sind die Forschungseinrichtungen, die als Vertreter der reinen Grundlagenforschung gelten, in Ranglisten der einzelnen Akteure durchweg hinter denen der angewandten Forschung anzutreffen, auch wenn die Aktivitäten der einzelnen Institute unter der Max-Planck-Gesellschaft subsummiert würden. Innerhalb der Gesellschaft ist es vor allem das Max-Planck-Institut für Dynamik komplexer technischer Systeme, das zwar Grundlagenforschung betreibt, dennoch aber auch eine Brückenfunktion ingenieurwissenschaftlicher Grundlagenforschung und industrieller Anwendung wahrnehmen will (vgl. MPI 2010).

[158] In dieser Periode noch eigenständig. Fusionierte am 01.10.2009 mit der Universität Karlsruhe (TH) zum Karlsruhe Institute of Technology (KIT).

[159] Siehe Tabelle 9 weiter unten.

	Forschungseinrichtungen				
	Periode A	Periode B	Periode C	Periode D	Periode E
Anzahl der Akteure in der Periode	---	4	10	10	23
Anzahl der Publikationen		10,00	21,00	32,75	63,00
Hirschman-Herfindahl-Index (HHI)		0,30	0,21	0,28	0,13

Tabelle 5: Anzahl und Aktivitäten der Forschungseinrichtungen sowie die Konzentration (Hirschman-Herfindahl-Index) innerhalb der Perioden

Wie auch schon Dosi (1982) feststellte, nimmt mit fortschreitender Entwicklung die Anzahl der beteiligten Akteure zu[160]. So nehmen über den Betrachtungszeitraum hinweg immer mehr Akteure an den Aktivitäten teil. Gleichzeitig sinkt die Konzentration innerhalb dieser Gruppen. Das kurzfristige Ansteigen der Konzentration in Periode D ist auf die außergewöhnlich starke Aktivität des Forschungszentrums Jülich GmbH zurückzuführen[161]. Insgesamt werden die Aktivitäten unter der steigenden Zahl der Akteure aber gleichmäßiger verteilt werden. Gerade in Periode E kommt es zu einem starken Anstieg der Anzahl der Forschungseinrichtungen. Die Festlegung der PEM-Brennstoffzelle als „Dominanten Designs“ motiviert die Akteure sich aktiv an der wissenschaftlichen Forschung zu beteiligen. Daneben bringt die Aussicht auf eine baldige Markteinführung mögliche Forschungsgelder der industriellen Akteure, aber auch der „öffentlichen Hand“. Neben diesen „Newcomern“ in Periode E gibt es allerdings eine Reihe von Forschungseinrichtungen, die über die über den gesamten Zeitraum aktiv sind. Dazu gehören das Forschungszentrum Jülich GmbH und das Deutsches Zentrum für Luft- und Raumfahrt. Das grundlagenorientierte Max-Planck-Institut für Dynamik komplexer technischer Systeme und das Max-Planck-Institut für Kohlenforschung sind konstant seit Beginn der Periode C involviert. Das konstante Engagement dieser Forschungseinrichtungen ist auf die hohen Investitionskosten in die Anlagen und Labore zurückzuführen, die eine Grundvorraussetzung für die wissenschaftliche Forschung innerhalb der komplexen PEM-Technologie darstellt. Deren Ziele scheinen daher eher langfristig orientiert und begründen eine gewisse Konstanz in den Aktivitäten. Alles in allem ist die Situation der Forschungseinrichtungen in Bezug auf die PEM-Technologie als nicht stabil zu sehen. So gibt es langfristig orientierte

[160] Siehe Tabelle 5.

[161] Siehe ebenfalls Tabelle 9 weiter unten.

Akteure, allerdings aufgrund der fortschreitenden Entwicklung der Technologie auch immer wieder neue Akteure.

Dabei bleiben innerhalb der Gruppe der wissenschaftlichen Akteure die **Universitäten** über den Betrachtungszeitraum hinter den Forschungseinrichtungen weit zurück, stellen aber immer noch einen wichtigen Teil der Aktivitäten. Nach den Forschungseinrichtungen bilden somit die Universitäten die zweite Säule der Wissensenstehung. Wie in Tabelle 10 ist bei den Universitäten dabei vor allem die Universität Stuttgart zu erwähnen, die bereits 1997 einen Sonderforschungsbereich für Brennstoffzellen eingerichtet hat, an der Wissenschaftler aus 10 verschiedenen Instituten der Universität sowie der DLR Stuttgart und den beiden Max-Planck Instituten für Festkörperforschung und für Metallforschung beteiligt sind. Als Aufgabe des Sonderforschungsbereichs wird neben der Grundlagenforschung auch die Ergänzung der vorhandenen anwendungsorientieren Entwicklungsarbeit der Industrie gesehen (vgl. UST 2010). So bleibt die Arbeit der Universitäten nicht auf die reine Grundlagenforschung beschränkt. Zusätzlich dazu engagieren sich Universitäten auch in Netzwerken oder unterstützen die Gründung von Forschungseinrichtungen. So ist die Universität Magdeburg (Institut für Elektrische Energiesysteme) zum Beispiel Mietglied im „Zulieferverbund PEM-Brennstoffzelleanlagen (ZUBRA+)“ und versorgt dadurch die industriellen Partner mit grundlagenorientierten Forschungsergebnissen mit dem Ziel, ein Zulieferverbund für PEM-Brennstoffzellen aufzubauen (vgl. ZUBRA 2010). Die Universität Duisburg-Essen, insbesondere das Institut für Elektrische Anlagen und Netze, ist Initiator und Mitbegründer des Zentrums für BrennstoffzellenTechnik (ZBT) in Duisburg. Diese Forschungseinrichtung stellt eine Brücke zwischen der universitären Grundlagenforschung und den Ansprüchen der Industrie hinsichtlich möglicher Anwendungen dar (vgl. ZBT 2010). Beachtenswert ist auch das steigende Engagement der Universität Ulm (Institut für Oberflächenchemie und Katalyse). In Periode C mit nur einer Publikation vertreten, sind es in Periode E bereits 4,8 Publikationen und somit die führende Position innerhalb der Universitäten. Die hohen Aktivitäten im Bereich der Brennstoffzellenforschung sind auf eine rege Teilnahme in verschiedenen Verbundprojekten zurückzuführen, insbesondere in der Katalysatorforschung. Alles in allem nimmt die Anzahl der involvierten Universitäten über die Perioden hinweg zu, wodurch gleichzeitig auch der Output der beteiligten Akteure steigt. Die Konzentration innerhalb der Perioden nimmt dadurch ab, wie folgende Tabelle 6 zeigt:

	Universitäten				
	Periode A	Periode B	Periode C	Periode D	Periode E
Anzahl der Akteure in der Periode	1	2	10	11	17
Anzahl der Publikationen	1,00	2,00	12,50	23,08	30,62
Hirschman-Herfindahl-Index (HHI)	1,00	0,50	0,15	0,11	0,10

Tabelle 6: Anzahl und Aktivitäten der Universitäten sowie deren Konzentration (Hirschman-Herfindahl-Index) innerhalb der Perioden

Als Motive für die ansteigenden Publikationen der Universitäten kann die Profilierung in der Forschungslandschaft der PEM-Brennstoffzellentechnologie gesehen werden. Die Motive sich zu engagieren, liegen darin begründet, die eigenen Kompetenzen zu demonstrieren. Ähnlich wie bei den Forschungseinrichtungen auch, scheint die Einigung auf die PEM-Technologie als ein „Dominantes Design" zu einer größeren Anzahl von Akteuren zu führen. Außerdem sind die Universitäten als klassische Vertreter der Grundlagenforschung, genauso wie die Forschungseinrichtungen auch, auf Forschungsgelder („Dritt-Mittel") angewiesen. So bietet das „Nationale Innovationsprogramm Wasserstoff- und Brennstoffzellentechnologie" (NIP) eine langfristige Finanzierungsquelle, indem es knapp 660 Millionen Euro für F&E-Aktivitäten bis 2015 garantiert. Insgesamt wird die Zunahme an Akteuren von der Verschiebung des Schwerpunktes der Förderung von der Wasserstoff- hin zu Brennstoffzellentechnologie begünstigt. Auch im Kontext des aktuellen europäischen Forschungsrahmenprogrammes FP7 sind bis 2013 470 Millionen Euro für Wasserstoff und Brennstoffzellentechnologie reserviert. So stehen für die Universitäten, aber auch für die Forschungseinrichtungen, Gelder in der Zukunftstechnologie der PEM-Brennstoffzellen zur Verfügung, die es gilt, im Hinblick auf die eigene Finanzierung zu nutzen.

Dennoch sind auch die industriellen Akteure (**Unternehmen**) aktiv, wenn auch auf einem weit geringerem Niveau als die wissenschaftlichen Akteure. Zu den aktivsten Unternehmen zählt die Siemens AG, die in den Perioden A bis D publiziert hat. Das Engagement der Siemens AG ist auf den Bau von U-Booten zurückzuführen, die mit einer PEM-Brennstoffzelle betrieben werden. Daneben ist auch die Daimler Benz AG zu nennen, die sich in den Perioden B bis D aktiv beteiligt. Zusätzlich dazu sind eine Reihe verschiedener Unternehmen zu beobachten, deren Aktivitäten sich allerdings auf einem sehr geringem Niveau bewegen und deren Auftreten in den einzelnen Perioden stark variiert.

	Unternehmen				
	Periode A	Periode B	Periode C	Periode D	Periode E
Anzahl der Akteure in der Periode	1	2	7	11	11
Anzahl der Publikationen	1,00	2,00	6,50	11,58	6,75
Hirschman-Herfindahl-Index (HHI)	1,00	0,50	0,16	0,22	0,12

Tabelle 7: Anzahl und Aktivitäten der Unternehmen sowie die Konzentration (Hirschman-Herfindahl-Index) innerhalb der Perioden

Wie Tabelle 7 zeigt, nimmt die Anzahl der Akteure bis Periode D immer weiter zu, was gleichzeitig zu einem höheren „Output" an der wissenschaftlichen Forschung der Unternehmen führt. Interessant ist, dass die Anzahl der Akteure von Periode D zu E stabil bleibt und deren Aktivitäten sogar rückläufig sind. Dies könnte darauf zurückzuführen sein, dass die Erwartungen, die an die Technologie gestellt wurden, bisher noch nicht erfüllt werden konnten. Da das Entwicklungsstadium der Technologie noch nicht ausreicht, die Investitionen in die Forschung durch etwaige Markterlöse zu decken, setzt bei den industriellen Akteuren Ernüchterung ein und die Unternehmen wenden sich von der Technologie wieder ab, was sich auch auf deren wissenschaftlichen „Output" auswirkt. Die Entwicklung der Konzentration innerhalb der Perioden, dargestellt durch den Hirschman-Herfindahl-Index, spiegelt diesen Trend wieder. Die Gründe für die Unternehmen, deren Interesse ja eigentlich in der Appropriierbarkeit im Hinblick auf eine spätere finanzielle Ausbeute des Wissens liegen sollte, sich an der wissenschaftlichen Forschung zu beteiligen und die Ergebnisse zu publizieren, sind verschieden. Die steigende Komplexität der

Technologien machen Kooperationen zwischen den Akteuren unausweichlich. Um das externe Wissen zu filtern, einzubeziehen und überhaupt anwenden zu können, ist es erforderlich, ein gewisses Maß an technologischem Verständnis vorzuhalten. Cohen und Levinthal (1990) nennen diesen Sachverhalt „absorptive capacity" (vgl. Cohen und Levinthal 1990, S.128). Auch Rosenberg (1989) weist darauf hin, dass industrielle Akteure eigene Aktivitäten im Bereich der wissenschaftlichen Forschung unternehmen, um das extern verfügbare Wissen zu adaptieren (vgl. Rosenberg 1989, S. 171). Daher sind auch die industriellen Akteure gefordert, in der wissenschaftlichen Forschung aktiv zu werden, da die Nutzung von explizitem Wissen auch immer ein Minimum an implizitem Wissen voraussetzt. Gleichzeitig signalisieren die Unternehmen durch ihre wissenschaftliche Forschung die Existenz von implizitem Wissen, um sich damit als Partner für wissenschaftliche Akteure in Position zubringen (vgl. Hicks 1995, S. 414ff). Desweiteren versprechen sich die industriellen Akteure einen zukünftigen „payoff" und investieren in wissenschaftliche Forschungsaktivitäten (vgl. Rosenberg 1989, S.173). Diese Aktivitäten der Unternehmen sind daher ein Indikator für ein längerfristiges, strategisches Engagement in diesem technologischen Bereich (vgl. Hicks 1995, S.404). Sie steigern dadurch in der „scientific community" (Hicks 1995, S.411) ihre Reputation und positionieren sich als mögliche Kooperationspartner (vgl. Hicks 1995, S.415, Schmoch 2003, S.373). Letztendlich zielt das inventive Verhalten der industriellen Akteure vor allem aber darauf ab, die Ergebnisse in Wettbewerbsvorteile umzusetzen (vgl. Schmoch et al. 2000, S.269).

Es lässt sich zusammenfassen, dass an der wissenschaftlichen Forschung verschiedene Akteursgruppen beteiligt sind. Zu den führenden Akteuren gehören die wissenschaftlichen Akteure, insbesondere die Forschungsinstitute, deren Aktivitäten über den Beobachtungszeitraum stetig zunehmen. Gleichzeitig ist innerhalb der Forschungseinrichtungen eine starke Tendenz zur Anwendungsorientierung festzustellen. Die Wissensproduktion innerhalb der Wissenschaft weist daher eine starke Anwendungsorientierung auf. Dies ist auch bei den Universitäten zu beobachten, dich sich zwar der Grundlagenforschung verschrieben haben, aber ihren Fokus auch auf anwendungsorientierte Fragestellung legen. Desweiteren sind Universitäten an der Gründung von Forschungszentren beteiligt und bringen ihr Wissen in innovative Netzwerke mit ein. Callon (1997) merkte an, dass akademische Akteure („academic institutions") eine Notwendigkeit der Grundlagenforschung darstellen (vgl. Callon 1997, S.12). Insgesamt verläuft die Entwicklung der wissenschaftlichen Akteure (Forschungseinrichtungen und Universitäten) nach demselben Muster ab. Die steigende Anzahl an Akteuren führt zu steigenden Aktivitäten und fallenden Konzentrationen. Betrachtet man die Situation der PEM-Brennstoffzellentechnologie scheint allerdings die Grundlagenforschung im Vergleich zur angewandten Forschung zu wenig ausgeprägt (vgl. Jochem 2009). So orientiert sich die Wissensproduktion der Grundlagenforschungen lediglich an einzelnen Aspekten der Technologie. Jochem (2009) identifiziert insbesondere Bedarf bei der Entwicklung von Brennstoffzellenstacks und empfiehlt die Fokussierung eher auf das gesamte System als auf einzelne Aspekte der Technologie. Trotz der allgemeinen Anwendungsorientierung der Technologie ziehen sich die Unternehmen zurück und reduzieren ihre Aktivitäten deutlich. So beschweren sich die Unternehmen laut Jochem (2009) immer noch über die aus deren Sicht nicht ausreichende Anwendungsorientierung der wissenschaftlichen Forschung (vgl. Jochem 2009, S.87). Über weitere Gründe kann man an dieser Stelle nur spekulieren. Es bleibt abzuwarten, ob sich die Unternehmen auch bei den Entwicklungsaktivtäten zurücknehmen. Der Rückgang in ihren Kernkompetenzen hätte dann natürlich auch Auswirklungen auf deren wissenschaftliche Forschung.

Im Sinne Callons (1997) zeigt die wissenschaftliche Forschung einen noch eher emergenten Charakter. Obwohl das in der Grundlagenforschung erzeugte Wissen eigentlich ein öffentliches Gut darstellen sollte, wird dessen Aneignung immer noch erschwert. So besteht das Wissen hier nicht nur aus Informationen und Daten, sondern auch aus Laboren und Instrumenten. Einer Replikation des Wissens bedarf es noch einer zusätzliche Replikation der dazu nötigen Labore, was aufgrund der hohen

Investitionskosten zum Ausschluss vieler Akteure führt. Die zur schnellen Entwicklung der Technologie dringend benötigte Generalisierung des Wissens ist daher noch sehr kostspielig. Gleichzeitig sind instabile Konfigurationen innerhalb der Akteursgruppen festzustellen, wie in Tabelle 8 zusehen:

	Anzahl Akteure	davon aktiv in ... Perioden			
		1	2	3	4
Forschungseinrichtungen	27	59,3%	14,8%	18,5%	7,4%
Universitäten	23	47,8%	26,1%	21,7%	4,3%
Unternehmen	23	73,9%	17,4%	4,3%	4,3%

Tabelle 8: Anteil der Akteure, die in der Wissenschaft über mehrere Perioden aktiv sind[162]

So überwiegt der Anteil der Akteure, die lediglich nur in einer Periode aktiv sind. Unbeachtet der Einigung auf ein „Dominantes Design" scheinen die hohen Investitionskosten und die noch fehlenden Marktaussichten viele Akteure von einem längerfristigen Engagement in der wissenschaftlichen Forschung abzuschrecken. Dennoch sind auch Akteure zu identifizieren, die bereits über einen längerfristigen Zeitraum von drei oder vier Perioden aktiv sind und stabilisierende Effekte auf die Struktur der wissenschaftlichen Forschung ausüben.

[162] So sind zum Beispiel 14,8% aller beteiligten Forschungseinrichtungen in zwei Perioden und 4,3% der Unternehmen in vier Perioden aktiv.

Periode A		Periode B		Periode C	
Akteur	Aktivität	Akteur	Publikationen	Akteur	Publikationen
keine Publikationen		Deutsches Zentrum für Luft- und Raumfahrt	4,0	Forschungszentrum Jülich GmbH	7,2
		Forschungszentrum Jülich GmbH	3,0	Deutsches Zentrum für Luft- und Raumfahrt	5,5
		Forschungszentrum Karlsruhe GmbH	1,0	Zentrum für Sonnenenergie- und Wasserstoff-Forschung	2,5
		Fraunhofer-Institut für Solare Energiesysteme	2,0	Max-Planck-Institut für Dynamik komplexer technischer Systeme	1,5
				Max-Planck-Institut für Festkörperforschung	1,0
				Urban-Verlag GmbH	1,0
				Fraunhofer-Institut für Solare Energiesysteme	1,0
				Forschungszentrum Karlsruhe GmbH	0,5
				Max-Planck-Institut für Kohlenforschung	0,5
				SWB Solar Wasserstoff Bayern GmbH	0,3

Periode D		Periode E	
Akteur	Publikationen	Akteur	Publikationen
Forschungszentrum Jülich GmbH	14,8	Forschungszentrum Jülich GmbH	15,6
Deutsches Zentrum für Luft- und Raumfahrt	7,7	Fraunhofer-Institut für Solare Energiesysteme	10,7
Zentrum für Sonnenenergie- und Wasserstoff-Forschung	2,8	Deutsches Zentrum für Luft- und Raumfahrt	10,7
Hahn-Meitner Institut, Berlin	2,3	Zentrum für Sonnenenergie- und Wasserstoff-Forschung	3,3
Max-Planck-Institut für Dynamik komplexer technischer Systeme	1,3	Leibniz-Institut für Polymerforschung Dresden e. V	2,8
European Aeronautic Defence and Space Company	1,0	Zentrum für BrennstoffzellenTechnik	2,5
GKSS Forschungszentrum Geesthacht GmbH	1,0	GKSS Forschungszentrum Geesthacht GmbH	1,5
Max-Planck-Institut für Kohlenforschung	1,0	Fraunhofer-Institut für Zuverlässigkeit und Mikrointegration	1,5
Bayerisches Zentrum für Angewandte Energieforschung e.V.	0,5	Institut für Mikrotechnik Mainz GmbH	1,5
Institut für Angewandte Chemie	0,3	Max-Planck-Institut für Dynamik komplexer technischer Systeme	1,5

Tabelle 9: Forschungseinrichtungen – Top-10 Akteure in der wissenschaftlichen Forschung

Periode A		Periode B		Periode C	
Akteur	Publikationen	Akteur	Publikationen	Akteur	Publikationen
Carl von Ossietzky Universität Oldenburg	1,0	Universität Bonn	1,0	Universität Stuttgart	3,5
		Universität Stuttgart	1,0	Technische Universität Darmstadt	2,0
				Universität Bonn	1,5
				Technische Universität München	1,2
				Technische Universität Clausthal	1,0
				Universität Duisburg-Essen	1,0
				Universität Ulm	1,0
				Universität der Bundeswehr München	0,5
				Universität Erlangen-Nürnberg	0,5
				Fachhochschule Mannheim	0,3

Periode D		Periode E	
Akteur	Publikationen	Akteur	Publikationen
Technische Universität München	3,3	Universität Ulm	4,8
Technische Universität Clausthal	3,0	Universität Magdeburg	4,5
Universität Duisburg-Essen	3,0	Universität Stuttgart	4,3
Universität Ulm	3,0	Universität Duisburg-Essen	2,5
Universität Stuttgart	2,5	Rheinisch-Westfälische Technische Hochschule Aachen	2,1
Universität Würzburg	2,5	Universität Hamburg	2,0
Technische Universität Darmstadt	1,5	Technische Universität München	1,9
Universität Magdeburg	1,3	Technische Universität Darmstadt	1,8
Universität Karlsruhe (TH)	1,0	Universität Freiburg	1,3
Universität Mannheim	1,0	Technische Universität Clausthal	1,0

Tabelle 10: Universitäten – Top-10 Akteure in der wissenschaftlichen Forschung

Periode A		Periode B		Periode C	
Akteur	Publikationen	Akteur	Publikationen	Akteur	Publikationen
Siemens AG	1,0	Daimler Benz AG	1,0	Siemens AG	1,5
		Siemens AG	1,0	Daimler Benz AG	1,0
				Degussa GmbH	1,0
				GfE Met & Mat GmbH	1,0
				IKL Ingenieurkontor Lübeck GmbH	1,0
				Adam Opel AG	0,5
				SGL Carbon AG	0,5

Periode D		Periode E	
Akteur	Publikationen	Akteur	Publikationen
Siemens AG	4,8	Adam Opel AG	1,5
Howaldtswerke - Deutsche Werft GmbH	1,5	Bewag AG	1,0
Bewag AG	1,0	Schunk Kohlenstofftechnik GmbH	1,0
Creavis GmbH	1,0	Betwenn Lizenz GmbH	0,5
Zahner-Elektrik GmbH & Co. KG	0,7	Heliocentris Energiesysteme GmbH	0,5
Daimler Benz AG	0,5	Sartorius AG	0,5
Gesellschaft für funktionelle Membranen und Anlagentechnik mbH	0,5	SGL Carbon AG	0,5
IKL Ingenieurkontor Lübeck GmbH	0,5	Mess-Tech GmbH & Co. KG	0,3
Novars GmbH	0,5	Polymat AG	0,3
Wiley-VCH Verlag GmbH & Co. KGaA	0,3	Wacker Chemie AG	0,3

Tabelle 11: Unternehmen –Top-10 Akteure in der wissenschaftlichen Forschung

5.2.Akteursstruktur der angewandten Forschung und der Entwicklung

Genau wie die Aktivitäten der wissenschaftlichen Forschung auch, werden die technologischen Aktivitäten, die durch die angewandte Forschung und die (experimentelle) Entwicklung geprägt sind, von verschiedenen Akteuren getragen. Im Unterschied zur wissenschaftlichen Forschung, zu der auch die angewandte Forschung zählt, wird hier auf ein konkretes Ergebnis und auf dessen Umsetzung abgezielt. Wie bei der Hypothesengenerierung vermutet wurde[163], wird diese Art der F&E-Tätigkeiten vor allem durch industrielle Akteure geprägt:

Hypothese 3: Die angewandte Forschung und die Entwicklung werden vor allem durch Unternehmen getragen.

Auch zur Beantwortung der Hypothese 3 werden die Akteure gruppiert und gegenübergestellt. Zusätzlich zu den wissenschaftlichen und industriellen Akteuren werden auch Private Akteure berücksichtigt. Grundsätzlich beruhen die Ergebnisse dieses Kapitels auf der in dieser Arbeit durchgeführten Patentanalyse. Patente als ein gewerbliches Schutzrecht dienen als ein Indikator für technologische Aktivitäten und unterstellen dem Anmelder ein wirtschaftliches Interesse. Zur Beantwortung der Hypothese werden die Ergebnisse dieser Analyse in der folgenden Abbildung 37 dargestellt:

[163] Siehe Kapitel 3.1.

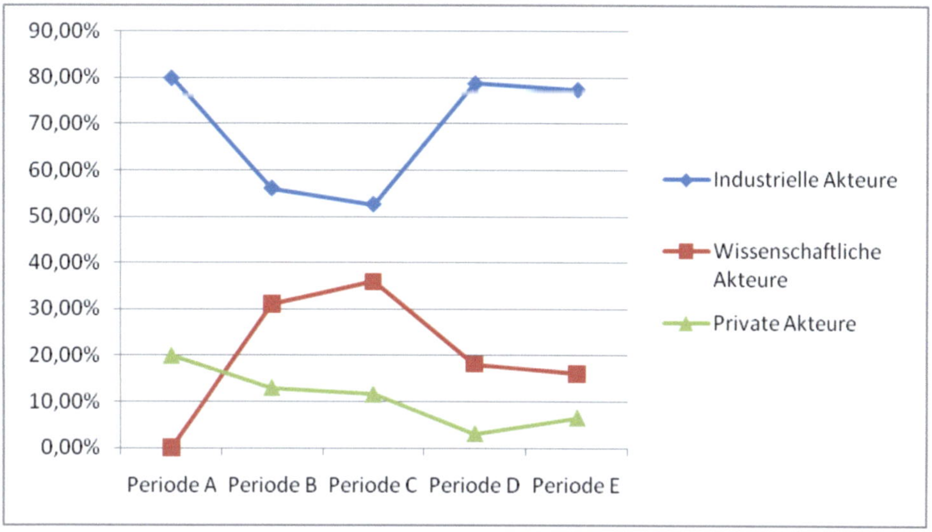

Abbildung 37: Relativer Anteil an den Patentanmeldungen[164] der einzelnen Organisationstypen gruppiert nach wissenschaftlichen, industriellen und privaten Akteuren

Somit kann Hypothese 3 bestätigt werden. Wie die Abbildung 37 verdeutlicht, sind es vor allem industrielle Akteure, die die zielorientierte angewandte Forschung und die Entwicklung durch ihre Aktivitäten voran treiben und somit die technologischen Aktivitäten des Innovationsprozesses dominieren. Die Anteile der industriellen Akteure und der wissenschaftlichen Akteure nähern zwischen Periode A und C stetig an. In Periode D kommt es zu einem starken Anstieg der Aktivitäten der industriellen Akteure, so dass deren Anteil auf knapp 80% wächst und sie diesen auch in Periode E behaupten können. Gleichzeitig verringert sich dadurch der relative Anteil der wissenschaftlichen Akteure. Der Anteil der privaten Akteure fällt über den gesamten Beobachtungszeitraum ab und steigt leicht in Periode E. Um die Verläufe der relativen Anteile der Patentaktivitäten (in Abbildung 37) besser interpretieren zu können, zeigt die folgende Abbildung 38 die Entwicklung der absoluten Aktivitäten:

[164] Eine ähnliche Verteilung der Aktivitäten ist bei allen Patentanmeldungen am DPMA zu verzeichnen. So lag dort der Anteil der industriellen Akteure im Jahr 2000 (hier Periode D) bei 75,0%, der Anteil der wissenschaftlichen Akteure lag bei 4,0% und der der natürlichen Personen bei 21,0% (vgl. DPMA 2006, S.28). Im Vergleich dazu ist hier der Anteil wissenschaftlichen Akteure wesentlich höher, was darauf zurückzuführen sein könnte, dass es sich bei der PEM-Technologie um eine forschungsintensive Technologie handelt.

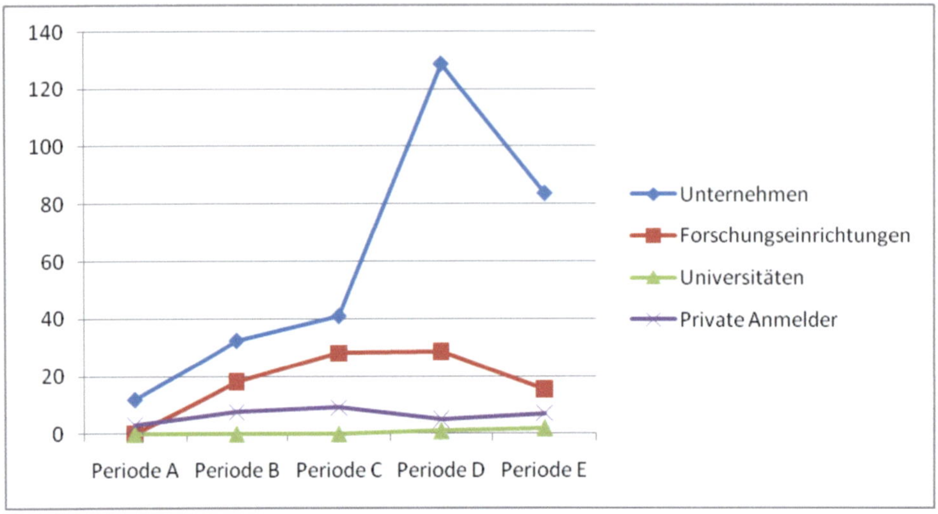

Abbildung 38: Absolute Patentaktivitäten der einzelnen Organisationstypen gruppiert nach wissenschaftlichen, industriellen und privaten Akteuren

Der Verlauf der absoluten Aktivitäten der **Unternehmen** zeigt von Periode C nach D einen starken Anstieg. So verdreifacht sich der „Output" der industriellen Akteure von 41 auf 127,5 Patente. Dieser starke Anstieg ist einmal mit der zunehmenden Anzahl von Akteuren zu erklären, die sich in dieser Zeit mehr als verdoppelt[165]. Gleichzeitig intensivieren die bereits involvierten Akteure ihr Engagement. So fällt besonders der starke Anstieg der Daimler Benz AG auf, die von vier Patenten in Periode C auf 21 Patente in Periode D anwachsen und somit in dieser Periode den ersten Platz belegen und diesen auch in der letzten hier beobachteten Periode halten[166]. Diese starke Position als Treiber der Wissensentstehung im Bereich der angewandten Forschung und der Entwicklung ist nicht verwunderlich. So ist es gerade die Daimler Benz AG, die seit 1994 immer wieder Prototypen mit PEM-Technologie in der NECAR Reihe vorstellen. Höhepunkt dieser Entwicklungsreihe war das Jahr 2000, in dem gleich zwei neue Prototypen[167] vorgestellt wurden. Dies könnte den Anstieg der Aktivitäten von Periode C nach D erklären. Insgesamt ist die Daimler Benz AG in vielen Entwicklungsprojekten der Brennstoffzellentechnologie aktiv und unterhält

[165] Siehe dazu Tabelle 12 weiter unten.
[166] Siehe Tabelle 18 weiter unten.
[167] Diese Prototypen waren der NECAR4a auf Basis der A-Klasse, der im Rahmen des California Fuel Cell Partnership in Kalifornien getestet wurde und der NECAR5, der im Vergleich zu NECAR4a einen Methanol-Reformer benötigte. Siehe dazu auch die Diskussion in Kapitel 4.2.1.

seit langem strategische Allianzen, u.a. zum kanadischen Brennstoffzellenherstellers Ballard Power Systems Inc., dessen Brennstoffzellensparte für Automobile 2007 zusammen mit dem US-Hersteller Ford Motor Co übernommen wurde. Abgesehen von der Daimler Benz AG sind auch andere Automobilhersteller über den Beobachtungszeitraum zunehmend vertreten. In Periode C treten das erste Mal auch die BMW AG und die Volkswagen AG auf, wenn auch jeweils mit nur einem Patent. Die BMW AG etabliert sich mit der Zeit und ist in den Perioden D und E unter den Top-10 zu finden, ebenso die Volkswagen AG, die ebenfalls Ihre Anstrengungen weiter intensiviert. Interessant ist zu beobachten, dass im Gegensatz dazu die Adam Opel AG (Periode C) und die Audi AG (Periode E) lediglich in nur einer Periode aktiv sind. Die Automobilhersteller sind Systemintegratoren, die zugekaufte Brennstoffzellen in ihren Produkten, den Brennstoffzellenfahrzeugen, verwenden. Neben diesen Integratoren sind weitere Akteure an der Wissensentstehung beteiligt. Dazu gehören die Hersteller, die komplette Brennstoffzellen fertigen. Der mit Abstand aktivste Hersteller ist die Siemens AG, die bereits als starker Akteure in der wissenschaftlichen Forschung identifiziert wurde. So entwickelt die Siemens AG im mobilen Bereich der PEM-Brennstoffzellen für Busse und U-Boote. Daneben ist auch die MTU Friedrichshafen GmbH zu nennen, die ebenfalls über den gesamten Beobachtungszeitraum aktiv ist. Weitere technologisch relevante Akteure sind die Komponentenhersteller, die einzelne Bestandteile der Brennstoffzelle wie die „Membran Elektroden Einheit“ oder die „Gasdiffusionsschichten“ herstellen und diese an die Hersteller liefern. Dazu gehören die ElringKlinger AG, die Behr GmbH & Co. KG sowie die Emitec GmbH und die Webasto AG.

	Unternehmen				
	Periode A	Periode B	Periode C	Periode D	Periode E
Anzahl der Akteure in der Periode	6	6	17	38	28
Anzahl der Patente	12,00	32,50	41,00	128,50	83,67
Hirschman-Herfindahl-Index (HHI)	0,26	0,32	0,17	0,08	0,10

Tabelle 12: Anzahl und Aktivitäten der Unternehmen sowie die Konzentration (Hirschman-Herfindahl-Index) innerhalb der Perioden

Grundsätzlich stellt der Schutz des Wissens für die industriellen Akteure eine Möglichkeit zur Refinanzierung Ihre Aufwendungen für die F&E-Aktivitäten dar. Schumpeter (1911) spricht in diesem Zusammenhang auch von Quasi-Renten und von Vorsprungsgewinnen durch innovative Tätigkeiten. Obwohl die Technologie noch keine Marktreife erlangt hat und noch nicht am Markt eingeführt wurde, und somit die Refinanzierung der Investitionen in Forschungs- und Entwicklungsarbeit nicht gesichert ist, beteiligen sich die Akteure an der angewandten Forschung und der Entwicklung und sichern sich so ihre Ausgangsposition ab (vgl. Schmoch 2003, S.174). Auch Mazzeloni und Nelson (1998) zeigen, dass Patente bereits im frühen Stadium der Technologie angemeldet werden. Im Falle eines potentiellen technologischen Erfolges am Markt wird so der „economic reward“ (Mazzeloni und Nelson 1998, S.277) gesichert. Die Aussicht auf (wenn auch erst) spätere Gewinne treibt die industriellen Akteure an. Die erfolgte Festlegung auf ein Dominantes Design erleichtert den (neuen) Akteuren dabei den Einstieg.

Neben den industriellen Akteuren sind auch die wissenschaftlichen Akteure (Universitäten und Forschungseinrichtungen) vertreten, für die Patentierung eine Möglichkeit darstellt, durch die exklusiven Nutzungsrechte Lizenzeinnahmen zu generieren, die zum Beispiel im Falle US-amerikanischer Universitäten nicht gerade unerheblich sind (vgl. Schmoch 2000, S.96). Zusätzlich kann für die Ergebnisse eine faktische Umsetzung erreicht werden, indem der verwertende industrielle Partner per Lizenz zur exklusiven Nutzung des Wissens berechtigt wird. So kann an dieser Stelle die Absicht der kommerziellen Ausbeute des produzierten Wissens unterstellt werden. Neben der Nutzung von Fördermitteln stellt die Lizenzierung für wissenschaftliche Akteure eine weitere Quelle der Finanzierung dar, indem deren Ergebnisse der wissenschaftlichen Forschung in der technologischen Entwicklung fortgeführt und als Patent angemeldet werden. Gleichzeitig deuten Patentaktivitäten von wissenschaftlichen Akteuren auf eine enge Verbindung von wissenschaftlichen und industriellen Laboren hin (vgl. Schmoch 1997,S. 104).

Innerhalb der wissenschaftlichen Akteure sind es ausschließlich die **Forschungseinrichtungen**, die die Wissensproduktion antreiben (siehe Abbildung 38). So steigen die Aktivitäten in den Perioden B bis D stetig an, fallen dann aber ähnlich wie bei den industriellen Akteuren in Periode E um die Hälfte wieder ab. Die Anzahl der involvierten Forschungseinrichtungen bleibt über den gesamten Zeitraum sehr übersichtlich. Innerhalb der Akteure herrscht durchweg eine hohe Konzentration, wie aus folgender Tabelle 13 zuerkennen ist:

	Forschungseinrichtungen				
	Periode A	Periode B	Periode C	Periode D	Periode E
Anzahl der Akteure in der Periode	keine Aktivitäten	3	5	4	6
Anzahl der Patente		18,00	28,00	28,50	15,33
Hirschman-Herfindahl-Index (HHI)		0,57	0,50	0,43	0,29

Tabelle 13: Anzahl und Aktivitäten der Forschungseinrichtungen sowie die Konzentration (Hirschman-Herfindahl-Index) innerhalb der Perioden

Die hohe Konzentration resultiert aus der vorherrschenden Stellung der Forschungszentrum Jülich GmbH, die durch Ihre Aktivitäten jede Periode anführt[168]. Insgesamt sind es die angewandt orientierten Forschungsinstitute der wissenschaftlichen Forschung, die ihr produziertes Wissen zum Patentschutz anmelden. So bilden diese Akteure an dieser Stelle ein Bindeglied zwischen der wissenschaftlichen Forschung und der marktorientierten Entwicklung der PEM-Technologie. Die Ergebnisse der angewandten wissenschaftlichen Forschung werden dadurch weiter aus der rein wissenschaftlichen Betrachtung herausgeführt und in Richtung konkreter Entwicklung gelenkt. Die angesprochenen Forschungseinrichtungen geben so den industriellen Akteuren die Möglichkeit, das den Patenten zugrundeliegende Wissen nach der vorgeschriebenen Offenlegung zu nutzen und dadurch die Entwicklung weiter zu führen. Die Verwertung der angewandt orientierten wissenschaftlichen Akteure erfolgt also nicht nur in Publikationen, sondern wird auch weitergehend in Patenten festgehalten.

Universitäten sind lediglich in den Perioden D (Universität Stuttgart, 1 Patent) und E (Technische Universität Braunschweig und Universität Bremen, jeweils 1 Patent) ver-

[168] Siehe Tabelle 19 weiter unten.

treten und spielen so bei der angewandten Forschung und der Entwicklung eine untergeordnete Rolle. Dies könnte auf die ausgeprägte Grundlagenorientierung dieser Akteure zurückzuführen sein. Allerdings wurden Patente von Universitäten durch das bis 2002 geltende Hochschullehrerprivileg stark erschwert. Bis dahin konnten Hochschulbeschäftigte über ihre Erfindungen, die in ihrem universitären Umfeld entstanden sind, frei verfügen. So wurden die Erfindungen von den Mitarbeitern (Professoren) selbst angemeldet, aufgrund der finanziellen Aufwendungen für den Anmeldevorgang häufig in Kooperation mit industriellen Partnern. Die Universität selber konnte nie selber Patente anmelden und somit auch nicht als Eigentümer der Patente auftreten. Da bis dahin der finanzielle Anreiz für Universitäten nicht gegeben war, bestand außerdem kein großes Interesse an der Patentierung der Ergebnisse. Mit Wegfall dieses Privilegs für Hochschulbeschäftige in Deutschland müssen die Erfindungen nun der Hochschule gemeldet werden, die dann darüber entscheidet, wer die Rechte in Anspruch nehmen darf (vgl. Schmoch 2007b, S.1ff). Mit dem Wegfall des Hochschullehrerprivilegs wurden in Deutschland Patent- und Verwertungsagenturen (PVA) eingeführt, die die Patentierung aus den Hochschulen heraus erleichtern und finanziell unterstützen sollen (vgl. Schmoch et al. 2000, S.97). Trotz dieser Entwicklung sind Patentanmeldungen von Universitäten im Bereich der PEM-Technologie (noch) nicht ausschlaggebend.

Wie bereits in Abbildung 38 gesehen, sind auch die **Privaten Anmelder,** neben den industriellen und den wissenschaftlichen Akteuren, an der Wissensproduktion beteiligt. Beim relativen Anteil im Hinblick auf die organisationelle Zusammensetzung nehmen die privaten Anmelder hinter den anderen beteiligten Akteuren aber den letzten Platz ein. Die Anzahl der privaten Anmelder steigt von Periode A bis Periode D von sechs auf elf an, fällt dann aber wieder auf sieben Akteure zurück, wie die folgende Tabelle 14 zeigt. Die Anzahl der Patente, sowie die Konzentration bleiben über den Betrachtungszeitraum weitestgehend unverändert.

	Private Anmelder				
	Periode A	Periode B	Periode C	Periode D	Periode E
Anzahl der Akteure in der Periode	6	8	11	11	7
Anzahl der Patente	3,00	7,50	9,00	5,00	7,00
Hirschman-Herfindahl-Index (HHI)	0,17	0,15	0,11	0,17	0,17

Tabelle 14: Anzahl und Aktivitäten der Privaten Anmelder sowie die Konzentration (Hirschman-Herfindahl-Index) innerhalb der Perioden

Die Frage, die es an dieser Stelle zu klären gilt, bezieht sich auf die Motivation und die Zugehörigkeit der Privaten Anmelder, um besser einschätzen zu können, welche Rolle sie bei der Wissensgenese der PEM-Technologie spielen. Es sind verschiedene Konstellationen möglich: Wie bereits oben in der Diskussion zu den Universitäten gesehen, können die Privatpersonen Beschäftigte der Universitäten sein. Die Universität ist an einer Nutzung und Verwertung der Erfindung nicht interessiert und ermöglicht so den Beschäftigten eine Private Anmeldung. Daneben könnten die Privaten Anmelder auch Mitarbeiter von Unternehmen sein, die mit als Anmelder eingetragen werden. Diese Vorgehensweise ist allerdings in Deutschland nicht sehr verbreitet. Außerdem könnte es sich bei den identifizierten Privaten Anmeldern um „tüftelnde Garagenerfinder“ handeln. Tritt eine Privatperson als Anmelder auf, ist dessen Herkunft demnach nicht direkt feststellbar. Um dieser Frage auf den Grund zu gehen, gibt es verschiedene Ansätze. So kann die Zugehörigkeit der Privatperson über den in der Patentdatenbank eingetragen Professorentitel hergestellt werden. In diesem Falle handelt es sich um einen Universitätsbeschäftigten oder Hochschullehrer. Da die in dieser Arbeit verwendete Patentdatenbank Patstat aber keine Titel der Personen (weder Anmelder noch Erfinder) vorhält, wird weiter versucht, die privaten Akteure mit Hilfe der Literaturdatenbank SCOPUS[169] als Beschäftigte einer Universität (Wissenschaft) oder eines Unternehmens (Industrie) zu identifizieren. Die Idee, die hinter dieser Vorgehensweise steckt, ist der Versuch über den Namen des privaten Anmelders einen wissenschaftlichen oder industriellen Bezug herstellen. Wenn der private Anmelder in gleichem Zeitraum[170] auch publiziert, kann so dessen Herkunft

[169] SCOPUS ist eine sehr umfangreiche Datenbank für wissenschaftliche Journalbeiträge. Abfrage vom 25.07.2010.

[170] Die Perioden wurden jeweils um ein Jahr verlängert, um so Publikationen möglicher Hochschulbeschäftigter noch zu berücksichtigen.

geklärt werden, da in dieser Datenbank auch dessen zugehörige Organisation eingetragen ist. Beide Vorgehensweisen wurden auf die Ergebnisse der Patentanalyse der PEM-Technologie angewendet. So konnten von insgesamt 34 privaten Anmeldern nur 6 identifiziert werden. Jeweils drei konnten wissenschaftlichen Akteuren und industriellen Akteuren zugeordnet werden. Zu den restlichen 28 Akteuren kann keine Aussage getroffen werden.

Zusammenfassend lässt sich feststellen, dass auch die angewandte Forschung und die Entwicklung von verschiedenen Akteuren getragen werden. Die Wissensproduktion für die technologische Entwicklung wird durch die industriellen Akteure dominiert. Innerhalb der wissenschaftlichen Akteure, sind vor allem die Forschungseinrichtungen relevant. Universitäten spielen fast keine Rolle und konzentrieren sich auf die Produktion von grundlagenorientiertem Wissen, das vorrangig publiziert wird. Private Anmelder, deren Herkunft nicht genau geklärt werden kann, sind über den gesamten Betrachtungszeitraum aktiv, wenn auch auf einem recht niedrigem Niveau. Der bereits festgestellte Rückgang der Patentaktivitäten ist vor allem auf den Rückzug der Unternehmen und der Forschungsrichtungen zurückzuführen.

Dabei bleibt festzuhalten, dass innerhalb der Unternehmen die Aktivitäten der Automobilhersteller als Systemintegratoren konstant bleiben und sogar noch ausgebaut werden. Sie sind nicht für den Rückgang verantwortlich. Gerade die Daimler Benz AG und zunehmend auch die BMW AG setzten unbeirrt die Entwicklung der PEM-Technologie fort. Die Ernüchterung setzt demnach weniger bei den Systemintegratoren als bei den Herstellern der PEM-Brennstoffzelle und deren Komponenten ein. So haben sich zum einen die Anstrengungen der Siemens AG von Periode D nach E halbiert. Auch die Aktivitäten MTU Friedrichshafen GmbH hat in diesem Zeitraum stark nachgelassen. Es scheint, als würden die Automobilhersteller tatsächlich an eine zügige Markteinführung glauben, die Hersteller und Fertiger von Komponenten scheinen dies noch nicht so zu sehen und reduzieren Ihre Anstrengungen. Dennoch sind unter den Top-10 Akteuren der einzelnen Perioden neben den Integratoren, immer auch Hersteller und Komponenten-Hersteller vertreten. Insgesamt deuten die fallenden Patentanmeldungen der Unternehmen auf eine große Verunsicherung innerhalb der Akteure hin. So scheinen gerade die Hersteller und Fertiger von Komponenten zwar von der technologischen Machbarkeit überzeugt, die fehlenden Absätze der Systemintegratoren (also der Automobilhersteller) scheint aber ein langfristiges, intensives Interesse dieser Akteure aufgrund der Verunsicherung noch zu verhindern. Die Frage, ob dies auf eine Hinwendung zum batteriebetrieben Elektroauto hindeutend, sei an dieser Stelle dahingestellt[171].

Die Patentierung von F&E-Aktivitäten ist für die Forschungseinrichtungen eine Möglichkeit Einnahmen aus vergebenen Lizenzen durch exklusive Nutzungsrechte für industrielle Akteure zu generieren. Die Forschungseinrichtungen übernehmen dadurch gleichzeitig eine wichtige Funktion des Wissenstransfers. Durch Offenlegung der Patentanmeldung können interessierte industrielle Akteure auf das Wissen zurückgreifen und dies weiterentwickeln. Interessanterweise sind gerade die Forschungseinrichtungen vertreten, die sich auch aktiv an der wissenschaftlichen Forschung beteiligen. So wird das wissenschaftliche Wissen durch diese Akteure in Richtung Anwendung weiterentwickelt und den industriellen Akteuren durch den den Patenten inhärenten Wissenstransfer zur Verfügung gestellt. Durch die sich der Patentierung anschließende Möglichkeit der Lizensierung ergibt sich für die industriellen Akteure die Möglichkeit, dieses Wissen auch exklusiv zu nutzen und in Ihren Produkten zu verwenden.

Im Gegensatz zu den Forschungseinrichtungen sind Universitäten nur marginal an der Wissensproduktion im Bereich der zielorientierten angewandten Forschung und der Entwicklung beteiligt. Die Gründe dafür sind nicht eindeutig zu klären, könnten jedoch an das Hochschullehrergesetz geknüpft sein. So kommt es nach dessen Wegfall 2002 in Periode E immerhin schon zu zwei Patentanmeldungen. Gerade der

[171] Dieser Frage kann im Rahmen dieser Arbeit nicht nachgegangen werden und bietet daher Raum für weitere Untersuchungen.

finanzielle Anreiz sollte die Universitäten motivieren, sich in Zukunft verstärkt an der Wissensproduktion zu beteiligen und die anwendungsorientierten Erkenntnisse auch patentieren zu lassen.

Als dritte Gruppe der Akteure sind die privaten Anmelder zu nennen, deren Herkunft nicht eindeutig geklärt werden konnte. Dennoch haben auch sie Anteil an der Wissensproduktion und konnten in Ausnahmefällen entweder dem wissenschaftlichen oder dem industriellen Bereich zugeordnet werden.

Grundsätzlich ist auch bei der angewandten Forschung und der Entwicklung der PEM-Brennstoffzellentechnologie eine instabile Konfiguration der Akteure zu beobachten, was auf einen emergenten Status nach Callon (1997) hinweist. So ist der überwiegende Teil der involvierten Akteure lediglich in nur einer Periode aktiv, wie in Tabelle 15 zu sehen. Dies weist auf eine große Unsicherheit bezüglich der weiteren technologischen Entwicklung hin. Wie oben schon angedeutet, sind durchaus aber auch stabilisierende Tendenzen durch längerfristige Aktivitäten der Unternehmen festzustellen. So gibt es bei den industriellen Akteuren Unternehmen (Integratoren und Hersteller) die bereits über den gesamten Beobachtungsreitraum aktiv sind. Auch bei den Forschungsrichtungen sind bei der Akteursstruktur stabilisierende Elemente zu beobachten. So hat die Struktur insgesamt noch sehr emergenten Charakter, die Kontinuität einzelner Akteure gibt der Zusammensetzung aber bereits eine gewisse Stabilität.

	Anzahl Akteure	davon aktiv in ... Perioden				
		1	2	3	4	5
Unternehmen	61	65,6%	21,3%	8,2%	1,6%	3,3%
Forschungseinrichtungen	9	55,6%	11,1%	11,1%	22,2%	22,2%
Universitäten	3	100,0%	0,0%	0,0%	0,0%	0,0%
Private Anmelder	34	85,3%	8,8%	5,9%	0,0%	0,0%

Tabelle 15: Anteil der Akteure, die in der Technologie über mehrere Perioden aktiv sind[172]

[172] So sind z.B. 1,6% der Unternehmen über 4 Perioden aktiv.

Periode A		Periode B		Periode C		Periode D		Periode E	
Akteur	Patente	Akteur	Patente	Akteur	Patente	Akteur	Patente	Akteur	Patente
Siemens AG	5,0	Siemens AG	16,0	Siemens AG	15,0	Daimler Benz AG	21,00	Daimler Benz AG	19,00
ABB Patent GmbH	3,0	MTU Friedrichshafen GmbH	8,0	Daimler Benz AG	4,0	Siemens AG	20,50	Siemens AG	10,00
AEG Energietechnik GmbH	1,0	AEG Energietechnik GmbH	4,0	Emitec GmbH	4,0	MTU Friedrichshafen GmbH	10,00	ElringKlinger AG	8,50
MTU Friedrichshafen GmbH	1,0	Daimler Benz AG	2,0	MTU Friedrichshafen GmbH	3,0	Celanese Ventures GmbH	8,00	BMW AG	8,33
Solentec GmbH	1,0	Dornier GmbH	1,5	Vaillant GmbH	2,0	ElringKlinger AG	7,50	Behr GmbH & Co. KG	4,00
Varta AG	1,0	Licentia Patent-Verwaltungs-GmbH	1,0	Xcellsis GmbH	2,0	BMW AG	6,00	Celanese Ventures GmbH	4,00
				Adam Opel AG	1,0	Emitec GmbH	5,00	P 21 - Power for the 21st Century GmbH	4,00
				AEG Energietechnik GmbH	1,0	Reinz-Dichtungs-GmbH & Co. KG	4,00	Volkswagen AG	4,00
				Areva Energietechnik GmbH	1,0	Airbus Deutschland GmbH	3,00	Webasto AG	4,00

Tabelle 16: Unternehmen –Top-10 Akteure der Entwicklung

Periode A	Periode B		Periode C		Periode D		Periode E	
	Akteur	Patente	Akteur	Patente	Akteur	Patente	Akteur	Patente
keine Patente	Forschungszentrum Jülich GmbH	13,00	Forschungszentrum Jülich GmbH	19,00	Forschungszentrum Jülich GmbH	17,00	Forschungszentrum Jülich GmbH	7,00
	Fraunhofer-Gesellschaft e.V.	4,00	Fraunhofer-Gesellschaft e.V.	5,00	Deutsches Zentrum für Luft- und Raumfahrt	5,50	Deutsches Zentrum für Luft- und Raumfahrt	3,33
	Zentrum für Sonnenenergie- und Wasserstoff-Forschung	1,00	Zentrum für Sonnenenergie- und Wasserstoff-Forschung	2,00	Fraunhofer-Gesellschaft e.V.	5,00	Fraunhofer-Gesellschaft e.V.	2,00
			Bayerisches Zentrum für Angewandte Energieforschung e.V.	1,00	Gesellschaft für angewandte Technik mbH	1,00	Clausthaler Umwelttechnik-Institut GmbH	1,00
			Inocermic Gesellschaft für innovative Keramik mbH	1,00			GKSS Forschungszentrum Geesthacht GmbH	1,00
							Zentrum für Sonnenenergie- und Wasserstoff-Forschung	1,00

Tabelle 17: Forschungseinrichtungen – alle Akteure der Entwicklung

Periode A		Periode B		Periode C		Periode D		Periode E	
Akteur	Patente	Akteur	Patente	Akteur	Patente	Akteur	Patente	Akteur	Patente
Gallien, Arnold	1,00	Winkler, Wolfgang	1,50	Mex, Laurent	1,33	Blum, Stephan	1,33	Wimmer, Robert	2,00
Stargard, Siegfried	1,00	Radebold, Reinhart	1,33	Müller, Joerg	1,33	Hohberger, Ulrich	1,00	Dobos, Karoly	1,00
Boer, Okko	0,25	Binsmaier, Hannelore	1,00	Peine, Andre	1,33	Peine, Andre	1,00	Mayer, Günter	1,00
Ebsen, Martin	0,25	Kordelle, Rainer	1,00	Heitzer, Joerg	1,00	Heggemann, Robert	0,33	Rodestock, Hans	1,00
Köppen, Joachim	0,25	Lambrecht, Hans	1,00	Huber, Felix	1,00	Lührs, Bernd	0,33	Weis, Heinz	1,00
Winkler, Wolfgang	0,25	Lohrberg, Karl	1,00	Rennebeck, Klaus	1,00	Radebold, Helmut	0,25	Jakubith, Sven	0,50
		Radebold, Helmut	0,33	Radebold, Reinhart	0,50	Radebold, Irmgard	0,25	Nettesheim, Stefan	0,50
		Radebold, Walter	0,33	Radebold, Walter	0,50	Radebold, Reinhart	0,25		
				Guth, Thomas	0,33	Radebold, Walter	0,25		
				Stefener, Manfred	0,33				
				Stimming, Ulrich	0,33				

Tabelle 18: Private Anmelder – alle Akteure der Entwicklung

5.3. Beurteilung des Verhaltens der Akteure im Lichte der Umfrage

Neben der Betrachtung der Akteure und deren Aktivitäten müssen für eine ganzheitliche Betrachtung des Innovationsprozesses auch die Innovationstreiber berücksichtigt werden. Diese nehmen Einfluss auf den Innovationsprozess und dadurch auch auf das Verhalten der Akteure und somit letztendlich auch auf die Entwicklung der Technologie. Die zugrundeliegenden Effekte der Innovationstreiber sind in der Hypothesengenerierung zum einen als „Science-Push" zum anderen als „Demand-Pull" zu charakterisieren. Die folgenden zwei Hypothesen sollen nun untersuchen, wie diese Effekte von den wissenschaftlichen und industriellen Akteuren wahrgenommen werden, um somit deren Verhalten besser beurteilen zu können. Wie schon angedeutet, existieren darüber hinaus weiterhin eine Vielzahl weitere einflussnehmender Faktoren, deren Einfluss auf die verschiedenen Systeme ausführlich und systematisch in Kapitel 0 dargestellt wird.

Hypothese 4: Universitäten und Forschungseinrichtungen messen der F&E-Förderung mehr Bedeutung bei als Unternehmen.

Um die Hypothese 4 beantworten zu können, werden drei Teilfragen der Umfrage[173] herangezogen, wie in der Abbildung 39 zusehen ist:

- Frage 4: Bedeutung der Bereitstellung von Fördergeldern/Investitionsmitteln (national),
- Frage 5: Bedeutung der Förderung hochinnovativer Projekte (international),
- Frage 8: Verfügbarkeit von Forschungsgeldern.

Es wird deutlich, dass die wissenschaftlichen Akteure der F&E-Förderung mehr Bedeutung zumessen als die industriellen Akteure. Dies steht im Einklang mit Hypothese 4. Dennoch ist der Unterschied zwischen den wissenschaftlichen und den industriellen Akteuren nicht sehr ausgeprägt. Es kann somit davon ausgegangen werden, dass beide Akteursgruppen der F&E Förderung weitestgehend die gleiche Bedeutung beimessen.

[173] Der komplette Fragebogen ist im Anhang zu finden.

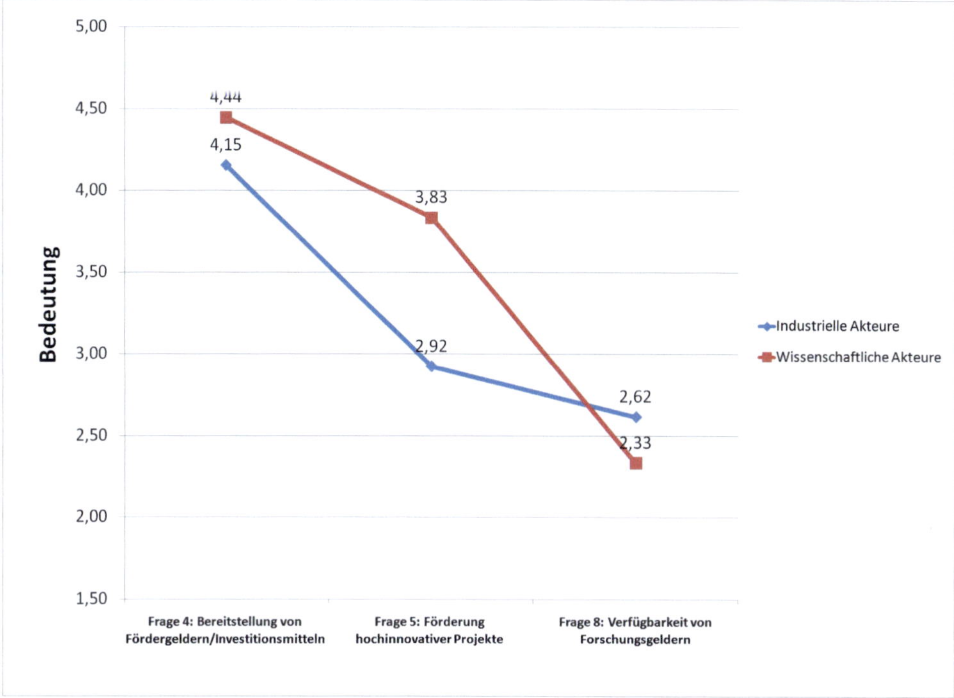

Abbildung 39: Bedeutung der F&E-Förderung für die industriellen und wissenschaftlichen Akteure[174]

Die Entwicklung neuer Technologien und die Beteiligung an den F&E-Aktivitäten sind bei komplexen Technologien sehr kostenintensiv (vgl. Hobday und Rush 1999, S.623). Gerade im frühen Stadium der technologischen Entwicklung und des Innovationsprozesses muss die Verfügbarkeit von ausreichenden Finanzmitteln gewährleistet sein. Der staatlichen F&E-Förderung als Instrument der Technologiepolitik kommt dabei eine wichtige Aufgabe zu[175]. Im Falle der wissenschaftlichen Akteure entsteht durch die Eigenschaft vom Wissen als Öffentliches Gut auf den ersten Blick kein wirtschaftliches Interesse in F&E zu investieren. Die Nachfrage ist weder rivalisierend noch können (sollen) Akteure vom Wissensangebot ausgeschlossen werden (vgl. Brockhoff 1999, S.116f). Die Finanzierung der Aktivitäten der wissenschaftlichen Akteure muss demnach durch staatliche oder supranationale Förderungen erfolgen

[174] Wertebereich zur Frage 4 und 5: 1=ohne Bedeutung, 2=geringe Bedeutung, 3=durchschnittliche Bedeutung, 4=große Bedeutung, 5=sehr große Bedeutung. Wertebereich zur Frage 8: 1=viel zu wenig vorhanden, 2=zu wenig vorhanden, 3=ausreichend vorhanden, 4=zu viel vorhanden, 5=viel zu viel vorhanden.

[175] In der Literatur ist die Förderung nicht unumstritten. Für eine Gegenüberstellung von Pro und Contra siehe Vahs und Burmester 2002, S.30.

oder aber durch Drittmittel. Dies spiegelt sich auch in der Beantwortung der Fragen 4 und 5 in Abbildung 39 wider. So wird der Förderung der F&E Aktivitäten durch die wissenschaftlichen Akteure mehr Bedeutung beigemessen als durch die industriellen Akteure. Ziel dieser Unterstützung der wissenschaftlichen Akteure ist die Schaffung einer F&E-Infrastruktur in Form von Forschungseinrichtungen und Universitäten, um so die Bereitstellung einer breiten Grundlagenforschung zu gewährleisten (vgl. Vahs und Burmester 2002, S.31). Die Ergebnisse der wissenschaftlichen Forschung können dann von Unternehmen genutzt werden, um Innovationen (und damit auch Wachstum) hervorzubringen (vgl. Rammer und Czarnitzki 2000, S.271). Die industriellen Akteure hingegen sind natürlich an einer privaten Nutzung ihres selbst erzeugten Wissens interessiert und darauf sogar angewiesen. Trotz der gewerblichen Schutzrechte (wie Patente, Marken,...) gelingt der Ausschluss der Konkurrenz aber nicht ganz. Zwar können durch diese gewerblichen Schutzrechte andere Akteure von der Nutzung ausgeschlossen werden. Durch die mit der Patentanmeldung einhergehende Offenlegung können auch andere Akteure dieses Wissen für sich nutzen. Aufgrund dieser nicht zu verhinderten positiven externen Effekte der Wissenserzeugung (Spillover-Effekte) sind die privaten Erträge der F&E Aktivitäten geringer als die gesellschaftlichen. Daher kommen häufig F&E Aktivitäten nicht zustande.

Ein weiterer Grund für die Nachfrage der industriellen Akteure für eine Unterstützung bei den F&E-Aktivitäten liegt im finanziellen Risiko, gerade bei neuen Technologien. So entstehen viele (Entwicklungs-) Kosten, noch bevor die Technologie am Markt getestet werden kann. Auch wenn die zu erwarteten Gewinne solcher Innovationen als attraktiv erscheinen, verzichten industrielle Akteure häufig auf die Investition, um bei einem ausbleibenden Erfolg nicht die gesamte Unternehmung zu gefährden oder katastrophale Verluste zu generieren (vgl. Brooks 1982, S.335). Auch Arrow (1959) betont, dass es sich bei F&E Aktivitäten um einen unsicheren Prozess („risky process") handelt, da der Output niemals genau vorhergesagt werden kann (vgl. Arrow 1959, S.11). Hinzu kommt das Problem des zeitlichen Profils der F&E-Investitionen, deren Rückflüsse erst nach vielen Jahren und über einen langen Zeitraum erwartet werden können. Sowie die typischen Auszahlungsmuster der F&E-Investitionen, die häufig mit geringen Aufwendungen starten, aber häufig um Größenordnungen aufwendiger werden und immer mehr Geld benötigen. Dennoch tätigen Unternehmen F&E-Investitionen, um sich Optionen auf künftige Erträge und Geschäftsmöglichkeiten zu bewahren und greifen dabei auf intelligente Finanzierungsschlüssel für F&E zurück (vgl. Gerybazde 1999, S.10f). Die öffentliche Förderung der Unternehmen und die finanzielle Unterstützung bei F&E-Aktivitäten können den industriellen Akteuren helfen, auch in weniger aussichtsreiche oder marktferne Technologien zu investieren. Gerade auch der etwas größere Unterschied bei der Frage nach den „hochinnovativen" Projekten zeigt deutlich, dass die industriellen Akteure es eher auf eine Reduktion dieser Unsicherheiten und Risiken abgesehen haben und bei den F&E-Aktivitäten vor allem den Markt mit seinen Bedürfnissen im Auge behalten, insbesondere auf die dadurch entstehende Möglichkeit zu Refinanzierung. Ohne die Berücksichtigung des Marktes sind und bleiben Investitionen in F&E-Aktivitäten riskant. Die wissenschaftlichen Akteure können durch ihre mehr oder weniger sichere (Grund-) Finanzierung durch die Gesellschaft hingegen auch hochinnovative Projekte angehen und benötigen dafür die entsprechenden Fördermittel.

Im Allgemeinen wird die Verfügbarkeit von Forschungsgeldern sowohl von den industriellen als auch von den wissenschaftlichen Akteuren als gerade ausreichend vorhanden eingestuft[176]. Dies unterstreicht, dass sowohl wissenschaftliche als auch industrielle Akteure finanzielle Unterstützung benötigen. Bei der Nachfrage der industriellen Akteure ist noch ein weiterer Punkt zu beachten. So sind es gerade die an Innovationen notwendigerweise interessierten industriellen Akteure, die die „Ergebnisse" der wissenschaftlichen Akteure am Markt umsetzen und die Bereitstellung großer Mengen an Wissen zum Nullpreis wünschen und daher die Tendenz zur Überversorgung mit Wissen aufzeigen (vgl. Grupp 2002, S.15f). Der Ruf nach mehr Forschungsgeldern könnte daher indirekt auch als das Verlangen nach mehr Wissensgütern interpretiert werden.

[176] Siehe dazu Abbildung 39 oben.

Die in Hypothese 4 untersuchte staatliche F&E-Förderung stellt eine Instrument (Innovationstreiber) des „Science-Push“-Effektes dar. Die Hypothese 5 untersucht dagegen ein Instrument des „Demand-Pull“-Effektes:

Hypothese 5: Unternehmen messen der Nachfrage des Marktes mehr Bedeutung bei als Universitäten und Forschungseinrichtungen.

So soll an dieser Stelle die Bedeutung der Nachfrage des Marktes auf die einzelnen Akteursgruppen untersucht und diskutiert werden. Um diese Bedeutung abzuwägen, wird auf folgende drei Teilfragen[177] eingegangen:

- Frage 1: Bedeutung der Kundennachfrage (private Nachfrage),
- Frage 4: Einsatz von Brennstoffzellenfahrzeugen in der öffentlichen Verwaltung (green public procurement, öffentliche Nachfrage),
- Frage 4: Einführung von Quoten für die Zulassung von Neufahrzeugen (analog Kalifornien).

Abbildung 40 zeigt die Antworten der zwei Akteursgruppen. Es wird deutlich, dass die industriellen Akteure der Nachfrage mehr Bedeutung beimessen als die wissenschaftlichen Akteure. Die Hypothese 5 kann also bestätigt werden, auch wenn der Unterschied (ähnlich wie bei Hypothese 4) nicht sehr ausgeprägt ist.

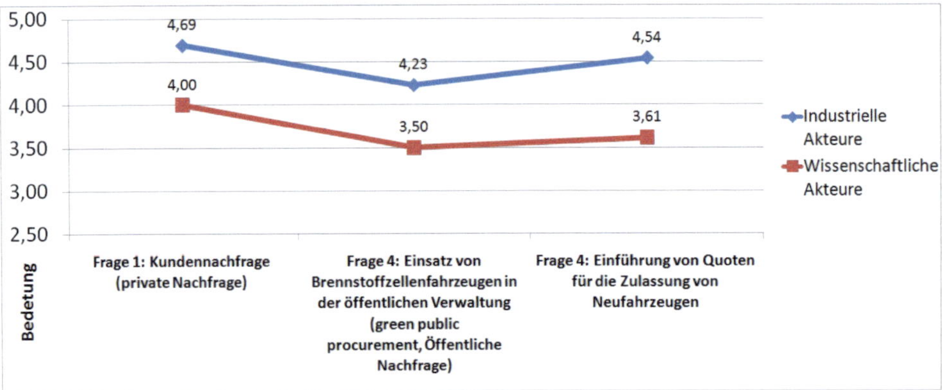

Abbildung 40: Bedeutung der Nachfrage für die industriellen und wissenschaftlichen Akteure[178]

[177] Der komplette Fragebogen ist im Anhang zu finden. Frage 4 zielt auf die Beurteilung der deutschen Politik hinsichtlich der Auswirkungen auf die Entwicklung der Brennstoffzellentechnologie ab. Es werden zur Beantwortung der Hypothese 5 lediglich Teilfragen der Frage 4 herangezogen.

Die Bedeutung der Nachfrage für die industriellen Akteure liegt auf der Hand. Nur wer sein Produkt am Markt etablieren kann, hat so die Möglichkeit seine Ausgaben zu refinanzieren. Gleichzeitig können die betriebsinternen F&E-Prozesse und deren Aufwendungen nur durch den Markterfolg legitimiert werden. Die industriellen Akteure sind daher auf eine absehbare Anwendbarkeit (im Sinne von Kommerzialisierbarkeit) angewiesen, was eine Nachfrage des Marktes – auch wenn sie stimuliert ist – voraussetzt (vgl. Schmoch 2003, S.377). Eine hohe Nachfrage (privat und öffentlich) setzt daher Anreize für die industriellen Akteure, die Entwicklung neuer Technologien zu forcieren. Die Bedeutung des Marktes ist demnach auf die Finanzierung und den damit verbundenen erforderlichen Absatz zurückzuführen.

Obwohl die wissenschaftlichen Akteure eher im Bereich der wissenschaftlichen Forschung arbeiten, deren Marktrelevanz nicht explizit gegeben ist, bewerten sie die Bedeutung der Nachfrage nicht viel geringer als die industriellen Akteure. So ist für die Agenda der wissenschaftlichen Forschung nicht nur die wissenschaftliche Kommunikation ausschlaggebend, sondern im Wesentlichen auch die Realisierung der Technologie am Markt (vgl. Schmoch 2003, S.334). Nur wenn die Technologie in Produkten am Markt erfolgreich realisiert wird, legitimiert das den wissenschaftlichen Akteur in diesem Gebiet weitere Aktivitäten zu unternehmen. Dies begründet die hohe Bedeutung der Nachfrage und das Interesse am Markt der wissenschaftlichen Akteure, insbesondere der angewandt orientierten Forschungseinrichtungen.

Insgesamt stellt die Beeinflussung der Akteure durch Institutionen und sonstige Rahmenbedingungen ein wichtiges politisches Instrument dar[179]. Durch das Aufzeigen aller relevanten Einflussfaktoren des Innovationsystems werden Möglichkeiten deutlich, die Entwicklung der Technologie zu beschleunigen oder zu bremsen, wenn nicht sogar zu beenden. Die Hypothesen 4 und 5 zeigen, dass es verschiedene Möglichkeiten des Einflusses gibt. So beruht der Erfolg einer Technologie nicht nur auf ihrer

[178] Wertebereich der Frage 1: 1=ohne Bedeutung, 2=geringe Bedeutung, 3=durchschnittliche Bedeutung, 4=große Bedeutung, 5=sehr große Bedeutung. Wertebereich der Frage 4: 1=ohne Bedeutung, 2=geringe Bedeutung, 3=durchschnittliche Bedeutung, 4=große Bedeutung, 5=sehr große Bedeutung.

[179] Aller weiteren Faktoren werden in Kapitel 0 beschrieben.

prinzipiellen Machbarkeit, die durch die Forschung determiniert wird, sondern daneben auch in ihrer Realisierbarkeit am Markt (vgl. Schmoch 2003, S.374). Deswegen gilt es, beide Seiten zu berücksichtigen, sowohl die „Science-Push“- als auch die „Demand-Pull“-Effekte. Die zugrundeliegenden Instrumente gilt es zur richtigen Zeit des Innovationsprozesses anzuwenden. Die identifizierten relevanten Einflussfaktoren und Rahmenbedingungen, die letztendlich die Treiber des Innovationsprozesses abbilden, haben auf dessen verschiedenen Phasen Einfluss und stellen somit die Innovationstreiber der Effekte dar[180]. Zusammenfassend lassen sich die jeweiligen Treiber mit ihrer in den Hypothesen festgestellten Ausprägungen den jeweiligen System der Akteure zuordnen. Eine klare Trennung ist allerdings wie gesehen nicht möglich, dennoch scheint die Finanzierung und Förderung als klassischer Treiber, der den „Science-Push“-Effekt verursacht, eher für das wissenschaftliche System relevant. Die Nachfrage als „Demand-Pull“-Faktor hingegen, beeinflusst überwiegend die Aktivitäten der industriellen Akteure. Folgende Abbildung 41 fasst diesen Sachverhalt zusammen:

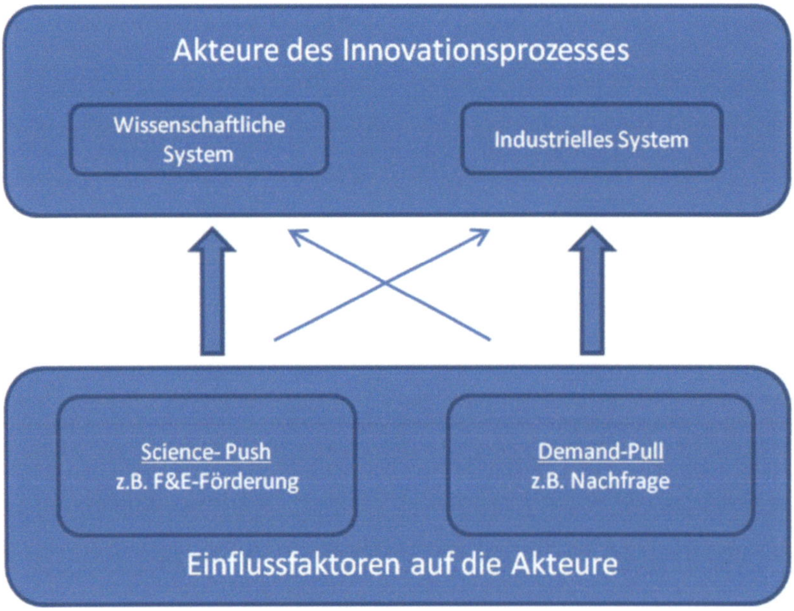

Abbildung 41: Einflussfaktoren auf die verschiedenen Akteurssysteme

[180] Siehe dazu Kapitel 8.2.

5.4. Zwischenfazit: Akteursstruktur des Innovationssystems

Durch die Hypothesen 2 und 3 wurde in diesem Kapitel die Akteursstruktur des Innovationssystems analysiert. Damit ist es möglich die im Kapitel 3.1 gestellten Forschungsfragen hinsichtlich der Akteure und deren Aktivitäten innerhalb des Innovationsprozesses zu beantworten. Die durch die theoretischen Erkenntnisse geforderte parallele Betrachtung der wissenschaftlichen und technologischen Aktivitäten kann durch dieses Vorgehen entsprochen werden. So werden die Aktivitäten der wissenschaftlichen Forschung durch Publikationen, die Aktivitäten der zielorientierten angewandten Forschung und der Entwicklung durch Patente abgebildet. Die zugehörigen Akteure werden in wissenschaftliche und industrielle Gruppen eingeteilt. Bei den Patenten gilt es zusätzlich noch die Privaten Anmelder zu berücksichtigen.

Wie gesehen, wird die wissenschaftliche Forschung der PEM-Brennstoffzellentechnologie vor allem durch die wissenschaftlichen Akteure getragen. Innerhalb dieser Akteure sind es insbesondere die anwendungsnahen Forschungseinrichtungen, die die Wissensproduktion antreiben. Der Anteil der grundlagenorientierten Forschungseinrichtungen und der Universitäten bleibt dabei weit dahinter zurück. Es scheint, dass die Grundlagenforschung gerade im Hinblick auf den identifizierten Forschungsbedarf im Vergleich zur angewandten wissenschaftlichen Forschung zu wenig ausgeprägt ist. Grundsätzlich demonstrieren die wissenschaftlichen Akteure, die im Vergleich zu industriellen Akteuren an einer gesicherten Förderung interessiert sind (vergleiche Hypothese 4), mit Publikationen ihre Kompetenzen im Bereich der PEM-Brennstoffzellentechnologie. Die Motive der industriellen Akteure, sich an der wissenschaftlichen Forschung zu beteiligen, gehen auf den Ansatz der „absorptive capacity" (vgl. Cohen und Levinthal 1990, S.128) zurück. Um dringend benötigtes externes Wissen zu verstehen, muss ein gewisses Maß an wissenschaftlichem Verständnis vorgehalten werden, da sonst das externe Wissen nicht genutzt werden kann. Allerding reduzierten die industriellen Akteure ihre Aktivitäten in der letzten Periode. Ein möglicher Grund dafür könnte Ernüchterung über eine bevorstehende Markteinführung von PEM-Brennstoffzellenfahrzeugen sein.

Der „Rückzug“ der industriellen Unternehmen ist auch in der anwendungsnahen Forschung und der Entwicklung zu sehen. Dieser ist allerdings auf Hersteller von PEM-Brennstoffzellen und deren Komponenten beschränkt, die durch die fehlenden Absatzmöglichkeiten noch verunsichert sind. Die Aktivitäten der Systemintegratoren, sprich der Automobilhersteller, bleiben hingegen konstant oder werden ausgebaut. So scheint die erwartete Markteinführung noch nicht von allen Akteuren der PEM-Technologie in naher Zukunft erwartet zu werden und verunsichert mögliche Akteure. Die Bedeutung des Marktes und dessen Nachfrage als Ergebnis der Hypothese 5 wurde aufgezeigt und ist im Sinne der wirtschaftlichen Ausrichtung der industriellen nachvollziehbar. Neben den industriellen Akteuren, die die anwendungsnahe Forschung und die Entwicklung dominieren, sind auch wissenschaftliche Akteure beteiligt. Aufgrund möglicher Lizenzeinahmen die durch Patentierung des Wissens generiert werden können, beteiligen sich vor allem die anwendungsorientierten Forschungseinrichtungen, die auch schon in der wissenschaftlichen Forschung aktiv waren. So wird das wissenschaftliche Wissen durch diese Akteure der Anwendung näher gebracht und der Wissenstransfer gestärkt.

Grundsätzlich sind beide Bereiche, die wissenschaftliche Forschung und die angewandte Forschung und die Entwicklung, im Sinne Callons (1997) als eher emergent einzustufen. Die hohe Fluktuation der teilnehmenden Akteure weist stark auf instabile Konstellationen hin. Dennoch existieren in beiden Bereichen Akteure, die über einen längeren Zeitraum aktiv sind und durch ihre Kontinuität die Konfigurationen stabilisieren. Die Reproduktion des Wissens setzt zusätzlich immer noch auch eine Reproduktion der zugehörigen Labore voraus. Dadurch bleibt das Wissen weitestgehend ein privates Gut und die Beteiligung an sowohl wissenschaftlichen Forschungsaktivitäten als auch Entwicklungsaktivitäten wird erschwert. Um die Entwicklung der PEM-Technologie durch Bereitstellung von wissenschaftlichen Erkenntnissen weiter voranzutreiben, sind verstärkte grundlagenorientierte Aktivitäten der Universitäten nötig. Zum einen um die allgemeine Wissensbasis zu verbreitern, zum anderen, um sich als potentielle Kandidaten für Kooperationen zu positionieren. Im Hinblick auf ein Mindestmaß an „absorptive capacity" gilt es weiterhin, die industriellen Akteure verstärkt zu wissenschaftlichen Aktivitäten zu bewegen. Gleichzeitig stellen die industriellen Akteure den Hauptanteil bei angewandter Forschung und der Entwicklung dar, obwohl mit einer Refinanzierung der Ergebnisse durch einen breiten Absatz noch nicht zu rechnen ist. Bislang existieren die Brennstoffzellenfahrzeuge noch nicht in einer marktreifen Version. Die Patentierung der wirtschaftlich verwertbaren Ergebnisse stellt weiterhin eine wichtige Form des Wissenstransfers dar und muss vor allem durch wissenschaftliche Akteure intensiver angewendet werden. Die Möglichkeit durch Lizenzen, Einnahmen zu generieren, sollte zur Finanzierung der Aktivitäten besser genutzt werden. Die Unsicherheiten (durch die ferne Marktreife) der noch jungen Technologien verhindert häufig noch ein langfristiges Engagement vor allem der industriellen Akteure. Die teilweise nötigen (aufgrund der Komplexität) noch hohen Investitionskosten in F&E-Aktivitäten schrecken viele Akteure ab.

Zum Abschluss dieses Kapitels werden die Akteure des zur Analyse des Innovationsprozesses herangezogenen Innovationssystems übersichtlich dargestellt. Dadurch wird die in der Theorie geforderte organisationelle Akteursstruktur identifiziert, die in der folgenden Abbildung 42.[181] zusehen ist. Die Darstellung der Akteure orientiert sich dabei an der Einteilung in ein wissenschaftliches und ein industrielles System. Die farbliche Kennzeichnung der Akteure gibt an, ob diese lediglich publizieren (blau), patentieren (grün) oder beides (rot). Innerhalb des wissenschaftlichen Systems wird eine Einteilung in Grundlagenforschung und angewandte Forschung vorgenommen. Wie bereits beschrieben, sind die Universitäten bis auf wenige Ausnahmen nur an der wissenschaftlichen Forschung durch ihre Publikationen vertreten. Im Gegensatz dazu publizieren und patentieren die Forschungseinrichtungen viel häufiger. Grundsätzlich

[181] Aus Gründen der Übersichtlichkeit werden in dieser Abbildung nicht alle Akteure aufgezeigt. Im wissenschaftlichen System werden die TOP-10 Akteure dargestellt. Im industriellen System alle Unternehmen, deren Patentaktivität bei größer drei Patenten liegt. Grundlage dieser Darstellung sind alle Aktivitäten zwischen 1991 und 2005.

wird das wissenschaftliche System gerade durch die Aktivitäten der Forschungseinrichtungen in der angewandten Forschung dominiert. Der Beitrag von grundlagenorientierten Akteuren zur Wissensproduktion ist sehr gering. Das industrielle System subsummiert angewandte Forschung und Entwicklung der Unternehmen, im Vergleich zum wissenschaftlichen System kann hier nicht genau zwischen der angewandten Forschung und der Entwicklung unterschieden werden. Die Unternehmen werden stattdessen in Bezug auf Ihre Aktivitäten klassifiziert: Hersteller, Komponenten, Systemintegratoren und Vermarkter. Dabei fällt auf, dass lediglich drei Akteure Aktivitäten nachgehen, die sowohl der wissenschaftlichen Forschung als auch der Entwicklung zuzuordnen sind. Alle anderen Unternehmen konzentrieren sich auf die zielorientierte angewandte Forschung und die Entwicklung. Die Hersteller der PEM-Brennstoffzellen sind insbesondere große Unternehmen, bei denen die PEM-Brennstoffzelle lediglich ein Teil einer großen Produktpalette ist. Dennoch sind auch auf die Produktion von Brennstoffzellen spezialisierte Unternehmen bei den Herstellern zu finden.

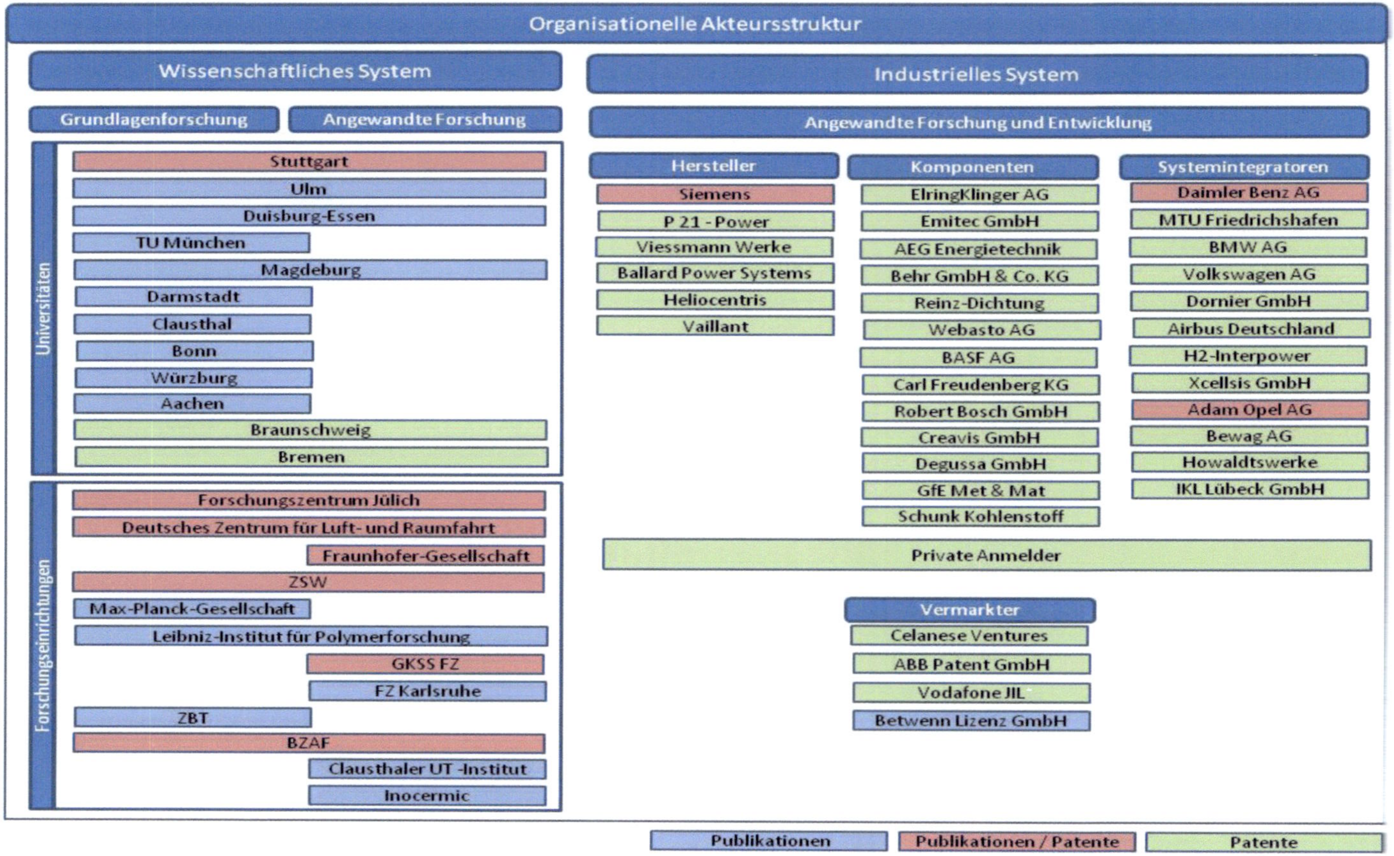

Abbildung 42 Organisationelle Akteursstruktur des Innovationssystems

6. Kooperatives Verhalten der Akteure

Ziel dieses Kapitels ist die Analyse des kooperativen Verhaltens der Akteure des Innovationsprozesses, die wie im Forschungsdesign[182] beschrieben, durch die Verbindungen des Innovationssystems sichtbar gemacht werden. Besonderer Fokus liegt dabei auf den Kooperationen im Bereich der wissenschaftlichen Forschung. Im Anschluss daran wird in einem Fallbeispiel untersucht, wie die Ergebnisse der angewandt orientierten Forschungseinrichtungen in Vorbereitung auf einen nahen Markteintritt in den Anwendungsbereich übergehen. So soll die Verflechtung der wissenschaftlichen und technologischen Aktivitäten und die daraus entstehende „Weitergabe“ des Wissens deutlich gemacht werden.

6.1. Kooperationen der wissenschaftlichen Forschung

Wie die Herleitung der Hypothese 4 gezeigt hat, spielt neben der eigenen (internen) Produktion von Wissen gerade auch die externe Wissensbeschaffung eine wichtige Rolle für die Akteure und stellt somit für daraus resultierende Entwicklung der PEM-Technologie einen entscheidenden Faktor dar. Die externe Wissensbeschaffung führt zur Bildung von Netzwerken, durch die es zwischen den beteiligten Akteuren zu einem Wissenstransfer kommt. Dieser Wissenstransfer begünstigt die Entwicklung der PEM-Technologie und treibt diese voran. Gleichzeitig können die Netzwerkteilnehmer ihre Risiken minimieren und die Kosten der F&E-Aktivitäten teilen. Die fortschreitende Entwicklung der Technologie geht mit einer fortschreitenden Erhöhung der Komplexität einher. Der Bedarf an Wissen wird für den einzelnen Akteur daher immer bedeutender. Aus diesen Überlegungen resultiert die folgende Hypothese 6:

Hypothese 6: Die Aktivitäten deutscher Akteure innerhalb der wissenschaftlichen Forschung, die durch nationale Kooperationen entstehen, nehmen über den Betrachtungszeitraum hinweg zu.

Zur Beantwortung dieser Hypothese werden aus den in dieser Arbeit erhobenen Publikationsdaten Netzwerke der einzelnen Perioden aufgespannt, die dann

[182] Siehe Kapitel 3.1.

analysiert werden. Es wird untersucht, wie hoch der Anteil der wissenschaftlichen Aktivitäten ist, der durch Kooperationen der Akteure entsteht. Die Hypothese betrachtet dabei nationale Kooperationen[183] und zeigt so die Kooperationsneigung zwischen nationalen Akteuren auf. In der folgenden Abbildung 43 wird die Kooperationsneigung aller Akteure der wissenschaftlichen Forschung aufgezeigt:

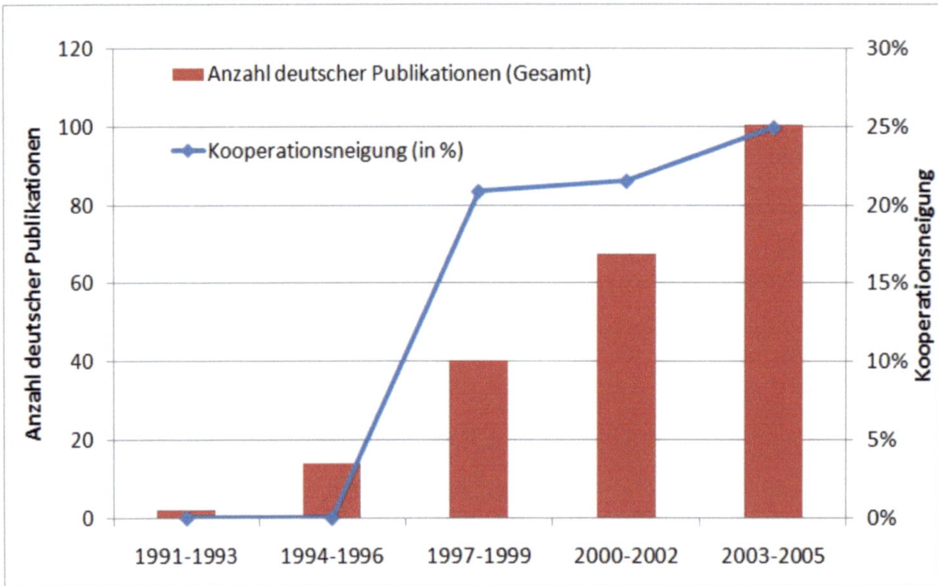

Abbildung 43: Aktivitäten und Kooperationsneigungen aller Akteure der wissenschaftlichen Forschung

Die wissenschaftliche Forschung deutscher Akteure nimmt von Periode zu Periode immer mehr zu, so steigen die Aktivitäten von 2,00 (in Periode A) auf 100,37 (in Periode E) kontinuierlich an. Gleichzeitig steigt der Anteil der deutschen Publikationen, die durch nationale Kooperationen[184] entstehen von 0% in Periode A und Periode B auf 24,91% in Periode E. Gerade von Periode D zu Periode E kommt es zu einem Anstieg der absoluten Kooperationen (14,50 auf 25,00 Publikationen) und somit auch zu einem weiteren Anstieg der Kooperationsneigung. So kann die Hypothese 4 bestätigt werden. Die Betrachtung der (relativen) Netzwerkcharakteristik unterstreicht diese Tendenz. So sinkt mit steigender

[183] Internationale Kooperationen werden im Rahmen der Hypothese 9 untersucht. Siehe dazu Kapitel 7.1.

[184] Wie in Kapitel 3.1 (Vorgehen Hypothese 6) und Kapitel 3.4 beschrieben, meint Kooperation hier das gemeinsame Publizieren von Autoren verschiedener Organisationen (Ko-Publikationen).

Kooperationsneigung der Anteil der isolierten Akteure[185]. Die steigende Kooperationsneigung macht sich auch in der zunehmenden Dichte des Netzes bemerkbar. So steigt der „Network Average Degree" von 0,667 in Periode C auf 1,412 in Periode E an Durchschnittlich hat jeder Akteur mehr direkte Nachbarn (Kooperationspartner). Daneben steigt die „Network Betweenness Centralization" ebenfalls an. Das weist darauf hin, dass mehr und mehr Akteure ins Zentrum des Netzwerkes drängen. Folgende Tabelle 19 fasst diese Sachverhalte für die einzelnen Perioden zusammen:

	Periode A	Periode B	Periode C	Periode D	Periode E
Anzahl deutscher Akteure	2	8	27	33	51
Anzahl isolierter Akteure	2	8	13	10	18
in %	100,00%	100,00%	48,15%	30,30%	35,29%
Network Avergage Degree	Keine Kooperationen		0,667	1,091	1,412
Network Betweenness Centralization			0,003	0,016	0,017

Tabelle 19: Verschiedene Netzwerkcharakteristika der wissenschaftlichen Forschung

An dieser Stelle schließt sich konsequenterweise die Frage an, welche Akteure kooperieren und so für die steigende Kooperationsneigung verantwortlich sind. Grundsätzlich sind die Kooperationen auf ein gemeinsames Interesse aller beteiligten Akteure zurückzuführen, die unterschiedliche Beiträge und Kompetenzen mitbringen. Die Motivation, sich am Netzwerk zu beteiligen, liegt in dem potentiellen Zugang zum Wissen anderer Akteure und in dessen Verwertungsmöglichkeiten (vgl. Schmoch 2003, S.361). Folgende Tabelle 20 zeigt, dass es sowohl zu Kooperationen innerhalb der wissenschaftlichen bzw. der industriellen Akteure kommt („binnensystemische Interorganisationsbeziehungen" nach Heinze 2006, S.180) als auch zwischen wissenschaftlichen und industriellen Akteuren („funktionssystemübergreifende Interorganisationsbeziehungen" nach Heinze 2006, S.180). Im Folgenden werden die Kooperationen erst im Sinne dieser Unterscheidung untersucht. Im Anschluss daran erfolgen die Analysen auf Akteursebene.

[185] Ein Akteur ist genau dann isoliert, wenn er ein Degree von 0 aufweist.

Periode C	Wissenschaftliche Akteure	Industrielle Akteure
Wissenschaftliche Akteure	5,34	3,00
Industrielle Akteure	3,00	0

Periode D	Wissenschaftliche Akteure	Industrielle Akteure
Wissenschaftliche Akteure	7,84	5,00
Industrielle Akteure	5,00	1,67

Periode E	Wissenschaftliche Akteure	Industrielle Akteure
Wissenschaftliche Akteure	18,17	6,50
Industrielle Akteure	6,50	0,34

Tabelle 20: Kooperationen zwischen wissenschaftlichen und industriellen Akteuren (gemessen in Publikationen)

Die **binnensystemischen Interorganisationsbeziehungen** werden vor allem durch die Kooperationen der wissenschaftlichen Akteure geprägt. Die Tabelle 20 zeigt, dass die wissenschaftlichen Akteure insbesondere mit anderen wissenschaftlichen Akteuren kooperieren. Diese Kooperationen innerhalb der wissenschaftlichen Akteure weisen folgende Muster auf, die folgende Tabelle 21 zeigt:

Periode C	Forschungseinrichtungen	Universitäten
Forschungseinrichtungen	0,00	4,00
Universitäten	4,00	1,34

Periode D	Forschungseinrichtungen	Universitäten
Forschungseinrichtungen	0,34	7,50
Universitäten	7,50	0,00

Periode E	Forschungseinrichtungen	Universitäten
Forschungseinrichtungen	5,00	12,67
Universitäten	12,67	0,50

Tabelle 21: Kooperationen innerhalb der wissenschaftlichen Akteure (gemessen in Publikationen)

An dieser Stelle gilt es die Beweggründe der wissenschaftlichen Akteure genauer zu beleuchten. Die Motivation der wissenschaftlichen Akteure zur Teilnahme am Netzwerk liegt in der Beschaffung von finanziellen Mitteln durch die Akquisition von (industriellen) Geldern. So stellen die Einnahmen durch die Drittmittelfinanzierung eine wichtige Quelle zusätzlich zur Grundfinanzierung dar. Kooperationen mit nicht industriellen Akteuren sind finanziell aber nicht besonders vielversprechend. Daher verzichten die wissenschaftlichen Akteure wohl auf Kooperationsbeziehungen zwischen Forschungseinrichtungen und Universitäten an sich. Die Frage, die dadurch direkt aufgeworfen wird, lautet: Warum kooperieren Forschungseinrichtungen dann vermehrt mit Universitäten und umgekehrt, gerade wenn der finanzielle Anreiz zur Kooperation nicht gegeben ist? Eine mögliche Antwort dieser Frage liegt in der stark anwendungsorientierten Ausrichtung der Forschungseinrichtungen, wie die Analyse der Akteursstruktur gezeigt hat. Diese benötigen für ihre wissenschaftlichen, anwendungsorientierten Forschungsaktivitäten das durch die Universitäten bereitgestellte Grundlagenwissen (auch wenn diese teilweise wiederum anwendungsorientiert ausgerichtet sind). Das durch diese Kooperationen adaptierte externe Wissen wird von den Forschungseinrichtungen genutzt und anwendungsnah weiterentwickelt. Die Forschungseinrichtungen übernehmen somit die Funktion des Wissenstransfers von der Grundlagenforschung in die angewandte Forschung innerhalb des wissenschaftlichen Systems und zeigen dadurch den Universitäten den weiteren Forschungsbedarf auf. Gleichzeitig wird das Wissen so für einen Transfer in die Entwicklung zu den industriellen Akteuren vorbereitet. Im Gegensatz dazu kommt es zwischen den Industriellen Akteuren kaum zu binnensystemischen Interorganisationsbeziehungen. Die Kooperation zwischen industriellen Akteuren findet lediglich in Periode D und E auf einem sehr geringen Niveau statt. So müssen die industriellen Akteure zwar ein Minimum an implizitem Wissen vorhalten, woraus teilweise Publikationen entstehen; allerdings scheuen sie offensichtlich die Kooperation mit der Konkurrenz, da sie eine zu starke Weitergabe von implizitem Wissen befürchten.

Wie in Tabelle 22 dargestellt, finden im Netzwerk der wissenschaftlichen Forschung **funktionssystemübergreifende Interorganisationsbeziehungen** zwischen wissenschaftlichen und industriellen Akteuren statt, wenn auch auf einem geringeren Niveau als die binnensystemischen Interorganisationsbeziehungen der wissenschaftlichen Akteure:

	Unternehmen		
	Periode C	Periode D	Periode E
Forschungseinrichtungen	1,00	2,83	3,33
Universitäten	2,00	2,17	3,17

Tabelle 22: Funktionssystemübergreifende Kooperationen der wissenschaftlichen Forschung (gemessen in Publikationen)

Tabelle 22 zeigt, dass die Unternehmen in allen Perioden in gleicher Intensität sowohl mit Universitäten als auch mit Forschungseirichtungen kooperieren. Somit haben die industriellen Akteure simultanen Zugriff auf das Grundlagenwissen und das angewandt ausgerichtetes Wissen der jeweiligen Kooperationspartner. Die immer komplexer werdende PEM-Technologie macht einen Zugriff auf das Wissen der zunehmend spezialisierten wissenschaftlichen Akteure nötig, da die fachliche Breite der PEM-Technologie nicht von einem Unternehmen alleine abgedeckt werden kann. und verlangt so nach Differenzierung der wissenschaftlichen Aktivitäten und führt zu einer Zunahme der beteiligten Akteure. Diese Differenzierung ermöglicht immer wieder neue Kooperationen. So wird das einer Technologie zugrundeliegende Wissen nicht von einem einzigen Akteur getragen, sondern wird auf die Akteure des Netzwerkes aufgeteilt (vgl. Schmoch 2003, S.373f). Das im Netz verfügbare Wissen stellt erst einmal ein Potential dar, das nur durch Kooperationen zu anderen Akteuren in Wissen umgewandelt werden kann. Gerade für die industriellen Akteure ist die vermehrte Teilnahme am Netz eine Möglichkeit, sich Wettbewerbsvorteile zu sichern (vgl. Schmoch 2003, S.364). Gleichzeitig sind die wissenschaftlichen Akteure daran interessiert, ihre Erkenntnisse an industrielle Partner weiterzugeben, um sie so zur Anwendung zu bringen. So bilden diese Interessen der wissenschaftlichen Akteure die Basis für zukünftige Netzwerke (vgl. Callon 1997, S.18). Letztendlich wird dadurch der Forschungszweig der PEM-Technologie durch Kooperationen, die aber verschieden motiviert sind, vorangetrieben. Aus Sicht der wissenschaftlichen Akteure stellen sich die industriellen Akteure im Gegensatz zu den wissenschaftlichen Akteuren aufgrund ihrer finanziellen Ausstattung eher als lukrativer Kooperationspartner dar. Die Ergebnisse gemeinsamer Projekte sind nicht nur für die industriellen Akteure interessant, sondern können auch im wissenschaftlichen Bereich verwendet und publiziert werden. Aus innovationstheoretischer Sicht übernehmen so die Kooperationen zwischen wissenschaftlichen und industriellen Akteuren die wichtige Funktion des Wissenstransfers, um die Ergebnisse der wissenschaftlichen Forschungsaktivitäten den industriellen Akteuren zur Verfügung zu stellen, die diese dann zur Marktreife weiterentwickeln können, gleichzeitig auch den Forschungseinrichtungen und den Universitäten den benötigten Forschungsbedarf aufzeigen.

Im Folgenden werden nun die Netzwerke der wissenschaftlichen Forschung auf Akteursebene[186] dargestellt und analysiert. Die Abbildung 44, Abbildung 45 und Abbildung 46 zeigen die wissenschaftlichen Netzwerke in den Perioden[187] C bis E.

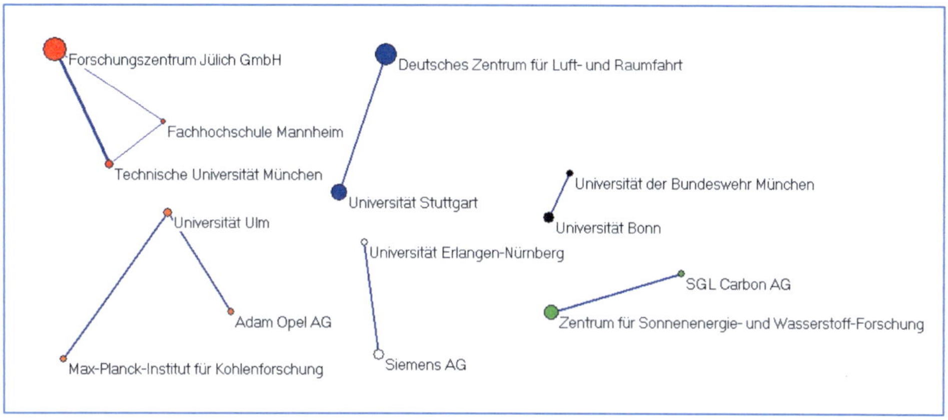

Abbildung 44: Kooperationen deutscher Akteure der wissenschaftlichen Forschung nach Komponenten (Periode C)[188]

Bei der Betrachtung des Netzwerkes in Periode C fällt sofort auf, dass das gesamte Netzwerk aus sechs einzelnen Komponenten mit jeweils zwei oder drei Akteuren besteht. Die zwei aktivsten Akteure in Periode C sind das Deutsche Zentrum für Luft- und Raumfahrt und das Forschungszentrum Jülich GmbH. Beide Akteure agieren in verschiedenen Komponenten und kooperieren jeweils mit Universitäten bzw. Fachhochschulen. Die Bedeutung einzelner Akteure lässt sich durch Netzwerkcharakteristika darstellen, in diesem Falle der Betweenness Centrality. In Periode C besitzt aufgrund der noch starken Fragmentierung des Netzwerkes nur die Universität Ulm eine Betweenness Centrality von 0,003, alle anderen von 0.

[186] ohne isolierte Akteure.

[187] Auf die Darstellung der Perioden A und B wird verzichtet, da Sie es in diesen Perioden keine Kooperationen gibt.

[188] Die Größe des Knotens repräsentiert die Aktivität der wissenschaftlichen Forschung, die Dicke der Verbindung die Intensität der Kooperation. Abstand und Lage des Knotens sind bedeutungslos. Siehe Kapitel 3.4 für Grundlagen der sozialen Netzwerkanalyse,

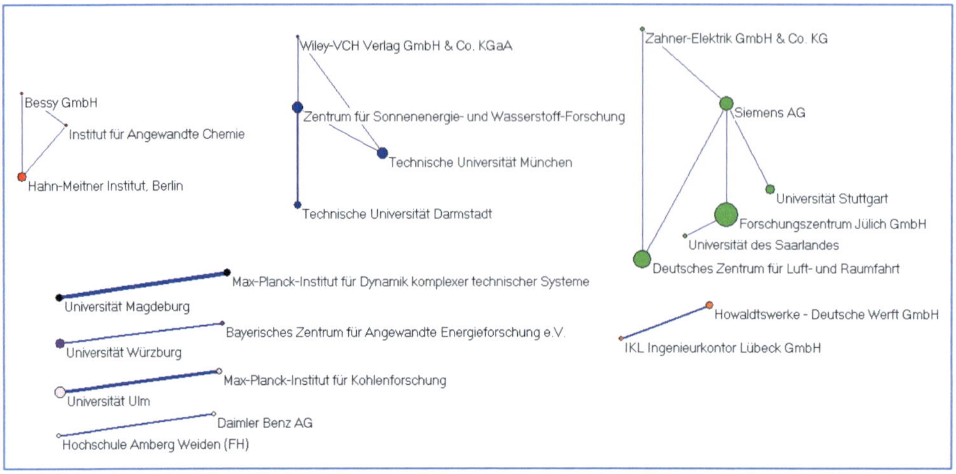

Abbildung 45: Kooperationen deutscher Akteure der wissenschaftlichen Forschung nach Komponenten (Periode D)

Im Vergleich zu Periode C ist die Anzahl der Komponenten in Periode D[189] auf acht angestiegen. Weiterhin existiert eine Vielzahl an Komponenten mit jeweils nur zwei Akteuren, wie oben bereits festgestellt, in der Kombination Universität und Forschungseinrichtung. Die in Periode C noch in getrennten Komponenten auftretenden aktivsten Akteure (Deutsche Zentrum für Luft- und Raumfahrt und das Forschungszentrum Jülich GmbH) finden sich in Periode D in der gleichen Komponente wieder. Zwar existiert zwischen diesen Akteuren keine direkte Kooperation, dennoch sind sie indirekt über die Siemens AG verbunden, die Kooperationen zu beiden unterhält. Die Technische Universität München bildet mit dem Zentrum für Sonnenenergie- und Wasserstoff-Forschung eine weitere wichtige Komponente der Kooperationen der wissenschaftlichen Forschung in Periode D. Zentralste Akteure der Periode D sind die Siemens AG (Betweenness Centrality von 0,016), das Forschungszentrum Jülich (0,008) und das Zentrum für Sonnenenergie- und Wasserstoff-Forschung (0,004). Alle anderen Akteure liegen so im Netzwerk, dass deren Betweenness Centrality 0 ist.

Die Anzahl der Komponenten hat sich in Periode E wieder auf sechs reduziert[190]. Gleichzeitig werden die Komponenten immer größer. Das Forschungszentrum Jülich

[189] Siehe Abbildung 45.
[190] Siehe Abbildung 46.

und das Deutsches Zentrum für Luft und Raumfahrt, die in Periode D noch in der gleichen Komponente waren, sind nun wieder in verschiedenen Komponenten zu finden. Hintergrund ist der Wegfall der Siemens AG, die in Periode E nicht mehr aktiv ist. Hinzu kommt eine weitere starke Komponente, die sich um das Fraunhofer Institut für Solare Energiesysteme, das Zentrum für Sonnenenergie- und Wasserstoff-Forschung und die Universität Ulm gebildet hat. Zu den zentralen Akteuren in der Periode E gehört das Fraunhofer-Institut für Solare Energiesysteme (Betweenness Centrality von 0,018), das Zentrum für Sonnenenergie- und Wasserstoff-Forschung und die Rheinisch-Westfälische Technische Hochschule Aachen (je 0,013), sowie das Deutsches Zentrum für Luft- und Raumfahrt, die Universität Stuttgart und die Technische Universität München (je 0,011).

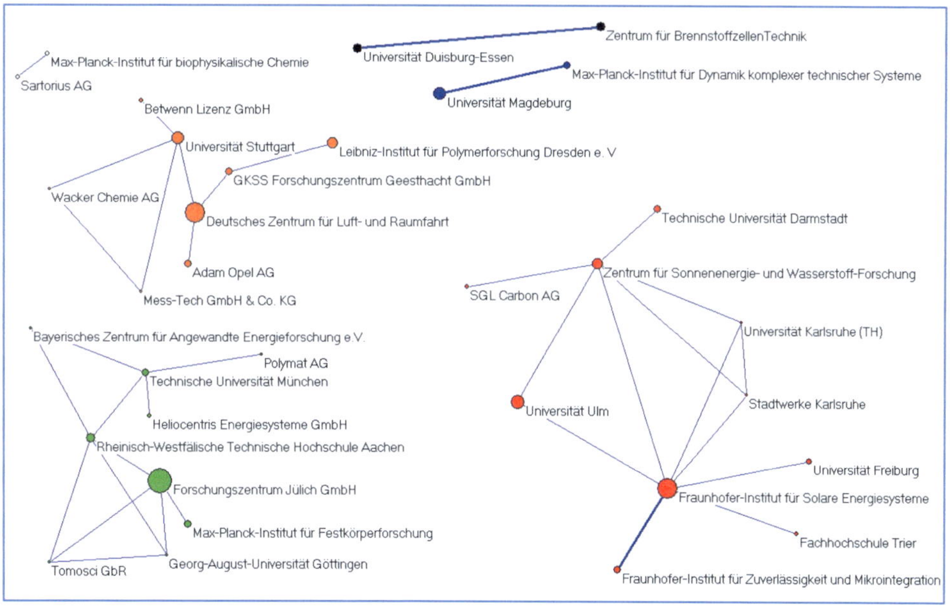

Abbildung 46: Kooperationen deutscher Akteure der wissenschaftlichen Forschung nach Komponenten (Periode E)

Zusammengefasst lassen sich die gleichen Strukturen der binnensystemischen und der funktionssystemübergreifende Interorganisationsbeziehungen logischerweise auch auf Akteursebene feststellen. So finden die binnensystemische Interorganisationsbeziehungen vorwiegend zwischen Universitäten und den angewandt ausgerichteten Forschungseinrichtungen statt. Gleiches stellt auch Jochem

(2009) fest. So sind es gerade die wissensintensiven Technologien, bei denen Kooperationen zwischen den Akteuren der Grundlagenforschung und der eher angewandten Forschung festgestellt werden können (vgl. Jochem 2009, S.45) und dadurch die Entwicklung der PEM-Technologie begünstigen. Kooperation zwischen Universitäten und Universitäten oder Forschungseinrichtungen und Forschungseinrichtungen selber finden so gut wie nicht statt. Gleiches gilt auch für Kooperationen zwischen Unternehmen und Unternehmen. Funktionssystemübergreifende Kooperationen finden insbesondere zwischen Forschungseinrichtungen und Universitäten sowie Unternehmen statt. Um der steigenden Komplexität der PEM-Technologie gerecht zu werden, müssen die Unternehmen kooperieren, um an externes Wissen zu gelangen. Im Hinblick auf die Finanzierung der Universitäten und der Forschungseinrichtungen durch die Ausstattung mit Drittmitteln würde eine weitere Akquise von Industriegeldern eine höhere Forschungsautonomie bedeuten (vgl. Schmoch 2003, S.329). Die so identifizierten Kooperationsmuster sind ebenfalls in den Abbildungen der einzelnen Netzwerke zu erkennen. Insgesamt zerfallen die Netzwerke in einzelne Komponenten, deren Anzahl sich über die Zeit reduziert und deren Größe anwächst. Die Bedeutung der einzelnen Akteure (dargestellt durch die Betweenness Centrality) innerhalb der Netzwerke zeigt, dass es insbesondere die angewandten Forschungseinrichtungen sind, die zentrale Positionen einnehmen und so ihre besondere Rolle bei der momentanen Entwicklung der PEM-Technologie unterstreichen.

Die in der Akteursstruktur identifizierte emergente Konstellation nach Callon (1997)[191] wird durch die Analyse der wissenschaftlichen Netzwerke bestätigt. Die dort festgestellten instabilen Konfigurationen der beteiligten Akteure wirken sich auch auf die Netzwerke aus. So führt zum Beispiel der Rückzug der Siemens AG dazu, dass sich die einzelnen Komponenten wieder aufteilen. Insgesamt variieren die Größen und die Zusammensetzungen der einzelnen Komponenten zwischen den Perioden sehr stark. So kommt es zu einer ständigen Rekonfiguration der Netzwerke. In diesen dadurch

[191] Siehe Kapitel 5.4.

entstehenden emergenten Konfigurationen dienen die Kooperationen vorwiegend noch dem „Anwerben" weiterer Akteure und noch nicht der Kosten- und Risikominimierung. Dieses „Anwerben" wird auch als „Translation" (vgl. Callon 1986, S. 24) bezeichnet. Hinter diesem Begriff stehen die Bestrebungen eines oder einiger Akteure, ein Netzwerk entstehen zu lassen, dessen inhaltliche Ebene sich in eine gewünschte Richtung entwickelt. Durch diese „strategy of interessment" (Callon 1997, S.17) sollen neue Akteure in das Netzwerk eingebunden werden, um so die Forschungsrichtung breit zu etablieren. Im Falle der PEM-Brennstoffzellentechnologie können verschiedene Akteure als Ursprünge der Translation anhand ihres langfristigen Engagements identifiziert werden. Dazu gehören im Bereich der Wissenschaft das Forschungszentrum Jülich GmbH und das Deutsches Zentrum für Luft- und Raumfahrt, die seit langem im Bereich der PEM-Technologie aktiv sind und durch Ihre wissenschaftliche (angewandte Forschung) gleichzeitig die Entstehung des „Dominanten Designs" maßgeblich mitgetragen haben. Im Bereich der industriellen Akteure sind insbesondere die Daimler Benz AG und die Siemens AG dazu zu zählen, die durch ihren langfristigen Beitrag innerhalb der Entwicklung aber auch durch die Produktion von Prototypen im Sinne Callons als „Translator-Spokesman" (Callon 1986, S.24) bezeichnet werden können. Der Prozess der Translation ist also als das Bestreben dieser Akteure (der sogenannten „focal actors") zu verstehen, andere Akteure von der Richtigkeit und der Bedeutung der PEM-Technologie zu überzeugen und diese dafür zu aktivieren. Gleichzeitig identifizieren diese Akteure die auftretenden Probleme („problematisation"), geben dadurch die Richtung der Entwicklung vor und legen so „obligatory points of passage" (Callon 1986, S.26) fest, die von neuen Akteuren befolgt werden müssen. Als Nebeneffekt dieser Festlegung positionieren sich diese Akteure an strategisch wichtigen Stellen im Netzwerk. Zu den beeinflussten Akteuren gehören aber nicht nur die klassischen Netzwerkteilnehmer, wie sie in diesem Kapitel identifiziert wurden, sondern alle an der PEM-Technologie interessierten Kreise. Dazu zählen zum Beispiel neben den Endkunden auch politische Institutionen und Entscheidungsträger[192]. So kann nicht grundsätzlich von einer

[192] Im Sinne des Innovationssystems sind damit die Institutionen und weitere Einflussfaktoren gemeint, die

erfolgreichen Translation ausgegangen werden. Entitäten der Netze können auch anderen Translationseinflüsse unterliegen und sich gerade in noch emergenten Konfigurationen zurückziehen oder sich anderen Translationstendenzen hingeben. Translation sollte daher auch zu einem großen Teil aus einer Ablösung oder Verhinderung („displacement" Callon 1986, S.27) anderer Translationseinflüssen bestehen, um so den Erfolg nicht zu gefährden. Der Erfolg der PEM-Brennstoffzellentechnologie hängt weiterhin davon ab, wie erfolgreich die Translation vorangetrieben wird und dadurch die Netzwerke eher stabile Konfigurationen erreichen. Deren Eigenschaften sind, vor allem in Bezug auf das Wissen, für eine erfolgreiche Weiterentwicklung und spätere Markteinführung der PEM-Brennstoffzellenfahrzeuge dringend erforderlich.

6.2. Kopplung von Wissenschaft und Technologie

Die Kopplung der Wissenschaft und der Technologie stellt ein wichtiges Element der Wissensgenese dar. Die enge Verzahnung beider Systeme (Kopplung) ist gerade bei wissensintensiven Technologien (wie der PEM-Technologie) zu beobachten und charakterisiert diese[193]. So produziert das Wissenschaftssystem neues Wissens, das in Lösungen der technischen Probleme des wirtschaftlichen, technologischen Funktionssystems einfließt (vgl. Heinze 2006, S.13) und so die Entwicklung der PEM-Technologie vorantreibt. Wie bei der Hypothesengenerierung schon gezeigt, ist ein direkter Austausch zwischen den verschiedenen Funktionssystemen allerdings nur über Akteure möglich. Die Übertragung der Ergebnisse von der wissenschaftlichen Forschung hin zu technologischen Aktivitäten der angewandten Forschung und der Entwicklung geschieht über die an dem Funktionssystem beteiligten Akteure und wird in der Innovationsforschung als Wissenstransfer bezeichnet. Die Interaktionsformen zwischen der Wissenschaft und der Technologie sind vielzählig und lassen sich in Anlehnung an Heinze (2006) und Schmoch (2000) in Wissensproduktion und Wissensverbreitung und –verwertung unterteilen. Zur Wissensproduktion gehören unter anderem ein temporärer Personalaustausch zwischen Forschungseinrichtungen

---

ausführlich in Kapitel 8.2 vorgestellt werden.

[193] Siehe dazu Kapitel 2.2.5.

und Unternehmen im Rahmen gemeinsamer Forschungsprojekte, aber auch die Kooperationsforschung sowie die gemeinsame Nutzung technisch-wissenschaftlicher Ausrüstungen und Geräte. Die Wissensproduktion wird häufig zudem auch von einer zieloffenen Finanzierung wissenschaftlicher Projekte durch Unternehmen gestärkt oder wird in der Auftragsforschung von Forschungseinrichtungen für Unternehmen sichtbar. Zur Wissensverbreitung und –verwertung als Interaktionsform zählen Kopublikationen von Unternehmen und Forschungseinrichtungen, aber auch die Anmeldung von gewerblichen Schutzrechten wie zum Beispiel Patente. Das so dokumentierte und geschützte Wissen wird zudem häufig in Form von Lizenzen oder Rechten an Patenten an industrielle Partner weitergegeben. Zusätzlich dazu zählen die Teilnahme an Konferenzen und Seminaren sowie die Beteiligung wissenschaftlicher Akteure an Technologie- und Produktmessen. Aber auch die Lehrtätigkeit von Unternehmensmitarbeitern an Hochschulen (vgl. Schmoch et al. 2000, S. 8 und Heinze 2006, S.80). So existiert eine Vielzahl an verschiedenen Kanälen, die zu einem Wissenstransfer zwischen den Akteuren des wissenschaftlichen und des technologischen Systems genutzt werden. Dabei wird deutlich, dass der Transfer als bidirektional zu interpretieren ist. Folgende Abbildung 47 stellt die Kopplung und den Wissenstransfer übersichtlich dar:

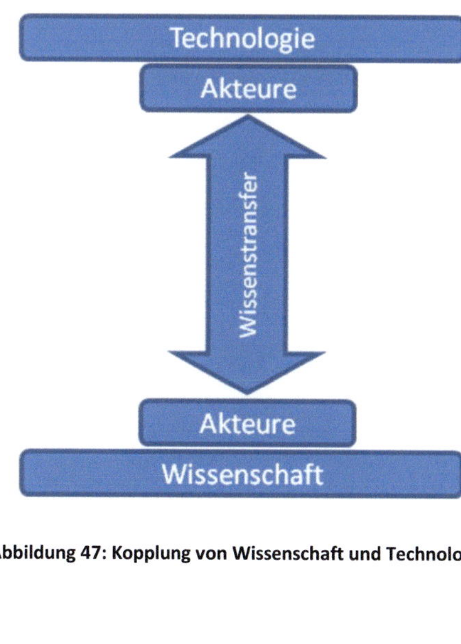

Abbildung 47: Kopplung von Wissenschaft und Technologie

Die besondere Rolle der anwendungsorientierten Forschungseinrichtungen wurde bereits im Kapitel 5 ausführlich aufgezeigt. So sind es gerade diese Akteure, die die Wissensgenese im Bereich der wissenschaftlichen Forschung voran treiben. Wie dieses im Funktionssystem der Wissenschaft entstandene anwendungsnahe Wissen nun an die technologie orientierten Akteuren (Unternehmen) weitergegeben wird, soll im Rahmen der zu testenden folgende Hypothese 7 geklärt werden:

Hypothese 7: Die Wahrscheinlichkeit, dass die Ergebnisse der wissenschaftlichen Forschung bei anwendungsnahen Forschungseinrichtungen in den Anwendungsbereich übergehen, ist hoch.

Zur Beantwortung der Hypothese 7 wird auf ein Fallbeispiel zurückgegriffen, das Aufschluss über die Kopplung[194] der Wissenschaft und der Technologie geben soll. Dabei liegt das Augenmerk insbesondere auf zwei Aspekten der Interaktionsform: Erstens auf den Kopublikationen von Unternehmen und Forschungseinrichtungen, zweitens auf der Analyse von Patentanmeldungen. Ausgehend von den Autoren wissenschaftlicher Publikationen wird untersucht, inwiefern diese Autoren in der gleichen Periode auch als Erfinder bei Patentanmeldungen fungieren (Autor-Erfinder-Beziehung[195]). So können die Autoren als Erfinder bei Patentanmeldung ihrer „eigenen" Organisation oder aber bei industriellen Akteuren genannt werden. Der Wissenstransfer zwischen diesen Organisationstypen kann so dargestellt und die Kopplung zwischen Wissenschaft und Technologie gezeigt werden. Das für diese Hypothese ausgesuchte Fallbeispiel ist in Abbildung 48 zu sehen:

[194] Neben den hier angewendeten Verfahren, die Kopplung sichtbar zu machen, existieren weitere Möglichkeiten. So kann z.B. auch auf die Analyse von Patentzitaten auf wissenschaftliche Literatur (NPL, Nicht-Patentliteratur) zurückgegriffen werden (vgl. Heinze 2005, S.64 oder Schmoch et al. 1993, S.443ff).
[195] Ein ähnlicher Ansatz ist bei Rabeharisoa (1992) zufinden, die ebenfalls die Beziehung zwischen Wissenschaft und Technologie untersucht. Im Gegensatz zu dieser hier gewählten Vorgehensweise aber nicht von Autoren, sondern von den Erfindern ausgehend startet (vgl. Rabeharisoa 1992, S.57).

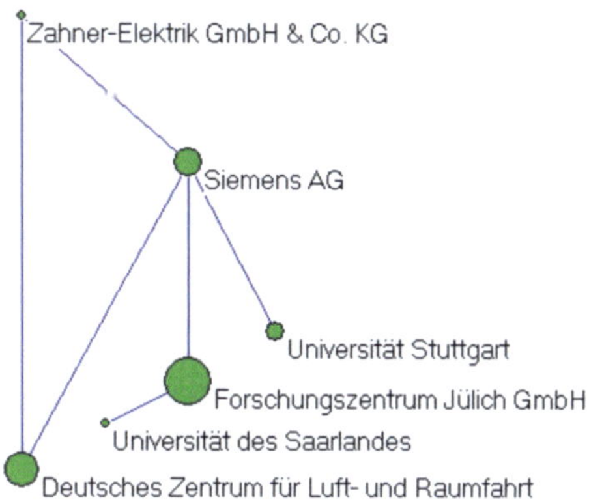

Abbildung 48: Fallbeispiel – Kopplung von Wissenschaft und Technologie (eine Komponente des Netzwerkes der wissenschaftlichen Forschung der Periode D[196])

Wie in Abbildung 48 dargestellt, lassen sich hier exemplarisch die Kooperationen in Form von Kopublikationen zwischen wissenschaftlichen und technologischen Akteuren erkennen. So sind gerade die gemeinsamen Publikationen zwischen einerseits der Siemens AG und anderseits dem Deutschen Zentrum für Luft und Raumfahrt, dem Forschungszentrum Jülich bzw. der Universität Stuttgart für die Beantwortung dieser Hypothese von Bedeutung. Diese funktionssystemübergreifende Kooperationen zwischen dem wissenschaftlichen und dem technologischen System verdeutlichen den an dieser Stelle stattfindenden Wissenstransfer. Wie bereits ausführlich in Kapitel 5.1 gezeigt, nutzen die Unternehmen als Vertreter des technologischen Systems Kopublikationen um Zugriff auf das Wissen in den eher grundlagenorientierten Universitäten und den anwendungsorientierten Forschungseinrichtungen zu erhalten. Gleichzeitig ermöglichen diese Kopublikationen den wissenschaftlichen Akteuren ihre Ergebnisse und das produzierte Wissen in die Anwendung zu bringen, um so den Forschungszweig der PEM-Technologie auch im Bereich der Anwendung zu etablieren. Wie auch außerhalb des Fallbeispiels in Kapitel 5.1 gezeigt werden konnte, kooperieren die anwendungsorientierten Forschungseinrichtungen zunehmend auch mit Universitäten[197]. Das unterstreicht die besondere

[196] Siehe dazu Abbildung 45.

[197] Siehe dazu Tabelle 21.

Rolle dieser Akteure bei der Wissensgenese. So bereiten Sie das Grundlagenwissen, das in den Universitäten produziert wird, anwendungsnah auf und entwickeln es dahingehend weiter, dass es von Unternehmen genutzt und durch Kopublikationen übernommen werden kann. Die anwendungsnahen Forschungseinrichtungen wie das Deutsche Zentrum für Luft und Raumfahrt und das Forschungszentrum Jülich übernehmen eine zentrale Position in der Kopplung von Wissenschaft und Technologie und beschleunigen durch ihre Aktivitäten den Wissenstransfer der wissenschaftlichen Forschung hin zur angewandten Forschung und weiter zur Entwicklung.

Die Analyse der Patentanmeldungen von anwendungsnahen Forschungseinrichtungen wurde ebenfalls bereits ausführlich im Kapitel 5.2 beschrieben. Dort wurde gezeigt, dass das Deutsche Zentrum für Luft und Raumfahrt und das Forschungszentrum Jülich sowohl im wissenschaftlichen System als auch im technologischen System aktiv sind, also sowohl publizieren als auch patentieren. So stellen die Patentanmeldungen aus diesen angewandt orientierten Forschungseinrichtungen bereits eine Form des Wissenstransfers da und deuten auf eine enge Verbindung zwischen der Wissenschaft und der Technologie hin. Wie beschrieben, sorgt alleine die Offenlegung der Patentanmeldung dafür, dass die industriellen Akteure das Wissen nutzen können. Die Ergebnisse der wissenschaftlichen Forschung werden durch die Patentanmeldungen anwendungsnah aufbereitet und aus der rein wissenschaftlichen Sichtweise in eine anwendungsorientierte Richtung gelenkt. Weitergehend bietet es sich an, an dieser Stelle die Patentanmeldungen der anwendungsnahen Forschungseinrichtungen genauer auszuwerten, um weitere Erkenntnisse hinsichtlich deren Weitergabe von Wissen in den Anwendungsbereich zu erlangen. Um die Umsetzung der wissenschaftlichen Ergebnisse in den technologisch, industriellen Bereich zu zeigen, werden zuerst alle Autoren von Publikationen der in diesem Fallbeispiel betrachteten Akteure in Periode D identifiziert (siehe Tabelle 23).

	Anzahl der Autoren	Anzahl der Publikation
Universität Stuttgart	7	2,5
Forschungszentrum Jülich GmbH	20	14,8
Deutsches Zentrum für Luft- und Raumfahrt	14	7,7
Siemens AG	15	4,8

Tabelle 23: Autoren und Publikationen des Fallbeispiels

Ausgehend von den so identifizierten Autoren wurde geprüft, ob diese bei Patentanmeldungen als Erfinder auftauchen. So kann die Umsetzung des wissenschaftlich orientierten Wissens in konkret anwendbares Wissen gezeigt werden. Dabei sind zwei mögliche Fälle denkbar: So können die Autoren (als Wissensträger der wissenschaftlichen Forschung) als Erfinder auf organisationseigenen Patenten auftauchen, oder aber als Erfinder bei industriellen Partnern. Im letzteren Fall wird der Wissenstransfer sofort deutlich. Im ersteren Fall wird der Wissenstransfer, neben der oben beschriebenen Offenlegung, erst dann im vollen Umfang möglich, wenn die Patente der anwendungsnahen Forschungseinrichtungen an industrielle Akteure durch Lizenzen weitergegeben werden. Die Analyse der identifizierten Autoren zeigt, dass der erstere Fall in der PEM-Technologie nicht festgestellt werden konnte. So treten die Autoren der anwendungsnahen Forschungseinrichtungen in keinem Fall als Erfinder bei den durch Unternehmen (Siemens AG) angemeldeten Patenten auf. Stattdessen fungieren die Autoren der anwendungsnahen Forschungseinrichtungen auffallend häufig als Erfinder auf Patenten, bei denen die „eigene" Organisation als Anmelder auftritt. So konnte diese Konstellation im Fall des Forschungszentrums Jülich bei 11 Patentanmeldungen und im Fall des Zentrums für Luft und Raumfahrt bei drei Pantentanmeldungen festgestellt werden. Die Patentanmeldungen erfolgen hauptsächlich im gleichen oder im darauffolgenden Jahr. Leider waren diese Akteure nicht bereit, Auskünfte über die Lizensierung dieser Patente zu erteilen, da diese Informationen der Vertraulichkeit unterliegen. So kann über eine Weitergabe des Wissens durch Lizensierung an dieser Stelle nur spekuliert werden. Interessanterweise ist dieses hier bei den anwendungsnahen Forschungseinrichtungen festgestellte Verhalten auch bei den Unternehmen (Siemens AG) sichtbar. So fungieren deren Autoren auch als Erfinder bei Patentanmeldungen der Siemens AG.

Vereinzelt finden diese Publikationen zeitlich nach der Patentanmeldung statt. Dies ist ein Hinweis, dass die Kopplung nicht nur der Technologie zugutekommt, sondern auch der Wissenschaft. Die bidirektionale Ausrichtung der Kopplung wird dadurch erkennbar.

Fasst man diese Ergebnisse zusammen, kann die Hypothese 7 bestätigt werden. Die Rolle der anwendungsnahen Forschungseinrichtungen sticht dadurch heraus, dass sie eine relevante Position bei der Kopplung von Wissenschaft und Technologie einnehmen und im Zuge des Wissenstransfers die Ergebnisse der wissenschaftlichen Forschung an den Anwendungsbereich funktionssystemübergreifend weitergeben. So kann im Forschungsfeld der PEM-Brennstoffzellentechnologie bereits ein Wissenstransfer über gemeinsame Publikationen identifiziert werden. Die hier im Fokus stehenden anwendungsnahen Forschungseinrichtungen transferieren das eher grundlagenorientierte Wissen der Universitäten binnensystemisch. Gleichzeitig kommt es durch Kopublikationen mit industriellen Akteuren zu funktionssystemübergreifenden Interorganisationsbeziehungen. Das Deutsche Zentrum für Luft und Raumfahrt und das Forschungszentrum Jülich übernehmen so eine „Brückenfunktion“ zwischen den komplementären Systemen und beschreiben genau die Charakteristik, die Schmoch (2003) als partielle Dualität bei wissensintensiven Technologien definiert (vgl. Schmoch 2003, S.61). Der Wissenstransfer in das industrielle System findet zusätzlich zu den Kopublikationen auch im Bereich des angewandten Wissens und der Entwicklung statt, was durch die Patentleistung dieser Akteure gezeigt wird. Teilweise bleiben aber mögliche Kanäle des Wissenstransfers (Autoren der Forschungseinrichtungen als Erfinder bei industriellen Akteuren) in der Brennstoffzellenforschung noch ungenutzt.

Die besondere Bedeutung des Wissenstransfers von der Wissenschaft in die Technologie wird auch durch die Umfrage bestätigt (siehe Tabelle 24). So schätzen die Teilnehmer der Umfrage den Wissensaustausch zwischen Forschungseinrichtungen als sehr bedeutend ein. Die Kopplung von Wissenschaft und Technologie übernimmt genau diese Funktion, da sie Organisationen aus Wissenschaft und Technologie vereint. Dennoch muss es auch zu einer Zusammenarbeit zwischen Wissenschaft Technologie und der Politik kommen. Das politische System ist letztendlich für Maßnahmen der Entwicklung der PEM-Technologie in Form von Programmen und Gesetzgebung verantwortlich. Um auf dem aktuellen Stand der Forschung zu sein, müssen Akteure der Wissenschaft und der Technologie die politischen Entscheidungsträger über den aktuellen Wissensstand informieren. Nur so kann es zu sinnvoll abgestimmten Forschungsschwerpunkte im Rahmen weitere Programme kommen. Der Wissensaustausch und die Zusammenarbeit innerhalb der in Deutschland gegründeten Brennstoffzellenbündnisse[198], werden mit Abstand als weit weniger von Bedeutung eingestuft, sind aber dennoch relevant. Bündnisse von Akteuren dienen genau so, wie die hier identifizierten Netzwerke des Wissenstransfers, jedoch nicht durch gemeinsame F&E-Aktivitäten.

Alles in Allem ist der Technologietransfer zwischen den Akteuren und die Koordination der Aktivitäten aller technologierelevanten Akteure eine wichtiges Element der Wissensgenese.

Wie beurteilen Sie die Wichtigkeit von Wissensaustausch und Zusammenarbeit….	Mittelwert	Rangfolge
… zwischen Forschungseinrichtungen und Industrie	4,36	1
… zwischen Politik und Industrie	4,09	2
… zwischen Politik und Forschungseinrichtungen	3,82	3
… zwischen verschiedenen Akteuren der Brennstoffzellenbündnisse	3,48	4
… innerhalb der Brennstoffzellenbündnisse	3,55	5
… zwischen den Akteuren durch die Teilnahme an Kongressen / Tagungen zum Thema Brennstoffzelle	3,18	6

Tabelle 24: Wichtigkeit von Wissensaustausch und Zusammenarbeit[199]
(Frage 5, siehe Anhang)

6.3. Zwischenfazit: Kooperatives Verhalten

Wie in Kapitel 5 festgestellt, werden die Aktivitäten des Innovationsprozesses von PEM-Brennstoffzellenfahrzeugen von verschiedenen Akteuren getragen. Dennoch

[198] Sie dazu Kapitel 8.8.

[199] Der Mittelwert berechnet sich aus allen gegeben Antworten. Der Wertebereich der Frage 5: 1=ohne Bedeutung, 2=geringe Bedeutung, 3=durchschnittliche Bedeutung, 4=große Bedeutung, 5=sehr große Bedeutung.

reichen viele Akteure alleine nicht aus. So spielt die Bildung von Netzwerken gerade bei komplexen Technologien eine wichtige Rolle. Das der PEM-Technologie zugrundeliegende Wissen kann nicht von einem einzelnen Akteur alleine vorgehalten werden und verteilt sich auf alle Akteure, die in diesem Forschungsbereich tätig sind. Durch Kooperationen entstehen Netzwerke, die für eine Zirkulation des Wissens zwischen den Akteuren sorgen. Die Teilnahme an diesen Netzwerken ist unterschiedlich motiviert. So sind die wissenschaftlichen Akteure durch gemeinsame Projekte an ihrer Finanzierung (Stichwort: Drittmittel) und gleichzeitig am „Anwerben" neuer Akteure interessiert, was Callon (1986) als „Translation" bezeichnet. Durch diese auch als „strategy of interessment" (Callon 1997, S.17) bezeichnete Strategie soll die Forschungsrichtung durch Einbindung neuer Akteure etabliert werden. Die Motivation der industriellen Akteure zur Teilnahme an Netzwerken (funktionssystemübergreifend) der wissenschaftlichen Forschung ist im Zugang zu implizitem Wissen der wissenschaftlichen Akteure und zu den Akteuren selbst begründet.

Insgesamt können die auch schon in Kapitel 5.4 beobachteten emergenten Konstellation auch bei in der Analyse der wissenschaftlichen Netze festgestellt werden, deren Aufbau von Periode zu Periode stark variiert und diese in einzelnen Komponenten zerfallen lässt. Im Sinne der weiteren Entwicklung der PEM-Technologie müssen die Kooperationen der wissenschaftlichen Forschung und der dadurch entstehende Wissenstransfer noch weiter ausgebaut werden. Bei der Vergabe von Fördermitteln könnte dieser Sachverhalt stärker berücksichtigt werden. Es gilt die interorganisationellen Kooperationen zu stärken und die immer noch hohe Anzahl an Akteuren aus der Isolation zu führen (vgl. EVI 2010, S.85). Das Potential der Fähigkeiten der wissenschaftlichen Akteure muss besser genutzt und die dort verfügbaren Kapazitäten in verstärktem Maße mit den Kompetenzen der industriellen Akteure verzahnt werden. Die Bündelung der gemeinsamen Anstrengungen und die dadurch entstehenden Vorteile durch den Wissensgewinn müssen ausgebaut werden. Nur so kann der interorganisationelle Austausch die gewünschten Ergebnisse des Netzwerkes durch Transfer des Wissens gewährleisten und die Unsicherheiten der noch jungen PEM-Technologie für die einzelnen Akteure auf lange Sicht reduzieren. Im Sinne der technologischen Entwicklung ist eine rege Teilnahme der Akteure an Netzwerkaktivitäten äußerst wünschenswert.

Der im Rahmen der Kopplung von Wissenschaft und Technologie entstehende Wissenstransfer zwischen den wissenschaftlichen und industriellen Akteuren ist ausschlaggebend für eine hohe Innovationsleistung der industriellen Akteure und damit für die Sicherung der Wettbewerbsposition im Automobilsektor und den weiteren in die Entwicklung der PEM-Brennstoffzellen involvierten Sektoren. Dieser Sachverhalt wurde bereits im Rahmen der Diskussion um das „Dominante Design"[200] aufgezeigt und wird auch durch die Umfrage bestätigt. So beurteilen sowohl wissenschaftliche als auch industrielle Akteure die Kooperationen zwischen Forschungseinrichtungen und der Industrie als sehr bedeutend (Frage 5, siehe Anhang 1). Im Rahmen des Wissenstransfers spielen die anwendungsorientierten Forschungseinrichtungen eine wichtige Rolle. Zum einen transferieren sie das Grundlagenwissen der Universitäten durch binnensystemische Interorganisationsbeziehungen und verarbeiten es weiter, zum anderen transformieren sie es durch funktionssystemübergreifende Interorganisationsbeziehungen in das industrielle System, indem sie es in Patenten weiter der Anwendung entgegenführen. Die Ergebnisse des Fallbeispiels haben diese außerordentlich strategische Position weiter unterstrichen. So werden ihre Forschungsergebnisse auch in Patentanmeldungen dokumentiert, die ebenfalls als ein genutzter Kanal des Wissenstransfers identifiziert werden konnten. So übernehmen die anwendungsnahen Forschungseinrichtungen eine Art „Brückenfunktion" innerhalb des Innovationssystems zwischen den komplementären Systemen der Wissenschaft und der Technologie und erfüllen das Konzept der partiellen Dualität. Folgende Abbildung 49 verdeutlicht diese besondere Stellung der (hybriden) Akteure im „Grenzbereich" der beiden großen Systeme:

[200] Siehe dazu Kapitel 4.2.1.

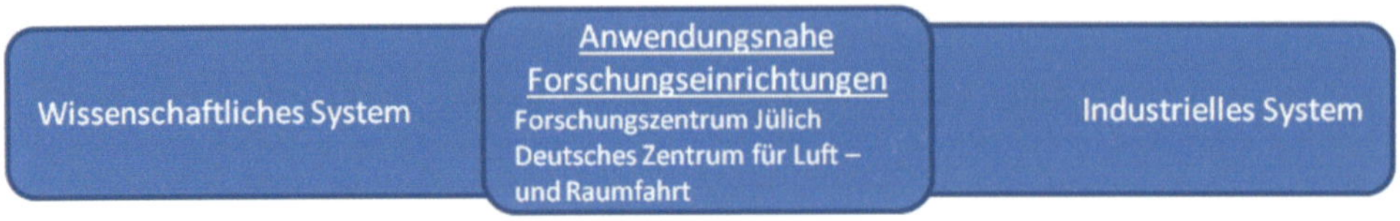

Abbildung 49: Stellung der anwendungsnahen Forschungseinrichtungen im Kontext der Systeme

7. Internationale Betrachtung der PEM-Technologie

Der Innovationsprozess läßt sich nicht auf einzelnen Länder beschränken und ist zu nehmend international ausgerichtet. Die der Entwicklung der PEM-Technologie zugrundeliegende Wissensproduktion ist somit weltweit verteilt und führt zu einer Internationalisierung des Innovationsprozesses. Um nicht von der internationalen Wissensproduktion ausgeschlossen zu werden, sind die Akteure des Innovationssystems gezwungen insbesondere international zusammenzuarbeiten und zu kooperieren. Nur so kann das komplementäre, international produzierte Wissen adaptiert werden. Ziel dieses Kapitels ist es daher, die internationalen Wissenstreiber zu identifizieren und die Entwicklung der transnationalen Kooperationen sichtbar zu machen[201].

7.1.Internationalisierung der wissenschaftlichen Forschung

Die theoretischen Ausführungen zum Innovationsprozess und zum Innovationssystem zeigen eindeutig die Tendenz zu einer Internationalisierung auf. Gleichzeit wurde von Dosi (1981) gezeigt, dass immer mehr Akteure in den Innovationsprozess involviert sind. Die Hypothese 8a soll untersuchen, inwiefern diese Zunahme an Akteuren und deren Aktivitäten auch auf internationaler Ebene zu beobachten ist:

Hypothese 8a: Die Konzentrationen der weltweiten Verteilung der Forschungsaktivitäten (wissenschaftliche Forschung) der Länder nehmen ab.

Die folgende Abbildung 50 zeigt, wie sich die Konzentration der weltweiten Aktivitäten auf Länderebene in der wissenschaftlichen Forschung entwickelt. Es ist zu erkennen, dass die Anzahl der an den weltweiten Aktivitäten beteiligten Länder von zehn in Periode A bis auf 45 in Periode E ansteigt. Gleichzeitig sinkt der Hirschman-Herfindahl-Index (HHI) von 0,51 in Periode A auf 0,14 in Periode E. Die weltweite Konzentration der wissenschaftlichen Forschungsaktivitäten nimmt also über die Zeit

[201] In diesem Kapitel werden die Hypothesen 8 und 9 beantwortet. Da sich die Hypothesen jeweils auf die wissenschaftliche Forschung und die angewandte Forschung und die Entwicklung beziehen, werden die Hypothesen jeweils in Teil a und b aufgeteilt. Kapitel 7.1 betrachtet die Internationalisierung der wissenschaftlichen Forschung und beantwortet die Hypothesen zur Verteilung der Forschungsaktivitäten für die wissenschaftliche Forschung (Hypothese 8a und 9a). Kapitel 7.2 beleuchtet die Internationalisierung der angewandten Forschung und der Entwicklung und testet die Hypothesen 8b und 9b.

ab. Die Hypothese 8a kann somit bestätigt werden. Auch wenn ein kleiner Anstieg der Konzentration von Periode D nach E zu verzeichnen ist, lässt sich doch alles in allem eine fallende Konzentration aufgrund der steigenden Aktivitäten der verschiedenen Länder verzeichnen.

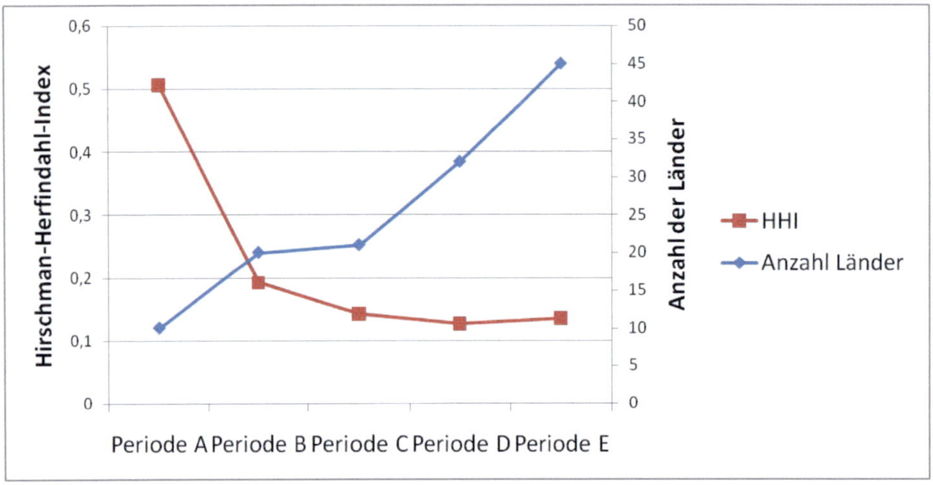

Abbildung 50: Anzahl der Länder(rechts) und die Konzentration (Hirschman-Herfindahl-Index, links) der weltweiten Aktivitäten der wissenschaftlichen Forschung

Dieser Trend der zunehmenden internationalen Aktivitäten könnte ein Indiz sein, dass die PEM-Technologie tatsächlich vor dem Durchbruch steht. Sind es zu Beginn der Entwicklung nur vereinzelte, hoch industrialisierte Länder, die das internationale wissenschaftliche System prägen, werden es über den Betrachtungszeitraum immer mehr Länder, die sich aktiv beteiligen.

Die Entwicklung der internationalen wissenschaftlichen Forschung wird in Tabelle 25 über die Perioden dargestellt. Periode A ist durch die Aktivitäten der Vereinigten Staaten von Amerika mit 70,38% geprägt. Dahinter folgen Italien und Frankreich. Die Forschung im Bereich der Elektromobilität hat in Frankreich eine lange Tradition. Ende der 1950ziger Jahre wurden von der „Delegation Generale à la Recherche Scientifique et Technique" (DGRST) sogenannte „Actions Concertées" in Leben gerufen, die prioritäte Forschungsthemen voran treiben sollten. In der Gruppe „Energy Conversion" stand die Elektromobilität im Fokus. Als Staatsunternehmen nahm „Electricité de France" EDF die Rolle des „Translator-Spokesman" (Callon 1986,

S.24) ein und setzte den Fokus innerhalb der Elektromobilität auf die Brennstoffzelle. Dabei stand aber mehr die Anwendung als die Grundlagenforschung im Vordergrund, was letztendlich dazu führte, dass die Brennstoffzelle wissenschaftlich noch nicht ausgereift war, um Fahrzeuge serienreif zu bewegen. Die EDF schwenkte um, sagte sich von der Brennstoffzelle los und gab die batteriebetriebenen Fahrzeuge als neue Leitlinie vor. Daraus resultierte, dass sich mehr und mehr Akteure aus diesem Forschungsfeld zurückzogen. Der Plan die Elektromobilität flächendeckend einzuführen war, auch aufgrund der fehlenden Marktaussichten, gescheitert (vgl. Callon 1980, S.359ff). Trotz dieser langen Tradition schafft es Frankreich in Periode A zwar auf den zweiten Platz, bleibt aber dann über die weiteren Perioden für die wissenschaftliche Forschung der PEM-Technologie ohne Bedeutung. In den Perioden B bis D bleiben die Top – 3 Länder unter sich. Die Vereinigten Staaten von Amerika führen in dieser Zeit weiterhin das Länderranking an, fallen jedoch bei den relativen Aktivitäten auf rund 28% in Periode C und D zurück. Das starke und langfristige Engagement der USA im Bereich der wissenschaftlichen Forschung ist auf militärische Motive zurück zuführen. So wurden bereits ab 1969 Brennstoffzellen für Apollo-Raumfahrtmissionen genutzt, die Energie für Funkverkehr und Bordcomputer lieferten. Im Bereich der brennstoffzellenbetriebenen Automobile sind die stringenten Emissionsgesetze im Bundesstaat Kalifornien ein treibender Faktor für die Technologie. Das „FreedomCAR and Vehicle Technologies (FCVT) Program“ unterstützt die Aktivitäten alternativer Antriebssysteme schon über einen langen Zeitraum. So startete das Programm bereits 1968 um auf die steigende, durch den Verkehr erzeugte Luftverschmutzung zu reagieren und unterstützt seitdem die verschiedenen Ansätze der Elektromobilität. Gerade in kürzlich aufgelegten Programmen wird dabei auch immer mehr die Forschung der PEM-Technologie im Rahmen einer „Transition Strategy“ gefördert (vgl. DOE 2010) und begünstigt die hohen wissenschaftlichen Forschungsaktivitäten der USA. Deutschland, in Periode B noch auf dem dritten Rang, steigt in Periode C vorübergehend sogar auf den zweiten Rang auf und wird in Periode D von Japan wieder auf den dritten Platz zurück verwiesen. Die Vereinigten Staaten von Amerika (30,03%) und Japan (13,18%) behaupten auch in

Periode E weiterhin die ersten beiden Plätze. Die in Japan traditionell verankerte Automobilindustrie und deren Ausrichtung auf umweltschonende Mobilität, begünstigt dabei die Intensität der wissenschaftlichen Forschung. Deutschland wird von China in Periode E, das seit Periode C stark an Anteilen gewinnt, vom dritten Platz verdrängt. Die Zunahme der chinesischen Aktivitäten ist auf eine starke Förderung der Elektromobilität in den zentralen Jahresplänen zurückzuführen und wird voraussichtlich in Zukunft noch weiter ansteigen. So erklärt die chinesische Zentralregierung die Entwicklung und Produktion umweltfreundlicher Fahrzeuge zur nationalen Strategie mit höchster Priorität und strebt bei der Elektromobilität weltweit die Technologieführerschaft an. Umsetzung findet dieses Ziel im 5-Jahres Plan Nr. 12 für den Zeitraum 2011 bis 2015 und im sog. „Automotive Industry Readjustment and Revitalization Plan“ (vgl. CAMA 2010).

Insgesamt weisen Japan, Deutschland und Kanada von Periode A nach Periode B die höchsten Wachstumsraten auf. Wegen der in diesen Perioden noch sehr geringen Intensität der Aktivitäten fallen diese Raten sehr hoch aus. Von Periode B nach C treten auch vermehrt negative Wachstumsraten auf. Länder, die in Periode B noch aktiv vertreten waren, sind in Periode C nicht mehr präsent. Von Periode C nach Periode D sind alle Wachstumsraten wieder durchweg positiv. Dabei hervorzuheben ist China, das, aktiv ab Periode C, mit die höchsten Wachstumsraten aufweist. Die Wachstumsraten von Dänemark und den Niederlanden sind ebenfalls aufgrund geringer Aktivitäten entsprechend hoch. China bestätigt seine Position auch von Periode D nach E mit einer hohen Wachstumsrate. Ebenso Taiwan, dessen wissenschaftliche Aktivitäten mit einer Wachstumsrate von 16,78 anwachsen.

	Periode A		Periode B		Periode C		Periode D		Periode E		Wachstumsraten			
	Absolut	Relativ	Absolut	Relativ	Absolut	Relativ	Absolut	Relativ	Absolut	Relativ	A -> B	B -> C	C-> D	D -> E
Ägypten									1,00	0,06%				
Argentinien							0,50	0,09%	1,33	0,08%				1,67
Australien			0,50	0,40%			4,33	0,78%	6,23	0,39%		-1,00		0,44
Belgien			1,67	1,32%	3,17	1,30%	1,00	0,18%	1,50	0,09%		0,90	-0,68	0,50
Brasilien					4,00	1,65%	8,50	1,52%	24,00	1,51%			1,13	1,82
Bulgarien									1,00	0,06%				
China					4,50	1,85%	23,50	4,21%	157,67	9,92%			4,22	5,71
Dänemark			1,00	0,79%	0,50	0,21%	4,42	0,79%	8,50	0,53%		-0,50	7,83	0,92
Deutschland	2,00	3,39%	14,00	11,11%	40,00	16,46%	67,42	12,08%	100,37	6,31%	6,00	1,86	0,69	0,49
England	2,00	3,39%	4,00	3,17%	20,50	8,44%	27,08	4,85%	23,83	1,50%	1,00	4,13	0,32	-0,12
Finnland			1,00	0,79%	6,75	2,78%	9,17	1,64%	12,00	0,75%		5,75	0,36	0,31
Frankreich	2,64	4,48%	4,50	3,57%	13,25	5,45%	15,15	2,72%	32,22	2,03%	0,70	1,94	0,14	1,13
Griechenland							3,75	0,67%	17,08	1,07%				3,56
Indien	2,33	3,95%	2,00	1,59%	4,00	1,65%	11,00	1,97%	22,78	1,43%	-0,14	1,00	1,75	1,07
Irak									1,00	0,06%				
Iran									4,83	0,30%				
Israel									2,00	0,13%				
Italien	2,60	4,41%	2,00	1,59%	7,00	2,88%	23,68	4,24%	54,97	3,46%	-0,23	2,50	2,38	1,32
Japan	2,00	3,39%	18,50	14,68%	26,33	10,84%	68,38	12,26%	209,50	13,18%	8,25	0,42	1,60	2,06
Kanada	2,00	3,39%	13,67	10,85%	23,92	9,84%	42,17	7,56%	118,58	7,46%	5,83	0,75	0,76	1,81
Malaysia							6,00	1,08%	6,00	0,38%				0,00
Mexiko					2,00	0,82%	3,00	0,54%	10,50	0,66%			0,50	2,50
Neuseeland							1,00	0,18%						-1,00
Niederlande			2,00	1,59%	2,00	0,82%	11,00	1,97%	11,92	0,75%			4,50	0,08
Nordirland			1,00	0,79%								-1,00		
Norwegen			2,00	1,59%	0,50	0,21%	1,17	0,21%	5,50	0,35%		-0,75	1,33	3,71
Österreich									5,17	0,32%				
Philippinen									1,00	0,06%				
Polen	0,40	0,68%							2,00	0,13%	-1,00			
Portugal							1,00	0,18%	3,67	0,23%				2,67
Rumänien									0,75	0,05%				
Russland					0,83	0,34%	1,00	0,18%	7,33	0,46%			0,20	6,33
Saudi-Arabien									3,00	0,19%				
Schweden					2,75	1,13%	9,83	1,76%	23,42	1,47%			2,58	1,38
Schweiz	1,50	2,54%	5,50	4,37%	2,67	1,10%	13,50	2,42%	26,17	1,65%	2,67	-0,52	4,06	0,94
Singapur							3,00	0,54%	9,58	0,60%				2,19
Slowenien									2,00	0,13%				
Spanien			0,50	0,40%			4,67	0,84%	26,83	1,69%		-1,00		4,75
Südafrika									2,00	0,13%				
Südkorea			4,00	3,17%	9,00	3,70%	29,00	5,20%	98,65	6,20%		1,25	2,22	2,40
Taiwan			0,50	0,40%	1,00	0,41%	3,00	0,54%	53,33	3,35%		1,00	2,00	16,78
Thailand									1,00	0,06%				
Tschechien							1,00	0,18%						-1,00
Türkei			0,50	0,40%			0,50	0,09%	4,50	0,28%		-1,00		8,00
Ungarn									0,33	0,02%				
Venezuela									0,50	0,03%				
Vereinigte Arabische Emirate							2,00	0,36%	7,00	0,44%				2,50
Vereinigte Staaten von Amerika	41,52	70,38%	47,17	37,43%	68,33	28,12%	157,28	28,19%	477,45	30,03%	0,14	0,45	1,30	2,04
	59,00		126,00		243,00		558,00		1590,00					

Tabelle 25: Weltweite Publikationsaktivitäten der wissenschaftlichen Forschung in den einzelnen Perioden sowie deren Wachstumsraten[202] nach Ländern

Es lässt sich zusammenfassend feststellen, dass immer mehr Länder an den Aktivitäten der wissenschaftlichen Forschung teilnehmen. So sind die steigenden Aktivitäten der verschiedenen Länder ein Indiz dafür, dass eine Markteinführung der PEM-Technologie in Brennstoffzellenfahrzeugen erwartet wird. Gerade die Länder mit einer ausgeprägten und traditionellen Automobilindustrie wie die USA, Deutschland und Japan investieren in die Grundlagenforschung, um eine breite Basis an Grundlagenwissen und angewandtem Wissen vorzuhalten, das es für eine weitere

[202] Die Wachstumsrate von Periode A nach Periode B ist definiert als: $\frac{Aktivit\ddot{a}t\ Periode\ B\ (abs.)}{Aktivit\ddot{a}t\ Periode\ A\ (abs.)} - 1$; Die Länder mit den drei höchsten Aktivitäten, bzw. höchsten Wachstumsraten sind zur besseren Orientierung jeweils rot unterlegt.

Entwicklung der Technologie[203] benötigt. So bleibt die Produktion des Wissens im wissenschaftlichen System nicht auf einzelne Länder beschränkt. Gleichzeitig erfordert die zunehmende Internationalisierung der wissenschaftlichen Forschung eine zunehmende internationale Zusammenarbeit um auf das in den einzelnen Ländern produzierte Wissen Zugriff zu erhalten. So stellt das international produzierte Wissen für die in dieser Arbeit im Fokus stehenden deutschen Akteure ein großes Potential dar, das es gilt für den eigenen Vorteil zu nutzen. Die folgende Hypothese 9a soll nun untersuchen, ob die deutschen Akteure tatsächlich zunehmend international ausgerichtet sind, um sich durch gemeinsame Publikationen Zugriff auf das international erzeugte Wissen zu sichern:

Hypothese 9a: Internationale Kooperationen der wissenschaftlichen Forschung deutscher Akteure nehmen über den Betrachtungszeitraum hinweg zu.

In Periode A und B bleibt das wissenschaftliche System Deutschlands international noch isoliert und hat somit auch keine direkten ausländischen Nachbarn[204] wie in Abbildung 51 zu sehen ist. Die Aktivitäten der wissenschaftlichen Forschung, die in Kooperation mit ausländischen Akteuren entstanden sind, bleiben in Periode C und D mit ca. sieben Publikationen nahezu konstant und steigen in Periode E auf 18 an. Der Anteil transnationaler Kooperationen an allen deutschen Aktivitäten der wissenschaftlichen Forschung (Kooperationsneigung) liegt somit in Periode C bei 18,33%, fällt in Periode D auf 10,63% und steigt in Periode E wieder auf 18,00%. Der Rückgang der Kooperationsneigung ist auf die konstant bleibende Anzahl internationaler Kooperationen und auf die steigende Anzahl deutscher Publikationen zurückzuführen. In Periode C und Periode D unterhält Deutschland Kooperationen mit jeweils 5 Ländern, in Periode E sind es bereits 13 Länder. Diese Zahlen lassen einen Trend zur Internationalisierung bei der internationalen Zusammenarbeit der wissenschaftlichen Forschung deutscher Akteure erkennen. Die Hypothese 9a kann somit bestätigt werden.

---

[203] Siehe Kapitel 4.2.2.

[204] Auch innerhalb von Deutschland kommt es in den Perioden A und B noch zu keinen Kooperationen. Siehe dazu Abbildung 43.

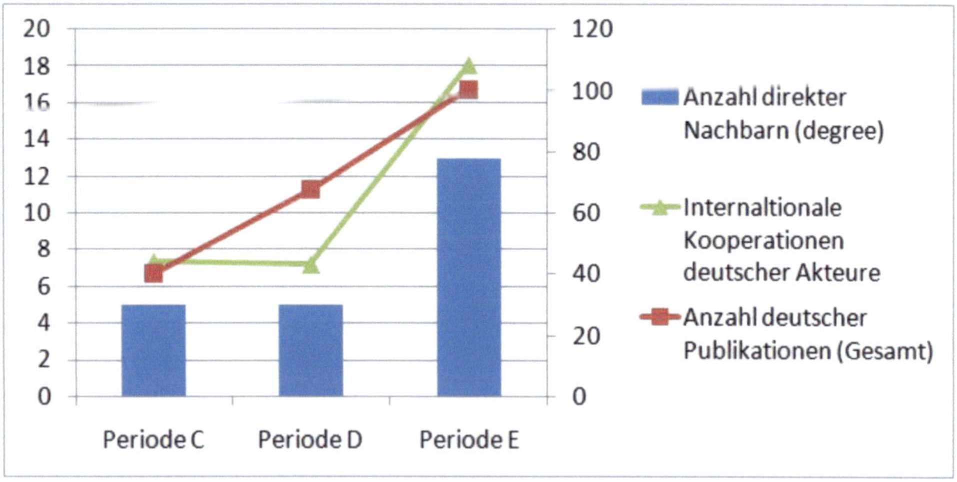

Abbildung 51: Internationale Kooperationen (Kopublikationen, linke Skala) deutscher Akteure, Anzahl der direkten Nachbarn (linke Skala) und Gesamtzahl der deutschen Publikationen (rechte Skala)

Im Vergleich zur nationalen Kooperationsneigung[205] bleibt die internationale aber dahinter zurück. Die Motivation der Akteure sich am Netzwerk zu beteiligen, liegt vor allem darin, sich das dort zirkulierende Wissen anzueignen, da die Akteure mit zunehmender Komplexität auf diese externen Quellen angewiesen sind. Dabei scheint es, dass dieser dadurch initiierte Wissenstransfer vorerst vermehrt national stattfindet. Die externen internationalen Quellen werden in der wissenschaftlichen Forschung zögerlicher angenommen, sind aber eine wesentliche Voraussetzung, da das der Technologie zugrundeliegende Wissen nicht nur national entsteht (vgl. Dalum et al. 1992, S.310f). Gründe für die nationale Orientierung der Kooperationen könnten in der räumlichen und kulturellen Distanz sowie bei Sprachbarrieren zu finden sein (vgl. Hullmann 2001, S.118f). So stellt gerade die geringe Distanz eines Landes eine besonders gute Voraussetzung für Interaktionen im Innovationsprozess (allgemein) dar. Bei jungen, komplexen oder grundlegend neuen Technologien ist diese geographische und kulturelle Distanz besonders ausschlaggebend. So müssen erst gemeinsame Codes zur Kommunikation entstehen, die den internationalen Austausch ermöglichen (vgl. Steg 2005, S.23). Dennoch sind auch bei jungen Technologien internationale Interaktionen zu beobachten und es gilt gerade bei

[205] Hypothese 6, insbesondere Abbildung 43.

forschungsintensiven Technologien in der frühen Phase der Entwicklung auf dem aktuellen Stand der weltweiten Wissensproduktion zu sein (vgl. Nelson und Rosenberg 1993, S.5 und 17)[206]. Für die deutschen Akteure der PEM-Technologie lässt sich feststellen, dass eine internationale Vernetzung eine zunehmend wichtigere Rolle spielt, diese die nationalen Kooperationen aber nicht ersetzen, sondern lediglich ergänzen kann.

Wie bereits gesehen, bleibt Deutschland in den Perioden A und B noch isoliert. Grenzübergreifende Interaktionen deutscher Akteure in Form von Kooperationen finden erst ab Periode C statt, welche in Abbildung 52 zu sehen ist. Es fällt auf, dass noch kein gemeinsames Netzwerk besteht, sondern, dass dieses in zwei große Komponenten zerfällt. Zum einen handelt es sich um ein sogenanntes „Star Network“ mit Deutschland im Zentrum wie in Abbildung 52 auf der linken Seite zu sehen. Durch diese zentrale Position hat Deutschland in Periode C eine maximale Betweenness Centrality von 1 und nimmt innerhalb dieser Komponente eine wesentliche Funktion der gemeinsamen Wissensproduktion als Mediator ein. Zum anderen die Komponente, die durch die USA dominiert wird.

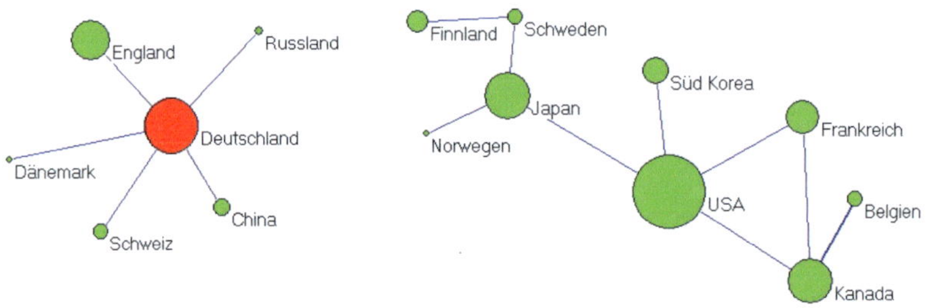

Abbildung 52[207]: Netzwerk der wissenschaftlichen Forschung auf Länderebene (Periode C, ohne isolierte Länder)

[206] Insgesamt bleibt die Internationalisierung der hier betrachteten Technologie noch weit hinter der allgemein wachsenden Bedeutung der internationalen Kooperationen bei den inventiven Aktivitäten zurück. Zwischen 1990 und 2006 hat sich die Quote der internationalen Kooperationen von 19% auf 44% mehr als verdoppelt. Gleiche Tendenzen wurden bei einer Betrachtung der EU-Mitgliedstaaten festgestellt, wenn dort auch auf einem niedrigerem Niveau (vgl. Hinze et al. 2007, S.13).

[207] Aus Gründen der Visualisierbarkeit wird in den Abbildung 52, Abbildung 53 und Abbildung 54 auf isolierte Knoten, also Länder ohne internationale Kooperationen, verzichtet.

In Periode D wächst das Netzwerk stark an und die beiden Komponenten aus Periode C sind nun als internationales Netzwerk verbunden[208]. Dominiert wird Periode D durch die USA und Japan, mit denen Deutschland allerdings keine Kooperationen pflegt. Deutschland (Betweenness Centrality von 0,314) nimmt hinter den USA mit einer Betweenness Centrality von 0,340 in Periode D den zweiten Platz in der Bedeutung der Akteure des Netzwerkes ein.

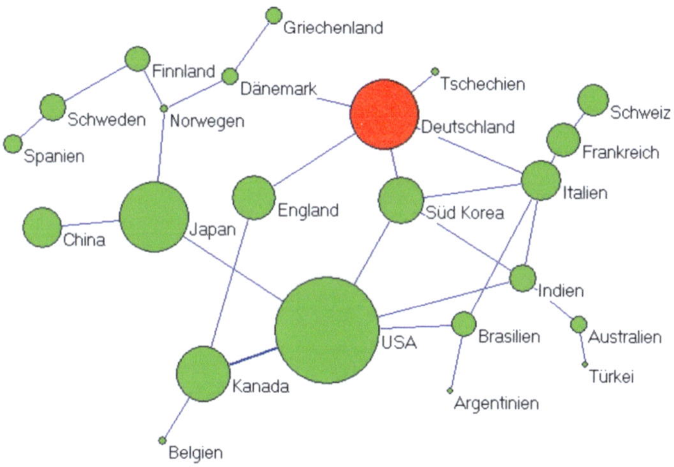

Abbildung 53: Netzwerk der wissenschaftlichen Forschung auf Länderebene (Periode D, ohne isolierte Länder)

Folgende Abbildung 54 zeigt das Netzwerk der wissenschaftlichen Forschung auf Länderebene in Periode E. Mit zunehmender Größe des Netzwerkes wird es immer schwieriger visuelle Auswertungen zu tätigen. Es fällt jedoch sofort auf, dass die transnationalen Interaktionen weltweit zugenommen haben. Auffällig dabei ist die intensive Interaktion zwischen den USA und China, bzw. zwischen Kanada und China. In Periode D war China international lediglich in Kooperation mit Japan aktiv. Außerdem kommt es zwischen den USA und Kanada wie auch schon Periode D zu einem intensiven Austausch. Gemessen an der Betweenness Centrality rutscht Deutschland (0,129) auf den vierten Platz zurück; Kanada (0,239) und England (0,178) schieben sich auf Platz zwei und drei. Die USA (0,311) können ihre Führungsposition im Netzwerk behaupten. Die wachsende Bedeutung Chinas wird auch hier deutlich, das mit

[208] Siehe Abbildung 53.

einer Betweenness Centrality von 0,124 auf den fünften Platz aufrückt. Bei der Betrachtung der Netzwerke über die Perioden C bis E fällt auch Grossbritannien auf, mit dem Deutschland über alle diese Perioden international zusammenarbeitet. Die dortigen Kooperationspartner sind insbesondere Universitäten und Forschungseinrichtungen. Zu den häufigsten Kooperationspartnern in Grossbritannien zählen das Imperial College London, die Loughborough University sowie die Universität Newcastle. Lediglich die Unternehmung Johnson Matthey aus London kooperiert als industrieller Akteur mit deutschen Akteuren. Im internationalen Vergleich, gemessen am wissenschaftlichen Output (siehe Tabelle 25), bleibt Grossbritannien aber ohne Bedeutung.

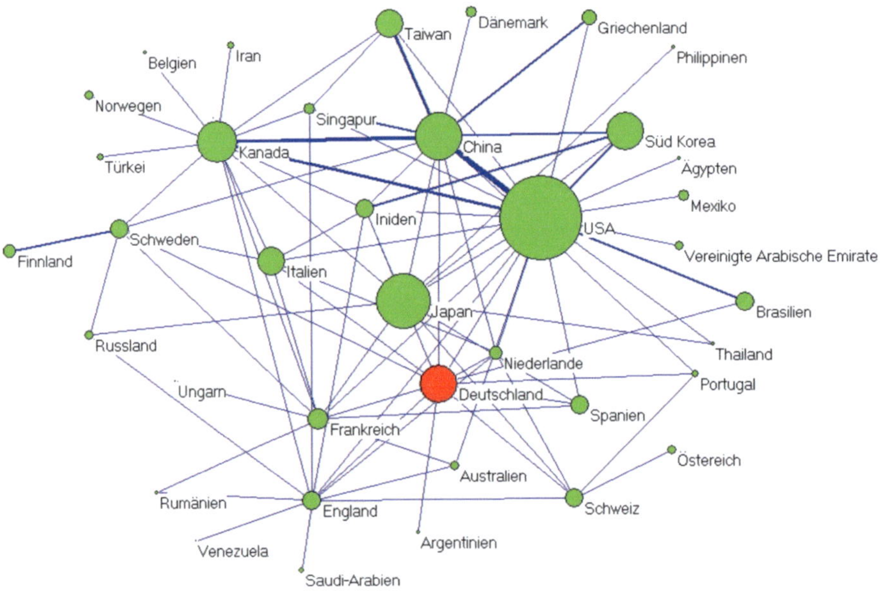

Abbildung 54: Netzwerk der wissenschaftlichen Forschung auf Länderebene (Periode E, ohne isolierte Länder)

Betrachtet man die Aktivitäten und Kooperationen der wissenschaftlichen Forschung auf Länderebene im Sinne Callons, kann man die herrschende Konstellation noch weitergehend als emergent bezeichnen. Zwischen den von Callon (1997) eingeführten Extrema der emergenten und stabilisierten Konfigurationen herrscht allerdings ein fließender Übergang. So existieren hier bereits stabilisierte

Eigenschaften. Durch die Erwartungen der teilnehmenden Länder forschen immer mehr Akteure im Bereich der PEM-Technologie, so dass es in den Perioden zu einer Rekonfiguration der Aktivitäten kommt. Damit verbunden ist auch eine Rekonfiguration der Netzwerke, die ähnlich wie auf deutscher Ebene, auch in Komponenten zerfallen und erst gegen Ende des Betrachtungshorizontes zusammenwachsen. Wie die Tabelle 26 zeigt, gibt es aber bereits stabilisierende Elemente, die das Rückgrat der wissenschaftlichen Forschung bilden. Dazu zählen Länder wie die USA und Deutschland, die durch ihr langfristiges Engagement in der wissenschaftlichen Forschung der PEM-Technologie den noch emergenten Konstellationen eine gewisse Konstanz geben und der Zusammenstellung der Akteure vorhersehbar machen.

Anzahl der Länder	davon aktiv in ... Perioden				
	1	2	3	4	5
49	34,7%	14,3%	16,3%	14,3%	20,4%

Tabelle 26: Anteil der Länder, die über mehrere Perioden in der wissenschaftlichen Forschung aktiv sind[209]

Zusammenfassend lässt sich feststellen, dass die internationale Wissensproduktion der PEM-Technologie immer breiteren Anklang findet. So lassen sich bei immer mehr Ländern Aktivitäten der wissenschaftlichen Forschung feststellen, was mit einer fallenden Konzentration der weltweiten Aktivitäten einhergeht. So sind es neben Deutschland die klassischen „Automobilnationen" wie USA, Frankreich oder Japan sowie das aufstrebende China, die das internationale wissenschaftliche System prägen und umfangreiche Forschungsprogramme unterhalten[210], die die Produktion des Wissens im Bereich der wissenschaftlichen Forschung begünstigen. Das steigende Engagement der verschiedenen Länder spiegelt die weltweite Einschätzung wider, dass die PEM-Technologie in naher Zukunft ihren Durchbruch erleben könnte. Um darauf vorbereitet zu sein, intensivieren die Akteure ihr Anstrengungen oder steigen in die wissenschaftliche Forschung zum Ende des Betrachtungszeitraums hin erst ein. Die Generierung von Grundlagenwissen spielt dabei eine wichtige Rolle. So bildet es

[209] So sind z.B. 14,3% der Länder über einen Zeitraum von zwei Perioden aktiv.

[210] Die Forschungsprogramme der einzelnen Länder unterscheiden sich in finanzielle Hinsicht sehr stark. Die Analyse des Zusammenhangs zwischen der finanziellen Ausstattung der Förderprogramme und der Bedetung in der internationalen Wissensproduktion bietet Raum für weitere Forschungsaktivitäten.

die Grundlage für die Umsetzung in der angewandten Forschung und Entwicklung der Akteure des industriellen Systems. Die wissenschaftliche Leistungsfähigkeit eines Landes stellt daher eine wesentliche Basis für dessen technologische Leistungsfähigkeit dar (vgl. Schmoch 2006, S.3). Gleichzeitig wird dadaurch wissenschaftliche Kompetenz signalisisiert, die den Zugang zu implizitem Wissen der wissenschaftlichen Netze ermöglicht. Um sich das im Netzwerk zirkulierende Wissen anzueignen, bedarf es[211] eines Mindestmaßes an eigenem Wissen über die PEM-Technologie. Nur so kann das weltweit produzierte und in Netzen zirkulierende Wissen durch Ko-Publikationen für die nationale Ausbeute nutzbar gemacht werden. So lässt sich für die deutschen Akteure eine steigende internationale Zusammenarbeit identifizieren, die gerade in Periode E stark ansteigt. Deutschland nimmt zwar teilweise eine zentrale Mittlerposition (gemessen an der Betweenness Centrality) ein, wird aber über die Perioden immer weiter von anderen Ländern von den TOP-Positionen verdrängt. Eine zentrale Position ist für die Wissensausbeute aber von entscheidender Bedeutung und kann als strategisch wichtig bezeichnet werden. So können die USA als Land mit der höchsten Betweenness Centrality die Wissensflüsse in andere Länder beeinflussen und entscheiden, ob Wissen in andere Bereiche des Netzwerkes weitergegeben wird oder nicht. Im Sinne der internationalen Ausbeute und Kontrolle von Grundlagenwissen sollte Deutschland an einer zentraleren Position im Netzwerk interessiert sein. Die nationale Produktion von Wissen deutscher Akteure ist dabei Grundvorraussetzung für die Teilnahme an internationalen Netzwerken und für die Attraktivität als Kooperationspartner entscheidend. So sollten gerade die Kooperationen mit den Hauptwissensproduzenten intensiviert werden, um bei der Entwicklung der PEM-Technologie nicht außen vor zu bleiben.

7.2. Internationalisierung der angewandten Forschung und der Entwicklung

Wie im vorherigen Kapitel gesehen, konnte im Bereich der wissenschaftlichen Forschung eine zunehmende Internationalisierung der Aktivitäten und der

[211] Wie auch schon in Kapitel 5 gesehen.

Kooperationen festgestellt werden. In diesem Kapitel wird anhand der Hypothesen 8b und 9b untersucht, ob diese Tendenzen auch in der angewandten Forschung und der Entwicklung zu identifizieren sind:

Hypothese 8b: Die Konzentrationen der weltweiten Verteilung der Forschungsaktivitäten (der angewandten Forschung und der Entwicklung) der Länder nehmen ab.

Die Herleitung der Hypothese und die dort enthaltenen Ausführungen zur Internationalisierung haben gezeigt, dass auch diese Aktivitäten des betrachteten Innovationssystems zunehmend international ausgerichtet sind. Durch Analyse der Patentanmeldungen der in dieser Arbeit durchgeführten Abfrage werden in einem ersten Schritt die ausländischen Patentanmeldungen am Deutschen Patent und Markenamt (DPMA) und weitergehend noch am sogenannten „Meta-Amt“[212] untersucht (Hypothesen 8b). Anschließend wird die internationale Zusammenarbeit durch Auswertung internationaler Erfinderteams dargestellt und analysiert (Hypothesen 9b).

Wie oben kurz angedeutet, wird die Beantwortung dieser Hypothese zweigeteilt vorgenommen. So werden zuerst die ausländischen Anmelder am DPMA untersucht. Die Ergebnisse dieser Analyse sind in Abbildung 55 zu sehen. So ist im Bereich der angewandten Forschung und der Entwicklung eine stetige Zunahme ausländischer Aktivitäten am DPMA zu verzeichnen. Trotz der Vormachtstellung deutscher Akteure sorgen die Aktivitäten der ausländischen Anmelder für fallende Konzentrationen über die Perioden hinweg. Die Erhöhung der Konzentration (0,81) in Periode B ist auf die starke Zunahme der Anmeldungen deutscher Akteure und den konstant bleibenden Anmeldungen der ausländischen Akteure (in diesem Falle Japan) zurückzuführen. Danach fällt die Konzentration wieder ab (Periode C: 0,60, Periode D: 0,55, Periode E: 0,44), bleibt aber dennoch auf einem sehr hohen Niveau. Über den weiteren Verlauf der Anzahl der Akteure, deren Aktivitäten und die daraus resultierende

[212] Unter dem Begriff „Meta-Amt“ wird das European Patent Office (EPA) und die World Intellectual Property Organization (WIPO) subsummiert.

Konzentrationen kann an dieser Stelle nur spekuliert werden. So könnte man vermuten, dass es zu einer weiteren Zunahme ausländischer Anmelder am DPMA kommt. Zum einen könnten sie durch die Wissensproduktion in der angewandten Forschung und Entwicklung deutscher Akteure und zum anderen durch den nicht unbedeutenden deutschen Automobilmarkt angezogen werden. Ob dies mit einer sinkenden Konzentration einhergeht, hängt vom „Output" deutscher Akteure in diesem Bereich der Forschung ab.

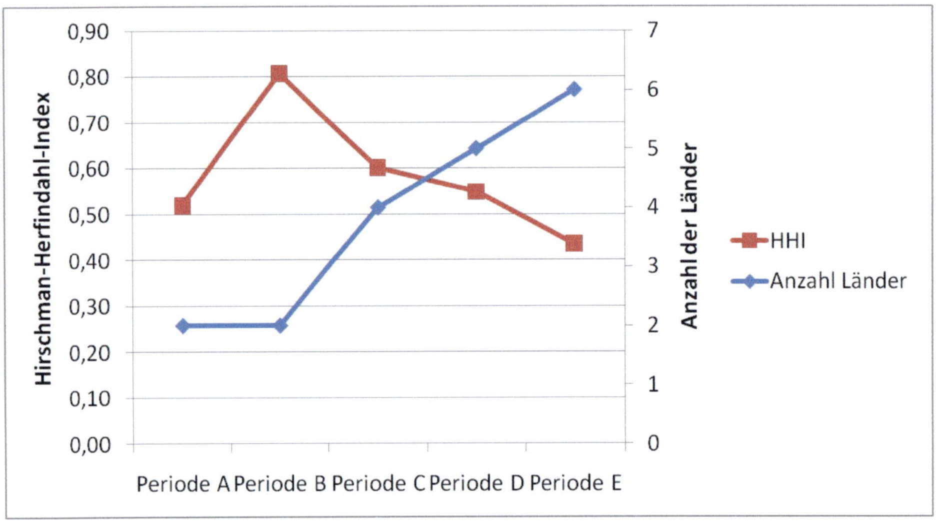

Abbildung 55: Anzahl der Länder (incl. Deutschland, rechte Skala) und die Konzentration (Hirschman-Herfindahl-Index, linke Skala) der weltweiten Aktivitäten der angewandten Forschung und der Entwicklung (am DPMA)

Die folgende Tabelle 27 verdeutlicht die hinter diesen Aktivitäten stehenden Länder. So fällt auf, dass es Länder mit einem starken Automobilsektor sind, die ihre Ergebnisse der angewandten Forschung und Entwicklung in Deutschland zum Patent anmelden lassen. Zu den Akteuren aus Japan zählen insbesondere die Automobilhersteller Honda und Toyota, aber auch der Zulieferer Denso. Deren Motivation könnte damit zu erklären sein, dass Deutschland, wie oben schon kurz angedeutet, einen wichtigen Absatzmarkt für Japanische und US-Amerikanische Fahrzeuge darstellt. Der Anteil der ausländischen Automarken in Deutschland liegt zum 01.01.2009 bei rund einem Drittel. Dieses Verhältnis zwischen ausländischen und deutschen Automarken bleibt seit Mitte der 80er-Jahre nahezu unverändert. Waren es zuerst Fahrzeuge aus Italien, Frankreich oder Schweden, drängte in den 70er- und 80er-Jahren Japan mit vielen neuen Modellen nach Europa (vgl. KBA 2010c). Im Jahre 2009 hatten japanische Modelle eine Anteil von knapp 11,6% an allen in Deutschland zugelassenen Personenkraftwagen (vgl. KBA 2010d). Die US-Amerikanischen Aktivitäten auf dem deutschen Markt werden fast ausnahmslos von General Motors dominiert, deren Tochterunternehmung zu dieser Zeit die Opel AG war. Als Anmelder des Patents fungierte dann nicht die Opel AG, sondern die Konzernmutter General Motors. Die nicht existenten Patente der Opel AG bestätigen diese Vermutung, die seit der gescheiterten Abspaltung im Jahr 2009 weiterhin Zugriff auf die Inhalte der Patente erhält.

	Periode A		Periode B		Periode C		Periode D		Periode E		Wachstumsraten			
	Absolut	Relativ	Absolut	Relativ	Absolut	Relativ	Absolut	Relativ	Absolut	Relativ	A -> B	B -> C	C-> D	D -> E
Deutschland	15	60,00%	58	89,23%	78	75,73%	163	70,26%	108	62,07%	2,87	0,34	1,09	-0,34
Japan	10	40,00%	7	10,77%	16	15,53%	53	22,84%	22	12,64%	-0,30	1,29	2,31	-0,58
Kanada					4	3,88%	2	0,86%					-0,50	-1,00
Südkorea									4	2,30%				
Schweden							1	0,43%	8	4,60%				7,00
Taiwan														
USA					5	4,85%	13	5,60%	31	17,82%			1,60	1,38
Vereinigtes Königreich									1	0,57%				
	25		65		103		232		174		1,60	0,58	1,25	-0,25

Tabelle 27: Weltweite Patentanmeldungen am DPMA in den einzelnen Perioden sowie deren Wachstumsraten[213] nach Ländern

Alle internationalen Aktivitäten lassen sich durch dieses Vorgehen, bei dem lediglich die Anmeldungen am DPMA berücksichtigt werden, aber nicht erfassen. Die dominierende Position deutscher Akteure am DPMA spiegelt den häufig identifizierten „Heimvorteil“ wider, bei dem inländische Akteure verstärkt am heimischen Patentamt anmelden. Dieser Effekt verhindert eine technologische Vergleichbarkeit auf Länderebene (vgl. Frietsch et al. 2008, S.5). Um dieser damit verbundenen Beschränkung auf Deutschland zu entgehen, werden zur Beantwortung der Hypothese 8b zusätzlich die Anmeldungen am „Meta-Amt“ im Bereich der PEM-Technologie hinzugezogen und ausgewertet. So lassen sich die beteiligten Länder der angewandten Forschung und Entwicklung identifizieren und ein klares Bild der internationalen Wissensproduktion zeichnen.

[213] Die Wachstumsrate von Periode A nach Periode B ist definiert als: $\frac{Aktivit\ddot{a}t\ Periode\ B\ (abs.)}{Aktivit\ddot{a}t\ Periode\ A\ (abs.)} - 1$;.

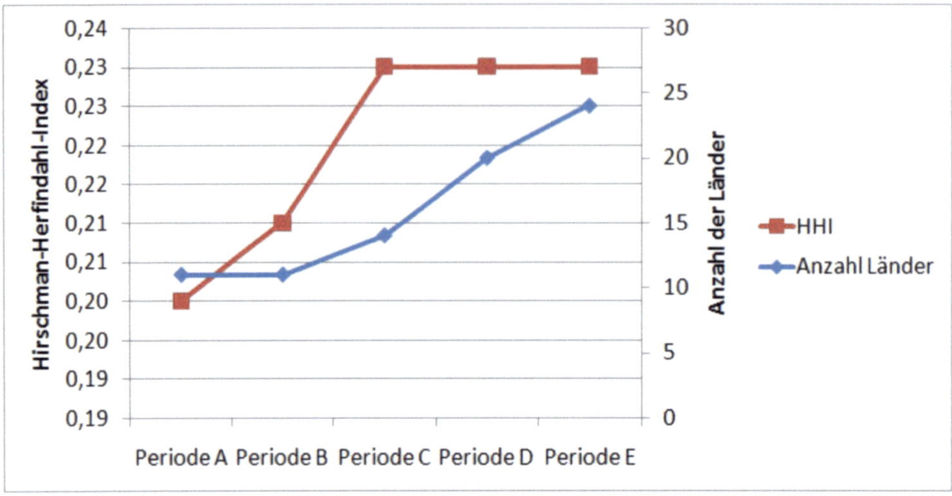

Abbildung 56: Anzahl der Länder und die Konzentration (Hirschman-Herfindahl-Index) der weltweiten Aktivitäten der angewandten Forschung und der Entwicklung (am „Meta-Amt[214]")

Tabelle 28 illustriert die Anzahl der Länder und die Konzentration der weltweiten Aktivitäten der angewandten Forschung und der Entwicklung, jetzt allerdings am „Meta-Amt". Im Gegensatz zu den Aktivitäten am DPMA[215] steigt die Konzentration, wie in Abbildung 56 erkennbar, über die Perioden A bis C leicht an, bleibt dann aber unverändert (Periode A: 0,20, Periode B: 0,21, Periode C: 0,23, Periode D: 0,23 Periode E: 0,23). Zwar melden immer mehr Länder am „Meta-Amt" an, dennoch reicht dies nicht für eine fallende Konzentration, gemessen am Hirschman-Herfindahl-Index. Aufgrund des fehlenden „Heimvorteils" liegt das Ausmaß der Konzentration am „Meta-Amt" aber deutlich unter dem der Aktivitäten am DPMA. Die gleichbleibende Konzentration ist dabei darauf zurückzuführen, dass die aktivsten Länder ihre Führungspositionen weiter ausbauen oder zumindest behaupten können, wie in Tabelle 28 zu sehen:

[214] Die zugrundeliegende Patentabfrage wurde in einer älteren Ausgabe der Datenbank Pattstatt (September 2007) durchgeführt. Die Suchstrategie zur Eingrenzung der PEM-Technologie ist identisch zur Abfrage am DPMA.

[215] Siehe Abbildung 55.

	Periode A		Periode B		Periode C		Periode D		Periode E		Wachstumsraten			
	Absolut	Relativ	Absolut	Relativ	Absolut	Relativ	Absolut	Relativ	Absolut	Relativ	A -> B	B -> C	C-> D	D -> E
Australien					2,00	0,82%	6,00	1,05%	5,25	0,70%			2,00	-0,13
Belgien					1,00	0,41%			2,00	0,27%			-1,00	
Bulgarien									0,14	0,02%				
Cayman Island					2,00	0,82%	1,00	0,18%					-0,50	-1,00
China							1,00	0,18%	4,00	0,53%				3,00
Dänemark							3,00	0,53%	8,00	1,07%				1,67
Deutschland	16,75	15,80%	41,00	25,95%	72,50	29,59%	169,80	29,84%	143,50	19,11%	1,45	0,77	1,34	-0,15
Finnland	1,00	0,94%					1,00	0,18%	3,00	0,40%	-1,00			2,00
Frankreich	3,00	2,83%			2,00	0,82%	7,00	1,23%	16,50	2,20%	-1,00		2,50	1,36
Indien									1,00	0,13%				
Isreal	2,00	1,89%			3,00	1,22%	1,00	0,18%			-1,00		-0,67	-1,00
Italien	1,00	0,94%	3,00	1,90%	5,00	2,04%	16,00	2,81%	22,50	3,00%	2,00	0,67	2,20	0,41
Japan	30,83	29,09%	31,00	19,62%	60,50	24,69%	173,00	30,40%	278,00	37,02%	0,01	0,95	1,86	0,61
Kanada	7,00	6,60%	10,00	6,33%	15,00	6,12%	24,00	4,22%	39,00	5,19%	0,43	0,50	0,60	0,63
Luxemburg									1,00	0,13%				
Niederlande	2,00	1,89%			1,00	0,41%	3,00	0,53%	9,50	1,26%	-1,00		2,00	2,17
Norwegen			1,00	0,63%					1,50	0,20%		-1,00		
Österreich			1,00	0,63%			1,00	0,18%	2,17	0,29%		-1,00		1,17
Russland							1,00	0,18%	1,00	0,13%				0,00
Schweden			1,00	0,63%			2,00	0,35%	1,00	0,13%		-1,00		-0,50
Schweiz	8,00	7,55%	10,00	6,33%	3,00	1,22%	10,00	1,76%	18,25	2,43%	0,25	-0,70	2,33	0,82
Spanien									1,00	0,13%				
Südkorea					1,00	0,41%	9,00	1,58%	8,50	1,13%			8,00	-0,06
Taiwan							2,00	0,35%	10,00	1,33%				4,00
Ungarn			1,00	0,63%								-1,00		
USA	29,42	27,75%	49,00	31,01%	65,50	26,73%	121,20	21,30%	163,86	21,82%	0,67	0,34	0,85	0,35
Vereinigtes Königreich	5,00	4,72%	10,00	6,33%	11,50	4,69%	17,00	2,99%	10,33	1,38%	1,00	0,15	0,48	-0,39
	106,00		158,00		245,00		569,00		751,00		0,49	0,55	1,32	0,32

Tabelle 28: Weltweite Patentanmeldung am Meta-Amt nach Ländern und Perioden sowie deren Wachstumsraten[216]

Tabelle 28 zeigt die Entwicklung der internationalen Aktivitäten im Ländervergleich. Über alle Perioden hinweg setzen sich die Top – 3 Akteure aus den Vereinigten Staaten von Amerika, Japan und Deutschland zusammen. Die weltweite Führungsposition wechselt dabei allerdings über die Perioden. So belegt Deutschland in Periode A noch den dritten Platz, in Periode B den zweiten und in Periode C sogar den ersten Platz, bevor es in Periode D auf den zweiten Platz und letztlich in Periode E wieder auf den dritten Platz zurückfällt. In Periode D und Periode E liegt Japan an der Spitze im internationalen Ländervergleich. Wie sich erkennen lässt, ist der relative Anteil der restlichen involvierten Länder sehr gering. Dabei erwähnenswert ist in den Perioden A und B die Schweiz, die es auf 7,55% und 6,33% bringt, danach aber abfällt. Einen ähnlich abnehmenden Trend zeigt auch Grossbritannien, dass von 4,72% in Periode A auf 1,38% in Periode E abfällt. Kanada hingegen kann seinen Anteil bei den Aktivitäten der angewandten Forschung und der Entwicklung relativ konstant halten,

[216] Die Länder mit den drei höchsten Aktivitäten, bzw. höchsten Wachstumsraten sind zur besseren Orientierung jeweils rot unterlegt.

wenn auch auf einem, im Vergleich zu den führenden Nationen, geringem Level. Die diesen Aktivitäten zugrunde liegenden Wachstumsraten sind ebenfalls in Tabelle 28 dargestellt. Die höchsten Wachstumsraten von Periode A nach Periode B weisen Italien, Deutschland und Grossbritannien auf, wobei Italien sich mit seinen Aktivitäten auf niedrigem Niveau bewegt. Auffällig in den Wachstumsraten von Periode A nach B und von Periode B nach C ist, dass es immer wieder Länder gibt, die Werte von -1,00 aufweisen, also in der jeweiligen Vergleichsperiode nicht mehr aktiv sind (z.B. Finnland, Frankreich, Norwegen, Österreich, u.a.). Südkorea wächst von Periode C nach Periode D am stärksten, allerdings muss auch hier das sehr geringe absolute Niveau (1,00 auf 9,00 Patente) berücksichtigt werden. Von Periode D nach E sinkt die Performance von Deutschland leicht ab (negative Wachstumsrate von -0,15), während die anderen Top – 3 Länder (Vereinigte Staaten von Amerika und Japan) weiterhin zulegen können.

Zusammenfassend kann die Hypothese 8b auf nationaler Ebene (DPMA) bestätigt werden. Dort sind eindeutig fallende Konzentrationen festzustellen. Im Gegensatz dazu sind bei der Betrachtung des „Meta-Amtes“ erst steigende und dann konstante Konzentrationen über den Beobachtungshorizont festgestellt worden. Die Hypothese 8b kann auf internationaler Ebene („Meta-Amt“) so nicht bestätigt und muss falsifiziert werden[217]. Dies könnte darauf zurückzuführen sein, dass die Kosten für Anmeldungen am „Meta-Amt“ deutlich über denen der nationalen Patentämter liegen.

Für ein langfristiges Wachstum und den damit einhergehenden Wohlstand eines Landes sind die Investitionen in F&E-Aktivitäten eine Grundvorraussetzung (Solow 1956). Die Produktion von technologischem Wissen, das die Basis für eine technologische Entwicklung darstellt, entscheidet demnach nicht nur über den langfristigen Erfolg von Unternehmen, sondern damit sogar über die Wettbewerbsfähigkeiten ganzer Volkswirtschaften (Krawczyk et al. 2007, S.45). Die Beherrschung von Technologien ist damit Grundlage für Innovationen und den daraus resultierenden

[217] Auch wenn die Hypothese nicht bestätigt werden konnte, bleiben die dort getroffenen Hauptaussagen dennoch gültig.

technischen Fortschritt und somit für den Wohlstand unerlässlich. Die steigende Anzahl der Akteure der PEM-Brennstoffzellentechnologie ist aus innovationstheoretischer Sicht daher nachvollziehbar. Immer mehr Akteure (Länder) treten in den technologischen Wettbewerb ein, motiviert durch eine aussichtsreiche Technologie. Obwohl der Wettbewerb über den Betrachtungszeitraum kontinuierlich zunimmt, schaffen es einige Länder sich im technologischen Wettkampf durchzusetzen. Diese Länder, zu denen auch Deutschland zählt, verteidigen ihre technologischen Spitzenpositionen oder können diese noch weiter ausbauen. Die Motivation dieser Länder ist eindeutig: Sie zielen darauf ab, sich rechtzeitig ihr technologisches Wissen schützen zu lassen, umso bei einer späteren Markteinführung von den Innovationsrenten zu profitieren.

Gleichzeit sorgen die Aktivitäten der Länder in der angewandten Forschung und Entwicklung für einen Wissenstand, der eine Grundvoraussetzung für die Teilnahme an Netzwerken ist. Nur durch Vorhalten eigenen Wissens kann das in Netzwerken zirkulierende Wissen angeeignet werden. Die internationalen Akteure verteilen das technologiespezifische Wissen wie oben gesehen zunehmend weltweit, so dass es für ein Land (und dessen Akteure) unmöglich ist, das gesamte Wissen alleine vorzuhalten. Die gleichzeitig steigende Komplexität der PEM-Technologie macht auf lange Sicht eine internationale Zusammenarbeit bei der angewandte Forschung und Entwicklung unerlässlich. Daher lautet die Hypothese 9b wie folgt:

Hypothese 9b: Internationale Kooperationen der angewandten Forschung und der Entwicklung deutscher Akteure nehmen über den Betrachtungszeitraum hinweg zu.

Zur Analyse der internationalen Technologiekooperationen der angewandten Forschung und der Entwicklung werden Kopatente am „Meta-Amt" herangezogen. Die Darstellung der internationalen Zusammenarbeit beruht auf Patenten, bei denen Erfinder aus verschiedenen Ländern eingetragen sind. Die Zuordnung der Erfinder zu Ländern basiert auf der in der Patentanmeldung angegebenen Adresse. Folgende Abbildung 57 zeigt nun diese internationalen Kooperationen deutscher Akteure und die Anzahl der direkten Nachbarn[218] Deutschlands. Es ist eindeutig zusehen, das die internationale Zusammenarbeit über den Betrachtungszeitraum zunimmt und den steigenden Patentanmeldungen folgt. So fallen die Kooperationen deutscher und ausländischen Erfinder zwar von Periode A (2 Ko-Patente) nach B (0,95 Ko-Patente) ab und bewegen sich auf einem äußerst geringen Niveau, steigen dann aber kontinuierlich bis Periode E (13,9 Ko-Patente) wieder an. Die daraus resultierende Kooperationsneigung (in Relation zu allen Deutschen Patenten) zeigt aufgrund der kleinen Grundgesamtheit einen sehr sprunghaften Verlauf (Periode A: 12,77%, Periode B: 2,39%, Periode C: 7,85%, Periode D: 4,07%, Periode E: 9,81%), unterstreicht aber die zunehmende Internationalisierung; ebenso wie die Anzahl der daraus resultierenden Nachbarn, die über den Beobachtungszeitraum auch ansteigt. Grundsätzlich kann so die Hypothese 9b für die angewandten Forschung und die Entwicklung bestätigt werden: Die internationalen Kooperationen deutscher Akteure nehmen über den Betrachtungszeitraum hinweg zu.

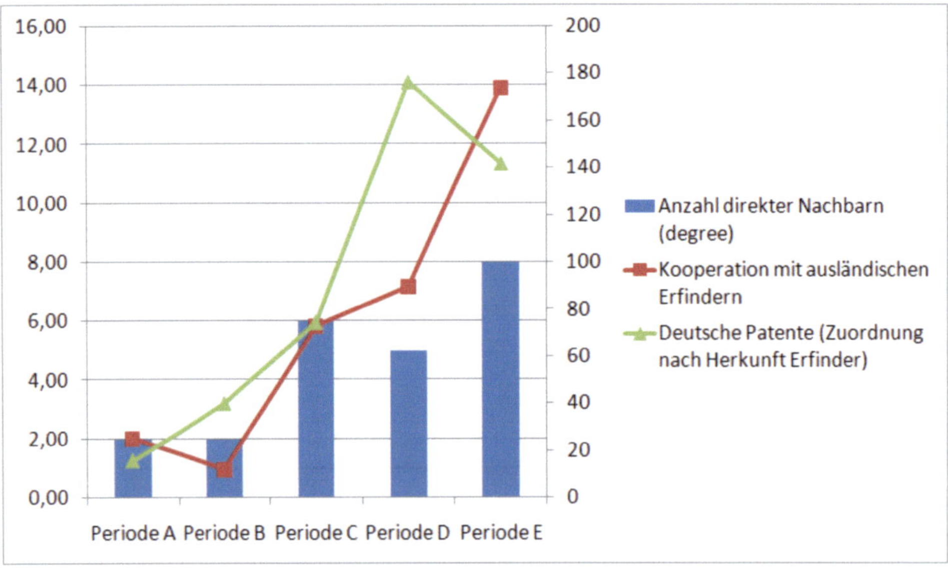

Abbildung 57: Internationale Kooperationen (Kopatente über Erfinder, linke Skala) deutscher Akteure, Anzahl der direkten Nachbarn (linke Skala) und Gesamtzahl der deutschen Patente (rechte Skala)

[218] Nachbarn von Deutschland sind die Länder, die direkt mit Deutschland kooperieren (siehe dazu Kapitel 3.4), In diesem Falle "Ko-Patente".

Die durch die internationale Zusammenarbeit entstehenden Netze erfüllen die wichtige Funktion des Wissenstransfers. Das hier angewendete Verfahren zur Identifikation der Kooperationen kann allerdings nicht genau identifizieren, in welcher Richtung dieser Wissensaustausch stattfindet. Es kann daher angenommen werden, dass genau wie bei den Publikationen auch beide Seiten von einer Kooperation profitieren (vgl. Hullmann 2001, S.136). Grundsätzlich sind Kooperationen der angewandten Forschung und Entwicklung auch immer von wirtschaftlichen Interessen geprägt, so dass vermutet werden kann, dass aufgrund formaler und rechtlicher Argumente (wenn überhaupt) eher auf nationale Kooperationspartner zurückgegriffen wird, auch wenn auf Dauer auf internationale Partner nicht verzichtet werden kann. Aufgrund der unterschiedlichen technologischen Spezialisierung der Länder (und damit deren Akteure) ermöglichen die internationalen Kooperationen und der damit einhergehende internationale Wissenstransfer eine Stärkung der technologischen Möglichkeiten (vgl. Frietsch und Jung 2009, S.26).

Im Folgenden werden nun die Netzwerke der einzelnen Perioden der angewandten Forschung und der Entwicklung auf Länderebene dargestellt. Die Zuordnung der Länder erfolgt dabei weiterhin über die Adresse des Erfinders. Isolierte Länder, die keine internationale Zusammenarbeit mit anderen Ländern unterhalten, werden nicht berücksichtigt. Die Netzwerke der Perioden A und B sind in der folgenden Abbildung 58 zusammen dargestellt. Im Gegensatz zu den Netzwerken der wissenschaftlichen Forschung unterhält Deutschland bereits seit Periode A Beziehungen zu anderen Ländern. Die im vorherigen Kapitel identifizierten TOP-3 Länder der angewandten Forschung und der Entwicklung dominieren auch in Periode A das Netzwerk. So existiert eine internationale Zusammenarbeit zwischen USA (zusätzlich noch mit Kanada), Japan und Deutschland. Auffällig ist, dass Japan in Periode B zwar immer noch zu den aktivsten Ländern gehört, allerdings nicht mehr im Netzwerk aktiv ist. Die direkte Verbindung Deutschlands zu den USA existiert ebenfalls nicht mehr in Periode B. Diese zwei Länder „kommunizieren" nun über Kanada. Sind in Periode A noch alle Akteure im gleichen Netzwerk verbunden, sind es in Periode B zwei

Komponenten, die die internationalen Aktivitäten der angewandte Forschung und der Entwicklung abbilden.

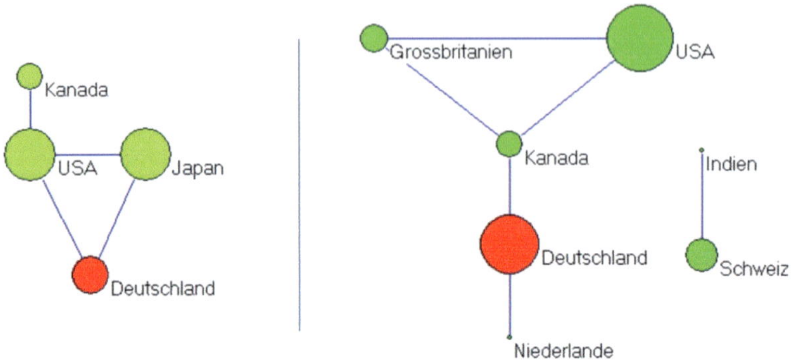

Abbildung 58: Netzwerk der angewandten Forschung und der Entwicklung auf Länderebene (Periode A links, Periode B rechts)

In Periode C[219] finden alle transnationalen Interaktionen wieder in einer Komponente statt. Die Top-3 Länder USA, Deutschland und Japan kooperieren jetzt wieder miteinander. Deutschland nimmt im gesamten Netzwerk eine wichtige Vermittlerrolle ein, was die höchste Betweenness Centrality (0,21) zeigt. Daneben übernehmen lediglich die USA mit einer Betweenness Centrality von 0,12 eine annähernd bedeutende Rolle.

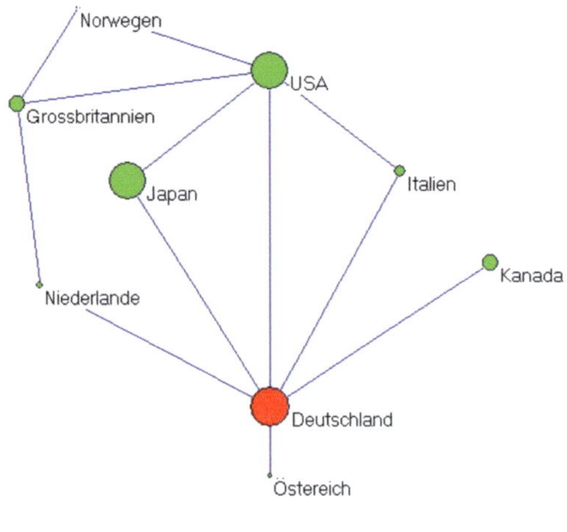

Abbildung 59: Netzwerk der angewandten Forschung und der Entwicklung auf Länderebene (Periode C)

[219] Siehe Abbildung 59.

Das Netzwerk in Periode D[220] zerfällt wieder in verschiedene Komponenten. Innerhalb der Hauptkomponente haben die USA und Deutschland die gleiche Bedeutung (jeweils eine Betweenness Centrality von 0,08).

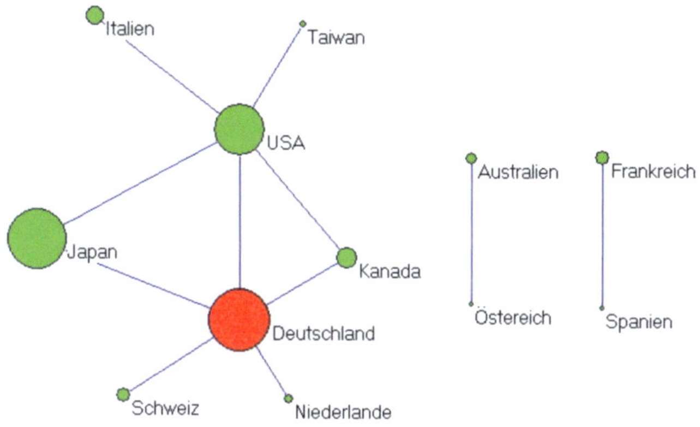

Abbildung 60: Netzwerk der angewandten Forschung und der Entwicklung auf Länderebene (Periode D)

Die letzte Periode E des Betrachtungshorizontes ist wieder durch ein zusammenhängendes Netzwerk geprägt[221]. Wie in der folgenden Abbildung gesehen, zerfällt das Netzwerk nicht in einzelne Komponenten. Deutschland (Betweenness Centrality von 0,24) kann auch in Periode E seine strategisch wichtige Position gegenüber den USA (Betweenness Centrality von 0,21) verteidigen und übernimmt die Rolle als zentralster Akteur. Interessant ist die Entwicklung von Kanada, das sich in Periode E bereits an die dritte Stelle schiebt (Betweenness Centrality von 0,10).

[220] In Abbildung 60.

[221] Siehe Abbildung 61.

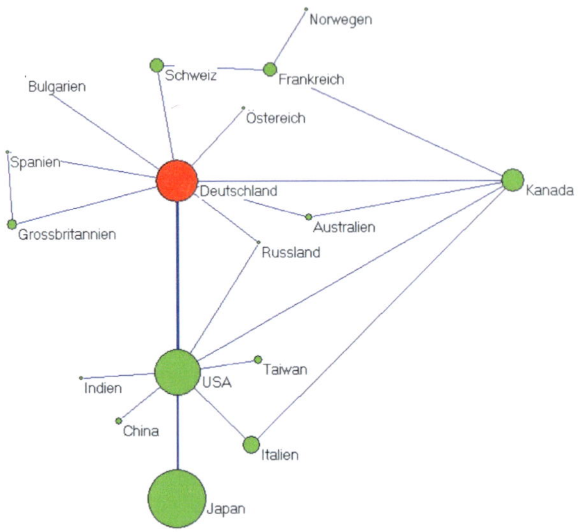

Abbildung 61: Netzwerk der angewandten Forschung und der Entwicklung auf Länderebene (Periode E)

Die bereits auch schon auf nationaler deutscher Ebene und auf internationaler Ebene der wissenschaftlichen Forschung festgestellten emergenten Konstellationen im Sinne Callons (1997) sind auch in der internationalen angewandten Forschung und der Entwicklung zu beobachten. Dennoch sind auch hier stabilisierende Konstellationen zu erkennen, wie die folgende Tabelle 29 zeigt. So sind bereits 25% der betrachteten Länder in allen Perioden aktiv[222]. Die Netzwerkteilnehmer können ex Ante bestimmt werden und lassen eine gewisse Konstanz in Ihren Aktivtäten erkennen. Zum einen sorgen die hohen Investitionen in Laboren und Entwicklungsumgebungen für ein langfristiges Engagement. Zum anderen sorgt die positive Stimmung der Akteure bezüglich einer baldigen Markteinführung für langfristig orientierte Aktivitäten im Bereich der angewandten Forschung und der Entwicklung. Kooperationen dienen so vermehrt der Kosten- und Risikominimierung und nicht mehr der reinen Translation weiterer Akteure.

[222] Diese sind: Deutschland, Italien, Japan, Kanada, Schweiz, Vereinigte Staaten von Amerika, Grossbritannien.

Anzahl der Länder	davon aktiv in ... Perioden				
	1	2	3	4	5
27	18,5%	25,9%	22,2%	7,4%	25,9%

Tabelle 29: Anteil der Länder, die über mehrere Perioden in der internationalen angewandten Forschung und Entwicklung tätig sind[223]

Die Ausführungen zu Beginn des Kapitels haben gezeigt, dass immer mehr Länder an der Produktion des angewandt ausgerichteten Wissens teilnehmen. Die dahinter stehenden Motive sind, dass das technologische Wissen im Hinblick auf einen nicht mehr so weit entfernten Markteintritt geschützt werden muss, um eventuelle Innovationsrenten (im Sinne Schumpeters) abzuschöpfen. Durch die steigende Anzahl der internationalen Akteure verteilt sich die Wissensproduktion immer mehr. Um bei der ständig fortschreitenden Entwicklung der PEM-Technologie nicht den Anschluss zu verlieren, sind die Akteure der einzelnen Länder gezwungen, nicht nur national, sondern zunehmend auch international aktiv zu werden. Die Beantwortung der Hypothese 9b hat genau das für Deutschland gezeigt. Über den Betrachtungszeitraum von 1991 bis 2005 nehmen die internationalen Kooperationen zu. Transnationale Kooperationen im Bereich der angewandten Forschung und der Entwicklung stellen eine Möglichkeit dar, sich das international produzierte, dringend erforderliche implizite Wissen anzueignen. So kommt es durch die Kooperationen der Erfinder auch immer zu einem wechselseitigen Wissenstransfer innerhalb der Erfinderteams, von dem letztendlich der anmeldende Akteur profitiert. Das internationale Wissen kann so „ausgebeutet" und für den eigenen Vorteil genutzt werden. Die Rolle Deutschland in der internationalen Wissensproduktion im Bereich der angewandten Forschung und der Entwicklung ist als sehr gut einzuschätzen. So ist Deutschland in allen Perioden unter den Top-3 Akteuren zu finden und übernimmt in Periode C sogar die Führungsrolle. In den Netzwerken sticht Deutschland durch äußerst strategische Positionen hervor und nimmt in den Perioden C bis E sogar die zentrale Position ein. Dadurch übernimmt Deutschland in den Netzwerken die Rolle eines „Mediators" und ist in der Lage, die internationalen Wissensflüsse zu kontrollieren. Gleichzeitig unterhält Deutschland in jeder Periode Beziehungen zu den anderen

[223] So sind z.B. 22,2% der Länder über einen Zeitraum von 3 Perioden aktiv.

Hauptwissensproduzenten wie Japan und USA. Daneben arbeitet Deutschland aber auch mit neu auftretenden Ländern international zusammen, was die steigende Anzahl an direkten Nachbarn zeigt. Durch diese Streuung der Aktivitäten, haben die deutschen Akteure einen umfassenden Zugriff auf das international produzierte Wissen der angewandten Forschung und Entwicklung.

7.3. Zwischenfazit: Internationalisierung

Um einer ganzheitlichen Betrachtung der Entwicklung der PEM-Technologie gerecht zu werden, müssen gerade auch die Internationalisierungstendenzen berücksichtigt werden. Sowohl in der wissenschaftlichen Forschung als auch in der angewandten Forschung und Entwicklung engagieren sich weltweit immer mehr Akteure (bzw. Länder). Die wissenschaftliche und die technologische Gemeinschaft konstituieren sich zunehmend in einem internationalen Rahmen, was für die Akteure sowohl eine Bedrohung als auch eine Chance darstellt. Die Bedrohung, den Anschluss an die internationalen Spitzenplätze zu verlieren, ist dabei immer gegeben. Das weltweit stark zunehmende Interesse an der PEM-Technologie, motiviert durch die immer noch ungelösten Fragen der zukünftigen Mobilität, veranlassen die Akteure verschiedensten Länder sich an der Entwicklung zu beteiligen. Dabei ist die Produktion von eigenem Wissen Grundvorraussetzung für die Teilnahme an Netzwerken (Stichwort: absortive capacity). Aufgrund der weltweit immer mehr verteilten Wissensproduktion sind die Akteure gezwungen, sich dieses Wissen durch internationale Zusammenarbeit anzueignen. Das in den jeweiligen Netzwerken zirkulierende Wissen kann durch Kooperationen angezapft und für den eigenen Vorteil genutzt werden. Grundsätzlich stellen die internationalen Kooperationen (sowohl in der Wissenschaft als auch in der Technologie) das Bedürfnis der Akteure nach international produziertem (implizitem) Wissen dar. Die globale Optimierung der Wissensgewinnung ist für die Akteure das Hauptmotiv, und sie ist als Chance zu anzusehen. Durch die Internationalisierung ihrer F&E-Aktivitäten erhalten die Akteure Zugriff auf das weltweit produzierte Wissen. Durch Kooperationen rekrutieren sie international verfügbares, komplementäres Wissen und ergänzen dadurch ihre eigene Wissensbasis. Gleichzeitig kann das international adaptierte Wissen dann durch weitere Kooperationen an nationale Partner weitergegeben werden. Insgesamt ist der identifizierte internationale Wissenstransfer im Sinne der Entwicklung der PEM-Technologie als vorteilhalt zu sehen. Er ist gleichzeitig Grundlage und Voraussetzung einer effizienten und zügigen Entwicklung der PEM-Technologie.

Die festgestellten Konstellationen sind nach Callon (1997) weitestgehend immer noch als emergent zu bezeichnen, weisen jedoch zunehmend stabilisierende Eigenschaften auf. Das langfristige Engagement einiger Länder, sowohl in der wissenschaftlichen als auch in der angewandten Forschung und Entwicklung, wirkt sich stabilisierend auf die Konfigurationen aus. So sind in der wissenschaftliche Forschung 20,4% und in der angewandten Forschung und Entwicklung bereits 25,9% aller Akteure über den gesamten Beobachtungszeitraum von 1991 bis 2005 aktiv. Das langfriste Engagement ist auf die hohen Investitionskosten der Akteure zurückzuführen, könnte aber auch ein weiterer Hinweis auf die baldige Markteinführung sein. Die Kooperationen beider Richtungen sind immer mehr als Strategie zur Kosten- und Risikoteilung zu sehen. Die Translation neuer Akteure verliert immer mehr an Bedeutung. Die in den führenden Ländern aufgezeigten Forschungsprogramme[224] geben den Rahmen für weitere Forschungsaktivitäten vor und übernehmen so koordinative Aufgaben. Die Konstellationen der PEM-Technologie weisen zusammenfassend demnach sowohl emergente und stabilisierende Effekte auf. Die Frage nach der weiteren Entwicklung kann an dieser Stelle nicht endgültig geklärt werden. So sind die Konstellationen zum einen für den Erfolg der PEM-Technologie verantwortlich, zum anderen beeinflusst aber die PEM-Technologie selber und deren weitere Entwicklung in Wissenschaft, Technologie und Gesellschaft die weitere Entfaltung der Konstellation.

Die Ausführungen dieses Kapitels haben die Rolle Deutschlands im internationalen Kontext herausgearbeitet. Im Bereich der wissenschaftlichen Forschung ist Deutschland neben den USA und Japan die führende Nation der PEM-Technologie, wird aber

[224] Für Deutschland siehe Kapitel 8.4.

in der letzten Periode E von China überholt. Deutschland beteiligt sich erst ab Periode C am internationalen Wissensaustausch. Über den Betrachtungshorizont verliert Deutschland aber immer mehr seine strategische Position (gemessen an der Betweenness Centrality) und läuft hier Gefahr von relevanten internationalen Wissensströmen ausgeschlossen zu werden. Die Ergebnisse der internationalen wissenschaftlichen Forschung müssen das national erzeugte Wissen unbedingt ergänzen, gerade auch im Hinblick auf die starke Kopplung von Wissenschaft und Technologie bei der PEM-Brennstoffzelle. Das deutsche wissenschaftliche System muss die internationale Wissensbasis wieder stärker zum eigenen Vorteil nutzen und das dort zirkulierende Wissen in Richtung Anwendungsnähe transformieren, so dass es für das industrielle System verwertbar wird.

In der angewandten Forschung und Entwicklung ist Deutschland eine führende Nation der PEM-Technologie. Die stark angewandte Ausrichtung der nationalen Akteure[225] ist hier sicherlich von Vorteil. Die steigende Konzentration der weltweiten Aktivitäten zeigt, dass sich im technologischen Wettkampf der Länder bereits erste Sieger herauszustellen die es schaffen, ihre Führungspositionen bei der Wissensproduktion zu behaupten. Deutschland als bislang eine der führenden Nationen, sollte weiterhin an einer Absicherung dieser Position interessiert sein. Gerade die starken asiatischen Länder wie Japan oder Südkorea verzeichnen große Wachstumsraten. Die in dieser Arbeit identifizierten Hauptakteure (sowohl in der Wissenschaft als auch in der Technologie) werden auch von den deutschen Akteuren in der Umfrage als Hauptkonkurrenten eingestuft. Zu diesen Hauptkonkurrenten zählen Japan, USA, Kanada, China und Süd-Korea. Dabei beurteilen die deutschen wissenschaftlichen und industriellen Akteure die internationale Konkurrenz nahezu identisch. Die marktrelevanten Aktivitäten der angewandten Forschung und Entwicklung spielen im Hinblick auf eine spätere Diffusion der PEM-Brennstoffzellenfahrzeuge für die industriellen Akteure Deutschlands eine wichtige Rolle. Gleichzeitig bieten sich deutsche Akteure durch die gute Position für internationale Kooperationen an. Da

[225] Siehe Kapitel 6.2.

das einer Technologie zugrundeliegende Wissen nicht nur national entsteht, sind die internationalen Kooperationen und der damit verbundene internationale Wissenstransfer für die deutschen Akteure ein entscheidender Wettbewerbsfaktor. Obwohl die Position Deutschlands in den Netzwerken der angewandten Forschung und Entwicklung durchweg bereits als sehr zentral zu beurteilen ist, gilt es, die Akteure zu (noch) mehr internationaler Kooperation zu drängen, um so auf dem aktuellen Stand der weltweiten Wissensproduktion zu bleiben und den nationalen Austausch dadurch zu ergänzen. Ohne internationale Kooperationen bleiben weitere Entwicklungen der Technologie sehr kostspielig, wenn nicht sogar unmöglich (vgl. Jochem 2009, S.100). Insgesamt sind die Kooperationen Deutschlands als zentraler Indikator für die Attraktivität als Forschungsstandortes zu sehen. Deutschland muss dabei gerade in der wissenschaftlichen Forschung aufpassen nicht den Anschluss zur weltweiten Spitze zu verlieren.

Folgende Abbildung 62 zeigt die Ergebnisse dieses Kapitels bezüglich der internationalen Zusammenarbeit. Dabei werden 90,3% der internationalen Zusammenarbeit der wissenschaftlichen Forschung durch wissenschaftliche Akteure durchgeführt. Innerhalb dieser Gruppe sind es die Forschungseinrichtungen, die den dadurch entstehenden internationalen Wissenstransfer beschleunigen. Die deutschen Universitäten bleiben weit dahinter zurück. Dennoch kooperieren aber auch industrielle Akteure aus Deutschland mit internationalen Partnern. So ist das industrielle System mit 9,7% an den transnationalen Kooperationen der wissenschaftlichen Forschung beteiligt. Im Bereich der angewandten Forschung und der Entwicklung hingegen dominieren diese industriellen Akteure die grenzüberschreitenden Kooperationen mit 89,95%. Die wissenschaftlichen Akteure, insbesondere die Forschungseinrichtungen sind für die restlichen 10,05% Prozent der internationalen Zusammenarbeit verantwortlich. Die internationalen Partner Deutschlands lassen sich in Partner der wissenschaftlichen Forschung[226] und in Partner der angewandten

[226] Identifiziert durch Ko-Publikationen, blaue Färbung.

Forschung und Entwicklung[227] unterscheiden. Dennoch gibt es auch Partner, die im internationalen Wissenstransfer sowohl in der wissenschaftlichen Forschung als auch in der angewandten Forschung und der Entwicklung tätig sind[228]. Zwischen Deutschland und seinen Partner kommt es durch die internationale Zusammenarbeit so zu einem internationalen Wissenstransfer, dessen Richtung durch die hier verwendete Methodik als bidirektional zu interpretieren ist. Bei internationalen Kooperationen der wissenschaftlichen Forschung ist der bidirektionale Wissenstransfer eindeutig. Im Bereich der angewandten Forschung und Entwicklung konnten bei der Auswertung der Erfinderteams zwei verschiedene Konstellationen festgestellt werden. So gab es zum einen den Fall, dass deutsche Anmelder einen internationalen Erfinder bei der Anmeldung am „Meta-Amt" angaben. Zu anderen aber auch den Fall, dass ausländische Anmelder deutsche Erfinder in ihrem Erfinderteam hatten. Im letzteren Fall unter anderem schweizer als auch US-Amerikanische Anmelder aus der Schweiz oder den USA, die durch die Einbindung von deutschen Erfindern auf das in Deutschland verfügbare (oder zumindest produzierte Wissen) zurückgegriffen haben.

[227] Identifiziert durch Ko-Patente, grüne Färbung.
[228] Sowohl Ko-Publikationen als auch Ko-Patente, rote Färbung.

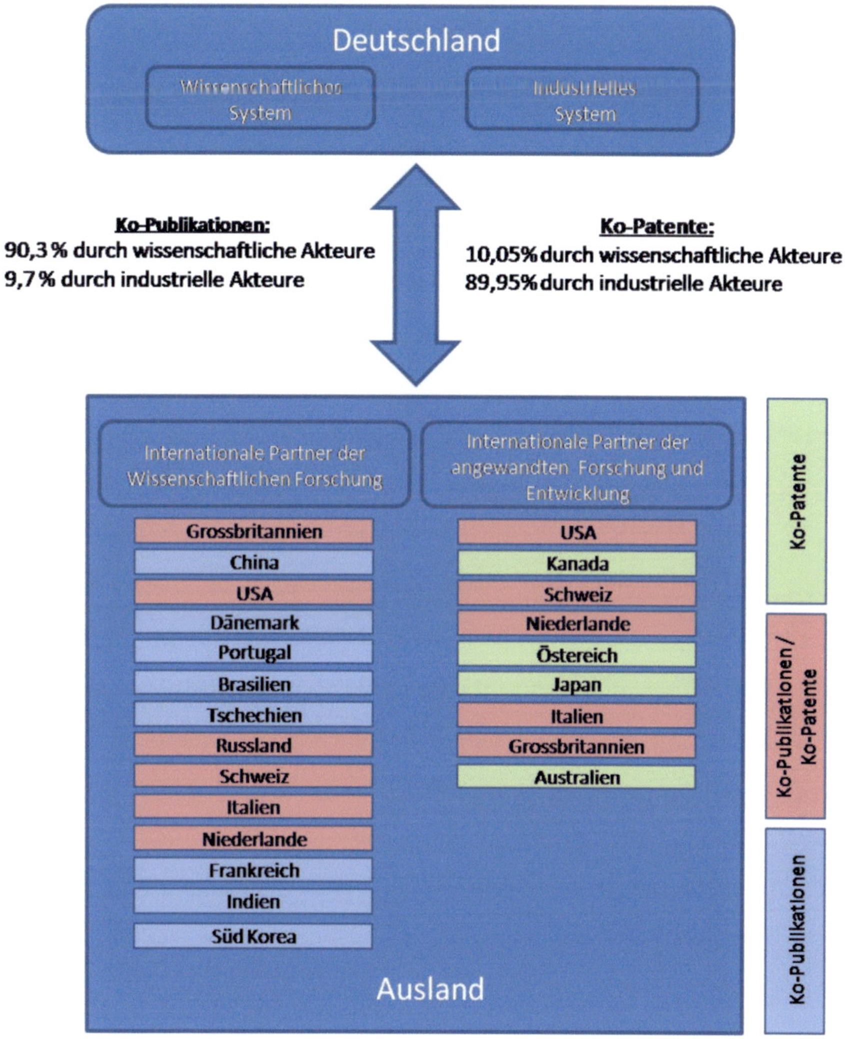

Abbildung 62: Internationale Zusammenarbeit Deutschlands

Die Ergebnisse dieses Kapitels verdeutlichen weiterhin, dass ein Innovationssystem nicht isoliert betrachtet werden kann, wie bereits in Kapitel 2.5.2 im Modell von Christ (2007) angedacht wurde. Innovationssysteme müssen, in welcher Variante auch immer, wiederum als Subsysteme anderer Systeme gesehen werden. Im Sinne der Systemtheorie[229] ordnen sie sich in ein strukturales Konzept ein und werden zum Beispiel durch nationale Innovationssysteme anderer Länder aber auch durch Sektorale Innovationssysteme beeinflusst. Auf der einen Seite wirken externe Ein-

[229] siehe Kapitel 2.5.1.

flüsse auf das deutsche Innovationssystem der PEM-Technologie ein. Auf der anderen Seite nimmt das hybride System aber auch Einfluss auf andere Subsysteme. Gleichzeitig beeinflussen sich die ausländischen Entitäten auch untereinander. Im Sinne der funktionalen Systemtheorie ist dieser Umstand ganz natürlich. Unabhängig vom Internationalisierungsgrad der Systeme, spielen aber nationale Perspektiven (Aktivitäten und Kooperationen) weiterhin eine bedeutende Rolle (vgl. Carlsson 2005, S.60). Nationale Systeme sind im Kontext der Internationalisierung weiterhin nicht ersetzbar, sind aber unterschiedlichsten Einwirkungen von außen ausgesetzt. Steg (2005) spricht an dieser Stelle von einer Dualität, das heißt, relevant sind sowohl nationale Dimensionen als auch Dimensionen jenseits nationaler Grenzen (vgl. Steg 2005, S.33). Die Internationalisierung ersetzt demnach keine nationalen Aktivitäten, darf aber bei der Analyse von Innovationssystemen nicht außer Acht gelassen werden. Dies lässt auch Rückschlüsse auf den im Fokus dieser Arbeit stehenden Innovationsprozess zu: Der Innovationsprozess der PEM-Technologie wird wie die Ergebnisse dieses Kapitels zeigen dementsprechend von sowohl nationalen als auch internationalen Akteuren und deren Aktivitäten getragen.

8. Einflussfaktoren und Rahmenbedingungen des Innovationssystems

Ziel dieses Kapitels ist es, die Treiber der technologischen Entwicklung darzustellen. Um alle relevanten Einflussfaktoren und Rahmenbedingungen identifizieren zu können, ist es wichtig, sich erst zu verdeutlichen, was die Entwicklung der Technologie beeinflusst und das Verhalten der Akteure lenkt. Nur so können alle auf die Akteure der Technologie und deren Aktivitäten einflussnehmenden Faktoren erfasst und dargestellt werden. Die Identifikation dieser Einflussfaktoren und Rahmenbedingungen des Innovationssystems geht weit über das klassische Verständnis der Institutionen hinaus und muss weitere Treiber berücksichtigen. Nur so kann systematisch aufgezeigt werden, welche Einflüsse letztendlich auf den Innovationsprozess einwirken. Den Abschluss dieses Kapitels bildet das Zwischenfazit, das die Ergebnisse zusammenträgt und daraus Handlungsempfehlungen ableitet, die zur positiven Entwicklung der PEM-Technologie beitragen können.

8.1. Anmerkungen zu Institutionen im Innovationssystem

Dieser Arbeit liegt das Ziel zugrunde, den Innovationsprozess einer wissensbasierten Technologie zu analysieren. Aufgrund der hohen Bedeutung des Wissens für diese Technologien wird die Frage nach der Wissensgenese zentral. Den daraus abgeleiteten Forschungsfragen und den dazugehörigen Hypothesen in Bezug auf die Akteure, deren Aktivitäten sowie deren Kooperationen, wurde bereits in den vorherigen Kapiteln auf nationaler und internationaler Ebene nachgegangen. Bislang standen demnach die Akteure und deren Verhalten im Vordergrund. An dieser Stelle steht die letzte Forschungsfrage[230] dieser Arbeit nach Treibern der technologischen Entwicklung im Fokus. Es soll gezeigt werden, welche Faktoren auf die Entstehung der Technologie Einfluss nehmen, die Aktivitäten der Akteure lenken und somit letztendlich für die Wissensgenese verantwortlich sind.

[230] Siehe dazu Kapitel 3.1.

Teilweise werden die relevanten Einflussfaktoren und Rahmenbedingungen der technologischen Entwicklung durch Institutionen des Innovationssystems abgebildet. Es muss an dieser Stelle angemerkt werden, dass der Begriff „Institutionen" in der Literatur nicht einheitlich verwendet wird (Carlsson et al. 2002, S.234). So existiert eine Vielzahl an verschiedenen Ansätzen und Definitionen. Anstatt auf einer theoretischen Grundlage beruht ein Teil dieser Ansätze lediglich auf empirischen Beobachtungen[231], die dann durch eine Generalisierung als ausschlaggebend für den Innovationsprozess gesehen werden. Im Gegensatz dazu stehen die eher theoretischen Ansätze der Institutionenökonomik, die häufig die „soziologische[232]" Sicht der Institutionen adaptieren und unter Institutionen Routinen, Normen oder moralische Aspekte verstehen (vgl. Edquist und Johnson 1997, S.43). Zurückzuführen ist der Begriff der Institution in der ökonomischen Sichtweise auf Veblen (1909), der Institutionen wie folgt definiert: „Institutions...are settled habits of tought common to the generality of men" (Veblen 1919, S.239). Veblen gilt somit als Gründer des „Amerikanischen Institutionalismus" und stellte dadurch das von Institutionen und gesellschaftlichen Einbettungen unabhängige neoklassische Konzept des „Homo Oeconomicus" in Frage. An dieser Stelle wird der Unterschied zwischen den Neoklassischen Ansätzen und dem institutionentheoretischen Verständnis deutlich. So beschreiben die Neoklassiker den Markt als ein bloßes Zusammentreffen von Angebot und Nachfrage, der frei von Gesetzten für die dort getätigten Transaktionen ist. Im Gegensatz dazu vertreten die Institutionalisten die Auffassung, dass jede Form des wirtschaftlichen Handelns von Routinen, Regeln, Normen und Gesetzten im Rahmen des institutionellen „Set-ups" beeinflusst werden (vgl. Edquist und Johnson 1997, S.48)[233]. Ohne diesen institutionellen Rahmen würde das Marktprinzip zu angemessenen Transaktionskosten nicht funktionieren. Märkte bedürfen demnach Regeln und Strukturen (vgl. Hodgson 1988, S.174). In Bezug auf Innovationen und Innovationsprozesse werden somit die Institutionen zentral und ermöglichen erst

---

[231] Siehe dazu Nelson und Rosenberg (1993) oder Patel und Pavitt (1994)

[232] Die Institution im sozialwissenschaftlichen Kontext findet unter anderem bei Durkheim (1895), Weber (1921), Pearson (1951) und Schelsky (1970) Beachtung. Eine gute Übersicht über weitere Veröffentlichungen zum Thema der Institutionen findet sich in Scott (2005).

[233] Dies findet sich auch bei North (1981) und Polanyi (1957).

eine qualitative Kommunikation über Bedürfnisse und Möglichkeiten, die weit über das neoklassische Verständnis (Kommunikation lediglich über Angebot und Nachfrage) hinausgehen. Fortführung der Überlegungen von Veblen findet sich in den Arbeiten von Williamson (1985) und North (1990). In der Transaktionskostentheorie nach Williamson (1985) spielen Institutionen eine wichtige Rolle, die letztendlich die Transaktionskosten und dadurch den Markt selber beeinflussen. Darauf aufbauend bezeichnet North Institutionen auch als „rules of the game" (vgl. North 1990, S.3), die zur Reduktion der Transaktionskosten beitragen können. Institutionen sind nach North (1993) von der Gesellschaft erdachte Grenzen und Hemmnisse, die das Verhalten der Akteure beeinflussen[234] (vgl. North 1993, S.360). So existieren in der Literatur verschiedene Ansätze zum Begriff der Institutionen.

Der Begriff der Institutionen im Verständnis dieser Arbeit orientiert sich an der Definition von Edquist und Johnson (1997): „Institutions are sets of common habits, routines, established practices, rules or laws that regulate the relations and interactions between individuals and groups" (Edquist und Johnson 1997, S.46). Die Aufgabe der Institutionen können auf drei grundlegende Funktionen zurückgeführt werden: Dazu zählen die Reduktion von Unsicherheiten durch die Bereitstellung von Informationen, das Behandeln von Konflikten und Kooperationen sowie das setzten von Anreizen an die Akteure (vgl. Edquist und Johnson 1997, S.52ff). Dadurch wird der Zusammenhang zwischen Innovationen und Institutionen deutlich. Institutionen regulieren die Beziehungen zwischen Akteuren innerhalb und außerhalb von Organisationen und wirken so auch auf die Inhalte der Kommunikation und der Interaktion. Institutionen beinflussen den Lernprozess und somit auch die daraus resultierenden Innovationen (vgl. Edquist und Johnson 1997, S.51).

[234] Institutionen werden in der Sicht von North (1990) eher als Begrenzung empfunden, da sie auf die Entscheidungsfreiheit des am Markt handelnden Individuums Einfluss nehmen und so das ökonomische Denken bestimmen (vgl. Schmoch 2003, S.98).

Grundsätzlich lassen sich Institutionen in Anlehnung an Scott (1995)[235] in drei Gruppen unterteilen: Regulative Institutionen beschränken und regulieren das Verhalten der Akteure (vgl. Scott 2008, S.52). Beispiele für solche formalen Institutionen sind Gesetze, Rechtsverordnungen und Vorschriften oder technische Normen. Diese formalen Institutionen legen fest, welches Verhalten erlaubt ist und welches nicht (vgl. Truffer et al. 2009, S.5). Normative Institutionen basieren auf der Idee, dass das Verhalten der Akteure nicht nur durch rationale und formale Institutionen geleitet wird, sondern außerdem durch normative Regeln, die das Verhalten durch Werte und (gesellschaftliche) Normen beeinflussen (vgl. Peter 2001, S.10). Diese formal nicht verbindlich verankerten Institutionen können als sozial verbindliche Erwartungen bezeichnet werden, die definieren, was richtig und was falsch ist. Die dritte und letzte Gruppe der Institutionen bilden die kognitiven Institutionen, wie mentale Paradigmen, Visionen oder weit verbreitete Verhaltensregeln, die vorgeben, was denkbar und was undenkbar ist (vgl. Truffer et al. 2009, S.6). So sind Institutionen nicht nur als Handlungsbegrenzungen im Sinne von North (1990) zu sehen, sondern als Entlastungen und Orientierungen im Alltagshandeln (vgl. Schmoch 2003, S.99). Diese drei Elemente stellen die Grundbausteine der institutionellen Struktur dar und lenken das Verhalten der Akteure. Dennoch ist diese Unterteilung nicht als trennscharf zu sehen, da es deutliche Konvergenzen (vgl. Schmoch 2003, S.101) zwischen den Ansätzen gibt.

Das Verständnis einer Institution in dieser Arbeit geht somit auf das theoretisch fundierte Konzept nach North (1990) sowie Edquist und Johnson (1997) zurück und beinhaltet daher gleichzeitig eine strikte Trennung zwischen den Begriffen „Institutionen“ und „Organisationen“, die es einzuhalten gilt. Im allgemeinen Sprachgebrauch werden diese Begriffe häufig fälschlicherweise synonym verwendet (vgl. Edquist und Johnson 1997, S.46). In Anlehnung an North (1990) formt der institutionelle Rahmen die Organisationen und ist gleichzeitig ein Treiber für deren Weiterentwicklung. Die Organisation ist somit eingebettet („embedded“) in ihre

[235] “Institutions are comprised of regulative, normative and cultural-cognitive elements that, together with associated activities and resources, provide stability and meaning to social life” (Scott 1995, S.48).

institutionelle Umgebung[236] (vgl. Edquist und Johnson 1997, S.59). Die Akteure (als Organisationen) folgen so den Spielregeln und beeinflussen sie sogar. Im Gegensatz zu den Institutionen beinhalten die Organisationen dabei verschiedene Aspekte, die weit über reine „Spielregeln" hinausgehen. Diese sind zum Beispiel „political bodies" (Politische Parteien, Regulative Einrichtungen), „economic bodies" (Unternehmen, Gewerkschaften), „social bodies" (zum Beispiel die Kirche) oder „educational bodies" (Universitäten und Schulen) (vgl. North 1990, S.5). Im Zusammenhang mit Innovationsstudien ist zu beachten, dass Unternehmen oder Universitäten als Organisationen und nicht als Institutionen zu sehen sind. So repräsentieren die Organisationen formale Strukturen mit einem explizitem Zweck, sind bewusst geschaffen und vor allem als Akteure zu sehen. Im Gegensatz dazu können sich Institutionen spontan entwickeln und zielen häufig nicht auf einen spontanen Zweck ab (vgl. Edquist und Johnson 1997, S.47).

Zusammenfassend zeigt sich, das ausgehend von der Definition einer Institution nach North (1990) sowie Edquist und Johnson (1997), eine vollständige Betrachtung der Einflussfaktoren und der Rahmenbedingungen nicht auf einer reinen Analyse der Institutionen beschränkt bleiben darf, da so nicht alle Treiber abgedeckt werden. Neben den Institutionen ist es erforderlich, auch weitere einflussnehmende Faktoren zu berücksichtigen. Zur Beantwortung der Forschungsfrage nach allen Treibern der technologischen Entwicklung im Rahmen der Wissensgenese müssen somit sowohl Institutionen als auch weitere Faktoren (teilweise Organisationen im Sinne von North (1990)) berücksichtigt werden. Nur so können alle Faktoren identifiziert werden, die für die aktuelle Situation des Wissensstandes und somit für die Technologie verantwortlich sind.

8.2. Identifikation der Einflussfaktoren und Rahmenbedingungen

Dieses Kapitel identifiziert auf die Entwicklung einer Technologie Einfluss nehmenden Faktoren und Rahmenbedingungen, die am Ende dieses Kapitels illustriert werden.

[236] Gleichzeit sind Institutionen aber auch in Organisationen eingebettet und werden sogar von diesen entwickelt (Stichwort: „mutual embeddedness"). Für weitere Ausführungen dazu siehe Edquist und Johnson 1997, S.59f.

Dabei werden diese Elemente noch ohne Bezug zur PEM-Technologie hergeleitet[237]. Die Anwendung auf die PEM-Technologie dieser hier identifizierten Faktoren findet erst in den Kapitel 8.3 bis 8.8 statt.

Die Nachfrage der Endkunden nach dem fertigen Produkt und die Beschaffenheit des relevanten Marktes ist wesentlicher Bestandteil der Einflussfaktoren und Rahmenbedingungen. Die **Nachfrage** der Konsumenten (private Nachfrage) setzt Anreize an die Akteure des Systems, bestimmte Aktivitäten zu unterstützen, bzw. zu vermeiden (vgl. Markard und Truffer 2008, S.602). Dabei ist zu berücksichtigen, dass nicht nur die nationale Nachfrage, sondern vor allem auch die internationale Nachfrage von Bedeutung ist. Akteure, insbesondere die innovativen, sind gerade durch finanzielle Interessen motiviert[238]. Durch einen breiten Absatz ihrer Produkte können sie die Investitionen in ihre F&E-Ausgaben refinanzieren. Die Berücksichtigung der internationalen Nachfrage vergrößert den potentiellen Absatzmarkt. Dabei werden die verschiedenen Markteigenschaften relevant, wie zum Beispiel die Größe der potentiellen Zielmärkte. Desweiteren spielt nicht nur die Anzahl der potentiellen Adoptoren eine entscheidende Rolle, sondern vor allem auch deren Akzeptanz der neuen Technologie. Akzeptanz bedeutet an dieser Stelle eine bestimmte Meinungs- und Verhaltensform gegenüber einzelnen Technologien (Dierkes und von Thienen 1982, S.1) und äußert sich derart, dass diese Technologien angenommen, genutzt und die zunehmende Verbreitung gebilligt werden (vgl. Fauser 1990, S.167f). Daneben kann ebenfalls die öffentliche Nachfrage, seit langem eine beliebtes Instrument (vgl. Edquist et al. 2000, S.3), weiteren Einfluss auf die Entwicklung neuer Technologien nehmen. Insbesondere das sogenannte „Green Public Procurement“ erfreut sich immer größerer Anwendung. Dabei werden umwelttechnische Fragen in den gesamten Prozess der öffentlichen Nachfrage integriert um somit Umwelttechnologien und deren Entwicklung positiv zu beeinflussen (vgl. Bouwer et al. 2005, S.16). Der Staat hat so die Möglichkeit, ausgerichtet an gesellschaftlichen

[237] Zusätzlich wird der in Kapitel 3.2.1 geforderten Internationalisierung entsprochen. So werden auch internationale Faktoren berücksichtigt.
[238] Siehe dazu vor allem Kapitel 5.

Zielen, eine direkte Nachfrage nach neuen Technologien zu erzeugen. So nimmt er direkten Einfluss auf das Verhalten der Akteure und stärkt deren Konkurrenzfähigkeit im internationalen Vergleich. Darüber hinaus kann eine an gesellschaftlichen Zielen orientiere staatliche Beschaffungspolitik der privaten Nachfrage als Vorbild dienen.

Die Entwicklung neuer Technologien verbraucht finanzielle Ressourcen. Die **Finanzierung und Förderung** einzelner F&E-Projekte und die notwendige Verfügbarkeit von finanziellen Mitteln, gerade für risikoreichen und hochinnovativen Technologien haben somit entscheidenden Einfluss auf die Umsetzung von innovativen Produktideen. Ausreichende Finanzmittel erlauben es, Inventionen zu forcieren und durch geeignete Maßnahmen am Markt zu Innovationen werden zu lassen (vgl. Vahs und Burmester 2002, S.380). Das bedeutet auf der anderen Seite aber auch, dass finanzielle Engpässe die Innovationsmöglichkeiten einschränken und diese behindern können (vgl. Hausschild 1997, S.32). Die Bereitstellung (externer) finanzieller Mittel ist demnach für die Entwicklung neuer Technologien ein wichtiger Einflussfaktor. Der dadurch entstehende Innovationsschub durch Verbesserung der ökonomischen Rahmenbedingungen sollte von Seiten des Staates als vorrangig angesehen werden (vgl. Vahs und Burmester 2002, S.39). Konkrete Finanzierungsmöglichkeiten ergeben sich aus (technologiespezifischen) Förderprogrammen sowie aus Krediten. Ziele der direkten öffentlichen Förderung von F&E sind eine Stärkung des Innovationswettbewerbs sowie der Wettbewerbsfähigkeit der Akteure. Ausgewählte F&E-Felder, die aus gesellschaftlichen und ökologischen Gründen als förderungswürdig gelten, werden durch den Staat gezielt unterstützt, der dadurch seiner Vorsorgepflicht bei Umwelt- und Klimafragen nachkommt (Specht und Beckmann 1996, S.460). Neben dieser Form der direkten finanziellen Förderung von F&E-Projekten kann auch die indirekte Förderung beansprucht werden, die in Form von steuerlichen Vergünstigungen erfolgt. Ein weiteres wichtiges Standbein der Förderung ist die institutionelle Förderung (organisationelle Förderung), die nicht nur einzelne Forschungsvorhaben, sondern die gesamte Einrichtung unterstützt, häufig als jährliche Zuschüsse zu den Ausgaben staatlicher Forschungseinrichtungen (vgl. Brockhoff 1999; S.124).

Das diesem Forschungsdesign dieser Arbeit zugrundeliegende hybride Innovationssystem[239] ist in ein **politisches System** eingebettet, dass sowohl auf nationaler als auch auf internationaler Ebene Einfluss nimmt. Entscheidend für die Lenkung neuer Technologien ist die Forschungs- und Technologiepolitik (FuT-Politik), die einen Teil der Wirtschaftspolitik darstellt. In der Literatur findet sich eine Reihe weitere Begriffe, die sehr häufig synonym verwendet werden und fast nicht mehr zu unterscheiden sind: Industriepolitik, Wissenschafts- und Technologiepolitik oder Innovationspolitik (vgl. Vogel 2000, S.123f). FuT-Politik sind dabei alle Anstrengungen des poltischen Systems, das Forschungssystem zu gestalten und das Innovationsverhalten der involvierten Akteure positiv zu beeinflussen. Zu den Zielen der FuT-Politik gehört unter anderem die nachhaltige Entwicklung und monetäre Ausstattung der Forschungsinfrastruktur, die Schaffung einer innovationsorientierten Infrastruktur, sowie die Beeinflussung der Technologieentwicklung in eine bestimmte Richtung (vgl. Kuhlmann 1998, S.51). Die Instrumente der FuT-Politik sind vielfältig und können wie folgt unterschieden werden:

- Instrumente im engeren Verständnis:
  Institutionelle Förderung von öffentlichen Forschungseinrichtungen und Hochschulen, Finanzielle Anreize, Maßnahmen zur Steigerung des Technologietransfers, Aus-und Fortbildung.
- Instrumente im weiteren Verständnis:
  Innovationsmanagement, Bewusstseinsbildung und wissenschaftliche Beratung, Unterstützung der Marktumsetzung von Innovationen, Regulative bzw. ordnungspolitische Maßnahmen, Innovationskatalysator in weitere Politikfelder (vgl. Grupp et al. 2004, S.90).

[239] Siehe dazu Kapitel 3.2.2.

Teilweise sind diese Instrumente in anderen Gruppierungen dieses Modells wiederzufinden. So bilden die finanziellen Anreize (Finanzierung), die Aus- und Forthbildung, sowie die institutionelle Förderung (siehe Bildung und Forschung) eigene Gruppen. Maßnahmen zur Steigerung des Technologietransfers finden sich hier in den Rahmenbedingungen wieder, die Unterstützung der Marktumsetzung von Innovationen in der Gruppe der Rahmenbedingungen (als Bestandteil des Technologiemarketings). Das Innovationsmanagement sowie die Bewusstseinsbildung und die wissenschaftliche Beratung sind wichtige Bestandteile eines Innovationssystems, werden aber an dieser Stelle als zu allgemein angesehen und daher nicht weiter berücksichtigt. Technologiespezifische Normen, die auch einen regulativen Eingriff darstellen und von höchster Relevanz sind, werden allerdings der Gruppe der Rahmenbedingungen zugeordnet. Im Fokus dieser Gruppe stehen daher vor allem regulative Eingriffe. Dazu gehören zum Beispiel Umweltsteuern und Emmisionsgesetzgebungen durch das politische System auf nationaler und internationaler Ebene, die die Institutionen im Sinne von North (1990) darstellen. Diese Maßnahmen gilt es im Rahmen der entsprechenden Politik darzustellen (zum Beispiel in der Energiepolitik).

Die in den Organisationen beschäftigten technologiespezifischen Fachkräfte sind einerseits Akteure des Innovationssystems. Im wissenschaftlichen Bereich sind sie Autoren der Publikationen. Weiterhin treten sie teilweise selbst an Anmelder von Patenten auf, sind aber in der Mehrzahl eher Erfinder in der angewandten Forschung und der Entwicklung. Andererseits stellen sie durch Ihre **Qualifikation** eine wichtige Ressource dar. So ist das Vorhandensein von Fachkräften (Humankapital) ein Standortvorteil und spielt für die technologische Leistungsfähigkeit eines Landes eine herausragende Rolle. Seit Ende der 1990er Jahre hat sich die Knappheit an hochqualifizierten Erwerbspersonen als Innovationshemmnis erwiesen (vgl. Grupp et al. 2004, S.111). Somit stellt das verfügbare Humankapital eine einflussnehmende Bedingung dar und ist für die Entwicklung von Technologien ein ausschlaggebender Faktor. Desweiteren ist ebenfalls die **Aus- und Weiterbildung** zu nennen, denn ohne qualifiziertes Personal ist die Umsetzung von Innovationen im Produktionsprozess und die Adaption von neuen Technologien nicht möglich (vgl. Grupp et al. 2004, S.121). Bei der Einführung einer neuen Technologie entsteht so zu unterschiedlichen Zeitpunkten ein zielgruppenspezifischer Bedarf an Wissen (vgl. Marscheider-Weidemann et al. 2004, S.4). Technologiespezifische Arbeitskräfte tragen demnach zu einer höheren Wissensproduktion bei und sorgen dabei gleichzeitig für eine schnellere Verbreitung des Wissens, beides grundlegende Vorrausetzungen für Innovationen und technologischen Wandel (vgl. Blechinger und Pfeiffer 1997, S.261).

Die Entwicklung von Technologien ist überdies **äußeren Einflüssen** ausgesetzt, die durch die Akteure Nationaler und Technologischer Innovationssysteme nicht direkt beeinflusst werden können, aber dennoch Einfluss nehmen. Dazu gehören z.B. die Rohstoff- und Energiepreise, die, bedingt durch eine steigende Nachfrage und ein endliches Angebot weiter steigen werden (vgl. Geitmann 2004, S.4ff); aber auch aktuelle Umweltprobleme, die die Entwicklung neuer Technologien forcieren können. So bilden die äußeren Einflüsse globale Entwicklungen ab, die auf die Akteure und deren Verhalten wirken. Diese Einflüsse müssen weitestgehend als gegeben hingenommen werden und können nur schwer bis gar nicht beeinflusst werden, auch vom nationalen und supranationalen politischen System nur bedingt.

Die möglichen Kunden neuer Technologien können sich häufig die Nutzenpotentiale von Technologien nicht vorstellen. Gleichzeitig behindern Ängste sowie Wissens- und Verhaltensbarrieren die Adoption von Innovationen. Wesentliche Aufgabe des **Technologiemarketing** ist es daher, den Fortschritt der technologischen Entwicklung mit den Problemen potentieller Kunden zu verknüpfen. Anwendungsfelder für neue Technologien und wettbewerbsfähige Problemlösungen sollen dabei identifiziert werden (vgl. Schneider 2002, S.35f). Zu den Instrumenten, um im Sinne der Technologie auf die Nachfrage einzuwirken, zählen Leuchtturmprojekte und deren Demonstrationsaktivitäten. Gerade junge Technologien im Umweltbereich werden dieseim Rahmen von Entwicklungsplänen finanziert und gefördert. Ziel dabei ist es, den Bekanntheitsgrad der Technologie zu steigern und die Tauglichkeit in der Praxis

zu verdeutlichen, um damit letztendlich die Akzeptanz der Gesellschaft durch objektive Informationen zu steigern. Daneben gilt es aber auch die technische Machbarkeit nachzuweisen, Praxiserfahrungen auszuwerten und die Zusammenarbeit der Akteure zu unterstützen (vgl. BMWA 2005, S.10).
Das Technologiemarkting übernimmt die Aufgabe, durch die Organisation von Demonstrationsaktivitäten im Rahmen von Leuchturmprojekten den Bekanntheitsgrad der Brennstoffzellenfahrzeuge zu steigern. Durch Demonstration der (Alltags-) Tauglichkeit soll letztendlich die Akzeptanz der Nachfrage positiv beeinflusst werden. Zusätzlich dienen diese Feldversuche dazu, praktische Erfahrungen im Umgang mit der Technologie zu sammeln und offene Fragen bezüglich der technologischen Entwicklung zu klären. Durch den praktischen Einsatz und den Betrieb der Fahrzeuge soll auch die Synchronisation zwischen Flotten und Infrastruktur getestet und Vertriebssysteme aufgebaut werden. Außerdem kommt es zum Austausch zwischen Akteuren dieser Bereiche. Die Erfahrungen der praktischen Anwendungen von Brennstoffzellenfahrzeugen können zusätzlich auch Input zur Normung liefern.

Die Entwicklung einer Technologie wird von den Akteuren eines Innovationssystems vorangetrieben, die einer permanenten Kooperations- und Konkurrenzsituation ausgesetzt sind. Ein geförderter intensiver **Technologietransfer** untereinander und eine gemeinsame Strategie einer Vielzahl von Akteuren (Vision und sich daraus ableitende Entwicklungspläne, siehe unten) führen zur Nutzung von Synergieeffekten, durch die sich die Technologie letztendlich schneller entwickeln kann. Technologietransfer trägt daher wesentlich zur Erhöhung der Wirksamkeit von Innovationssystemen bei, indem er die wirtschaftliche Verwertung von F&E-Ergebnissen unterstützt, die Innovationskraft von Unternehmen stärkt und Forschungsbedarf identifiziert (vgl. Pleschak 2003, Vorwort). Netzwerke[240] stellen eine Form des direkten Technologietransfers dar. Durch die Zusammenarbeit in Netzwerken werden komplementäre Ressourcen gebündelt, um gemeinsame Ziele und Interessen durch Kooperationen zu erreichen.

[240] Mit Netzwerken sind hier nicht die Netzwerke der Kapitel 6.1 gemeint, die auf Ko-Publikationen basieren. Netzwerke meint hier einen Zusammenschluss in Verbänden.

Durch den Zusammenschluss der verschiedenen Organisationen des Innovationssystems werden nicht nur ein Know-how und Kompetenzgewinn erschlossen, sondern vor allem auch Lerneffekte erzielt (vgl. Pleschak und Stummer 2001, zitiert in Pleschak 2003, S.13).
Desweiteren forciert die Politik die Gründung von sogenannten Innovationsallianzen, die ein Instrument der FuT-Politik darstellen. Im Vordergrund dieser strategischen Kooperationen, die sich aus Vertretern der Wissenschaft, Wirtschaft und Politik zusammensetzen, steht jeweils die Ausrichtung auf einen bestimmten Anwendungsbereich (vgl. BMBF 2009). Da diese Innovationsallianzen ebenfalls den Technologietransfer unterstützen und fördern, sind sie an dieser Stelle der Rahmenbedingungen zu finden.

Desweiteren sind für die Umsetzung der nationalen Förderprogramme und Entwicklungspläne (Siehe oben: Finanzierung und Förderung) **koordinative Tätigkeiten** zwischen den sich beteiligten Akteuren durchzuführen. Dies kann zum Beispiel durch die Gründung bundeseigener Gesellschaften unterstützt werden, die in Absprache mit den Projetträgern der finanzierenden Ministerien die Gesamtkoordination von Förderprogrammen übernehmen (vgl. Menzen 2007, S.9). Diese Gesellschaften tragen durch Ihre übergeordnete Koordination bei der Umsetzung der Förderprogramme und durch ihre personelle Ausstattung durch Vertreter aller Organisationsstypen zu einem verstärkten Technologietransfer bei. Der Rahmen für die strategischen und zielgerichteten Aktivitäten in technologiespezifischen Netzwerken und Innovationsallianzen wird durch Visionen vorgegeben, die eine Vorstellung der Zukunft vermitteln und so die Richtung des Handels vorgeben (vgl. Bullinger 1994, S.79). Der Ansatz der Visionen stammt aus dem Unternehmensbereich (siehe dazu auch Weule 2002, S.61), die dahinterstehende Idee lässt sich aber auch auf die Entwicklung von Technologien und den dazugehörigen Innovationsprozess übertragen. Die Umsetzung von Visionen findet durch Strategien statt, die zum Erreichen der gesteckten Ziele entwickelt werden. Die Vision zeigt also lediglich den Weg auf und wird in strategischen Entwicklungsplänen operationalisiert.

Der Technologietransfer zwischen den beteiligten Akteuren sowie die Koordination aller auf die Entwicklung abzielenden Aktivitäten an der Entwicklung stellen einen wichtigen technologiespezifischen Einflussfaktor dar. Der Wissensaustausch in Netzwerken sowie die Gründung von Innovationsallianzen tragen dabei entscheidend zum Erfolg bei. Die Koordination der Aktivitäten erfolgt durch die Aufstellung von Entwicklungsplänen und Visionen, die so dafür sorgen, dass alle Maßnahmen im Einklang und zielgerichtet erfolgen. Die koordinative Tätigkeiten übernehmen dabei dann bundeseigene Gesellschaften.

Parallel zur Entwicklung der Technologie selber ist es erforderlich, in alle notwendigen **infrastrukturellen Grundvoraussetzungen**[241] zu investieren, die die Weitereinwicklung, die Markteinführung und die Verbreitung der Technologie unterstützen und vorbereiten. Häufig entsteht dabei ein klassisches „Henne-Ei-Problem“. Zwischen den Akteuren der Technologie und den Akteuren der Infrastruktur kommt es zu einem Koordinationsproblem, dass dazu führen kann, dass niemand aktiv am Marktgeschehen teilnimmt. Eine mögliche Strategie zur Lösung dieses Problems besteht darin, Informationen und Entwicklungen zwischen den zwei Seiten der Akteure auszutauschen (vgl. Peitz 2006, S.323). Dabei gilt es die relevanten politischen und technologietreibenden Akteure zu berücksichtigen und eine gemeinsame Anstrengung anzustreben (vgl. Schulze et al. 2005, S.77). Ein mögliches Mittel, diese Anstrengungen zu koordinieren, sind die sogenannten Innovationsallianzen (siehe oben: Technologietransfer und Koordination).

Der aktuelle Forschungsbedarf der betrachteten Technologie beeinflusst das Verhalten aller Akteure des Innovationssystems. Den **aktuellen Stand der Technologie** und die kritischen technologischen Elemente gilt es, restlos zu identifizieren. Zu einem gehören dazu sogenannte technologische „Bottlenecks“ die durch inventive Tätigkeiten angegangen werden können. Zum anderen aber auch

---

[241] Die infrastrukturellen Veraussetzungen spielen für die Entwicklung und vor allem die Verbreitung der PEM-Technologie eine entscheidende Rolle. Dieses Thema kann an dieser Stelle aber nicht weiter vertieft werden und bietet Raum für weitere Forschungsarbeiten.

marktorientierte Probleme, wie zum Beispiel die hohen Herstellungskosten. Desweiteren stehen neue Technologien in Konkurrenz zu bereits etablierten oder aber auch anderen neuen Technologien und müssen sich durchsetzten. Die Bewertung konkurrierender Technologien spielt dabei eine wichtige Rolle und kann die Entwicklung behindern oder unterstützen (vgl. Jochem 2009, S.7f).

Im Allgemeinen werden unter dem Begriff „**Regulierung**" Gesetze und Verordnungen, sowie Standards und Normen[242] verstanden, die auf verschiedene Weise die Innovationsaktivitäten von Unternehmen beeinflussen (vgl. Rennings et al. 2008, S.105). Gesetze und Verordnungen werden in dieser Arbeit dem politischen System zugeordnet und dort analysiert. Der Fokus der technologischen Regulierung liegt daher an dieser Stelle auf den Normen, die als klassische Institution einen wichtigen Einflussfaktor darstellen. Für die Verbreitung neuer Technologien ist der Prozess der Normung durch staatlich anerkannte Normungsinstitute durchaus geeignet und erwünscht. Die Erarbeitung von Normen stellt damit ein unerlässliches Element der technologischen Infrastruktur dar und beeinflusst dadurch wesentlich die Entwicklung der Technologie (vgl. Blind 2006, S.1). Normungsinstitute existieren sowohl auf nationaler Ebene, europäische und internationaler Ebene. Die Normen selber entstehen durch die Mitarbeit aller interessierten Kreise nach dem Konsensprinzip, so dass die Akteure aktiv Einfluss auf deren Gestaltung nehmen können. Normen haben dadurch einen positiven Einfluss auf den gesamten Innovationsprozess und stellen für die Forschung und Entwicklung eine relevante Wissensbasis dar und können so die Entwicklung neuer Technologien stark vorantreiben (vgl. DIN 2009), indem sie als Katalysator in der Frühphase der Technologieentwicklung dienen und dadurch Technologien nachweislich schneller in marktfähige Produkte umsetzen (vgl. DIN 2009a). Gerade aber auch zur Unterstützung der breiten Marktdurchdringung sind Normen auf internationalem Level ein wichtiger Treiber. Daneben stellen Normen auch eine Möglichkeit dar, die Nachfrage und deren Akzeptanz zu beeinflussen.

[242] In der englischen Literatur auch RCS „Regulations Codes and Standards" genannt.

Durch die Einführung von Sicherheitsnormen kann die Qualität und Reife der Technologie signalisiert werden

Abbildung 63 fasst die hier gewonnenen Erkenntnisse zusammen und stellt sie in einer Abbildung übersichtlich dar. Die durch diese Faktoren beeinflussten Akteure und deren Aktivitäten bleiben an dieser Stelle[243] unberücksichtigt und sind unter „Akteure des Innovationsystems" zusammengefasst.

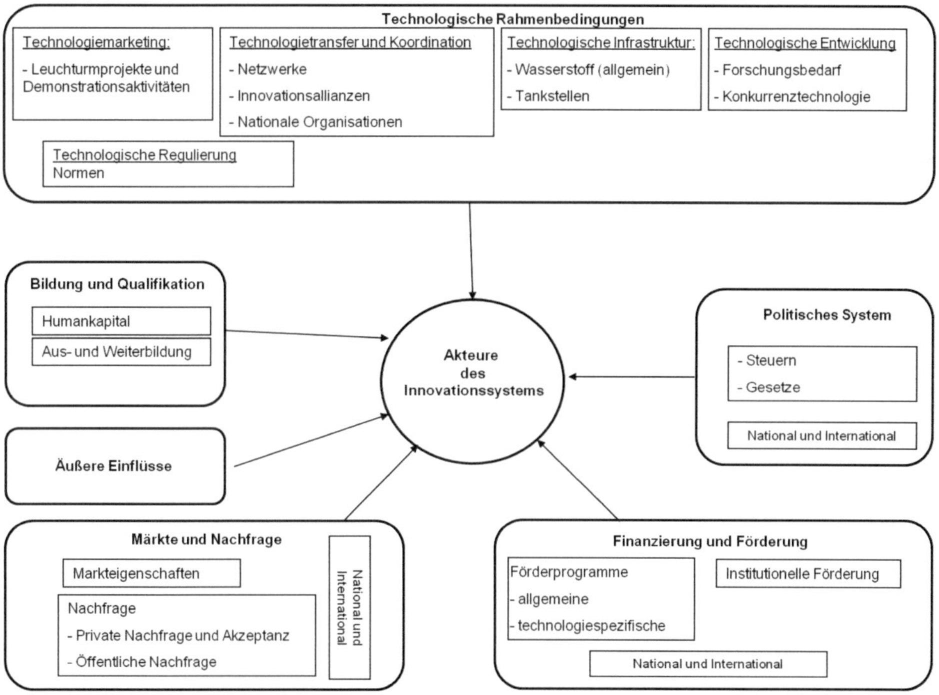

Abbildung 63: Illustration der wichtigsten Einflussfaktoren und Rahmenbedingungen

Wie dieses Kapitel in den Erläuterungen der einzelnen Aspekte zeigt, nehmen aber auch weitere Faktoren Einfluss, die nicht als Institutionen im Sinne von „Spielregeln" bezeichnet werden können. Dazu gehören „Märkte und Nachfrage", „Finanzierung und Förderung" sowie die „äußeren Einflüsse" und Teile der „technologischen Rahmenbedingungen" sowie die „Bildung und Qualifikation", die im Sinne von North (1990) als Organisationen bezeichnet werden können. So zählen zu den

---

[243] Für die Akteursstruktur siehe insbesondere Kapitel 5.

Einflussfaktoren und Rahmenbedingungen des Innovationssystems einerseits Institutionen im Sinne von Edquist und Johnson (1997), wie zum Beispiel Gesetze des „politischen Systems“ oder die „technologische Regulierung“ aber auch weitere Faktoren, die sich nicht unter diesem Begriff subsummieren lassen. So ermöglichen gerade erst diese weiteren Faktoren die aktive Teilnahme von Akteuren an Forschungs- und Entwicklungsaktivitäten, insbesondere durch Finanzierung und Förderung oder die Bereitstellung von ausgebildeten Fachkräften. So lassen sich zusammenfassend verschiedene Faktoren identifizieren, die für den aktuellen Entwicklungstand einer Technologie verantwortlich sind. Institutionen als reine Spielregeln können das Verhalten der Akteure und den aktuellen Stand der Wissensgenese alleine nicht eindeutig erklären. Wie in diesem Kapitel aufgezeigt, sind letztendlich weitere Einflussfaktoren und Rahmenbedingungen nötig, die in Kombination mit den Institutionen die Entwicklung der Technologie beeinflussen.

Diese theoretischen Überlegungen werden nun in den folgenden Kapiteln auf die PEM-Technologie angewendet.

8.3. Märkte und Nachfrage

Der für Brennstoffzellenfahrzeuge mit PEM-Technologie relevante **Markt** ist der Automobilmarkt. An dieser Stelle wird zuerst der Blick auf den deutschen Markt gerichtet, die Exporte der inländischen Produktion sowie bedeutende Zielmärkte. Die Neuzulassungen von Personenkraftwagen in Deutschland sind in Abbildung 64 dargestellt.

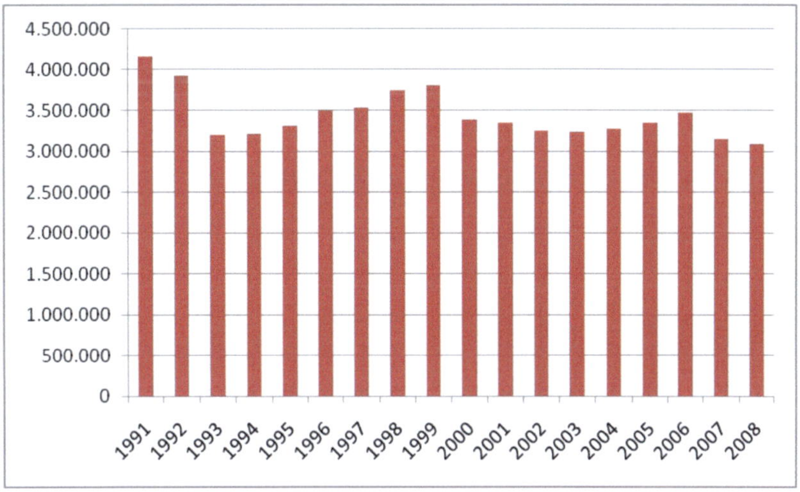

Abbildung 64: Neuzulassungen von Personenkraftwagen in Deutschland (vgl. VDA 2009)

Seit 1991 schwanken die jährlichen Zahlen zwischen 3.000.000 und etwas über 4.000.000. Die höchsten Neuzulassungen wurden Anfang der 90er Jahre auf Grund der deutschen Einheit registriert. Sowohl die geplatzte Dotcom-Blase ab dem Jahre 2000 als auch die Finanzkrise ab 2007 ließen die Neuzulassungen im Jahre 2008 auf den niedrigsten Stand seit 1993 sinken. Bis Ende Oktober 2009 wurden bereits 3.311.886 Personenkraftwagen neu angemeldet (vgl. KBA 2009a). Auch nach Wegfall der Umweltprämie stiegen die Neuzulassungen im Vergleich zu 2008 um 22%. So wird für das Gesamtjahr 2009 mit einem Neuzulassungsvolumen von über 3.800.000 Personenkraftwagen gerechnet, was einem Anstieg von ca. 25% gegenüber dem Jahr 2008 entspricht. Diese ist jedoch nicht als Normalfall zu sehen. Die Umweltprämie zur Stärkung der nationalen Nachfrage bei wegbrechenden Exportmärkten scheint die Rolle als Brückenfunktion erfüllt zu haben. Besonders haben die Segmente der Klein und Kompaktklasse profitiert, vor allem bei ausländischen Anbietern, bei denen nach Ende der Prämie ein deutlicher Absatzrückgang zu verzeichnen ist. Der Absatz der deutschen Premium-Marken[244] hingegen hat den Wegfall der Umweltprämie unbeschadet überstanden (vgl. VDA 2009a). Neben den Neuzulassungen sind der

[244] Zu den Premium-Marken gehören Mercedes, BMW und Audi.

deutsche PKW-Bestand und dessen Durchschnittsalter[245] weitere Markt-charakteristiken.

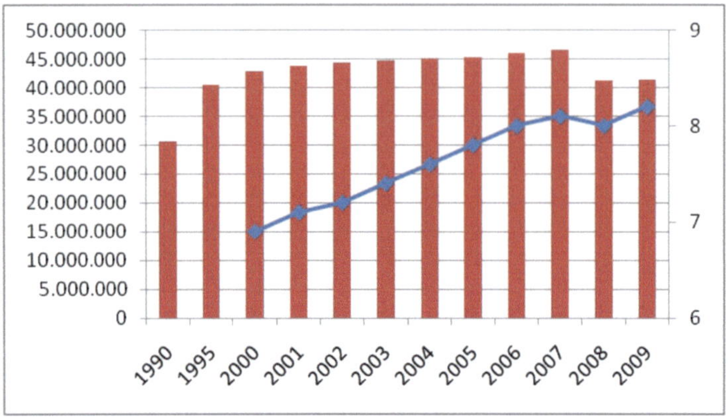

Abbildung 65: Bestand von Personenkraftwagen in Deutschland (Balken, linke Skala, vgl. KBA 2009b) und Durchschnittsalter der Fahrzeuge (Linie, rechte Skala, vgl. KBA 2009c)

Der Sprung sowohl im Bestand als auch beim Alter vom Jahr 2007 auf 2008 ist statistisch begründet[246]. Eine Trendbetrachtung ist somit nicht möglich. Tatsächlich gab es faktisch aber von 2007 auf 2008 einen Zuwachs (vgl. MPS 2008, S.63). Dennoch gibt diese Grafik einen Eindruck über den Bestand von Personenkraftwagen in Deutschland. Die entsprechende PKW-Dichte[247] lag 2007 bei 501 und 2008 bei 505 Fahrzeugen (vgl. VDA 2009b). Abbildung 65 zeigt außerdem das Durchschnittsalter des deutschen PKW-Bestandes, welches von 6,9 Jahren in 2000 bis auf 8,2 Jahre in 2009 gestiegen ist[248]. Da die im Bestand befindlichen Fahrzeuge immer älter werden, spricht man von einem „Methusalem-Effekt“ im Automarkt. Gründe dafür sind die steigende Qualität der Fahrzeuge und die damit einhergehende Haltbarkeit, die höhere Zweitwagenquote sowie die rückläufige Kilometerfahrleistung bei den privaten Haltern (vgl. MPS 2008, S.67). Die Zusammensetzung des PKW-Bestandes bezüglich der einzelnen Antriebsarten[249] zeigt weiterhin die Dominanz der

[245] Siehe Abbildung 65.
[246] Ab 1. Januar 2008 werden nur noch angemeldete Fahrzeuge ohne vorübergehende Stilllegungen oder Außerbetriebsetzungen berücksichtigt (vgl. KBA 2009b).
[247] Entspricht der Anzahl von PKW je 1000 Einwohner.
[248] Zum Vergleich: Das durchschnittliche PKW-Alter in Europa lag im Jahr 2000 bei 8,5 Jahren (vgl. ACEA 2009).
[249] Siehe dazu Abbildung 30.

konventionellen Verbrennungsmotoren (Otto- und Dieselmotor). Alternative Antriebe werden lediglich in geringem Maße genutzt[250].

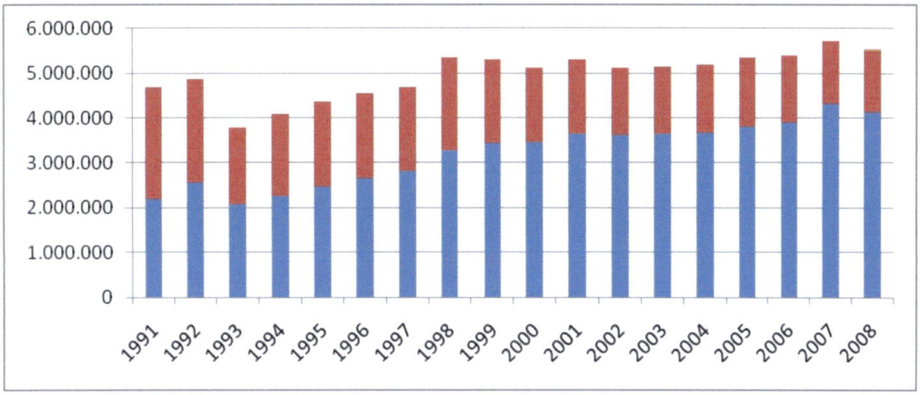

Abbildung 66: Produktion in Deutschland[251] für den heimischen Markt (in rot) und Exporte (in blau, eigene Darstellung nach VDA 2009c und VDA 2009d)

Abbildung 66 zeigt die inländische Produktion in Deutschland sowie die darin enthaltenen weltweiten Exporte. Nach einem sprunghaften Rückgang 1993 stieg die Produktion bis 2008, trotz einiger Schwankungen, wieder kontinuierlich an. 1998 wurde die 5.000.000 Grenze überschritten, die bislang größte Produktion wurde im Jahr 2007 mit ca. 5.700.000 Personenkraftwagen erreicht. Einen ähnlichen Trend hat der Export der in Deutschland produzierten Personenkraftwagen zuverzeichnen. Der relative Anteil der exportierten Personenkraftwagen zur Produktion stieg ebenfalls kontinuierlich an. Betrug die Exportquote Anfang der 90er noch ca. 50% (1992: 52,84%), stieg sie bereits Ende der 90er auf 60% (1997: 60,21%). Im Jahr 2007 wurde die höchste Exportquote mit 75,38% erreicht. Für das Jahr 2009 wird mit einem Rückgang der Exporte gerechnet. Die schlechte Weltwirtschaftslage und die daraus resultierende Entwicklung der Weltmärkte wird die exportorientierte Automobilwirtschaft sehr belasten (vgl. VDA 2009a). Zu den wichtigsten Zielregionen der Exporte

[250] Anteil weniger als 1%, siehe Kapitel 4.3 für Details.

[251] Bei der Produktion gilt zu Berücksichtigen, dass hier tatsächlich nur die in Deutschland produzierten Kraftfahrzeuge deutscher Hersteller dargestellt sind. Für die deutsche Gesamtproduktion weltweit muss zusätzlich noch die Auslandsproduktion der Deutschen Hersteller berücksichtigt werden, die ähnlich hoch wie Inlandsproduktion ist (2007: 5.247.950 KFZ und 2008: 5.279.744). Für weitere weltweite Produktionszahlen siehe VDA (2009c).

zählen dabei Westeuropa (vor allem Großbritannien und Frankreich), Amerika (vor allem USA) und Asien (vor allem China) (vgl. VDA 2009d).

Wie bereits in der Modellbeschreibung angedeutet, sind es die Endkunden, die die neue Technologie übernehmen und anwenden müssen. Grundvorraussetzung für eine breite Durchsetzung der PEM-Technologie und Antrieb für eine konsequente Weiterentwicklung und Intensivierung der Anstrengung zur Markteinführung ist die **Nachfrage**. Bei der Nachfrage unterscheidet man die private und die öffentliche Nachfrage. Die private Nachfrage wird im Automobilbereich weiter unterschieden nach Haltergruppen. Folgende Abbildung 67 zeigt den prozentualen Anteil der gewerblichen Halter bei den Neuzulassungen.

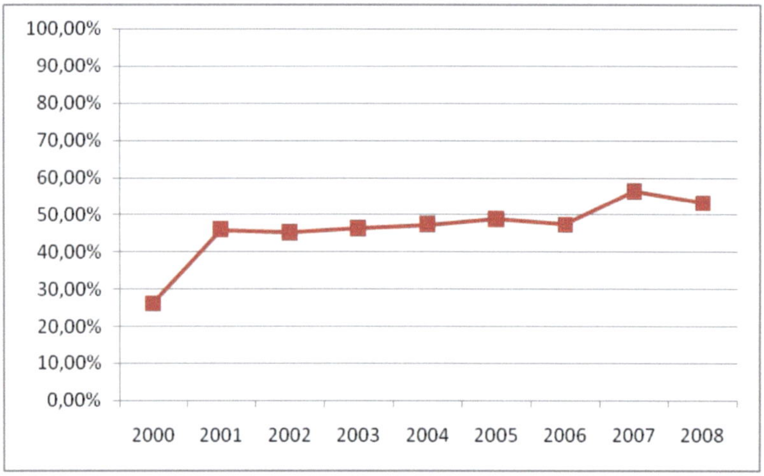

Abbildung 67: Anteil der gewerblichen Halter bei den Neuzulassungen von PKW in Deutschland (eigene Berechnung nach KBA 2009d)

Zu den gewerblichen Haltern zählen das verarbeitende Gewerbe, sowie Handel und Dienstleistungsunternehmen. Der Handel macht dabei den größten Anteil aus. Es fällt auf, dass die Zulassungen gewerblicher Halter stetig zunehmen. Seit dem Jahr 2007 machen sie über 50% aus. Die gewerbliche Nachfrage ist somit eine genauso wichtige Gruppe wie die privaten Endkunden und darf daher bei der Vorbereitung des Markteintritts nicht außer Acht gelassen werden.

Letzten Endes entscheidet über den raschen Erfolg der PEM-Brennstoffzellenfahrzeuge aber die Akzeptanz der Kunden, egal ob es sich um private oder gewerbliche Halter handelt. Zu den Variablen der Technikakzeptanz gehören unter anderem die Einstellung zu und das Interesse an der Technik allgemein sowie das Wissen über die Technik und deren Nutzen; aber auch die Medienberichterstattung sowie das Vertrauen in Wissenschaft, Politik und Medien. Eine Studie des Instituts für Mobilitätsforschung (siehe Dinse 2005) hat ergeben, dass bereits ein hoher bis sehr hoher Wissensstand in Bezug auf die Themen Wasserstoff und Wasserstofffahrzeuge existiert, es jedoch Wissensdefizite hinsichtlich der Funktionsweise der Brennstoffzelle gibt. Grundsätzlich wird das Gefahrenpotential der Brennstoffzellenfahrzeuge noch höher als das der konventionellen Antriebstechniken eingeschätzt. So beeinflusst das Wissen über Brennstoffzellenfahrzeuge die Risikowahrnehmung und die Bereitschaft auf ein wasserstoffbetriebenes Fahrzeug umzusteigen. Besser Informierte beurteilen die Risiken weitaus geringer als Personen mit einem geringeren Wissensstand. Der Nutzen, sowohl individuell als auch gesellschaftlich, wird hauptsächlich in ökologischen Vorteilen gesehen. Die Steigerung der Lebensqualität, die persönliche Gewissensberuhigung sowie ein Imagegewinn werden eher als untergeordnet gesehen. Insgesamt wird Wasserstoff als Kraftstoff akzeptiert und es herrscht Einigkeit darüber, dass der Wasserstoff langfristig die herkömmlichen Kraftstoffe ersetzten wird. Die Studie zeigt weiterhin, dass die Befragten in 15 bis 20 Jahren ein wasserstoffbetriebenes Fahrzeug fahren möchten. Rund 80% würden es sogar gegenüber einem herkömmlichen Fahrzeug vorziehen. Das Gesamtfazit der Studie zeigt, dass mit einer Akzeptanz von wasserstoffbetriebenen Fahrzeugen in Zukunft gerechnet werden kann (vgl. Dinse 2005, S.111ff).

Neben dem Einfluss der privaten Nachfrage auf die Entwicklung der PEM-Technologie und die Akzeptanz von Brennstoffzellenfahrzeugen, ist es auch die öffentliche Nachfrage (als staatliche Beschaffungspolitik), die stimulierend eingreifen kann. Es ist davon auszugehen, dass das Gesamtvolumen der öffentlichen Aufträge über 200 Milliarden Euro pro Jahr beträgt und somit einen wichtigen Wirtschaftsfaktor und ein bedeutendes Betätigungsfeld für Unternehmen darstellt. Vor allem im Rahmen der Hightech-Strategie der Bundesregierung wird der Innovationsorientierung der öffentlichen Beschaffung wieder mehr Aufmerksamkeit geschenkt (vgl. BMWI 2009, S.1). Gerade im Bereich des Flottenmanagements kann der Staat durch die Beschaffung von alternativen Antriebstechniken eine Vorreiterrolle übernehmen. Dieses Green Public Procurement bezüglich der Fahrzeugflotten kommt bereits heute zum Einsatz. So werden vereinzelt von einigen Gemeinden Erdgasfahrzeuge beschafft (vgl. UMBW 2006, S.35). Sogar einige Brennstoffzellen-Busse sind schon im Einsatz (zum Beispiel in der Hamburger Hafencity, Projekt CUTE). Der Einsatz in Bussen stellt generell einen idealen Eintrittsmarkt der Brennstoffzellentechnologie im Automobilen Sektor dar. So ist in Bussen ausreichend Platz für die noch problematische Energiespeicherung vorhanden. Der ÖPNV in Deutschland mit seinen insgesamt ca. 40.000 Bussen könnte so treibende Kraft der PEM-Technologie werden. Darüber hinaus tut sich Deutschland mit dem umweltfreundlichen Ausbau der staatlichen Flotten aber noch schwer. Weit voraus ist da bereits Schweden: dort sind ca. 60% der Fahrzeuge, die der Staat beschafft, umweltfreundlich (CNG, LPG vor allem aus Biomasse, vgl. Bolund 2009, S.9).

Die Bedeutung der Nachfrage und des Marktes für die Wichtigkeit der Durchsetzung der PEM-Brennstoffzelle als alternativer Antrieb wird durch die Auswertung der Umfrage noch unterstrichen und wurde außerdem durch die Beantwortung der Hypothese 5 gezeigt. Folgende Tabelle 30 zeigt das Ergebnis der Einstiegsfrage[252] der im Rahmen dieser Arbeit durch geführten Umfrage.

---

[252] Frage 1: „Beurteilen Sie die folgenden Punkte nach Ihrer Wichtigkeit für die Durchsetzung der PEM-Brennstoffzelle am Markt“ (siehe Anhang 1).

Antwortalternativen	Mittelwert	Rangfolge
Kundennachfrage	4,26	1
Demonstrationsaktivitäten (Demo-Fahrzeuge)	4,06	2
Berichterstattung in den Medien	4,03	3
Leuchtturmprojekte der Politik	3,91	4
Sensibilisierung der Bevölkerung für Umweltaspekte	3,65	5
Öffentlichkeitsarbeit der Brennstoffzellen-Hersteller	3,36	6
Umweltkampagnen von Umweltorganisationen	2,88	7

Tabelle 30: Wichtigkeit verschiedener Faktoren für die Durchsetzung der PEM-Brennstoffzellentechnologie (Frage 1, Siehe Anhang)

Die Skala zur Bewertung der einzelnen Faktoren reicht von 1 (ohne Bedeutung) bis 5 (sehr große Bedeutung). Mit einem Mittelwert über alle gegebenen Antworten von 4,26 belegt die „Kundennachfrage" in der Rangfolge der Faktoren den ersten Platz[253]. Die die Nachfrage beinflussenden Demonstrationsaktivitäten und Leuchtturmprojekte wurde ebenfalls als wichtig bewertet. Darüber hinaus wird auch die Nutzung von Brennstoffzellenfahrzeugen durch die öffentliche Verwaltung im Rahmen der innovativen Beschaffung durch die befragten Akteure des Innovationssystems als überaus relevant eingeschätzt.

8.4. Finanzierung und Förderung

Die Finanzierung und die Förderung einzelner F&E-Projekte im Bereich der Brennstoffzellen- und Wasserstofftechnologie werden in Deutschland seit mehr als 20 Jahren betrieben. Bereits 1986 wurde in einem Projekt (HYSOLAR[254]) mit Saudi Arabien untersucht, welche wissenschaftlichen und technischen Voraussetzungen für eine zukünftige solare Wasserstoffherstellung nötig sind. Neben der Wasserstoffherstellung standen wissenschaftliche Grundlagenarbeiten im Bereich der Brennstoffzellenforschung im Fokus (vgl. Brinner und Steeb 2002, S.2). Daneben gab es eine Reihe weiterer Wasserstoffprojekte[255] die zusammen mit dem Projekt HYSOLAR bis 1995 den ersten Schwerpunkt der Förderungen und Finanzierung bildeten. Diese Projekte zeigten, dass die notwendigen Komponenten für eine (solare) Wasserstoffwirtschaft vorhanden waren und die Technik zu beherrschen ist.

[253] Die Betrachtung der weiteren Faktoren erfolgt an der entsprechenden Stelle dieses Kapitels.
[254] Die Abkürzung steht für „HYdrogen from SOLAR Energy".
[255] Zum Beispiel das Solar-Wasserstoff-Projekt in Neunburg vorm Wald: Siehe http://www.solarhydrogen.com.

Jedoch bestand weiterhin kein Zwang zur Umsetzung und Einführung. Infolgedessen verlagerte sich der Schwerpunkt der Förderung seit 1990 langsam immer mehr auf das Technologiefeld der Brennstoffzelle selber (vgl. BMWA 2005, S.7f). Folgende Abbildung 68 zeigt die Entwicklung der Brennstoffzellenförderung seit 1990 und macht diese zwei Phasen deutlich.

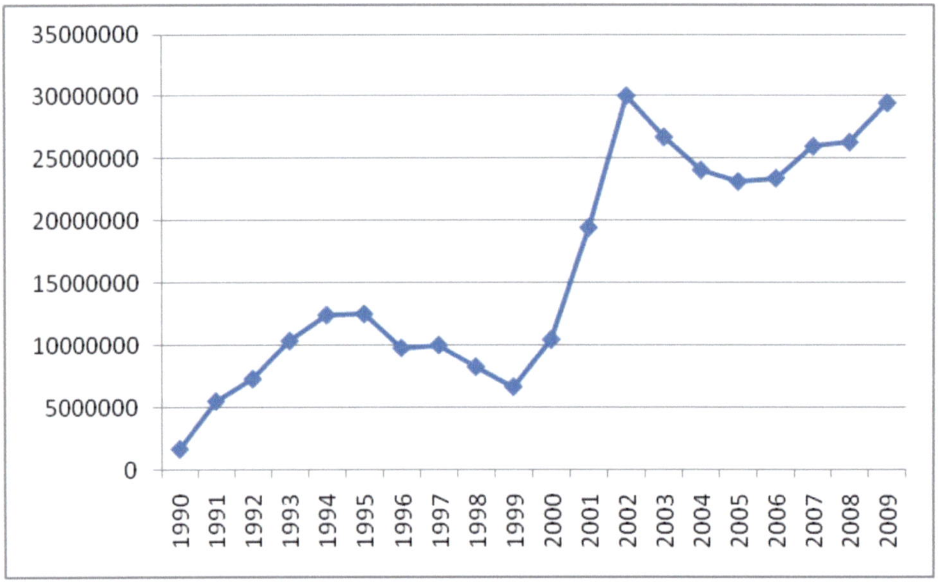

Abbildung 68: Förderung der gesamten Wasserstoff- und Brennstoffzellentechnologie in Deutschland (eigene Berechnungen nach Fökat 2009[256], in Euro)

Die erste Phase mit dem Schwerpunkt der Wasserstofftechnologie hatte ihren Höhepunkt im Jahr 1995. Nach einem kontinuierlichem Rückgang der Förderung startete im Jahre 2000/2001 der zweite Schwerpunkt mit einem steilen Anstieg der Brennstoffzellenförderung. Gründe für diesen steilen Anstieg ist das Zukunftsinvestitionsprogramm (ZIP, siehe auch weiter unten im Text). Nach einem Rückgang der Fördermittel bis 2007 startet dann der Entwicklungsplan für das „Nationales Innovationsprogramm Wasserstoff- und Brennstoffzellentechnologie" (NIP, siehe weiter unten). Man muss an dieser Stelle anmerken, dass eine Unterscheidung nach den einzelnen Brennstoffzellentypen im Rahmen dieser Datenbank nicht vorgesehen ist, so dass der

[256] Ergebnisse stammen aus der Datenbank Förderkatalog (Fökat, siehe www.foerderkatalog.de), Abrufdatum: 08.12.2009. Es wurde nach der Leistungsplansystematik E22231 (Brennstoffzellen - Entwicklung), E22232 (Brennstoffzellen - Demonstration), und E22220 (Elektrolyse, Transport, Speicherung) gesucht.

Verlauf die Förderung der verschiedensten Brennstoffzellentypen darstellt. Außerdem sind Förderprojekte im Bereich der Brennstoffzellenentwicklung, der Brennstoffzellendemonstration sowie Projekte aus dem Bereich Transport und Speicherung von Wasserstoff enthalten. Festzuhalten bleibt die Verschiebung des Fokus der Förderpolitik von der Wasserstoff- hin zur Brennstoffzellentechnologie.

Diese technologiespezifische finanzielle Förderung stellt somit das für die weitere Entwicklung notwendige Kapital für Forschung und Entwicklung sowie die Marktvorbereitung zur Verfügung und legt die Rahmenbedingungen durch sogenannte Entwicklungspläne fest. Die technologiespezifischen Entwicklungspläne[257] sind häufig Bestandteil von nationalen Investitionsprogrammen, wie zum Beispiel dem Zukunftsinvestitionsprogramm (ZIP) oder aber auch dem Konjunkturpaket 2. Das ZIP von 2001 ist ein Programm verschiedener Bundesministerien zur Unterstützung der Energieforschung. Im Bereich der Brennstoffzellen wurden vor allem Vorhaben aus dem Bereich der stationären und mobilen Anwendungen gefördert. Das Konjunkturpaket 2 von Anfang 2009 zur Stärkung des Wachstums soll es der deutschen Automobil- und Zulieferindustrie ermöglichen, Forschungs- und Entwicklungsaktivitäten im Bereich der Elektromobilität auszubauen um die technologische Marktführerschaft zu erarbeiten und die entsprechenden Marktpositionen zu besetzten. Dieser „Nationale Entwicklungsplan Elektromobilität" setzt darauf, die Anstrengungen im Bereich der Elektromobilität zu bündeln und zu erhöhen, um gemeinsam mit allen beteiligten Akteuren aus Wissenschaft, Industrie und Politik eine Strategie von der Grundlagenforschung bis zur Markteinführung zu entwickeln (vgl. BMWI et al. 2009a, S.3). Im Fokus dieses Entwicklungsplans stehen zwar die batteriebetriebenen Elektroautos und deren Förderung, allerdings wird zudem der Aufbau von 25 Wasserstofftankstellen vorangetrieben.

---

[257] Neben der technologiespezifischen Förderung existieren für die Akteure weitere Förderungsmöglichkeiten durch Technologie- und branchenoffene Förderprogramme. Zum Beispiel das Zentrale Innovationsprogramm Mittelstand (ZIM), das vor allem die Innovationsbemühungen von KMUs unterstützt, ist nicht technologiegebunden und stellt eine weitere Möglichkeit zur Finanzierung dar. Vorgänger des ZIM war das Förderprogramm PRO INNO 2 zur Förderung der Erhöhung der Innovationskompetenz von ausschließlich KMUs.

Der für die Brennstoffzellenfahrzeuge aktuell bedeutendste Entwicklungsplan ist das „Nationale Innovationsprogramm Wasserstoff- und Brennstoffzellentechnologie“ (NIP), das sich in verschiedenen Einsatzbereiche aufteilt: Verkehr und Wasserstoffinfrastruktur, stationäre Anwendungen sowie spezielle Märkte für Brennstoffzellen. Ziel dieses Entwicklungsplanes für den Verkehrsbereich ist es, die notwendigen Forschungs- und Entwicklungsaktivitäten mit marktvorbereitenden Demonstrationsvorhaben zu verknüpfen. Diese Ziele spiegeln sich auch in der Auswahl der konkreten Themen und Budgets wieder, wie in Tabelle 31 zu sehen:

Angaben in T €		Phase I				Phase II					
		2007	2008	2009	2010	2011	2012	2013	2014	2015	Summe
Forschung und Entwicklung											
Fahrzeug	BZ-Antrieb	35.994	33.519	30.219	27.744	26.094	22.794	21.144	19.494	19.494	236.496
	H2-ICE	6.544	6.094	5.494	5.044	4.744	4.144	3.844	3.544	3.544	42.996
	H2-Speicher	19.633	18.283	16.483	15.133	14.233	12.433	11.533	10.633	10.633	128.997
	APU	5.083	4.708	4.208	3.833	3.583	3.083	2.833	2.583	2.583	32.497
H2-Bereitstellung	Produktion	17.489	16.289	14.689	13.489	12.689	11.089	10.289	9.489	9.489	115.001
	Distribution	14.678	13.628	12.228	11.178	10.478	9.078	8.378	7.678	7.678	95.002
Querschnitt	Sicherheit	896	866	826	796	776	736	716	696	696	7.004
Summe		**100.317**	**93.387**	**84.147**	**77.217**	**72.597**	**63.357**	**58.737**	**54.117**	**54.117**	**657.993**
Demonstration											
Fahrzeuge	PKW	5.415	7.125	12.825	22.800	27.675	29.025	31.050	35.775	43.200	214.890
	Busse	6.290	8.880	20.350	25.900	30.800	33.000	33.000	33.000	33.000	224.220
Tankstellen		300	4.500	4.700	2.800	2.900	5.100	5.300	5.500	7.800	38.900
Summe		**12.005**	**20.505**	**37.875**	**51.500**	**61.375**	**67.125**	**69.350**	**74.275**	**84.000**	**478.010**
Übergreifende Themen											
H2-Portfolio		170	155	135	120	110	90	80	70	70	1.000
RCS		111	111	111	111	111	111	111	111	111	999
Ausbildung		667	667	667	667	667	667	667	667	667	6.003
Summe		**948**	**933**	**913**	**898**	**888**	**868**	**858**	**848**	**848**	**8.002**
Gesamt											
Summe		113.270	114.825	122.935	129.615	134.860	131.350	128.945	129.240	138.965	1.144.005

Tabelle 31: Ressourcenallokation im Bereich Verkehr (NIP 2007, S.10)

Insgesamt stehen von 2007 bis 2015 rund 1,1 Milliarden Euro zur Verfügung. Der Anteil der Förderung von Forschung und Entwicklung beträgt dabei 57%, von Demonstrationsaktivitäten 42%. Übergreifende Themen werden lediglich mit 1% gefördert. Dazu gehören Aktivitäten zur Entwicklung und Definition des zukünftigen H2-Portfolios. So sollen an dieser Stelle Fragen zur weiteren Strategie geklärt werden. Der Bereich RCS (Regulations, Codes und Standards) sowie die Aus- und Weiterbildung werden außerdem gefördert. Die vorgesehenen Mittel für Forschung und Entwicklung sind vor allem bei anwendungsnahen Aktivitäten (BZ-Antrieb, H2-Speicher) in der ersten Phase sehr hoch und nehmen dann bis Ende des Entwicklungsplans über die Zeit ab. Fokus der Förderung soll eindeutig in denjenigen

Bereichen stattfinden, die während des Programms auch noch in Demonstrationsaktivitäten validiert werden können. So steigen die Mittel für die Demonstrationsaktivitäten über die Zeit an. Gerade der Ausbau der Infrastruktur wird erst gegen Ende des Programms unterstützt. Parallel zu der Ausweitung der Flotten und der Infrastruktur werden über die gesamte Laufzeit dieses Entwicklungsplans auch Aktivitäten im Bereich der Wasserstofflogistik (Produktion und Distribution) gefördert (vgl. NIP 2007, S.10f).

Zusätzlich dazu fördern auch die einzelnen Bundesländer die Entwicklung der Brennstoffzellentechnologie. Im Jahr 2006 fördern die Länder die Entwicklung mit rund 18 Millionen Euro durch konkrete Projektförderung und die institutionelle Förderung. Zu den aktivsten Ländern zählen dabei Nordrhein-Westfalen (6,2 Millionen Euro), Baden-Württemberg (5 Millionen Euro) sowie Niedersachsen (2,7 Millionen Euro) und Bayern (2,1 Millionen Euro). Es fällt auf, dass gerade die wirtschaftsstarken Bundesländer in die Brennstoffzellentechnologie investieren (insgesamt fördern sieben Bundesländer, vgl. Schneider 2007, S.3). Dabei bildet die Brennstoffzellentechnologie im Vergleich zu anderen Energietechnologiebereichen einen Förderschwerpunkt und stellt die am stärksten geförderte Einzeltechnologie dar. Genau wie auf Bundesebene gibt es auch auf Länderebene eine Reihe von Förderprogrammen bezüglich der Energieforschung, die die Verteilung der Forschungsgelder bündeln. Landesweite Bündnisse und Initiativen fungieren dabei als Koordinierungsstellen.

Auch auf europäischer Ebene bestehen Möglichkeiten zur Finanzierung und Förderung. So fördert die EU im Kontext der europäischen Forschungsrahmenprogramme (EU FP) seit 1984 länderübergreifende Forschungsprojekte mit den verschiedensten Schwerpunkten. Bereits seit dem 2. Rahmenprogramm (1986-1990) fördert die EU die Brennstoffzellentechnologie. Folgende Abbildung 69 zeigt den Verlauf der kontinuierlichen Förderung in den verschiedenen Rahmenprogrammen:

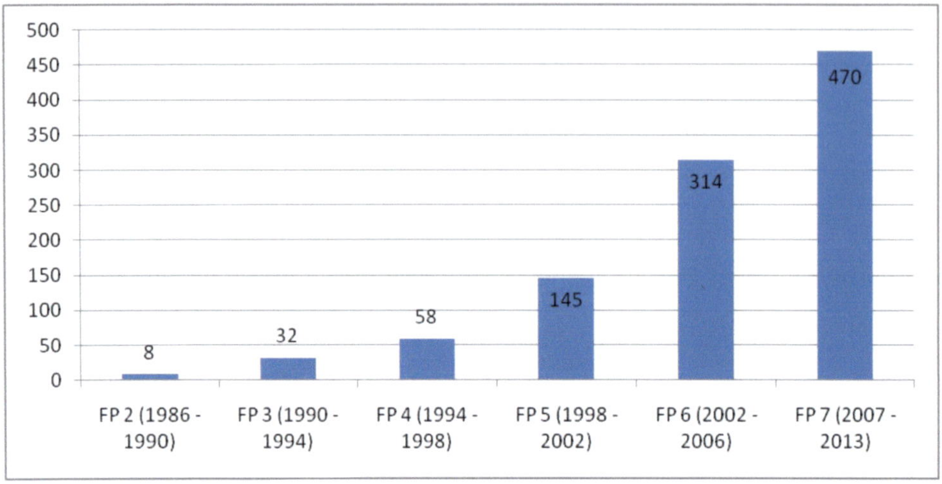

Abbildung 69: Förderung der Wasserstoff- und Brennstoffzellentechnologie im Kontext der europäischen Forschungsrahmenprogramme (FP, eigenen Darstellung nach Vansson 2009, S.7, in Millionen Euro)

Die Ziele der Wasserstoff- und Brennstoffzellenförderung im aktuellen 7.Rahmenprogramm (2007 bis 2013, Gesamtvolumen von 50,5 Milliarden Euro) werden durch die Strategien des „European Hydrogen and Cell Technology Platform“ (HFP) vorgegeben und durch die „Joint Technology Initiative“ (JTI) umgesetzt.

Die Institutionelle Förderung, also die Unterstützung von gesamten Einrichtungen und nicht nur von einzelnen Forschungsvorhaben, stellt das letzte Standbein der Förderung dar. Gerade das Bundesministerium für Bildung und Forschung (BMBF) ist im Rahmen des 5. Energieforschungsprogramms "Innovation und neue Energietechnologien“ für die institutionelle Förderung von Forschungszentren im Bereich der Energieforschung zuständig (vgl. Die Bundesregierung 2009a). In Deutschland werden vor allem verschiedene Forschungszentren der Helmholtz-Gemeinschaft unterstützt. Dazu gehören das Deutsche Zentrum für Luft- und Raumfahrt (DLR), das Forschungszentrum Karlsruhe (FZK) und das Forschungszentrum Jülich (FZJ). Die Brennstoffzellentechnolgie stellt somit einen wesentlichen Bereich der Energieforschung dar. Fokus dieser institutionellen Förderung sind mittel- und langfristige Anwendungen (Erhöhung der Lebensdauer und Leistungsstärke, Reduktion der Kosten und Qualitätssicherungsverfahren), die vor allem grundlegende Forschungsaspekte aufgreifen und in Ergänzung zu der eher anwendungsorientierten Projektförderung stehen (vgl. BMBF 2008, S.13f).

Die Auswertung der Umfrage und die Beantwortung der Hypothese 4 zeigt ein eindeutiges Bild bezüglich der Förderung und Finanzierung. Das bei den Akteuren bekannteste Förderprogramm ist das „Nationales Innovationsprogramm Wasserstoff- und Brennstoffzellentechnologie", das allen Teilnehmern bekannt war. 60% haben sogar Gelder aus dem Programm bezogen und daran teilgenommen. Das branchenunspezifische Förderprogramm PRO INNO 2 ist rund der Hälfte der Teilnehmer bekannt, allerdings haben nur ca. 15% daraus Fördermittel bezogen. Die bekanntesten Förderprogramme auf europäischer Ebene sind das 6. und 7. EU Forschungsrahmenprogramm. Zusätzlich zur Förderung von Entwicklungstätigkeiten rund um die Brennstoffzellentechnologie besteht die Möglichkeit für Unternehmen zur Finanzierung von Forschungsprojekten auf externe Geldgeber zurückzugreifen. Die Umfrage hat ergeben, dass die Verfügbarkeit von Kapital einen sehr wichtigen Faktor darstellt. Es wird weiterhin deutlich, dass diese Verfügbarkeit im direkten Vergleich weit höher als die von Forschungsgeldern von den Akteuren angesehen wird. Die Brennstoffzellentechnolgie stellt einen großen zukünftigen Markt dar. Als vielversprechende „grüne" Technologie bietet sie interessante Investitionsmöglichkeiten. Demgegenüber stehen die Akteure der Brennstoffzellentechnologie, für die die technologische Entwicklung und die daraus resultierenden Innovationen äußerst kapitalintensiv sind. Der weiterhin bestehende Forschungsbedarf der Technologie macht hohe Investitionen in diesen Bereich noch für eine lange Zeit nötig[258].

8.5. Das politisches System

Dieses Kapitel[259] beleuchtet sowohl auf nationaler als auch auf internationaler Ebene die Aktivitäten der Energiepolitik, die die Anstrengungen des **politischen Systems**

[258] Für weitere Ausführungen zum Thema siehe: Wüstenhagen, Rolf et al. (2009): Financing fuel cell market development: Exploring the role of expectation dynamics in venture capital investment. The Challenge of Hydrogen and Fuel Cells, Edward Elgar, 2009.

[259] Wie in der Herleitung in Kapitel 8.2 bereits beschrieben. bilden wesentliche Teile des politischen System eingene, selbständige Faktoren in dieser Arbeit. Der Befgriff des „politischen Systems" subsummiert an dieser Stelle daher lediglich die Programme und Aktivitäten der Energiepolitik.

repräsentiert, die Entwicklung der Brennstoffzellentechnologie sowie die involvierten Akteure zu beeinflussen. Dazu wird ein Blick auf allgemeine Strategien der Energiepolitik sowie auf konkrete technologie- und marktbezogene Steuern und Gesetze geworfen.

Entscheidungen der deutschen Energiepolitik orientieren sich am Leitbild der „Nationalen Nachhaltigkeitsstrategie" und der „Agenda 21". Die „Agenda 21" (Juni 1992 in Rio de Janeiro unterzeichnet) ist ein umweltpolitisches Aktionsprogramm und stellt ein globales Leitlinienprogramm für die nachhaltige Entwicklung dar (vgl. BMU 2009b, Präambel). Die „Nationale Nachhaltigkeitsstrategie" wurde im April 2002 von der damaligen Bundesregierung in Verbindung mit dem Nachhaltigkeitsrat ins Leben gerufen und zielt auf eine nachhaltige Entwicklung anhand der Leitlinien für Generationengerechtigkeit, Lebensqualität, sozialem Zusammenhalt und internationaler Verantwortung und stellt somit eine nationale Umsetzung der Agenda 21 dar. Im Rahmen dieser Leitlinien wurden klare quantitative Ziele und prioritäre Handlungsfelder identifiziert, unter anderem die Reduktion der CO_2-Emissionen und intensivere Nutzung erneuerbarer Energien (vgl. BMU 2009a).

Im Hinblick auf Brennstoffzellenfahrzeuge stellt das „Integrierte Energie- und Klimaprogramm" (IEKP) die bedeutendste energiepolitische Institution dar. In zwei Paketen wurde damit im August 2007 (Meseberg) und im Mai 2008 ein Programm beschlossen, das (weltweit) als sehr ambitioniert gilt. Ziel dieses Programms und der dazugehörigen konkreten Maßnahmenpakete ist der effiziente Klimaschutz, der sich am Zieldreieck (Versorgungssicherheit, Wirtschaftlichkeit und Umweltverträglichkeit) der deutschen Energiepolitik orientiert. Daneben sollen durch innovative Energietechnologien auf Angebots- und Nachfrageseite eine Erhöhung der Energieeffizienz erreicht werden, um so gleichzeitig die Abhängigkeit von Energieimporten zu verringern und bei den dahinterstehenden Produkten Wettbewerbsvorteile für den Export zu sichern. Zudem sollen Modernisierungsimpulse im Bereich der Energie- und Klimaschutztechnologien gesetzt werden (vgl. BMU 2007, S.1f). Zu den für die Brennstoffzellenfahrzeuge relevanten konkreten Maßnahmenpaketen zählen die folgende Punkte:

CO_2 Strategie PKW

Ziel ist es, die durchschnittlichen CO_2-Emissionen neuer PKW unter Berücksichtigung der Wettbewerbsfähigkeit bis 2012 auf 120g CO_2/km zu reduzieren. Allerdings gilt es zu bedenken, dass die Verwendung von Biokraftstoffen mit 10g CO_2/km angerechnet werden kann, so dass letztendlich ein Ziel von 130g CO_2/km erreicht werden soll. Neben dem Klimaschutz soll dadurch auch die Stärkung der Innovations- und Konkurrenzfähigkeit der Automobilbranche erreicht werden. Im Rahmen der deutschen EU-Ratspräsidentschaft wurden diese Obergrenzen auf EU-Ebene rechtlich verankert (vgl. BMU 2007, S.30). Die Berücksichtigung von Biokraftstoffen kommt gerade auch der deutschen Automobilindustrie zugute, deren Modelle der Oberklasse häufig sehr spritintensiv sind.

Umstellung der Kfz-Steuer auf CO_2-Basis

Um die Ziele der CO_2 Strategie für PKW zu erreichen, sollen steuerliche Anreize geschaffen werden. Dies soll durch eine Umgestaltung der Kfz-Steuer durch Einbeziehen der CO_2-Emissionen in die Bemessungsgrundlage erreicht werden, um so sparsame Fahrzeuge steuerlich zu entlasten. Dies soll aufkommensneutral gestaltet werden, das heißt, es sollen insgesamt nicht mehr Steuern bezahlt werden (vgl. BMU 2007, S.32). Zusätzlich zum Hubraum orientiert sich die Steuer für Neuwagen seit dem 01.07.2009 also auch an der ausgestoßenen Menge Kohlendioxid. Erst ab dem 01.01.2013 wird die CO_2-Basis als Bemessungsgrundlage der Steuer für alle Fahrzeuge herangezogen. Im Rahmen der Umstellung der Kfz-Steuer können auch Steuervorteile durch Steuerbefreiung, basierend auf der Abgasnorm (EURO-Norm[260]), geltend gemacht werden. So gilt für Elektrofahrzeuge für eine Dauer von maximal fünf Jahren eine Befreiung von der Kraftfahrzeugsteuer. Zusätzlich erhalten sparsame Dieselfahr-

[260] Die Abgasnorm legt Grenzwerte (Kohlenmonoxid, Stickstoffoxide, Kohlenwasserstoffe, Partikel) für Fahrzeuge fest und bildet so die Grundlage für die Berechnung der Kfz-Steuer oder die Umweltzonen.

zeuge, die die EURO 6-Norm erfüllen, eine Steuerbefreiung von jährlich 150 Euro bis 2013 (vgl. BMJ 2009, S.5f).

Verbrauchskennzeichnung für PKW

Eine einheitliche Kennzeichnung von PKW in Bezug auf Energieeffizienz ist momentan noch nicht existent. So erhalten Kunden keine wesentlichen Informationen darüber, wie energieeffizient ihr PKW tatsächlich ist. Ziel ist daher eine verbraucherfreundliche Kennzeichnung einzuführen, die konkrete Auskunft über die Energieeffizienz des Fahrzeugs sowie die Höhe der CO_2-Emissionen pro gefahrenen Kilometer und Kosten-Angaben über jährliche KFZ-Steuer und den Spritverbrauch gibt. Die bereits seit 2004 geltende „Energieverbrauchskennzeichnungs Verordnung" wird zu diesem Zweck geändert (vgl. BMU 2007, S.33). Allerdings wird die Kennzeichnungspflicht häufig vernachlässigt. Eine Überprüfung in Rheinland-Pfalz ergab bei ca. 50% der kontrollierten Autohändler eine Beanstandung (vgl. LME 2008, S.11).

Elektromobilität

Auch die Elektromobilität wird im „Integrierten Energie- und Klimaprogramm" (IEKP) berücksichtigt. Effiziente Fahrzeuge und Antriebstechnologien sind dabei ein Schlüsselelement zur Reduktion von CO_2-Emissionen. Gerade die Elektrifizierung der Antriebe und die Brennstoffzellentechnologie nehmen dabei einen hohen Stellenwert ein. In Anlehnung an das „Nationale Innovationsprogramm Wasserstoff- und Brennstoffzellentechnologie" soll auch für die übergeordnete Elektromobilität ein Entwicklungsplan entworfen werden. Der „Nationale Entwicklungsplan Elektromobilität[261]" wurde bereits im August 2009 vorgestellt und beinhaltet F&E- sowie Demonstrationskonzepte für Batteriesysteme und Elektroantriebe (vgl. BMJ 2009, S.43).

Zur Verbesserung der Luftqualität können seit März 2007 sogenannte Umweltzonen eingerichtet werden, in die nur Fahrzeuge bestimmter Schadstoffklassen einfahren dürfen. Momentan gibt es rund 40 dieser Umweltzonen[262], die das Ziel haben die

[261] Siehe dazu auch Finanzierung und Förderung, sowie Technologische Koordination.
[262] Eine Übersicht über die eingerichteten Umweltzonen findet sich unter http://www.bmu.de/luftreinhaltung/doc/40590.php.

Belastung der Luft mit Feinstaub zu vermindern. Zeitlich gestaffelt werden in den nächsten Jahren nur noch Fahrzeuge zugelassen die aufgrund des Bundes-Immissionsschutzgesetz dafür berechtig sind. Die Kennzeichnung dieser Fahrzeuge erfolgt mit grünen, gelben und roten Plaketten (vgl. BMU 2009). Die Einführung der Umweltzonen stellt somit eine weitere Möglichkeit dar, Anreize für die Markteinführungen von Fahrzeugen mit alternativen Antrieben zu schaffen; sie würde der Entwicklung der Brennstoffzellentechnologie daher zugutekommen.

Neben dem „Integrierte Energie- und Klimaprogramm“ (IEKP) stellt die „Roadmap Energiepolitik 2020“ (Februar 2009) einen weiteren Eckpfeiler der deutschen Energiepolitik dar. Dieses energiepolitische Gesamtkonzept dient zur Erreichung der Klimaschutzziele und soll die Wende in eine moderne und integrierte Energiepolitik einleiten (vgl. BMU 2009c). Die Roadmap mit dem Titel „Neues Denken – Neue Energie“ beschreibt in 10 Leitsätzen, wie die nationalen Klimaschutzziele (siehe unten) erreicht werden sollen. Der neunte Leitsatz zielt auf die Senkungen der Emissionen im Verkehr ab, die unter anderem durch Förderung innovativer Technologien erreicht werden soll. Für das Jahr 2020 werden deutlich über eine Million Elektrofahrzeuge angestrebt (vgl. BMU 2009d).

Ein weiterer wichtiger Faktor des politischen Systems und äußerst technologierelevant ist die „Kraftstoffstrategie der Bundesregierung“, die zusammen mit dem „Integrierte Energie- und Klimaprogramm“ und der „Roadmap Energiepolitik 2020“ die Säulen der für die Brennstoffzellenfahrzeuge bedeutendsten Leitlinien darstellen. Die Kraftstoffstrategie der Bundesregierung stellt eine transparente und kalkulierbare Konzeption für den Einsatz von wettbewerbsfähigen alternativen Kraftstoffen und Antriebstechnologien dar (vgl. BMVBS 2009). Zu den durch diese Strategie verfolgten Zielen gehört die Senkung des Verbrauchs fossiler Kraftstoffe, um so die Versorgungssicherheit - durch die Verringerung der Abhängigkeit vom Öl – zu garantieren. Für den Klimaschutz soll der Ausstoß von Treibhausgasen aus dem Verkehrsbereich vermindert werden und zwar durch die Identifikation von aussichtsreichen alternativen Kraftstoffen und Antrieben (vgl BMVBS 2004, S.170). Wasserstoff- und

Brennstoffzellentechnologie spielen dabei eine wichtige Rolle und wurden als Alternative mit höchstem Potential eingestuft. Diese Bewertungen ergaben sich im Rahmen der Berechnung einer Kraftstoffverwendungsmatrix mit Well-to-Wheel Analysen. Damit gehören die Wasserstofftechnologie und die Brennstoffzelle zu den langfristigen Zielen. Allerdings wird im Strategiepapier auch darauf hingewiesen, dass der Wasserstoff lediglich ein Energieträger ist und nur dann eine umweltverträgliche Alternative darstellt, wenn der Wasserstoff aus erneuerbaren Energien erzeugt wird. Mittelfristig geht es um die Entwicklung kombinierter Antriebe (Hybridtechnologien), kurzfristig um Effizienzsteigerungen bei den Benzin- und Dieselmotoren durch die Beimischung von Biokraftstoffen (vgl. Die Bundesregierung 2009b). Der Zweck dieser Strategie besteht darin, die Ressourcen auf die erfolgversprechenden Alternativen zu konzentrieren und beschleunigt voranzubringen. Als Handlungsfelder und erforderliche Maßnahmen wurden die steuerliche Förderung, die Forschung und Entwicklung sowie Demonstrations- und Pilotanlagen und technische und rechtliche Standards identifiziert. (vgl BMVBS 2004, S.193).

Im Rahmen der genannten Programme und Visionen der aktuellen und zukünftigen Energiepolitik können die folgenden nationalen Klimaschutzziele („20 – 20 – 20 bis 2020“) identifiziert werden:

- Ausstoß von CO_2 um 20% reduzieren,
- Anteil der erneuerbaren Energien von 20 Prozent am Gesamtverbrauch,
- Gesamtenergieverbrauch um 20 % senken.

Dabei sind diese nationalen Klimaschutzziele mit den EU-weiten und internationalen Zielen vereinbar. Teilweise wurden sogar die nationalen Ziele durch das deutsche Engagement im Rahmen der Ratspräsidentschaft[263] europaweit festgeschrieben. In einem dreijährigen Energieaktionsplan für Europa wurden genau diese deutschen Ziele determiniert. Mit dem Programm der Europäischen Kommission „Eine Energiepolitik für Europa“ wird das konkrete Ziel zur Reduktion der Treibhausgase bis 2020

[263] In der ersten Jahreshälfte 2007.

um mindestens 20% gegenüber dem Stand von 1990 festgeschrieben. Zusätzlich dazu gilt das Ziel, die Erwärmung der Erde auf 2° Grad Celsius zu beschränken (vgl. KOM 2007, S.5). Bereits 2000 startete ein europäisches Programm (European climate change program, ECCP) zur Klimaänderung um die Verpflichtungen des Kyoto-Protokolls (3. Klimakonferenz, 1997) einhalten zu können, das auf internationaler Ebene Leitlinien der Energiepolitik vorgegeben hat. Das Kyoto-Protokoll stellt einen Meilenstein der internationalen Energie- und Umweltpolitik dar, da sich die unterzeichnenden Länder erstmals darauf einigten in einem verbindlichen Zeitrahmen ihre Treibhausgase zu reduzieren (vgl. BMU 2009e).

Um der Dualität der nationalen und internationalen Einflüsse gerecht zu werden, werden die deutschen und die europäischen Maßnahmen zur Entwicklung der Technologie und zur Beschleunigung der Markteinführung dargestellt.

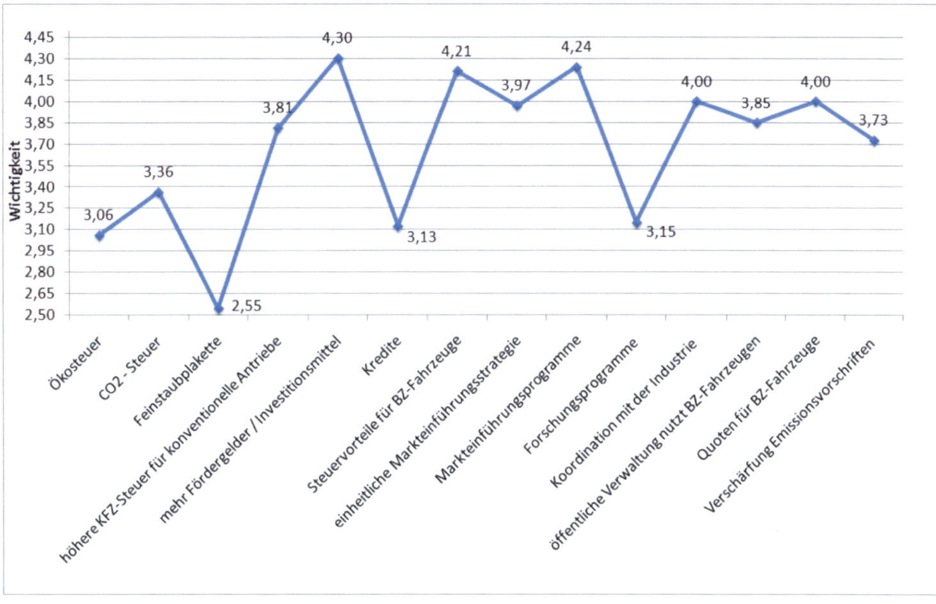

Abbildung 70: Beurteilung der deutschen Politik hinsichtlich der Auswirkungen auf die Entwicklung der Brennstoffzellentechnologie[264] (Frage 4, siehe Anhang)

Abbildung 70 zeigt die Auswertung der Frage[265] nach der Beurteilung der deutschen Politik hinsichtlich der Auswirkungen auf die Entwicklung der Brennstoffzellentech-

[264] Der Wertebereich der Frage 4: 1=ohne Bedeutung, 2=geringe Bedeutung, 3=durchschnittliche Bedeutung, 4=große Bedeutung, 5=sehr große Bedeutung.

nologie. Es wird deutlich, dass die Bereitstellung von Fördergeldern und Investitionsmitteln im Vergleich zu den anderen genannten Faktoren als wichtigstes Element angesehen wird. Desweiteren werden Steuervorteile für Brennstoffzellenfahrzeuge oder eine höhere Kfz-Steuer für konventionelle Antriebe als wichtig eingeschätzt. Eine Verschärfung der Emissionsvorschriften wird ebenfalls als ein bedeutendes Instrument der Politik gesehen, das auf die Entwicklung der Brennstoffzellentechnologie Einfluss nimmt. Im Gegensatz dazu wird die Einführung der Feinstaubplakette für die eingerichteten Umweltzonen als unbedeutend angesehen.

Die Auswertung der Umfrage zu Aspekten des politischen Systems zeigt, dass auch die auf europäischer Ebene ergriffenen Maßnahmen, wie Quoten für Neuwagenzulassungen oder Vorschriften zum Einsatz von herkömmlichen Kraftstoffen, einer großen Bedeutung beigemessen werden, wie in folgender Abbildung 71 zu sehen ist:

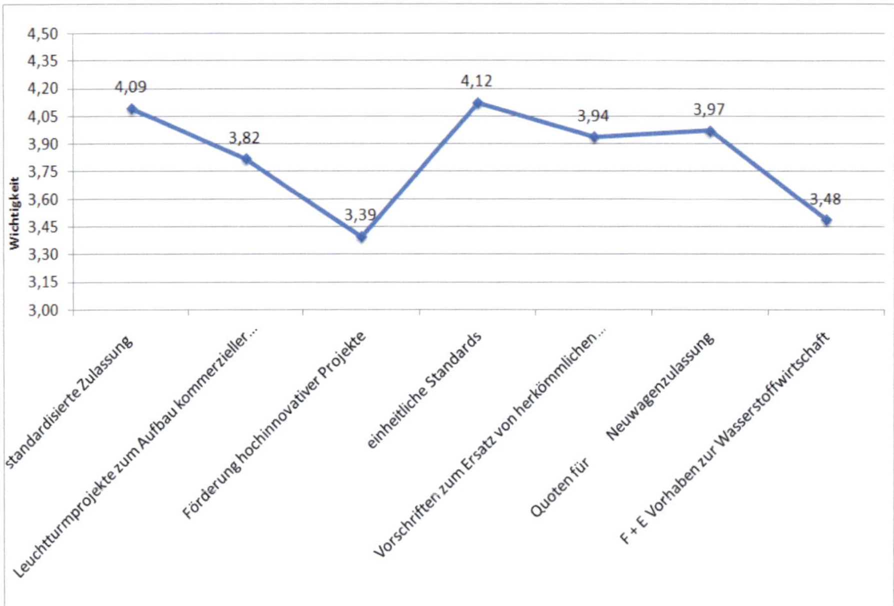

Abbildung 71: Beurteilung der europäischen Politik hinsichtlich der Auswirkungen auf die Entwicklung der Brennstoffzellentechnologie[266] (Frage 5, siehe Anhang)

[265] Frage 4 der Umfrage. Siehe Anhang.

[266] Der Wertebereich der Frage 5: 1=ohne Bedeutung, 2=geringe Bedeutung, 3=durchschnittliche Bedeutung, 4=große Bedeutung, 5=sehr große Bedeutung.

8.6. Qualifikation und Bildung

Qualifikation und Bildung können die Entwicklung der Brennstoffzellentechnologie nachhaltig beeinflussen. Qualifiziertes Humankapital (zum Beispiel Ingenieure) stellt eine wichtige Ressource für die weitere Forschung und Entwicklung von Brennstoffzellenfahrzeugen dar. Als Bereich mit einer hohen Forschungs- und Wissensintensität steigt auch hier der Bedarf an akademischer **Qualifikation**. Der generell zunehmende Innovationsdruck steigert zudem die Nachfrage nach ausgebildetem Personal für F&E- und Innovationsaktivitäten im Bereich der Brennstoffzellentechnologie. Dieser Sachverhalt ist generell in forschungsintensiven Industrien zu beobachten. Der Bedarf an Naturwissenschaftlern und Ingenieuren ist hier besonders hoch (vgl. Grupp et al. 2004, S.112). Ein Mangel an fachspezifischem Humankapital kann so die Entwicklung der Brennstoffzelletechnologie und damit der Brennstoffzellenfahrzeuge ausbremsen.

Im Hinblick auf die Markteinführung und die Marktdurchsetzung werden zudem geschulte Fachkräfte benötigt, deren technologiespezifische **Aus- und Weiterbildung** dazu eine notwendige Voraussetzung ist. Durch die verschiedenen Einsatzmöglichkeiten der Brennstoffzellentechnologie allgemein sind Fachkräfte nicht nur aus der Produktion betroffen, sondern auch aus Handel und Handwerk. Im Rahmen eines Masterplans zur „Aus- und Weiterbildung Brennstoffzellen" (vgl. Marscheider-Weidemann et al. 2004) werden verschiedene Zielgruppen identifiziert. Dazu gehören das Handwerk, die Industrie, die Hochschulen und Schulen sowie die Öffentlichkeit. Innerhalb der einzelnen Zielgruppen werden Vermittler eingesetzt, die als Multiplikatoren die Anwender mit dem benötigten Wissen zur Durchführung von technologiespezifischen Arbeiten versorgen. Zu den Vermittlern gehören die Aus- und Weiterbildungseinrichtungen der Industrie- und Handwerkskammern, aber auch unabhängige Ausbildungszentren und organisierte Foren. Im Bereich der Hochschulen ist die Lehre über die Brennstoffzellentechnologie im Lehrplan vertreten[267]. Zu den Vermittlern gehören hier die Dozenten und Lehrer. Im Bereich der Öffentlichkeit

---

[267] Untere anderem beschäftigen sich in der Lehre Institute der folgenden Hochschulen mit der Brennstoffzellentechnologie: TU München, TU Berlin, TU Dresden, TU Braunschweig, RWTH Aachen.

zählen vor allem die Politik und die Medien zu den Vermittlern. Der Transfer des Wissens geschieht nach diesem Ansatz in zwei Stufen. Zum einen müssen die Vermittler geschult werden („Train the Trainer“). In Deutschland wird diese Aufgabe durch überregionale Weiterbildungszentren durchgeführt. So bieten das „Weiterbildungszentrum Brennstoffzelle Ulm“ des Zentrums für Sonnenenergie- und Wasserstoff-Forschung (ZSW) und das „Weiterbildungs- und Demonstrationszentrum Brennstoffzelle“ des Forschungszentrums Jülich Schulungen für Vermittler an. Zum anderen müssen dann diese Vermittler ihr Wissen an die Anwender der verschiedenen Zielgruppen weitergeben. Zur besseren Koordination dieser Aktivitäten wurde in Hannover die „Koordinationsstelle Brennstoffzelle“ gegründet mit dem Ziel Anwenderzentren aufzubauen, in denen vor allem die Möglichkeit für eine praxisnahe Weiterbildung des Handwerks gewährleistet werden soll.

Der Einsatz dieser Aus- und Weiterbildungsmaßnahmen muss zeitlich an den Innovationsprozess angepasst werden. So sollte mit der Sensibilisierung und Information der Vermittler mit einer Vorlaufzeit von mindestens 5 Jahren begonnen werden. Kurz vor dem Markteintritt gilt es, den Vermittlern herstellerunabhängiges Spezialwissen, relevante Anwendungskompetenz und einen praxisnahen Umgang mit Demonstrationsobjekten zu vermitteln. Erst mit der Markteinführung sollen die Vermittler mit detailliertem Hintergrundwissen über produktspezifische Besonderheiten versorgt werden. Die Anwender letztendlich, vor allem die der Zielgruppe Handwerk (zum Beispiel Werkstätten), werden erst dann zur Nutzung von Weiterbildungsangeboten bereit sein, wenn sich der für sie lohnende Markteintritt von Brennstoffzellenfahrzeugen abzeichnet (vgl. Marscheider-Weidemann et al. 2004, S.7). Die zeitliche Anpassung der Aus- und Weiterbildungsmaßnahmen an den Innovationsprozess ist in der folgenden Abbildung 72 dargestellt:

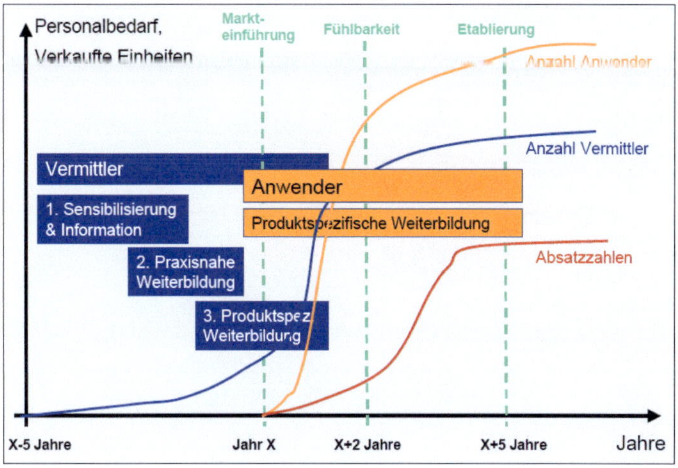

Abbildung 72: Zeitschiene und Inhalte der Aus- und Weiterbildung (vgl. Marscheider-Weidemann et al. 2004, S.6)

Die Auswertung der Umfrage macht deutlich, dass die „Fachkräfte mit spezifischen Kenntnissen" im Bereich der Brennstoffzellentechnologie sowie die „Ausbildung neuer Fachkräfte" durch spezielle Studiengänge und Vertiefungsrichtungen an Hochschulen momentan noch zu wenig erfolgt ist. Wie die folgende Abbildung 73 zeigt, beurteilen industrielle und wissenschaftliche Akteure die Verfügbarkeit von Fachkräften mit spezifischen Kenntnissen als zu wenig vorhanden. „Fachkräfte mit spezifischen Kenntnissen" im Bereich der Brennstoffzellentechnologie sind für jegliche F&E-Aktivitäten unerlässlich. Die „Ausbildung neuer Fachkräfte" wird von den beiden Akteursgruppen leicht unterschiedlich beurteilt, spiegelt im Endeffekte aber auch den Bedarf an qualifiziertem Personal wider. Gerade die industriellen Akteure benötigen für ihre technologischen, marktorientierten Aktivitäten adäquat ausgebildete Ingenieure. Im Gegensatz dazu werden die Weiterbildungsmaßnahmen für Mitarbeiter (noch) als nahezu ausreichend vorhanden eingestuft.

Abbildung 73: Einschätzung der Akteure bezüglich der Verfügbarkeit von Fachkräften und Weiterbildungsmaßnahmen[268] (Frage 8, siehe Anhang)

8.7. Äußere Einflüsse – Die Rolle des Öls

Ein für die Entwicklung der PEM-Brennstoffzellentechnologie wichtiger Faktor ist die Energieversorgung. Nach einer Prognose der Europäischen Kommission wird der weltweite Energiebedarf bis zum Jahre 2030 jährlich um ca. 1,8% steigen, trotz struktureller Veränderungen der Wirtschaft, technologischem Fortschritt und steigender Preise. Erdöl wird auch weiterhin die wichtigste Energiequelle sein, gefolgt von Kohle und Erdgas. Aufgrund der Dominanz dieser fossilen Brennstoffe wird erwartet, dass die weltweiten Kohlendioxidemissionen weiter ansteigen werden und im Jahre 2030 doppelt so hoch sein werden wie 1990. Gerade die für die Mobilität wichtigen Erdölreserven werden für die nächsten Jahrzehnte noch ausreichend sein, um den Bedarf zu decken. Erst für die Zeit nach 2030 können die abnehmenden Reserven nur teilweise durch einen Anstieg der Reserven an nicht-konventionell abbaubaren Öl kompensiert werden (vgl. European Commission 2003b, S.3.f). Zu ähnlichen Tendenzen kommt auch eine Prognose das Bundesministerium für Wirtschaft und Technologie (BMWI 2006b). Insgesamt gibt es viele verschiedene Prognosen, die sich mit der Reichweite des Rohöls beschäftigen und teilweise in ihren Ergebnissen stark variieren. Es gilt jedoch als sicher, dass die Vorkommen endlich sind und das Erdöl-

[268] Wertebereich der Frage 8: 1=viel zu wenig vorhanden, 2=zu wenig vorhanden, 3=ausreichend vorhanden, 4=zu viel vorhanden, 5=viel zu viel vorhanden.

zeitalter zu Ende geht (vgl. BGR 2009, S.251). Der Peak der Ölförderung scheint überschritten, die Kosten weiterer Förderungen scheinen zu steigen.

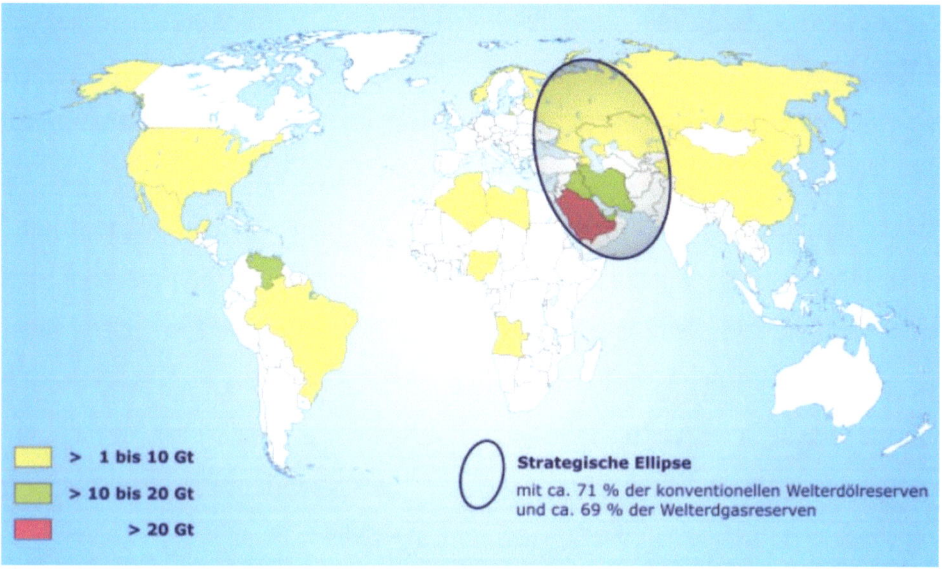

Abbildung 74: Weltweite Verteilung von Ländern mit Reserven an konventionellem Erdöl größer als eine Gigatonne (Gt) und Lage der Strategischen Ellipse (vgl. BGR 2009. S.253)

Die Abbildung 74 macht deutlich, dass das ständig abnehmende Gesamtpotential regional sehr ungleichmäßig verteilt ist. Die meisten Vorkommen[269] befinden sich in der sogenannten „strategischen Ellipse“, die sich von Westsibirien über die kaspische Region bis hin zur Arabischen Halbinsel erstreckt (Bothe und Seeliger 2006, S.4). Diese regionale Verteilung der Reserven führt zu einer Polarisierung in Produzenten- und Verbrauchsländer (vgl. BGR 2009, S.253), mit all den daraus resultierenden Abhängigkeiten. Neben den wirtschaftlich darstellbaren Förderbedingungen spielen so auch immer mehr politischen Rahmenbedingungen in den Fördergebieten eine entscheidende Rolle. So können diese unmittelbar die Preise für Rohöl beeinflussen (vgl. Karl 2006, S.7). Neben den Ölvorkommen selbst, über dessen Reichweite nur spekuliert werden kann, sind es so auch geopolitische Entwicklungen, die Einfluss auf die tatsächliche Verfügbarkeit des Öls nehmen.

[269] Rund 71% der konventionellen Welterdölreserven.

Aus volkwirtschaftlicher Sicht trifft in Bezug auf den Ölpreis eine stark steigende Nachfrage auf ein Angebot, das aufgrund kapazitiver Grenzen nicht mehr viel ausgeweitet werden kann. Die steigende Nachfrage ist im Wesentlichen auf die fortschreitende Industrialisierung der bevölkerungsreichen (asiatischen) Länder, insbesondere China zurückzuführen. Da das Angebot aber an seiner Kapazitätsgrenze liegt, hat der durch diese Länder hervorgerufene Nachfrageschock sehr starke Preiseffekte. Die Auswirkungen dieser Konstellation können anhand der Preiselastizität[270] hergeleitet werden. Kurzfristig verhalten sich Angebot und Nachfrage sehr unelastisch. So ist es dem Angebot nicht möglich, kurzfristig die Kapazitäten auszuweiten. Ebenso ist das Verhalten der Nachfrageseite als unelastisch zu sehen. Die Konsumenten[271] ändern nicht ad hoc ihre Gewohnheiten bezüglich der Mobilität und nehmen die hohen Preise mehr oder weniger in Kauf. Auf lange Sicht zeichnet sich jedoch ein anderes Bild. Für die Anbieter lohnen sich Investitionen, die zu einem Ausbau der Kapazitäten führen. Die Nachfrageseite kann langfristig ihre Fahrgewohnheiten anpassen oder auf bezinsparende Fahrzeuge umsteigen. Auf Dauer kann so der Einfluss der steigenden Nachfrage auf die Preise vorerst reduziert werden Fest steht, dass die Reserven endlich sind und ein schneller Rückgang der Nachfrage nicht realistisch ist. Da die zwei bevölkerungsreichsten Länder der Erde, China und Indien, weiterhin hohe Wachstumsraten zu verzeichnen haben, wird deren Nachfrage nach Rohstoffen, insbesondere nach Rohöl, so schnell nicht nachlassen. Zwar sorgten die weltweite Finanzkrise und schlechte Konjunkturdaten für einen starken Rückgang des Ölpreises von ca.140[272] US-Dollar im Juli 2008 auf knapp 40 US-Dollar Anfang 2009. Seitdem steigt der Ölpreis aber wieder kontinuierlich an und liegt aktuell im Oktober 2010 bei ca. 80 US-Dollar pro Barrel. Auslöser des hohen Ölpreises von 2008 war also ein Nachfrageschock. Im Gegensatz dazu waren die ersten beiden Ölkrisen von 1973 und 1979 eher ein Angebotsschock. Aufgrund politischer Ergebnisse drosselten damals die erdölfördernden Nationen das Angebot, was zu drastisch

[270] Die Preiselastizität gibt an, wie sich die Menge prozentual ändert, wenn sich der Preis um ein Prozent verändert.
[271] Als Nutzer von Fahrzeugen mit herkömmlichen Verbrennungsmotoren.
[272] Brent Crude Oil.

steigenden Preisen führte. In Zukunft wird der Ölpreis aufgrund sich verknappenden Ressourcen und der stetig steigenden Nachfrage von beiden Seiten beeinflusst werden. Auf lange Sicht ist daher mit kontinuierlich steigenden Preisen zu rechnen.

Die Argumentationslinie geht davon aus, dass die negativen Auswirkungen des hohen Ölpreises durch Investitionen in Öl - Substitute und eine Steigerung der Energieeffizienz abgeschwächt werden können („Mitigation"). Diese Investitionen führen zu einem reduzierten Verbrauch und damit zu geringeren Importen. Da diese Investitionen wahrscheinlich aber national erfolgen würden, würden zusätzliche Arbeitsplätze im Bereich der Energietechnologien geschaffen (vgl. HOP 2008, S. 6). So kann der steigende Ölpreis zusätzliche Investitionen in effiziente und alternative Technologien, zu denen auch die PEM-Technologie gehört, anstoßen und die Entwicklung und die Markteinführung beschleunigen. Die Ergebnisse des HOP Projektes zeigen, dass der zukünftige Anteil innovativer Automobilantriebe[273] stark vom Ölpreis abhängt. So liegen die Berechnungen für das Jahr 2050 bei einem Anteil dieser Antriebe, zu denen auch die PEM-Technologie zählt, zwischen 15% und 30% (vgl. HOP 2008, S. 31f). Auch wenn der hohe Ölpreis die Verbreitung alternativer Antriebskonzepte beschleunigen kann, so wird er alleine nicht für eine grundlegende Verschiebung der Mobilität hin zu alternativen Antrieben verantwortlich sein.

8.8. Technologische Rahmenbedingungen

Die letzte Gruppe der Einflussfaktoren bilden die hier sogenannten **Rahmenbedingungen**, die vor allem die technologiespezifischen Aspekte zusammenfassen. Dazu gehören das Technologiemarketing, der Technologietransfer und die Koordination, die technologische Infrastruktur, die technologogische Entwicklung sowie die technologische Regulierung.

8.8.1. Technologiemarketing

In Deutschland werden Leuchturmprojekte als Instrument des Technologiemarketings im Rahmen des „Nationalen Innovationsprogramms Wasserstoff- und Brennstoffzel-

[273] Das Projekt versteht darunter alle Antriebssysteme der Elektromobilität.

lentechnologie“ (NIP) finanziert und von der „Nationalen Organisation Wasserstoff- und Brennstoffzellentechnologie“ (NOW) koordiniert. Die Auswahl der zu fördernden Projekte orientiert sich an den Zielsetzungen dieses Marketinginstruments und versucht technologische, sozioökonomische, ökologische und infrastrukturelle Inhalte zu vereinen. So müssen die eingesetzten Brennstoffzellen (in Bussen oder PkWs) einen Reifegrad erreicht haben, der den Einsatz unter den für die Anwendung typischen Bedingungen erlaubt. Die begleitenden F&E-Aktivitäten sollen Verbesserungs- und Optimierungspotentiale identifizieren und für die Gestaltung der nächsten Produktgeneration genutzt werden. Die vorhandene Infrastruktur (wie zum Beispiel Tankstellen) soll eingebunden, aber auch unter akzeptierbaren Bedingungen aufgebaut werden. Zusätzlich dazu wird auf eine sinnvolle Organisation des Projektes viel Wert gelegt. So sind alle Akteure des Innovationsprozesses und des Wertschöpfungsprozesses an der Durchführung der Leuchtturmprojekte zu beteiligen. Dazu gehören Zulieferer, Hersteller, Anwender, aber auch Genehmigungseinrichtungen und Behörden (vgl. NOW 2009).

Zu den derzeit populärsten Demonstrationsprojekten[274] zählt das „Clean Energy Partnership“ (CEP) mit einer Flotte von insgesamt 17 Fahrzeugen und zwei Wasserstofftankstellen in Berlin. Das in drei Phasen gegliederte Projekt soll insbesondere Kommerzialisierungshindernisse identifizieren und diese bis zur möglichen Markteinführung im Jahr 2015 beseitigen. Die erste Phase (2004 – 2008) demonstrierte bereits den erfolgreichen Einsatz der Brennstoffzellenfahrzeuge und der installierten Betankungsinfrastruktur und lieferte so Erkenntnisse über das Zusammenspiel der verschiedenen benötigten Komponenten. Das Projekt zeigte dadurch, dass Brennstoffzellenfahrzeuge zuverlässig betrieben werden können. Zu weiteren Kommerzialisierungshindernissen, die identifiziert wurden, zählten auch administrative Hürden beim Aufbau einer entsprechenden Energieinfrastruktur sowie die Normierung, Standardisierung und die Zertifizierung von H_2-Komponenten und –

[274] Eine Übersicht über nationale und internationale Demonstrationsprojekte findet man unter http://www.now-gmbh.de oder http://www.h2moves.eu.

anlagen. Insgesamt konnten demnach wertvolle Erkenntnisse der Alltagstauglichkeit gewonnen sowie eine Steigerung der Akzeptanz und eine positive Resonanz in der Gesellschaft erwirkt werden (vgl. CEP 2007, S.9f). Die zweite Phase des Projekts von 2008 bis 2010 widmete sich verstärkt der Technologievalidierung unter Alltagsbedingungen. Dazu wurde die Anzahl der Fahrzeuge erhöht. Die dritte Phase von 2011 bis 2016 soll aus konkreten Marktvorbereitungen bestehen. So soll spätestens dann der Anschluss der „Wasserstoffregion" Berlin an die „Wasserstoffregion" Hamburg (Hamburg ist Bestandteil des Projektes HyFLEET: CUTE, siehe unten) erfolgen. Finanziert wird das „Clean Energy Partnership" aus Mitteln des Nationalen Innovationsprogramm Wasserstoff- und Brennstoffzellentechnologie NIP. Im Rahmen der Ziele des NIP stellt das CEP so eine wichtige Umsetzung einer Komponente des Entwicklungsplans dar.

Auf internationaler Ebene findet das „Projekt Clean Urban Transport for Europe" (CUTE, bis 2006) und das Nachfolgeprojekt HyFLEET: CUTE große Beachtung. Bestandteil dieser Projekte sind zwar vor allem Brennstoffzellenbusse, allerdings gehören zu den Zielen auch die Entwicklung und die Etablierung einer Wasserstoffinfrastruktur sowie Informationen über die Vorteile eines wasserstoffbasierten Transportsystems. Mit weltweiten Partnern aus Industrie, Forschung, Politik sowie Beratungsfirmen werden mehr als 30 Brennstoffzellenbusse weltweit[275] betrieben (vgl. HyFLEET:CUTE 2010).

Die Wichtigkeit von Demonstrationsaktivitäten und Leuchturmprojekten als Instrumente des Technologiemarketings wird auch durch die an der Umfrage beteiligten Akteure unterstrichen. Diese räumen den Aktivitäten und Projekten als Faktoren der Durchsetzung der PEM-Technologie eine große Bedeutung ein.

[275] Amsterdam, Barcelona, Beijing, Hamburg, London, Luxembourg, Madrid, Perth, Reykjavik.

8.8.2. Technologietransfer und Koordination

Auf Länderebene haben sich in Deutschland die an der Brennstoffzellenztechnologie beteiligten Organisationen zu Netzwerken (im Sinne von Verbänden) zusammengeschlossen, die in der folgenden Abbildung 75 zu sehen sind:

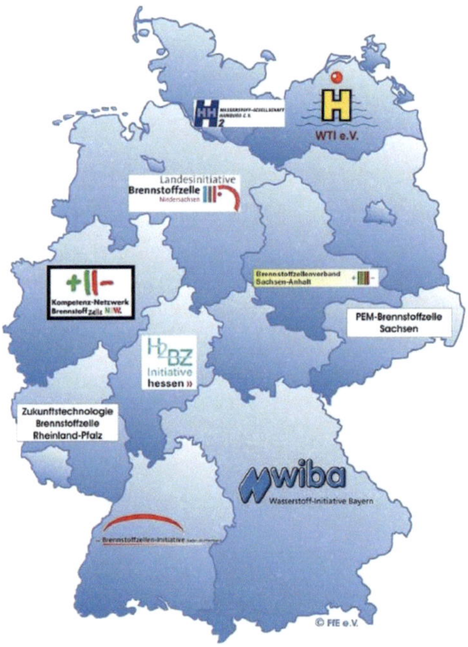

Abbildung 75: Netzwerke der Brennstoffzellentechnologie in Deutschland (BMWA 2005, S.69)

Diese Netzwerke[276] bestehen aus Organisationen aus Industrie und Wissenschaft und stoßen zusammen Projekte zur Forschung und Entwicklung, sowie zur Demonstration und Markteinführung an. Die Ziele auf Länderebene sind vor allem wirtschaftlicher- und industriepolitischer Natur. So sollen heimische Unternehmen für den Wasserstoff- und Brennstoffzellen-Markt sensibilisiert und an einer zukünftigen Wertschöpfung beteiligt werden (vgl NKJ 2010).

Auf nationaler Ebene existiert seit 1996 der Deutsche Wasserstoff- und Brennstoffzellen Verband e.V. (DWV)[277]. Diese Dachorganisation vereint alle an der Wasserstoff-

[276] Für detaillierte Informationen über die einzelnen Netzwerke siehe: http://www.nkj-ptj.de/Bundeslaender.

[277] Die dieser Arbeit zugrundeliegende Umfrage wurde in Kooperation mit den DWV durchgeführt. Siehe dazu auch Kapitel 3.3.3.

und Brennstoffzellentechnologie interessierten Organisationen und zielt auf deren Integration ab und übernimmt koordinative Tätigkeiten, um so den Technologietransfer zu unterstützen. Zusätzlich dazu leistet Sie „Lobbyarbeit“ für die Technologie allgemein (vgl. DWV 2010). Neben dem DWV ist auf Bundesebene auch das „Brennstoffzellenbündnis Deutschland“ (BZB) aktiv, das ein Zusammenschluss der Brennstoffzellen-Verbände in Deutschland darstellt. Zu deren Zielen gehört die Ausarbeitung und Abstimmung einer gemeinsamen Brennstoffzellen-Strategie für Deutschland sowie die Entwicklung von Markteinführungsinstrumenten. Auch der „Verband Deutscher Maschinen- und Anlagenbau e.V.“ (VDMA), als einer der bedeutendsten Industrieverbände in Europa, unterstützt die Entwicklung der Brennstoffzellentechnologie durch das Industrienetzwerk „Arbeitsgemeinschaft Brennstoffzellen“. Mitglieder dieses Netzwerkes sind Organisationen entlang der Wertschöpfungskette (Komponentenhersteller, Brennstoffzellenhersteller oder Brennstoffzellenzulieferunternehmen, ...). Ähnlich wie die anderen Netzwerke auch, zielt diese Arbeitsgemeinschaft darauf ab, die Kosten der Brennstoffzelle zu reduzieren und die Qualität und Lebensdauer der Komponenten zu erhöhen. Dazu werden im Netzwerk Standardkomponenten entwickelt und systematisch versucht, Systemzulieferer zu etablieren (vgl. VDMA 2010). Der Vollständigkeit halber soll an dieser Stelle noch die „Initiative Brennstoffzelle“ (IBZ) genannt werden. Im Fokus dieser Initiative stehen allerdings die stationären Brennstoffzellen. Nichtsdestotrotz kann zum Beispiel durch eine verstärkte Aufmerksamkeit für Brennstoffzellen allgemein die PEM-Technologie profitieren.

Auf europäischer Ebene haben sich mehrere nationale Verbände und einige industrielle Organisationen (seit 2005) zur „European Hydrogen Association“ (EHA) zusammengeschlossen. Neben der Informationsfunktion steht vor allem der Technologietransfer zwischen den Mitgliedern (aber auch nicht Mitgliedern) im Vordergrund. Darüberhinaus wird auch die Aus- und Weiterbildung unterstützt. Daneben ist auf europäischer Ebene noch „Fuel Cell Europe“ (FCE) zu nennen. Die Mitglieder sind hauptsächlich Organisationen, sowohl große Konzerne als auch zahlreiche KMUs.

Ziel des FCE ist es, die die Position der Brennstoffzellentechnologie als eine Schlüsseltechnologie zu festigen. Die Nachfrage soll stimuliert, die Rückkopplung zu den Herstellern hergestellt, sowie der Wissensaustausch der Mitglieder gefördert werden (vgl. EHA 2010).

Ein weiteres Instrument, das die Entwicklung der Technologie beschleunigt, sind sogenannte Innovationsallianzen, die sowohl den Wissenstransfer fördern, aber auch die Tätigkeiten der relevanten Akteure koordinieren können. Durch gemeinsame Absichtserklärungen aller interessierten Organisationen zur Beschleunigung werden Grundsatzvereinbarungen getroffen. Technologierelevant ist die Initiative „H2 Mobility". Mit einem „Letter of Understanding" verpflichten sich bedeutende OEMs eine gewisse Anzahl von Brennstoffzellenfahrzeugen herzustellen. Gleichzeitig soll durch die Beteiligung von Energieversorgern der Aufbau der Infrastruktur vorangetrieben werden (siehe dazu weiter unten: Technologische Infrastruktur).

Im Sinne der Technologie werden Entwicklungspläne ausgearbeitet, an denen sich die Aktivitäten der beteiligten Akteure der Netzwerke und Allianzen strategisch ausrichten. Wie in dieser Arbeit bereits mehrfach erwähnt, sind für die Entwicklung der PEM-Technologie für Brennstoffzellenfahrzeuge auf nationaler Ebene der „Nationale Innovationsprogramm Wasserstoff- und Brennstoffzellentechnologie" sowie das „Nationale Entwicklungsplan Elektromobilität"[278] relevant. Durch die in diesen Plänen aufgestellten Ziele und die gleichzeitige Zuteilung von Budgets wird die Strategie zur Entwicklung der Technologie aufgezeigt, an der sich die Akteure orientieren können. Wie in Abbildung 76 zu sehen, beschreibt der Entwicklungsplan ein integriertes Programm, das Mittel sowohl für die Forschung und Entwicklung als auch für die Demonstration bereitstellt. Diese Säulen müssen eng auf einander abgestimmt werden. Einzelne Phasen mit abschließenden Meilensteinen setzen detaillierte Schwerpunkte.

---

[278] Da der „Nationale Entwicklungsplan Elektromobilität" für die Entwicklung der PEM-Brennstoffzellentechnologie zwar relevant ist, die Entwicklung aber nicht so detailliert fördert wie der Nationale Innovationsprogramm Wasserstoff- und Brennstoffzellentechnologie" wird auf eine detaillierte Beschreibung an dieser Stelle verzichtet. Für weitere Informationen siehe: BMWI et al (2009a) und Die Bundesregierung (2009).

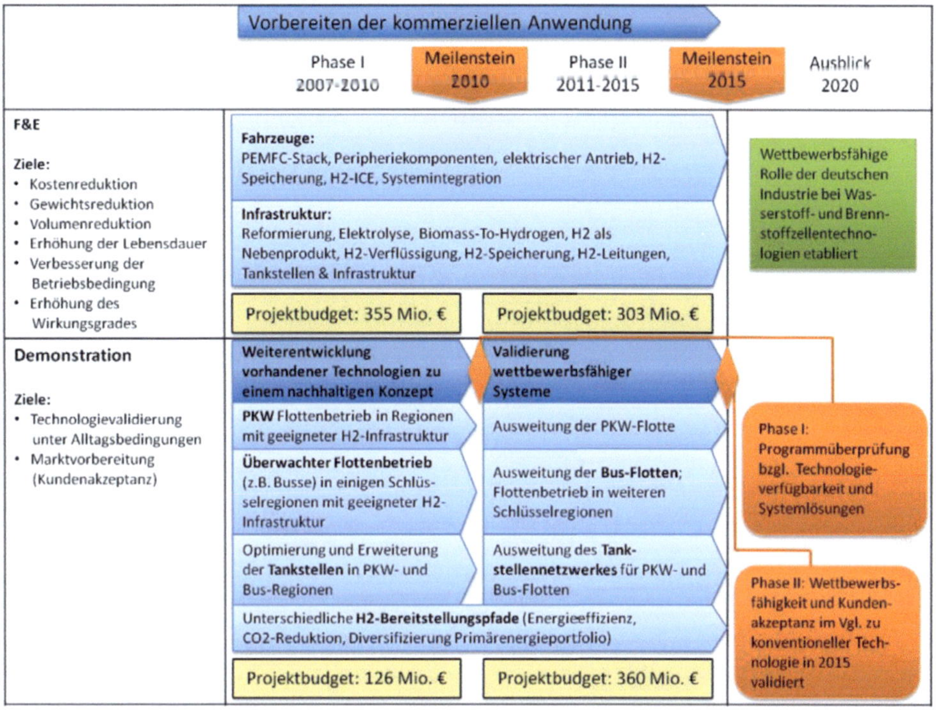

Abbildung 76: Entwicklungsplan zum Nationalen Innovationsprogramm Wasserstoff- und Brennstoffzellentechnologie (nur Verkehr, NIP 2007, S.8)

Koordiniert und kommuniziert werden diese Entwicklungspläne auf nationaler Ebene von der bundeseigenen Gesellschaft „Nationale Organisation Wasserstoff- und Brennstoffzellentechnologie" (NOW GmbH)[279], deren Aufgabe es ist, Projekte zu initiieren und sinnvoll zu bündeln, um so möglichst viele Synergie-Effekte nutzbar zu machen. Dazu kommen Querschnittsaufgaben wie Kommunikation und Öffentlichkeitsarbeit, aber auch Aus- und Weiterbildungsmaßnahmen (vgl. NOW 2010). Unterstützt wird die Arbeit der NOW durch die „Nationale Koordinierungsstelle Jülich für Wasserstoff und Brennstoffzellen" (NKJ)[280], die ebenfalls Informations- und Koordinierungsaufgaben übernimmt und die Interessen aller Beteiligten unterstützt. Durch die Projektmanagement-Organisation von Förderprogrammen und Förderschwerpunkten wird so die Entwicklung beschleunigt und die Markteinführung der Wasserstoff- und Brennstoffzellentechnologie koordiniert und zielgerichtet

[279] Siehe auch: http://www.now-gmbh.de.
[280] Als Arbeitsbereich des „Projektträger Jülichs" (PtJ).

vorangetrieben (vgl. NKJ 2010a). Beide „Koordinierungsstellen“ fungieren gleichzeitig auch als Schnittstelle zwischen den europäischen und internationalen Wasserstoff- und Brennstoffzellenaktivitäten (vgl. NOW 2010a). Im Januar 2004 wurde von der Europäischen Kommission die „European Hydrogen and Fuel Cells Technology Platform" (H2/FC TP)[281] eingeführt, um eine Zusammenführung aller europäischer F&E-Aktivitäten zu erreichen (vgl. BMWA 2005, S9). So wurden beispielsweise die Inhalte des „Nationalen Innovationsprogramm Wasserstoff- und Brennstoffzellentechnologie“ in Abstimmung mit der H2/FC TP entwickelt (vgl. NOW 2010a und NIP 2007, S.1). Daneben unterstützt die H2/FC TP die Europäische Kommission beim Aufbau einer „Joint Technology Initiative“ (JTI). Die „Fuel Cells and Hydrogen Joint Technology Initiative" (FCH JTI)[282] ist ein Instrument zur Umsetzung und Implementation sogenannter „Strategic Research Agendas“, die die Umsetzung des 7. EU Rahmenprogramms in bestimmten technologischen Bereichen koordinieren und umsetzten sollen (vgl. Cordis 2010).

Die von den einzelnen Netzwerken und Allianzen auf den verschiedenen Ebenen ausgearbeiteten Entwicklungspläne zeigen die gemeinsame Richtung der Entwicklung auf und legen so die strategischen Ziele fest. Auf europäischer Ebene hat die H2/FC TP eine Vision ausgearbeitet, aus der sich dann diese Strategien ableiten, die in Entwicklungsplänen und Programmen operationalisiert werden. Die europäische Vision einer Wasserstoffwirtschaft ist in Abbildung 77 erkennbar:

[281] Teilweise ist in der Literatur auch die Abkürzung „HFP“ zu finden.
[282] Siehe auch: http://ec.europa.eu/research/fch/index_en.cfm.

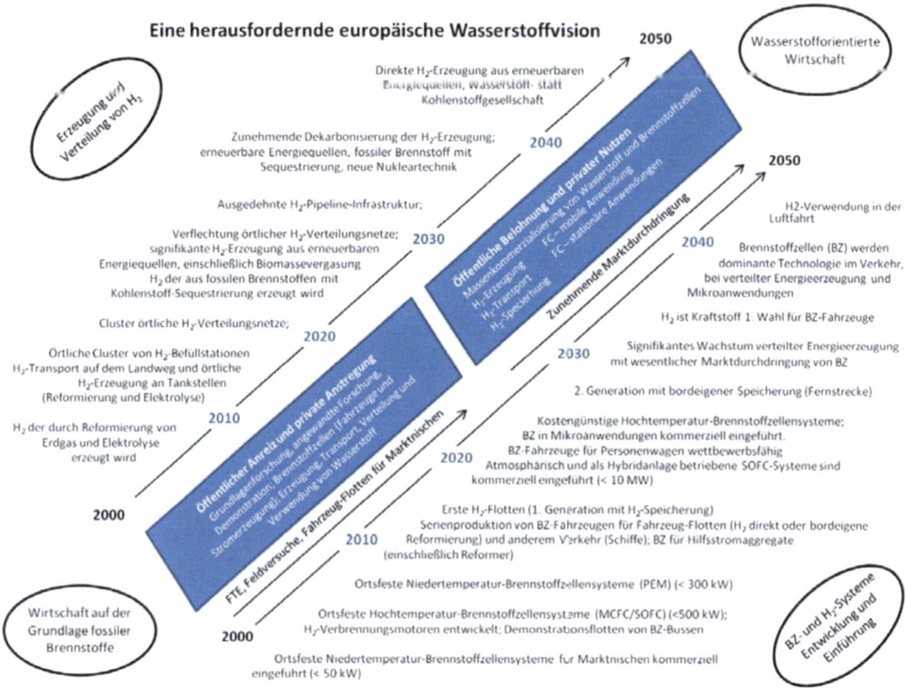

Abbildung 77: Europäische Vision einer Wasserstoffwirtschaft (BMWA 2005, S.10)

Diese Vision mit einem Zeithorizont bis 2050 zielt auf eine wasserstoffbasierte Wirtschaft ab und umfasst daher auf der einen Seite die Wasserstofflogistik und auf der anderen Seite die Entwicklung und Einführung von Brennstoffzellen und Wasserstoffsystemen. Es gilt zu berücksichtigen, dass diese Vision, die bereits 2003 entwickelt wurde, für 2010 eine Serienproduktion von Brennstoffzellenfahrzeugen ausgegeben hat, die aber bislang noch nicht gestartet wurde. Ab 2030 wird Wasserstoff als primärer Energieträger für Brennstoffzellenfahrzeuge gesehen und ab dem Jahr 2040 wird die Brennstoffzellentechnologie nach dieser Vision die dominante Technologie im Transportsektor sein.

8.8.3. Technologische Infrastruktur

„Ohne Wasserstoffauto keine Wasserstofftankstelle und ohne Tankstelle keine Autos“ (Schulz et al. 2005, S.77). Dieses klassische Henne-Ei-Problem zeigt, dass die parallele Entwicklung der **Wasserstoffinfrastruktur** für den Erfolg der Brennstoffzellenfahrzeuge mindestens genauso wichtig ist wie die Entwicklung der

Technologie selber. Akteure beider Seiten, Tankstellenbetreiber und Automobilhersteller, sind demnach voneinander abhängig und befinden sich in einer „Patt-Situation“. Der Konflikt des jeweiligen Wartens auf die Aktivitäten der anderen Seite lässt sich nur durch eine enge Zusammenarbeit in gemeinsamen Großprojekten lösen (Schulz et al. 2005, S.79). Wie bereits oben unter Technologietransfer und Koordination beschrieben, sind Innovationsallianzen ein sinnvolles Instrument zur Förderung des Wissenstransfers und der Koordination gemeinsamer Aktivitäten. So stellen Innovationsallianzen, die alle Seiten beteiligter Akteure einbeziehen, eine Möglichkeit zur Lösung des Henne-Ei-Problems dar.

Im September 2009 wurde von führenden Automobilunternehmen[283] ein Letter of Understanding (LoU) „Commitment to the development and market introduction of Fuel Cell vehicles“ unterzeichnet, in dem sich darauf verständigt wurde, ab 2015 eine nennenswerte Zahl von einigen hunderttausend Stück von Brennstoffzellenfahrzeugen weltweit zu fertigen (vgl. Mohrdieck 2009. S.4). Gleichzeitig unterzeichneten führende Industrieunternehmen[284] ein „Memorandum of Understanding“ (MoU). Ziel dieses Memorandums, an dem Unternehmen der Automobil-, Mineralöl- und Gasindustrie beteiligt sind, ist der Aufbau eines flächendeckenden Wasserstofftankstellennetzes[285], um so eine wesentliche Voraussetzung für die Kommerzialisierung von Brennstoffzellenfahrzeugen zu schaffen. Zwar sind in Deutschland bereits ca. 30 Wasserstofftankstellen in Betrieb und es haben sich erste Ballungszentren in Berlin und Hamburg etabliert, für die erfolgreiche Einführung von Brennstoffzellenfahrzeugen ist allerdings der weitere Auf- und Ausbau der Wasserstoff-Infrastruktur entscheidend. In einem ersten Schritt werden Optionen für diesen flächendeckenden Aufbau untersucht, sowie ein gemeinsames wirtschaftlich tragfähiges Geschäftskonzept entwickelt. Dieses Geschäftskonzept wird Basis für den Aufbau eines Infrastrukturkonsortiums, das in Phase 2 ab ca. 2012 mit dem Aufbau

[283] Daimler, Ford, GM/Opel, Honda, Hyundai/KIA, the Alliance Renault/Nissan und Toyota.

[284] Daimler, EnBW, The Linde Group, OMV, Shell, Total, Vattenfall; Koordination durch die NOW GmbH.

[285] Das Unternehmen StatoilHydro hat verschiedene Größen von Tankstellen (350 bis 700bar) entwickelt, die ohne Probleme in bestehende Tankstellen integriert und bei Bedarf ausgebaut werden können. Zusätzlich sind diese Tankstellen „mobil“ und können je nach Bedarf der Nachfrage angepasst werden (vgl. Moe 2009, S.12f).

des Tankstellennetzes beginnen soll (vgl. H2 Mobility 2010). Abbildung 78 zeigt den geplanten Roll-Out der Wasserstofftankstellen

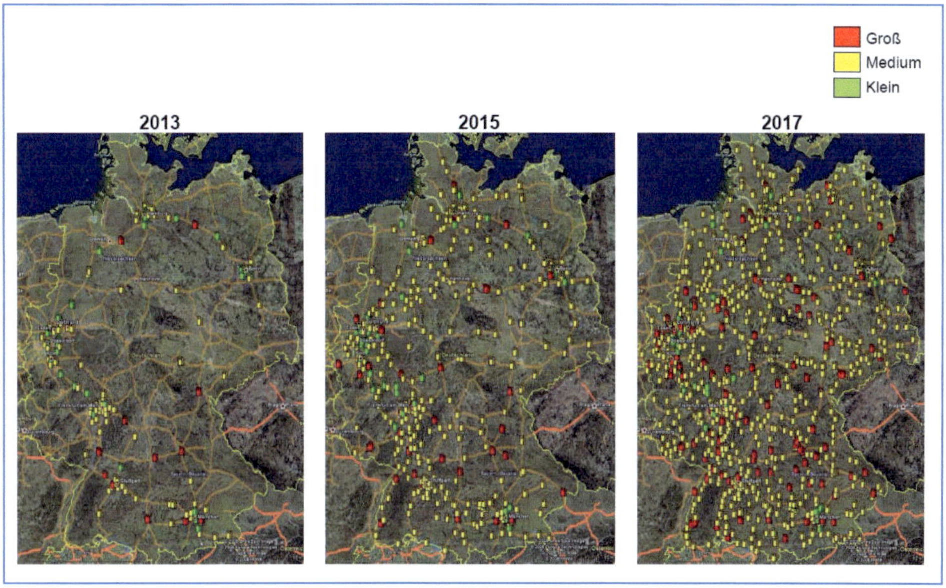

Abbildung 78: Geplanter Roll-Out von Wasserstofftankstellen in Deutschland im Rahmen des Memorandum of Understanding (Mohrdieck 2009, S.3)

Der Aufbau der Tankstellen orientiert sich an der Idee, zuerst einige Inseln in Ballungsräumen (wie z.B. Hamburg oder auch Berlin) zu schaffen, um die Entwicklung unter Alltagsbedingungen zu optimieren und sowohl privaten als auch öffentlich betriebenen Fahrzeugen die Möglichkeiten zum Tanken zu geben. Diese Ballungsräume werden dann über Korridore miteinander verbunden und stellen dann ein flächendeckendes Netz dar (Schulz et al. 2005, S.79ff). Ein ähnlicher Ansatz dieses Vorgehens ist auch in Kalifornien zu beobachten. Dort werden in der Metropolregion Los Angeles zuerst sogenannte „hydrogen communities“ aufgebaut, die dann über sogenannte „connector communities“ verbunden werden (vgl. Dunwoody 2009, S.9)[286].

Tatsächlich stellen die Tankstellen nur einen Teil der benötigten Infrastruktur dar. Neben dem Aufbau einer flächendeckenden Infrastruktur als Teil der Wasserstoff-

[286] Siehe dazu auch: http://www.fuelcellpartnership.org.

logistik ist außerdem der Transport des Wasserstoffs von Bedeutung[287]. Zudem muss in der ersten Stufe der Supply Chain eine ausreichende Wasserstofferzeugung gewährleistet werden. Die Studie „Woher kommt der Wasserstoff in Deutschland bis 2050“ zeigt, dass bei einem drastischen Rückgang fossiler Energieimporte verstärkt im Rahmen eines Primärenergiemix erneuerbare Energien eingesetzt werden müssen. Kurzfristig wird der benötigte Wasserstoff durch Reformierung von Erdgas hergestellt und der als Nebenprodukt entstehende Wasserstoff benutzt. Langfristig zählen zu den Quellen Kohle mit CO_2-Abscheidung und Speicherung (CSS[288]) und die Windenergie. Die Distribution wird durch die Verteilung von flüssigem Wasserstoff in Tankwagen erfolgen, sowie mit Druckwasserstoff-Pipelines, die bei größeren Mengen kostengünstiger sind. Die Wasserstoffinfrastruktur wird zu Beginn noch durch Erdgas Reformierung und/oder Elektrolyse geprägt, die in ländlichen Gegenden auch Vor-Ort direkt an den Tankstellen durchgeführt werden. Die Kosten für den Aufbau einer flächendeckenden Wasserstoffinfrastruktur werden bis 2030 auf knapp 1 Mrd. Euro pro Jahr geschätzt (vgl. GermanHy 2009, S.10). Folgende Abbildung 79 fasst diese „Wasserstoff-Roadmap“ zusammen:

---

[287] Siehe Kapitel 4.4. Dort werden die verschiedenen Pfade der Distribution vorgestellt.

[288] Carbon Capture und Storage: Das z.B. in Kraftwerken entstehende CO_2 wird aufgefangen und eingelagert. Als Lagerstädten bieten sich in Deutschland alte Gasspeicher an, aber auch geeignete Gesteinsschichten, deren Dichtheit garantiert sein muss (vgl. CO2-Handel 2010).

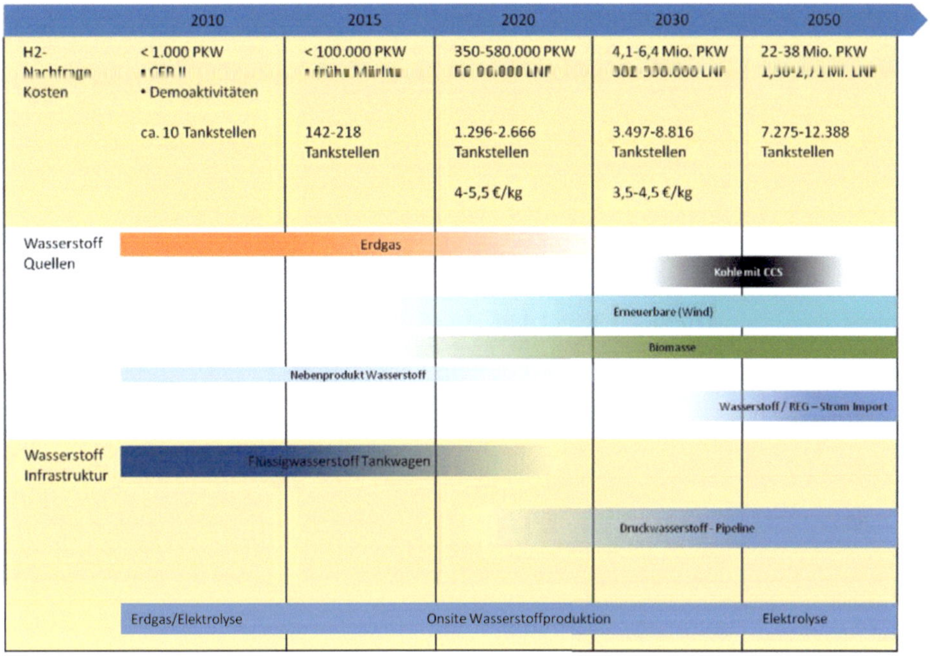

Abbildung 79: Wasserstoff-Roadmap für Deutschland bis 2050 (GermanHy 2009, S.11)

8.8.4. Technologische Entwicklung

Die **technologische Entwicklung** der Brennstoffzellenfahrzeuge wird zum einen vom eigenen Entwicklungstand der PEM-Technologie beeinflusst. Zum anderen aber auch durch Konkurrenztechnologien, deren vorschreitende Entwicklung einen Treiber darstellt. Der Stand der technologischen Entwicklung der Brennstoffzellenfahrzeuge und deren Konkurrenzsysteme wurden bereits ausführlich in Kapitel 4.3 beschrieben. An dieser Stelle sei darauf verwiesen.

8.8.5. Technologische Regulierung

Im Allgemeinen werden unter dem Begriff „Regulierung“ Gesetze und Verordnungen, sowie Standards und Normen[289] verstanden, die auf verschiedene Weise die Innovationsaktivitäten von Unternehmen beeinflussen (vgl. Rennings et al. 2008, S.105). Gesetze und Verordnungen werden in dieser Arbeit dem politischen System

[289] In der englischen Literatur auch RCS „Regulations Codes and Standards“ genannt.

zugeordnet und dort analysiert. Der Fokus der technologischen Regulierung liegt daher an dieser Stelle auf den Normen, die einen wichtigen Bestandteil der Einflussfaktoren auf ein Innovationssystem darstellen. Für die Verbreitung neuer Technologien ist der Prozess der Normung durch staatlich anerkannte Normungsinstitute durchaus geeignet und erwünscht. Die Erarbeitung von Normen stellt damit ein unerlässliches Element der technologischen Infrastruktur dar und beeinflusst dadurch wesentlich die Entwicklung der Technologie (vgl. Blind 2006, S.1). Normungsinstitute existieren sowohl auf nationaler Ebene, europäische und internationaler Ebene. Die Normen selber entstehen durch die Mitarbeit aller interessierten Kreise nach dem Konsensprinzip, so dass die Akteure aktiv Einfluss auf deren Gestaltung nehmen können. Normen haben dadurch einen positiven Einfluss auf den gesamten Innovationsprozess und stellen für die Forschung und Entwicklung eine relevante Wissensbasis dar und können so die Entwicklung neuer Technologien stark vorantreiben (vgl. DIN 2009), indem sie als Katalysator in der Frühphase der Technologieentwicklung dienen und dadurch Technologien nachweislich schneller in marktfähige Produkte umsetzen (vgl. DIN 2009a). Gerade aber auch zur Unterstützung der breiten Marktdurchdringung sind Normen auf internationalem Level ein wichtiger Treiber. Daneben stellen Normen auch eine Möglichkeit dar, die Nachfrage und deren Akzeptanz zu beeinflussen. Durch die Einführung von Sicherheitsnormen kann die Qualität und Reife der Technologie signalisiert werden

Die Normung als Teil der technologischen Regulierung stellt eine relevante Institution dar, die an dieser Stelle beleuchtet werden soll. Um einen breiten Einsatz der Brennstoffzellenfahrzeuge zu garantieren, sind diverse Normungsaktivitäten nötig. Zum einen gilt es, Normen für die Brennstoffzellenfahrzeugen und die Komponenten der PEM-Brennstoffzellen zu erarbeiten. Zusätzlich dazu müssen Normen im Bereich der Tankstellen- und Wasserstoffinfrastruktur Kompatibilität und Sicherheit gewährleisten, so zum Beispiel beim Betankungsvorgang, wie in Abbildung 80 dargestellt.

Abbildung 80: Tankrüssel für flüssigen Wasserstoff (LH2;CEP 2010).

Auf internationaler Ebene beschäftigen sich folgende Arbeitsgruppen (engl. TC, Technical Committee) der „International Organization for Standardization“ (ISO) und der “International Electrotechnical Commission“ (IEC) mit diesen Themen. Innerhalb dieser Arbeitsgruppen existieren weitere sogenannte „Subcommittees“ (SC) und „Working Groups“ (WG), die inhaltliche Arbeit leisten:

ISO/TC 22: Erarbeitung von Normen für Kompatibilität und Sicherheit von Straßenfahrzeugen (vgl. ISO 2010a).

ISO 23273:2006 Fuel cell road vehicles -- Safety specifications

ISO 23828:2008 Fuel cell road vehicles -- Energy consumption measurement

ISO 11954:2008 Fuel cell road vehicles -- Maximum speed measurement

ISO/TC 58: Normung für Gaszylinder zur Herstellung und Nutzung (vgl. ISO 2010b)

Insgesamt 86 veröffentliche Normen zum Thema

IEC/TC 105: Diese Arbeitsgruppe erarbeitet Normen im Bereich der Brennstoffzellen für alle Anwendungsbereiche (vgl. IEC 2010). Bislang wurde eine Technische Spezifikation IEC 62282 ausgearbeitet, die folgende für Brennstoffzellenfahrzeuge relevante Punkte enthält:

WG 1 - Terminology

WG 2 - Fuel cell modules

WG 3 - Stationary fuel cell power systems - Safety

WG 11 - Fuel cell technologies - Part 7-1: Single Cell Test Method for Polymer Electrolyte Fuel Cell (PEFC)

ISO/197: Zum Aufgabenbereich dieser Arbeitsgruppe gehören Normungstätigkeiten für Systeme und Komponenten der Produktion, Speicherung, Transport und Anwendung von Wasserstoff (vgl. ISO 2010):

ISO 13984:1999 Liquid hydrogen -- Land vehicle fuelling system interface

ISO 13985:2006 Liquid hydrogen -- Land vehicle fuel tanks

ISO/14687-2:2008 Hydrogen fuel -- Product specification -- Part 2: Proton exchange membrane (PEM) fuel cell applications for road vehicles

ISO 15869:2009 Gaseous hydrogen and hydrogen blends -- Land vehicle fuel tanks

ISO 15916:2004 Basic considerations for the safety of hydrogen

ISO 16111:2008 Transportable gas storage devices -- Hydrogen absorbed in reversible metal hydride

ISO 20100:2008 Gaseous hydrogen -- Fuelling stations

Auch auf europäischer (European Committee for Standardization CEN, European Committee for Electrotechnical Standardization CENELEC) und deutscher (Deutsches Institut für Normung DIN) Ebene kommt es bereits zu Normungstätigkeiten. So wurde die IEC 62282 bereits von der CENELEC auf die europäische Ebene übernommen. Weiterhin existiert ein nationales Spiegelgremium zu IEC/TC 105, das sich mit der Brennstoffzellentechnologie beschäftigt (DKE/K 384) und ebenfalls diese Technische Spezifikation von der europäischen Ebene in den nationalen Normungskatalog übernommen hat.[290]

Ein weiterer für die Entwicklung von Brennstoffzellenfahrzeugen relevanter Regulierungsbedarf besteht demnach bei der Erstellung sicherheitstechnischer Grundsätze, die vor allem auch durch Typgenehmigungsverfahren und Zulassungskriterien erreicht werden können. Erst nach Erteilung dieser Genehmigung, die sich an der Straßenverkehrs-Zulassungs-Ordnung (StVZO) und der Fahrzeugteileverordnung (FzTV) orientieren, ist es erlaubt, die Fahrzeuge zu produzieren und ihnen ein amtliches Kennzeichen zuzuordnen. Zuständig für die

[290] An dieser Stelle sei noch auf das „European Integrated Hydrogen Project“ (EIHP) verwiesen, das zwischen 1998 und 2004 Grundlagenarbeit im Bereich der mobilen Brennstoffzellennormung betrieben hat. Siehe dazu: http://www.eihp.org/.

nationalen Genehmigungen ist das Kraftfahrt-Bundesamt. Auf europäischer Ebene werden EG-Genehmigungen der EU vergeben, um so eine Angleichung der Rechtsvorschriften zu erreichen, sowie Handelshemnisse und Wettbewerbsverzerrungen abzubauen. Dabei gelten die EG-Typgenehmigungen im gesamten Europäischen Wirtschaftsraum (vgl. KBA 2010). Die „Economic Commission for Europe" (ECE) der Vereinten Nationen übernimmt vor allem unterstützende Funktionen der internationalen Harmoniesierung mit dem europäischen Markt (vgl. KBA 2010a). Zusätzlich dazu arbeitet die Arbeitsgruppe 29 der ECE an der globalen Harmonisierung (Globale technische Regelungen) technischer Vorschriften im Automobilbereich. 1998 wurde zwar ein Übereinkommen[291] verabschiedet, dem sowohl Japan, die USA und die gesamte EU beigetreten sind, das bislang aber nicht zur Anwendung gekommen ist (vgl. KBA 2010).

Relevant für die Zulassung von Brennstoffzellenfahrzeugen ist demnach nur die Verordnung des europäischen Parlaments und des Rates vom 04.12.2008 über die Typgenehmigung von wasserstoffbetriebenen Kraftfahrzeugen. Inhalt dieser Genehmigung, die am 14.01.2009 überarbeitet wurde, sind Begriffsbestimmungen und Pflichten der Hersteller, wie z.B. Anforderungen an Prüfung und Verwendung der Brennstoffzellen, deren Komponenten sowie des Wasserstofftanks (vgl. Europäische Union 2009, S.9ff). Ziel dieser Verordnung ist die Verwirklichung des Binnenmarktes durch Vereinheitlichung der technischen Anforderungen an Brennstoffzellenfahrzeuge sowie die Gewährleistung eines hohen Sicherheitsniveaus (vgl. Europäische Union 2009, S.2). Die Auswertung der Umfrage macht deutlich, dass das Setzen gemeinsamer technischer Standards und die Erstellung sicherheitstechnischer Grundsätze die Hauptkriterien der Normung darstellen. Siehe dazu folgende Tabelle 32:

[291] Agreement on global technical regulations (gtr) von 1998, siehe dazu http://www.unece.org/trans/main/wp29/wp29wgs/wp29gen/wp29glob.html.

Wie beurteilen Sie die Wichtigkeit von Normen bezüglich...	Mittelwert	Rangfolge
...gemeinsamer technische Standards	4,18	1
...der Erstellung sicherheitstechnischer Grundsätze	4,15	2
...der Beschleunigung der Marktreife	3,48	3
...der Beurteilung angestrebter technischer Ziele	3,09	4
...Regeln zur Zusammenarbeit	2,97	5

Tabelle 32: Die Wichtigkeit von Normen[292]
(Frage 6, siehe Anhang)

8.9. Zwischenfazit und Handlungsempfehlungen

Die Ausführungen zu den Einflussfaktoren und Rahmenbedingungen des betrachteten Innovationsystems haben gezeigt, dass vielfältige Faktoren Einfluss auf die Entwicklung der PEM-Technologie nehmen. Die Institutionen des Innovationssystems sind lediglich als ein Teil der Treiber des Innovationsprozesses zu sehen und beeinflussen daher neben weiteren verschiedenen Faktoren die Akteure und deren Aktivitäten. Die folgenden Abbildung 81 (siehe folgende Seite) zeigt zusammenfassend die relevantesten Faktoren der PEM-Technologie auf:

[292] Der Wertebereich der Frage 6: 1=ohne Bedeutung, 2=geringe Bedeutung, 3=durchschnittliche Bedeutung, 4=große Bedeutung, 5=sehr große Bedeutung.

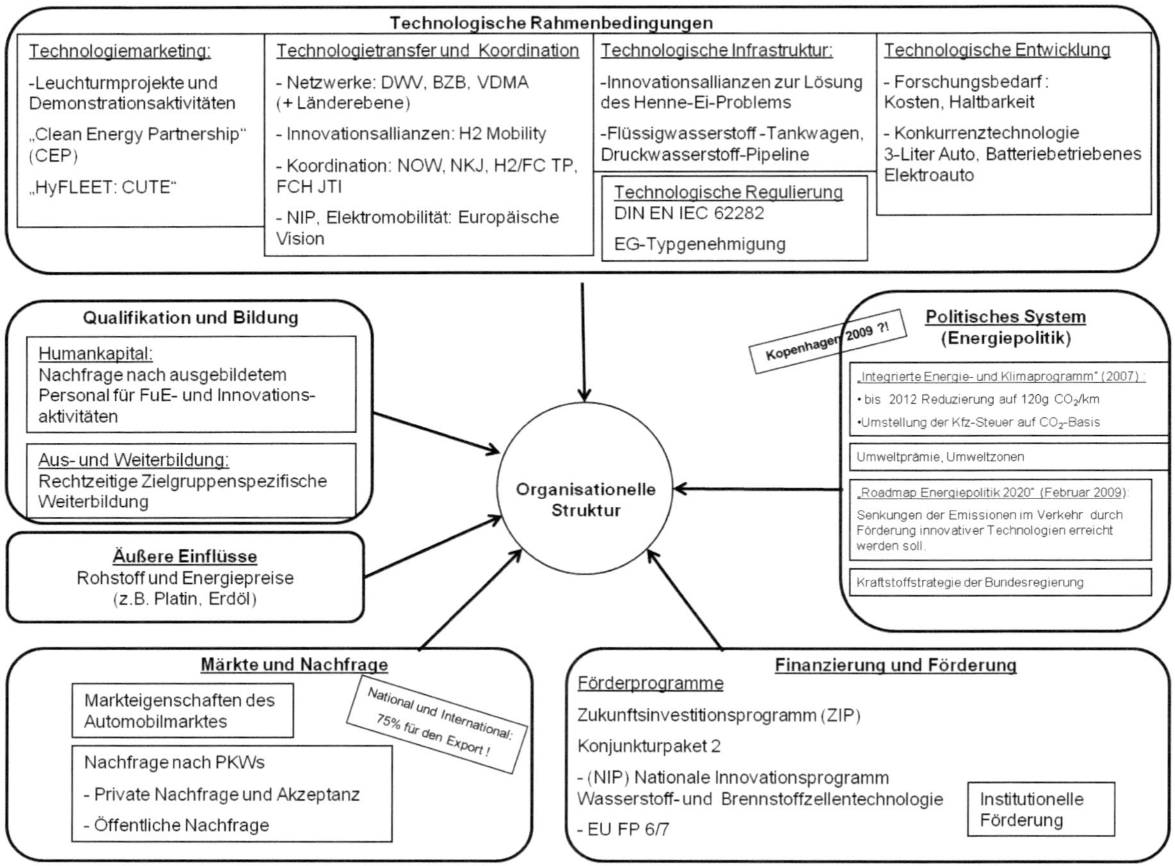

Abbildung 81: Illustration der wichtigsten Einflussfaktoren und Rahmenbedingungen der PEM-Brennstoffzelle

Es existiert ein breiter Export der in Deutschland produzierten Fahrzeuge auf die verschiedensten weltweiten Absatzmärkte. Breite Absatzmöglichkeiten für Kraftfahrzeuge sind somit vorhanden. Dennoch existiert momentan noch keine **Nachfrage**, auch wenn eine gewisse Grundakzeptanz identifiziert werden konnte. Eine (wenn auch stimulierte) Nachfrage ist im Sinne der technologischen Entwicklung durchaus wünschenswert. Zum einen motiviert es die wissenschaftlichen Akteure und dynamisiert dadurch deren F&E-Aktivitäten. Zum anderen steigen die Anreize für industrielle Akteure, deren Aussicht auf einen profitablen Markt die Entwicklung beschleunigen lässt.

Die private Nachfrage muss durch Erhöhung der **Akzeptanz** gestärkt werden, denn letztlich ist es der Endkunde, der das Fahrzeug kaufen muss. Das zeigen auch die Ergebnisse der Umfrage. Trotz des verbleibenden Forschungsbedarf und der geringen Tankstellendichte soll der Endkunde auch noch mehr bezahlen. Das Problem dabei liegt darin, dass der Nutzen der PEM-Technologie dem Kunden keinen Individualnutzen stiftet und er gleichzeitig noch einen höheren Preis als für das Substitutionsprodukt bezahlen muss. Staatliche Eingriffe und ein durch ökologisches Marketing verursachter Bewusstseinswandel sind die Hauptansatzpunkte. Damit die PEM-Technologie erfolgreich wird, muss der Kunde gewonnen werden. Dabei gilt es den Blick auf die zukünftigen Absatzmärkte zu werfen, um so die Entwicklung der Brennstoffzellenfahrzeuge auch internationalen Kundenanforderungen anzupassen. Der Kunde soll die neue Technologie nicht nur akzeptieren, er soll seinen persönlichen Mehrwert spüren. Zur Steigerung der Nachfrage gilt es auch emotional zu agieren, die Bedürfnisse des Kunden müssen geweckt werden. Nur so kann die Nachfrage ihr volles Potential als Innovationsmotor und Treiber der Technologie entwickeln. Zusätzlich dazu kann die Nachfrage der gewerblichen Anmelder gestärkt werden. In Verbindung mit dem politischen System ergeben sich an dieser Stelle Möglichkeiten für den staatlichen Eingriff, um Unternehmen den Umstieg auf Brennstoffzellenfahrzeuge finanziell zu erleichtern. Gleichzeitig gilt es, dass Green Public Procurement als Instrument der nachfrageorientierten Innovationspolitik intensiver anzuwenden. Das geltende Vergaberecht für Beschaffung sollte aber nicht durch gesetzliche Einkaufsvorgaben beschränkt werden (vgl. Wietschel et al. 2006, S.8) und ist für die Stimulation von frühen Märkten der Brennstoffzellenfahrzeuge ein bedeutendes technologietreibendes Element. Allerdings darf die Nachfrage nach Autos mit klassischen Antrieben nicht völlig vernachlässigt werden. Nur wenn für die Übergangszeit die Nachfrage danach hoch bleibt, können die immensen Investitionssummen für die Brennstoffzellenfahrzeuge von den Automobilunternehmen aufgebracht werden (vgl. VDA 2009a).

Rahmenprogramme als technologietreibendes Element stellen eine relevante Institution dar. So zeichnen die Entwicklungspläne ein genaues Bild der Situation und geben durch ihre **Förderung** die Richtung der Entwicklung und die Strategie vor. Zwar wird von Seiten der Akteure noch mehr Geld verlangt, dennoch sind die bisherigen staatlichen Bemühungen als positiv zu bewerten. Die einzelnen Entwicklungspläne berücksichtigen die gesamte Reichweite von der Grundlagenforschung bis zur angewandten Forschung und Entwicklung. Alle beteiligten Akteure werden in diesen Entwicklungsplänen bedacht und die Mittel werden den Zielen entsprechend aufgeteilt. Fördermittel stehen auf allen Ebenen zur Verfügung: Auf Länderebene und Bundesebene sowie auf europäischer Ebene. Es gilt, die sich bietenden Synergieeffekte ausnahmslos zu nutzen. Potentiale für Synergien ergeben sich aus der Berücksichtigung aller Anwendungsmöglichkeiten der Brennstoffzelle. Die erforderlichen Inhalte aller Anwendungsfelder müssen gemeinsam definiert und in den Entwicklungsplänen und Rahmenprogrammen besser zeitlich aufeinander abgestimmt werden. Hinzukommt, dass der E-Mobility Ansatz verschiedene Antriebstechnicken vereint. So ist die Brennstoffzelle ein wichtiger Baustein dieses Ansatzes und muss zur Nutzung von Synergieeffekten berücksichtigt werden. Dieses wird zwar in den Entwicklungsplänen angedeutet, sollte jedoch klarer zum Ausdruck gebracht werden. Der Zugang zu Investitionsmitteln stellt trotz der umfangreichen **Fördermaßnahmen** auf nationaler und europäischer Ebene ein Hemmnis dar, wie die Ergebnisse der Umfrage und die Diskussion zur Hypothese 4 gezeigt hat. Der Förderung der F&E-Aktivitäten durch öffentliche Mittel ist im Innovationsprozess eine wichtige Determinante. Zum einen werden die wissenschaftlichen Akteure so mit den existentiellen finanziellen Mitteln ausgestattet, die sie nicht wie die industriellen Akteure durch den Markt refinanzieren können. Zum anderen können durch Förderung der F&E-Aktivitäten der industriellen Akteure Anreize geschaffen werden, auch in „neue“ Technologien zu investieren. Aufgrund der Eigenschaft von Wissen als öffentliches Gut fehlen private Anreize zur Erzeugung, insbesondere in der Grundlagenforschung. Die den innerbetrieblichen Innovationsprozessen der industriellen Akteure inhärenten Unsicherheitsfaktoren können durch Förderung reduziert und das Risiko der Investition vermindert werden. Gerade die sich auf die Umsätze der industriellen Akteure auswirkende Finanzkrise und das damit einhergehende zurückhaltende Verhalten der Banken erschweren zusätzlich die (Fremd-) Finanzierung und engen die Spielräume der Innenfinanzierung, aufgrund der fehlenden Eigenmittel, ein und können so zu merklich reduzierten Aktivitäten führen (vgl. EVI 2009, S.90f). Grundsätzlich gilt es daher im Sinne der technologischen Entwicklung sowohl wissenschaftliche als auch industrielle Akteure aus den genannten Gründen finanziell zu fördern. Gleichzeitig kommt es durch diese Förderung zu Hebelwirkungen bei den industriellen Akteuren. So bringt jede F&E-Finanzierungshilfe zusätzlich wenigstens den gleichen privaten Betrag durch den Empfänger (vgl. TLF 2002, in der Zusammenfassung). Werden bei der Vergabe von finanziellen Mitteln besonders Verbundprojekte zwischen Wissenschaft und Wirtschaft berücksichtigt, ergeben sich daraus zusätzliche Multiplikatoreneffekte, die es zu nutzen gilt. Insgesamt ist eine breite Förderlandschaft festzustellen, die von der institutionellen Förderung für die Grundlagenforschung bis hin zur Projektförderung zur konkreten Entwicklung von Produkten reicht.

Die **energiepolitischen Ziele** der letzten Jahre sind für die Entwicklung von Brennstoffzellenfahrzeugen eine wichtige Institution. Die Möglichkeit der emissionsfreien Mobilität stellt dabei ein großes Potential dar, das es auch mit Rücksicht auf die deutsche Automobilindustrie zu nutzen gilt. Jedoch bleiben viele Programme und

Maßnahmen in Bezug auf die Auswahl der Technologie sehr unspezifisch. So wird häufig zwar die Elektromobilität als Maßnahme zur Reduktion der CO_2-Emissionen aufgezeigt, allerdings wird sich dabei nicht konkret auf eine Technologie festgelegt. Es bleibt an vielen Stellen offen, ob damit batteriebetriebene Elektroautos oder Brennstoffzellenfahrzeuge gemeint sind. Im Sinne der Brennstoffzellentechnologie wäre eine genauere Spezifikation sinnvoll.Die konkret ergriffenen Maßnahmen gehen allerdings in die richtige Richtung und unterstützen alternative Antriebe generell. Durch strenge Grenzwerte auf Abgase werden Anreize für Kunden geschaffen, Fahrzeuge mit möglichst geringem Abgaswert zu kaufen. Diese Nachfrage setzt Signale an die Akteure, die daraufhin ihre Strategien anpassen. Vor allem ein hoher Steuersatz auf konventionelle Antriebe und Steuererleichterungen auf Brennstoffzellenfahrzeuge könnten der Technologie zum Durchbruch verhelfen. Eine weitere Verschärfung dieser Maßnahmen macht den Kauf von Fahrzeugen mit alternativen Antrieben interessanter und kann deren Markteinführung und –durchsetzung beschleunigen. Zusätzlich dazu führen harmonisierte Verbraucherinformationen zur mehr Transparenz und können auch so die Nachfrage beeinflussen. Eine striktere Überprüfung dieser Maßnahme würde ihr mehr Gewicht verleihen. Auch die Umweltprämie als Maßnahme hätte ein ein wirksames Instrument darstellen können. Zur Förderung der Brennstoffzellentechnologie wäre allerdings eine Einschränkung auf sparsamere Modelle beim Neukauf besser gewesen, und so die Verbraucher in Bezug auf „grüne“ Mobilität zu sensibilisieren. In Frankreich und den USA zum Bespiel ist der Bezug der Prämie an die CO_2-Emissionen des Neuwagens gekoppelt. Insgesamt existiert ein breiter Mix von Maßnahmen und Instrumenten, die es gilt im Sinne der Technologie gewinnbringend einzusetzen. Die Energiepolitik ist demnach für die Entwicklung der Brennstoffzellentechnologie entscheidend. Allerdings darf diese Entwicklung nicht auf Kosten anderer Ziele erfolgen. Maßnahmen und Instrumente müssen daher in einem verbindlichen internationalen Rahmen erfolgen, um zum Beispiel nicht die Wettbewerbsfähigkeit Deutschlands zu gefährden.

Der Stand der **Qualifikation** und das dadurch verfügbare Humankapital sowie die frühzeitige Aus- und Weiterbildung von Fachkräften sind notwendige Voraussetzungen für eine zielorientierte Entwicklung der Brennstoffzellentechnologie. Statistiken zeigen, dass der Bedarf an qualifizierten Akademikern gerade in forschungsintensiven Bereichen hoch ist (siehe dazu Grupp et al. 2004, ab S.111). Es ist daher Aufgabe des deutschen Innovationssystems, dieses Humankapital bereitzustellen um so die Grundlage für technologische Entwicklungen nicht nur im Bereich der Brennstoffzelle zu legen. Dazu gehört auch die Lehre des Grundlagenwissens in Schulen, vor allem aber auch an Hochschulen. Desweiteren ist zu berücksichtigen, dass die Einführung von Brennstoffzellenfahrzeugen die verschiedensten Sektoren und Aufgabengebiete beeinflusst. Die **Aus- und Weiterbildung** der Fachkräfte in diesen Bereichen benötigt Vorlaufzeit und muss daher rechtzeitig in Angriff genommen und den Innovationsprozess angepasst werden. Zur Unterstützung und Generierung der Nachfrage gilt es, auch die Endkunden zum Thema Brennstoffzellenfahrzeuge „weiterzubilden“ und dadurch für die Technologie zu sensibilisieren. Durch Maßnahmen des Technologiemarketings (Siehe Rahmenbedingungen) kann die Nachfrage (siehe Märkte und Nachfrage) durch Aus- und Weiterbildung positiv stimuliert werden.

Die identifizierten Tendenzen im Bereich der Versorgung mit Öl machen deutlich, dass die begrenzte Reichweite der Energieträger auf eine steigende Nachfrage trifft. Dies wird zwangsläufig zu steigenden Preisen führen, die für die Entwicklung der Brennstoffzellentechnologie von Vorteil sein könnte. So sind die **steigenden Ölpreise** für den Konsumenten eher ein Ärgernis, für die Entwicklung der PEM-Technologie aber als positiv zu sehen. Steigende Ölpreise senden positive Signale an die Akteure. Die knapper werdende Ressource könnte so der Wissensproduktion dienlich sein und der PEM-Technologie langfristig zum Durchbruch verhelfen. Die industriellen Akteure, deren Verhalten darauf abzielt Innovationsrenten (im Sinne Schumpeters) abzugreifen, sind auf eine rege Nachfrage des Marktes angewiesen. Nur wenn diese Nachfrage gegeben ist, oder zumindest Aussicht darauf besteht, werden die industriellen Akteure ihr Engagement innerhalb der PEM-Technologie intensivieren.

Gerade in Verbindung mit regenerativ erzeugtem Wasserstoff kann die PEM-Technologie diesen Tendenzen entgegenwirken und gleichzeitig die (politische) Abhängigkeit der Energieimporte minimieren. Es muss an dieser Stelle die Frage erlaubt sein, ob es nicht sinnvoller wäre, mögliche Investition eher in der Brennstoffzellen- und Wasserstofftechnologie zu tätigen, anstatt teure Verfahren für den Abbau nicht-konventioneller Erdölvorkommen zu entwickeln. Ein steigender Ölpreis ist für die Durchsetzung der Technologie am Markt zwar von Vorteil, wie die genannten Studien gezeigt haben, wird aber alleine nicht ausreichen, die Vorherschaft konventioneller Antriebe zu brechen.

Im Rahmen der Etablierung neuer Technologien spielt deren **professionelle Vermarktung** eine wichtige Rolle. Öffentliche Projekte jeglicher Art dienen dazu, die Akzeptanz zu stärken. Leuchtturmprojekte und Demonstrationsflotten dienen als Brücke zwischen den F&E-Aktivitäten und den späteren Märkten und sind so Voraussetzung für eine zukünftige breite Marktakzeptanz und –durchsetzung von Brennstoffzellenfahrzeugen. Um die gesamte technologische Strahlkraft zu entfalten, sind Investitionen aus öffentlicher und privater Hand nötig. Durch die Beteiligung der verschiedensten Akteure über die gesamte Wertschöpfungskette werden Synergieeffekte genutzt und dadurch die erforderliche interdisziplinäre Zusammenarbeit gefördert (vgl. NOW 2009).

Eine europäische Studie („HyLights") zur Koordination von Demonstrationsprojekte zielte auf die Bewertung von Demonstrationsprojekten zur Wasserstoff- und Brennstoffzellentechnologie im Verkehrsbereich ab, um Strategien für zukünftige Projekte festzulegen. Dazu wurden zehn europäische Projekte untersucht und Interviews mit den Organisatoren durchgeführt[293]. Die Auswertung dieser Studie hat ergeben, dass allen betrachteten Projekten zu wenige Fahrzeuge zu Verfügung standen. Das technologische Marketing muss darauf abzielen, die Technologie den Menschen näher zu bringen. Wie die Ausführungen zur Akzeptanz gezeigt haben, beeinflusst das Wissen über Technologien die Risikowahrnehmung der selbigen. Durch den vermehrten Ein-

[293] H2argemuc, ECTOS, CUTE, ZERO REGIO, HyFLEET:CUTE, CEP, HYCHAIN-MINITRANS, HyNor, LHTP, CaFCP.

satz von Demonstrationsaktivitäten und Leuchturmprojekten kann eine praktische Wissensvermittlung angewendet werden, die letzten Endes zu einer höheren Akzeptanz führen und gleichzeitig das Bindeglied zwischen Wissenschaft und Technologie darstellen.

In Deutschland existieren flächendeckend Netzwerke, um den Technologietransfer zu beschleunigen und ihm einen strukturellen Rahmen zu geben. Diese **Netzwerke** (z.B. BZB) erarbeiten Strategien zur technologischen Entwicklung und übernehmen Informationsfunktionen für die Öffentlichkeit und die Politik. Teilweise überschneiden sich die Aufgabenbereiche und Ziele einzelner Verbände, zu deren Mitgliedern neben Organisationen entlang der gesamten Wertschöpfungskette auch Forschungseinrichtungen zählen. Die Netzwerke auf Bundesländerebene sind wiederum Teil von nationalen Verbänden und Netzwerken. Nationale Verbände gehören dann wieder zu europäischen Netzwerken. So entsteht ein dichtes Netz zur Förderung der PEM-Technologie für Brennstoffzellenfahrzeuge auf verschiedenen Ebenen. **Innovationsallianzen** unterstützen die Arbeit von Netzwerken und zielen in die gleiche Richtung. Allerdings gilt es zu berücksichtigen, dass die technologierelevanten Innovationsallianzen durch die Unterzeichnung gemeinsamer „Letter of Understanding" zwar Ihre Absichten festschreiben, diese aber nicht verbindlich sind. Dennoch ist diese freiwillige Form der Selbstverpflichtung eine notwendige und technologierelevante Institution. Die aufgesetzten strategischen Entwicklungsprogramme zielen ebenfalls in die richtige Richtung und geben die konsistenten Strategien für die Entwicklung der Technologien vor. Diese Strategien orientieren sich an der europäischen Vision einer Wasserstoffwirtschaft, die alle Brennstoffzellenanwendungen und die Wasserstofflogistik berücksichtigt und bereits im Jahr 2003 erarbeitet wurde. Bis jetzt wurde diese Vision allerdings nicht auf die nationale Ebene weitergegeben. Eine aktualisierte, nationale technologische Vision im Sinne der technologischen Entwicklung von Brennstoffzellenfahrzeugen in Deutschland wäre sicherlich eine notwendige, richtungsweisende Maßnahme und würde als „Leitstern“ (vgl. Weule 2002, S.61) die Richtung der technologischen Entwicklung konkreter vorgeben.

Die Bereitstellung und die Verteilung des für Brennstoffzellenfahrzeuge erforderlichen Wasserstoffs nimmt neben der Entwicklung der Fahrzeuge selbst eine entscheidende Rolle ein. Dies zeigt auch die gemeinsame europäische Vision, die neben den Anwendungen selbst die Wasserstoffproduktion und –distribution berücksichtigt und integriert. Da der Aufbau der Infrastruktur allerdings mit immensen Kosten verbunden ist, gilt es für diese Investitionen in Vorleistung zu gehen. Aufgrund des Henne-Ei-Prinzips möchte allerdings keiner der beteiligten Akteure den ersten Schritt wagen. Zur Lösung dieses Henne-Ei-Problems sind gemeinsame Absichtserklärungen in Form von Memoranden sicherlich eine wegweisendes Instrument. Ob die ehrgeizigen Ziele und die flächendeckende Versorgung eingehalten werden können, wird die Zeit zeigen. Die Ansätze zur Lösung des Henne-Ei-Problems und der Aufbau der Infrastruktur zuerst in Ballungszentren, die dann über Korridore verbunden werden, scheinen momentan die sinnvollsten Lösungen darzustellen. In welcher Form der benötigte Wasserstoff dann letztendlich bereitgestellt wird, kann jetzt noch nicht endgültig festgestellt werden. Sicher ist jedoch, dass es nicht nur eine Option geben wird.

Der **technologische Stand** der PEM-Brennstoffzellentechnologie ist eine wichtige Institution und beeinflusst das Verhalten der Akteure, die wiederrum für eine fortschreitende Entwicklung verantwortlich sind. Sie sind es letztendlich, die durch Ihre Aktivitäten bestehende „Bottlenecks“ identifizieren und im besten Fall beseitigen können. Dazu gehört in dieser Phase der Entwicklung eine erhebliche Kostenreduktion. Nur wenn diese erreicht wird kann die Brennstoffzelle in Zukunft konkurrenzfähig sein. Die Kostenreduktion kann durch Forschung und Entwicklung weiter vorangetrieben werden, letztendlich werden es aber die steigende Skalenerträge der Produktion sein, die die Kosten drastisch reduzieren. Dies setzt allerdings eine Serienproduktion in ausreichender Höhe voraus.

Die Konkurrenz durch andere alternative Antriebstechniken sollte nicht als Bedrohung gesehen werden. Gerade die Kombination von verschiedenen Antriebstechniken kann in Zukunft alle Mobilitätsbedürfnisse nach z.B. Reichweite befriedigen. Von der Vorstellung einer sogenannten „Rennreiselimousine“ die alle Bedürfnisse bedient, gilt es in Zukunft wohl Abschied zu nehmen (vgl. Canzler und Knie 2009, S.5). Brennstoffzellenfahrzeuge werden deshalb integraler Bestandteil des Antriebsmixes der Zukunft sein (vgl. H2 Mobility 2010, S.1).

Die Aktivitäten der bisherigen **Normungsarbeit** zielen nach Auffassung des Autors in die richtige Richtung. So werden alle nötigen Bereiche der Technologie und Fahrzeuge durch die unterschiedlichen Normungsorganisationen bearbeitet. Durch diese Normung gilt es auf der einen Seite internationale Kompatibilität zu schaffen sowie auf der anderen Seite Sicherheitsaspekte zu berücksichtigen. Die Normungsaktivitäten auf internationaler Ebene beschleunigen die weltweite Entwicklung der PEM-Brennstoffzellentechnolgie und dadurch auch die der Brennstoffzellenfahrzeuge. Für eine konsequente Markteinführung ist die internationale Abstimmung der Normungsaktivitäten demnach eine grundsätzliche Voraussetzung. Allerdings ist ein verstärktes Engagement deutscher Akteure erforderlich. Die relevanten TCs der ISO sind hauptsächlich mit japanischen und US-amerikanischen Mitgliedern besetzt (vgl. ISO 2010, ISO 2010a und ISO 2010b). Sind die deutschen Akteure nicht in der Lage, ihre Prozesse und Produkte international durch Normung anerkennen zu lassen, sind sie gezwungen sich den internationalen Schnittstellen anzupassen, was durchaus ein erheblicher Kosten- und Zeittreiber darstellen kann. Gerade durch die vielen Demonstrationsprojekte in Deutschland und die solide internationale Stellung in der Forschungs- und Entwicklungsarbeit wäre Deutschland für eine breite Normungsarbeit durchaus prädestiniert. Grundsätzlich sollten die Normen nicht als Bedrohung sondern letzten Endes als Chance für die Akteure gesehen werden. Ebenso ist der Sicherheitsaspekt der Brennstoffzellenfahrzeuge nicht zu vernachlässigen. Durch die Einführung und Einhaltung von Sicherheitsnormen und deren Überprüfung durch Prüf- und Zertifizierungstellen könnte ein eindeutiges Signal an die Nachfrage gesetzt werden und letztendlich die Akzeptanz der Brennstoffzelle erhöht werden. Zusätzlich dazu harmonisieren Typgenehmigungsverfahren die Zulassung der Brennstoffzellefahrzeuge und stellen eine erheblich Verwaltungsvereinfachung dar. Gleichzeitig wird so ein geeigneter rechtlicher Rahmen für die Markteinführung geschaffen und darüber hinaus die Entwicklung der PEM-Brennstoffzellentechnologie beschleunigt.

9. Zusammenfassung

Die vorliegende Arbeit beschäftigt sich mit der Untersuchung des Innovationsprozesses einer forschungsintensiven Technologie über einen längerfristigen Zeitraum kurz vor dem erwarteten Markteintritt. Als forschungsintensive Technologie wird die PEM-Brennstoffzelle gewählt. Die Brennstoffzelle ist die Umkehrung der Elektrolyse, wandelt chemische in elektrische Energie um und findet in verschiedenen Varianten Anwendung in stationären, portablen und mobilen Bereichen. Der Fokus dieser Arbeit liegt auf der mobilen Anwendung, bei dem die Brennstoffzelle durch Antrieb eines Elektromotors für Fahrzeuge genutzt werden kann.

Die PEM-Variante hat sich als „Dominantes Design" innerhalb der Brennstoffzellenvarianten durchgesetzt, wie die Beantwortung der Hypothese 1 gezeigt hat. Die Einigung auf dieses Design wurde hauptsächlich durch das wissenschaftliche System geprägt, dessen Anstrengungen im Vergleich zu anderen Varianten primär in die PEM-Technologie geflossen sind. Unterstützt wurden diese Bestrebungen durch die industriellen Akteure, die die PEM-Technologie immer wieder in ihre Prototypen eingebaut haben und so die wissenschaftlichen Erkenntnisse einem Praxistest unterzogen und dadurch auch die Machbarkeit demonstriert haben. Dies spiegelt sich auch in den technologischen, marktrelevanten Aktivitäten der angewandten Forschung und der Entwicklung wider. Obwohl die wesentlichen Probleme, die ein Fahrzeugantrieb mit sich bringt, bereits gelöst wurden, besteht weiterhin Forschungsbedarf, vor allem im Bereich der Material- und Herstellungskosten, sowie bei den Betriebsbedingungen und der Lebensdauer. Gerade die Kosten könnten aber durch eine Serienproduktion drastisch gesenkt werden. Gleichzeitig befindet sich die Brennstoffzelle als Teil der Elektromobilität in einer Konkurrenzsituation mit anderen alternativen Antriebstechniken und den herkömmlichen Verbrennungsmotoren. Die Ausführungen haben gezeigt, dass die fortschreitende Entwicklung der batteriebetriebenen Fahrzeuge technologogisch bislang keine Konkurrenz darstellt, sondern aufgrund ihrer Eigenschaften eher als komplementär zu sehen sind. Zwar haben brennstoffzellenbetriebene Fahrzeuge eine wesentlich höhere Reichweite und der Ladevorgang mit dem benötigten Wasserstoffs ist im Vergleich zum Laden einer Batterie wesentlich schneller durchgeführt, trotzdem werden beide Antriebsarten in Zukunft voraussichtlich zum Einsatz kommen. Diese Erkenntnisse verdeutlichen, dass die Mobilität der Zukunft nicht von einer Antriebstechnologie alleine dominiert wird und dass das bisherige Konzept der „Rennreiselimousine“ aufgegeben werden muss.

Für den Innovationsprozesses der forschungsintensiven (oder wissensbasierten) PEM-Technologie ist eine erfolgreiche Wissensgenese zentral und stellt eine wesentliche Voraussetzung dar. Wie in den theoretischen Grundlagen zu Innovationsprozessen erörtert, entwickeln sich forschungsintensive Technologien nach dem von Schmoch (2007) identifizierten wellenartigen „Double-Boom“-Konzept. „Lineare Modelle“ oder „Rückkopplungsmodelle“ sind für die Analyse dieser wissensbasierten Technologien nicht geeignet. So finden wissenschaftliche und technologische Aktivitäten nicht hintereinander statt, sondern verlaufen parallel und verflechten sich sogar. Für sowohl die Wissenschaft als auch für die Technologie spielt dabei das Wissen selbst eine entscheidende Rolle und ist fest in deren Definitionen verankert. Beide Begriffe bezeichnen unterschiedliche Sachverhalte und dürfen nicht synonym verwendet werden. Die Forschungsfragen dieser Arbeit orientieren sich an der Frage nach der Wissensgenese der PEM-Technologie, und der dadurch dem Innovationsprozess zugrundeliegende Akteursstruktur in Bezug auf Aktivitäten und Kooperationen sowohl national als auch international. Zusätzlich dazu werden die den Innovationsprozess beeinflussenden Faktoren identifiziert.

Zur Analyse des Innovationsprozesses der PEM-Technologie wird die Heuristik des Innovationssystems verwendet, die sich aufgrund ihrer Eigenschaften als sinnvoll für diese Arbeit erwiesen hat. So besteht die Möglichkeit, durch das Aufstellen des Innovationsystems der PEM-Technologie die organisationelle und institutionelle Struktur des Innovationsprozesses darzustellen und die Entwicklung der Technologie in Ihrem systemischen Kontext zu betrachten. Das Ziel dieser Arbeit konnte so erreicht und der Innovationsprozess der PEM-Technologie abgebildet und analysiert werden. Durch die im Innovationssystem vorgesehene Blockbildung des wissenschaftlichen und des industriellen Systems können die Akteure entsprechend Ihrer Aktivitäten zugeordnet werden. Basis des Innovationssystems sind die aus den entsprechenden Datenbanken entnommenen Publikations –und Patentdaten, sowie die im Rahmen dieser Arbeit durchgeführte Umfrage unter Akteuren der PEM-Brennstoffzelle. Auswahl und Aufbau des hier verwendeten Innovationssystems orientieren sich an dem Modell von Christ (2007) und stellen eine hybride Form zwischen dem Innovationssystem Deutschlands (geografische Perspektive) und dem Technologischen Innovationssystem der PEM-Technologie (technologische Perspektive) dar.

Die Erkenntnisse, die durch die Beantwortung der Hypothesen im Rahmen des Innovationssystems gewonnen wurden, geben Antworten auf die Forschungsfragen und lassen Rückschlüsse auf den Innovationsprozess zu, wie es das Forschungsdesign dieser Arbeit aufzeigt. Die dort gewonnenen Erkenntnisse werden nun zusammengefasst und diskutiert. Die folgende Abbildung 82 zeigt den Innovationsprozess der PEM-Technologie, dessen wissenschaftliche Aktivitäten durch Publikationsdaten und dessen technologischen Aktivitäten durch Patentdaten dargestellt werden.

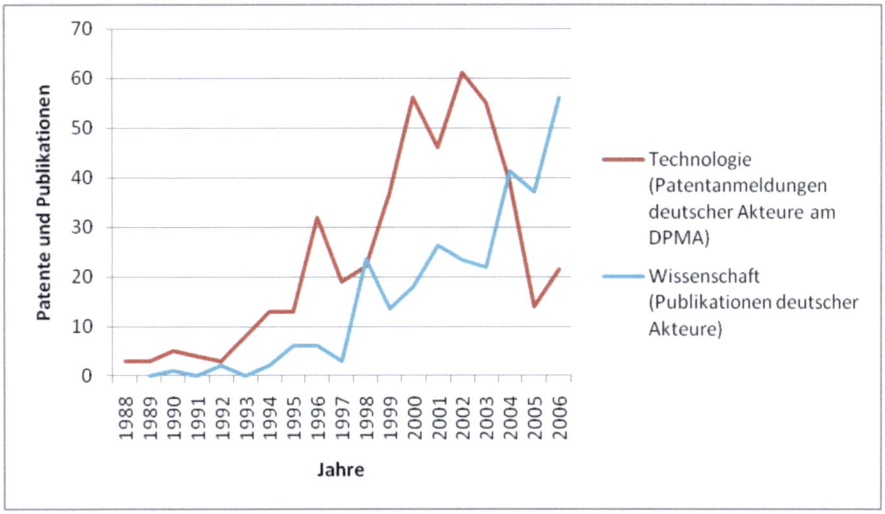

Abbildung 82: Einordnung der PEM-Technologie in das „Double-Boom"-Konzept

Die dem Innovationsprozess der PEM-Technologie zugrundeliegende Akteursstruktur konnte detailliert beschrieben werden: So wird die wissenschaftliche Forschung der PEM-Technologie vor allem durch wissenschaftliche Akteure getragen (Hypothese 2), zu denen Universitäten und Forschungseinrichtungen zählen. Die Hauptwissensproduzenten innerhalb der wissenschaftlichen Akteure sind anwendungsnahe Forschungseinrichtungen, so dass die Wissensproduktion hier eine starke Anwendungsorientierung aufweist. Zusätzlich sind auch industrielle Akteure (Unternehmen) an der wissenschaftlichen Forschung beteiligt, die zur Adaption von externem Wissen selbst auch einen gewissen Wissenslevel vorhalten müssen. Hauptaugenmerk der industriellen Akteure liegt aber auf der angewandten Forschung und der Entwicklung, die so die Technologieentwicklung prägen (Hypothese 3). Wissenschaftliche Akteure, die auch technologisch aktiv sind, sind wiederum insbesondere Forschungseinrichtungen. Universitäten spielen in der Technologie keine Rolle und konzentrieren sich auf die eher grundlagenorientierte Forschung in der Wissenschaft. Insgesamt weisen die wissenschaftlichen Aktivitäten aller beteiligten Akteure seit Beginn der Beobachtung einen stabilen Anstieg auf und fallen nicht, wie das „Double-Boom“-Modell von Schmoch (2007) vorsieht, ab. Für diesen konstanten Anstieg sind hauptsächlich die wissenschaftlichen Akteure verantwortlich, die ihre Anstrengungen in der wissenschaftlichen Forschung intensivieren und den Rückgang der Aktivitäten der industriellen Akteure mehr als ausgleichen können. Unterstützt wird dieses steigende wissenschaftliche Engagement durch die vorhandenen Förderungsmöglichkeiten der F&E-Aktivitäten. Gerade die wissenschaftlichen Akteure messen der F&E-Förderung eine hohe Bedeutung bei (Hypothese 4). Der Rückzug und die starke Fluktuation der Akteure der wissenschaftlichen Forschung weist auf emergente Konstellationen nach Callon (1997) hin. Das Wissen kann bislang nur durch hohe Investitionskosten in Laboren repliziert werden, was dessen Aneignung erschwert und viele Akteure abschreckt und ausschlaggebend für den teilweise zu beobachtenden Rückzug aus der PEM-Technologie ist. Stabilisierende Effekte üben die angewandten Forschungseinrichtungen aus, die teilweise über den gesamten Beobachtungszeitraum aktiv sind. Die Patentanmeldungen als Indikator für die

Aktivitäten der angewandten Forschung und der Entwicklung steigen ebenfalls seit 1995 kontinuierlich an, erreichen aber ihren Höhepunkt im Jahr 2002, stabilisieren sich allerdings recht zügig wieder und steigen ab 2006 wieder an. Der Rückgang der technologischen Aktivitäten ist nicht auf die großen Automobilhersteller und Systemintegratoren zurückzuführen. Die Ernüchterung bei den Akteuren setzt maßgeblich bei den Herstellern und bei den Komponentenherstellern der PEM-Brennstoffzelle seit 2002 ein. Dies macht deutlich, dass die Automobilhersteller tatsächlich an eine baldige Markteinführung glauben, was sich in ihrem ungebrochenen hohen Engagement zeigt. Die Hersteller von PEM-Brennstoffzelle scheinen die Lage aber anders zu beurteilen und reduzieren ihre technologischen Aktivitäten und sehen im Gegensatz zu den Automobilherstellern noch keine Notwendigkeit, sich langfristig in der PEM-Technologie zu engagieren. Insgesamt weist dies auf eine große Verunsicherung der in die Technologie involvierten Akteure hin und so sind auch hier noch emergente Konstellationen zu beobachten, obwohl die Automobilhersteller als stabilisierende Elemente Einfluss nehmen. So ist die durch den Markt generierte Nachfrage gerade für die industriellen Akteure interessant (Hypothese 5). Nur durch einen breiten Absatz ihrer Produkte haben sie die Möglichkeit, ihre Investitionen in die F&E-Aktivitäten zu refinanzieren.

Wie die Aufführungen der theoretischen Grundlagen gezeigt haben, findet die Wissensproduktion des Innovationsprozess nicht isoliert statt. Das gesamte Wissen der komplexen PEM-Technologie kann nicht von einem Akteur alleine vorgehalten werden, sondern verteilt sich unter den involvierten Akteuren, die dadurch gezwungen werden, sich dieses (zum internen Wissen) komplementäre externe Wissen anzueignen. Die Akteure müssen also zusammenarbeiten, wodurch Netzwerke entstehen (basierend auf Ko-Publikationen), die das Wissen zwischen den Teilnehmern zirkulieren lassen. Die Aktivitäten deutscher Akteure innerhalb der wissenschaftlichen Forschung, die durch nationale Kooperationen entstehen, nehmen über den Betrachtungszeitraum hinweg zu (Hypothese 6). Dabei finden die binnensystemische Interorganisationsbeziehungen vorwiegend zwischen

Universitäten und angewandt ausgerichteten Forschungseinrichtungen statt, was bei wissensintensiven Technologien nicht unüblich ist. Im Sinne einer zügigen Entwicklung der PEM-Technologie sind interorganisationelle Kooperationen wünschenswert. Funktionssystemübergreifende Kooperationen finden entweder zwischen Unternehmen und Universitäten oder zwischen Unternehmen und Forschungseinrichtungen statt. Innerhalb dieser Netze sind es wieder die angewandten Forschungseinrichtungen die zentrale Postionen einnehmen und die auch hier festgestellten emergenten Konstellationen stabilisieren. Die Motive zur Teilnahme an wissenschaftlichen Netzwerken liegen bei den wissenschaftlichen Akteuren in der Drittmittelaquise und der Translation (Callon 1997) weiterer Akteure zur Festigung des Forschungszweiges. Industrielle Akteure zielen eher auf Adaption des externen Wissens ab, um damit ihre Wissensbasis zu erweitern.

Zwischen den parallel laufenden wissenschaftlichen und technologischen Aktivitäten kommt es zu einer Verflechtung, die auch als Kopplung von Wissenschaft und Technologie bezeichnet werden kann. Die Kopplung ist für eine erfolgreiche Entwicklung der PEM-Technologie wesentlich, da durch sie das Wissen von der Wissenschaft in die Technologie transferiert wird. Der Austausch des Wissens erfolgt über die beteiligten Akteure, der, wie die Hypothese 7 und das Fallbeispiel gezeigt haben, insbesondere durch die angewandten Forschungseinrichtungen getragen wird. Im Zuge des so entstehenden Wissenstransfers werden die Ergebnisse der wissenschaftlichen Forschung an den Anwendungsbereich funktionssystemübergreifend weitergegeben. Dies geschieht zum einen durch gemeinsame Ko-Publikationen der verschiedenen Akteure, zum anderen aber auch durch die Patentleistung dieser, eine strategische Brückenfunktion einnehmenden, angewandten Forschungseinrichtungen, die so auch als hybride Akteure im Grenzbereich der großen Systeme der Wissenschaft und der Technologie bezeichnet werden können. Diese Parallelität der wissenschaftlichen und technologischen Aktivitäten weist zudem darauf hin, das seit Anfang der neunziger Jahre ein Transfer des Wissens zwischen der Wissenschaft und der Technologie als realistisch erscheint.

Die Wissensproduktion lässt sich wie gesehen nicht nur auf einzelne Akteure begrenzen, sondern findet zunehmend auch international statt (Hypothesen 8 und 9). So nehmen an der wissenschaftlichen Forschung immer mehr Länder teil, was als weiteres Indiz für eine baldige Markteinführung gesehen werden kann. Die beteiligten Länder investieren in die wissenschaftliche Forschung, um eine breite Basis an Grundlagenwissen vorzuhalten und sich für eine internationale Zusammenarbeit in Stellung zu bringen. Durch Kooperationen im wissenschaftlichen Bereich kann das weltweit zirkulierende Wissen für die nationale Ausbeute nutzbar gemacht werden. In den durch diese internationale Zusammenarbeit entstehenden Netzwerken nimmt Deutschland zu Beginn des Beobachtungszeitraums noch eine zentrale Position ein, die über die Zeit immer mehr von anderen Ländern übernommen wird, die Deutschland von dieser im Hinblick auf die Wissensausbeute strategisch wichtigen TOP-Position verdrängen. Auch bei den internationalen technologischen Aktivitäten ist eine steigende Anzahl der beteiligten Ländern zu beobachten. So gibt es immer mehr ausländische Akteure, die Ihre marktfähigen Erfindungen am Deutschen Patent- und Markenamt (DPMA) patentieren lassen, was zu einer sinkendenden Konzentration (nach Ländern) der technologischen Aktivitäten in Deutschland führt. Deutsche Akteure nehmen aber weiterhin die dominierende Position ein. Aufgrund des Heimvorteils der deutschen Akteure am DPMA erlaubt diese aber keine technologische Vergleichbarkeit auf Länderebene. Zu diesem Zweck werden die technologischen Aktivitäten zusätzlich am „Meta-Amt“ untersucht. Hier nehmen die beteiligten Länder der technologischen Wissensproduktion auch über die Perioden hinweg zu, allerdings steigt die Konzentration leicht an und verbleibt die letzten drei Perioden unverändert. Das liegt daran, dass einige Länder, zu denen auch Deutschland gehört, ihre Spitzenposition ausbauen können. Genauso wie das wissenschaftliche Wissen ist auch das technologische Wissen so zunehmend weltweit verteilt, so dass internationale Kooperationen für die beteiligten Akteure eine Möglichkeit ist, sich Zugriff auf das international erzeugte technologische Wissen zu sichern. So ist für die deutschen Akteure eine zunehmende Internationalsierung festzustellen, da die internationalen Kooperationen deutscher Akteure über den

Betrachtungszeitraum hinweg zunehmen. Die entstehenden Netzwerke übernehmen die wichtige Funktion des internationalen Wissenstransfers, dessen Richtung durch die verwendete Methodik hier nicht geklärt werden kann und daher als bidirektional zu sehen ist. Die Rolle Deutschlands in den internationalen technologischen Netzwerken kann zusammenfassend als die eines „Mediators" bezeichnet werden, durch die Deutschland Zugriff auf die internationalen Wissensflüsse erlangt. Die Rolle Deutschlands ist insgesamt als positiv zu beurteilen. Deutschland hat sowohl in Wissenschaft und Technologie beste Voraussetzung auch in Zukunft eine wesentliche Rolle in der Entwicklung der PEM-Technologie zu spielen. Es gilt jedoch darauf zu achten, dass Deutschland international nicht den Anschluss verliert. Ähnlich wie auf nationaler Ebene sind auch auf internationaler Ebene noch emergente Konstellationen nach Callon (1997) festzustellen. Die involvierten Länder fluktuieren teilweise sehr stark, was zu einer permanenten Rekonfiguration der Netzwerke führt. Dennoch sind auch hier stabilisierende Effekte im Verhalten der Akteure festzustellen, so dass die dominierenden Netzwerkteilnehmer weitestgehend ex Ante bestimmt werden können und durch eine Konstanz in ihren Aktivitäten gekennzeichnet sind.

Interpretiert man diese Ergebnisse im Lichte des „Double-Boom"-Modells von Schmoch (2007), stellt man fest, dass der idealtypische Verlauf einer wissensintensiven Technologie hier nicht eindeutig erkennbar ist. So entwickeln sich die wissenschaftlichen Aktivitäten zwar konstant und zeichnen sich trotz der emergenten Konstellation als stabil aus. Aber ein Rückgang dieser Aktivitäten ist hier nicht zu beobachten. Dies weist darauf hin, dass die wissenschaftlichen Erkenntnisse und die damit einhergehende Reife der PEM-Technologie für den Innovationsprozess nicht ausschlaggebend sind. Der Rückgang der technologischen Aktivitäten auf nationaler Ebene ist zwar ein typisches Element des „Double-Boom"-Modells, aber hier nicht auf rein wissenschaftliche Probleme zurückzuführen, sondern vielmehr auf fehlende Aussichten des Marktes. Die industriellen Akteure scheinen verständlicherweise sehr sensibel darauf zu reagieren. Durch die ausbleibenden Marktsignale durchläuft die PEM-Technologie eine lange Vorbereitungsphase, die bereits seit 1960 mit den Initiativen in Frankreich und den USA starteten, aber wieder zum Erliegen kamen. Aufgrund des steigenden Energiebedarfs und den schwindenden Ressourcen ist aber ein Preisanstieg des Öls nicht mehr zu leugnen. Diese aufziehenden, für die Entwicklung der PEM-Technologie positiven Preissignale nehmen die Automobilhersteller wahr und intensivieren konsequent ihre technologischen Aktivitäten ab 2005. Die Hersteller der Komponenten und der Brennstoffzellen selber verharren in einer Art Lauerstellung und scheinen nur auf den Startschuss der Automobilhersteller zu warten. Die Wissenschaft hingegen bleibt von diesen fehlenden Marktaussichten unberührt und verstärkt konsequent ihre Aktivitäten, hatte sie doch eine ausreichend lange Vorbereitungsphase, um die wesentlichen wissenschaftlichen Probleme zu lösen.

Die starke Anwendungsorientierung der Wissenschaft stellt jetzt nicht mehr das grundsätzliche Prinzip der Brennstoffzelle in Frage, sondern arbeitet eher an der weiteren Optimierung in Vorbereitung auf die Markteinführung. Die von Schmoch (2007) identifizierte Retardierungsphase ist durch den Rückgang der technologischen Aktivitäten auch hier festzustellen, aber viel kürzer als bei anderen wissensintensiven Technologien; sie wird vor allem durch fehlende Marktsignale hervorgerufen. So ist bei der PEM-Technologie zwar ein zyklischer Verlauf zu finden, dieser beruht aber auf anderen Motiven als beim klassischen Verlauf, der lediglich durch die wissenschaftliche Unreife gelenkt wird.

Neben diesen Marktsignalen existieren eine Reihe weiterer Faktoren, die auf das Verhalten der Akteure Einfluss nehmen und so den Innovationsprozess der PEM-Technologie gestalten. Diese Faktoren werden durch die in Kapitel 0 identifizierten Einflussfaktoren und Rahmenbedingungen sichtbar gemacht und stellen die Treiber der technologischen Entwicklung dar, die letztendlich den Verlauf der wissenschaftlichen und technologischen Aktivitäten terminieren:

- Wie durch die Bearbeitung der Hypothesen (Hypothese 4) gesehen, spielt gerade der Markt eine wesentliche Rolle (insbesondere für die industriellen Akteure) und kann durch seine Signale die Entwicklung der PEM-Technologie richtungsweisend steuern. So sendet die private Nachfrage Anreize an die Akteure, bestimmte Aktivitäten zu unternehmen oder diese zu unterlassen. Dabei ist die private Nachfrage eng an die Akzeptanz der PEM-Technologie geknüpft. Gerade für das exportorientierte Deutschland gilt es, auch die internationalen Märkte im Auge zu halten. Durch das „Green Public Procurement“ kann der Staat zusätzlich durch eine stimulierte öffentliche Nachfrage das Verhalten der Akteure lenken.

- Finanzielle Ressourcen sind eine Grundvoraussetzung für die Entwicklung neuer Technologien gerade in frühen Phasen der Entwicklung, wenn das benötigte Wissen noch zu wenig generalisiert ist und die Adaption mit hohen Kosten verbunden ist. Die Entwicklung der PEM-Technologie wird durch diverse Maßnahmen der finanziellen Förderung unterstützt, sowohl auf nationaler als auch auf internationaler Ebene, muss aber aus Sicht der beteiligten Akteure weiter ausgebaut werden. Die Bündelung dieser Förderung in Entwicklungsplänen („Nationale Innovationsprogramm Wasserstoff- und Brennstoffzellentechnologie“, „Nationale Entwicklungsplan Elektromobilität“) zeigt notwendige F&E-Aktivitäten auf und verknüpft diese mit marktvorbereitenden Demonstrationsvorhaben. Im Sinne Callons (1997) wirken diese Programme und Visionen stabilisierend auf die wissenschaftlichen und technologischen Konstellationen.
- Die Entwicklung der PEM-Technologie wird stark durch die Forschungs- und Technologiepolitik gelenkt. Gerade die energiepolitischen Aktivitäten, die die Anstrengungen des politischen Systems repräsentieren, sind für die PEM-Technologie relevant und orientieren sich an Leitbildern wie der der „Nationalen Nachhaltigkeitsstrategie“, der „Agenda 21“ und dem „Integrierte Energie- und Klimaprogramm“. Zu den konkreten, die Entwicklung der PEM-Technologie beinflussenden, Maßnahmen zählt unter anderem die CO_2-Strategie für PKWs und die Umstellung der Kfz-Steuer auf CO_2-Basis. Ein weitere wichtige Institution des politischen Systems und äußerst technologierelevant ist die „Kraftstoffstrategie der Bundesregierung“, die eine transparente und kalkulierbare Konzeption für den Einsatz von wettbewerbsfähigen alternativen Kraftstoffen und

Antriebstechnologien darstellt. Im Sinne der technologischen Entwicklung muss an vielen Stellen dieser Programme der Einsatz der PEM Brennstoffzelle konkreter betont werden. Alle diese in Deutschland von der Politik vorgegeben Maßnahmen und Ziele gelten teilweise auch auf europäischer Ebene. Um aber nicht die Wettbewerbsfähigkeit der eigenen Akteure durch zu hohe Auflagen zu behindern, ist die Verflechtung mit internationalen Zielen erforderlich.

- Die Verfügbarkeit von hochqualifiziertem Humankapital stellt einen weiteren relevanten Einflussfaktor dar und ist für die Entwicklung der PEM-Technologien ein ausschlaggebender Faktor. Eine weitere Verknappung hochqualifizierter Arbeitskräfte kann sich negativ auf die Entwicklung der Technologie auswirken und so ein Innovationshemmnis darstellen. Ohne qualifiziertes Personal sind die Umsetzung von Innovationen im Produktionsprozess und die Adaption von neuen Technologien nicht möglich. Um diesem in Deutschland schon lange zu beobachteten Trend entgegenzuwirken, muss die technologiespezifische Qualifikation sowie die Aus- und Weiterbildung forciert werden. Zu den Zielgruppen zählen neben den Ingenieuren alle an der Technologie beteiligten oder betroffenen Fachkräfte, deren Weiterbildung zeitlich auf den Innovationsprozess insgesamt besser abgestimmt werden muss.
- Wie oben bereits angedeutet, ist die Entwicklung alternativer Antriebstechnologien eng an die Entwicklung des Ölpreises, die von allen als gegeben hingenommen werden muss und nicht beinflussbar ist, gekoppelt. So hängt der zukünftige Anteil alternativer Antriebstechniken stark vom Ölpreis ab. Die weltweit steigende Nachfrage nach Energie und die gleichzeitig schrumpfenden Ressourcen und geopolitischen Entwicklungen werden auf Dauer zu steigenden Ölpreisen führen. So entstehen für die PEM-Technologie positive Signale, die die Entwicklung beschleunigen werden, allerdings für eine grundlegende Verschiebung der Mobilität alleine nicht verantwortlich gemacht werden können.
- Weiteren Einfluss auf die Entwicklung nehmen technologiebezogene Rahmenbedingungen, zu denen auch die oben beschriebene technologische Reife und der damit verbundene Forschungsbedarf gehört. Weiterer Bestandteil ist das

Technologiemarketing, das den Fortschritt der technologischen Entwicklung mit den Problemen potentieller Kunden verknüpfen soll. Durch Demonstrationsaktivitäten und Leuchtturmprojekte wird die Tauglichkeit der PEM-Technologie unter Alltagsbedingungen aufgezeigt. Gleichzeitig stellen diese Projekte das Bindeglied zwischen Wissenschaft und Technologie dar. Die dahinterstehenden Akteure organisieren sich in Allianzen um den Wissenstransfer zu stärken und ihre Aktivitäten besser zu koordinieren. So existieren zu diesem Zweck Netzwerke auf Landes- und Bundesebene sowie auf internationaler Ebene, die neben wirtschaftlichen und industriepolitischen Zielen vor allem eine rasche Entwicklung der Technologie verfolgen. Die Entwicklung der PEM-Technologie ist desweiteren eng an eine Entwicklung einer technologischen Infrastruktur (Wasserstoffinfrastruktur) gebunden. Das hier entstehende klassische „Henne-Ei-Problem“ ist auf ein Koordinationsproblem zwischen den Akteuren der Technologie und der Infrastruktur zurückzuführen, dass durch gemeinsame Absichtserklärungen der involvierten Akteure behoben werden kann. Ein weiterer kritischer Punkt ist die technologische Regulierung, die durch Gesetze und Verordnungen, sowie Standards und Normen die Entwicklung der PEM-Technologie forcieren oder bremsen können. Dabei stellt die Normung zur Steigerung der Kompatibilität und zur Gewährleistung der Sicherheit ein unerlässliches Element der technologischen Rahmenbedingungen dar, die einen positiven Einfluss auf den gesamten Innovationsprozess nehmen und die Entwicklung zu jedem Zeitpunkt beschleunigen können. In der Frühphase stellen sie einen Katalysator der Technologieentwicklung dar und sind nach Markteinführung für eine breite Diffusion unerlässlich.

Zusammenfassend zeigt diese Arbeit, dass bei einer wissensintensiven Technologie nicht per se von einem „Double-Boom“-Verlauf ausgegangen werden kann. Zwar ist auch hier ein zyklischer Verlauf festzustellen, dieser ist aber im Gegensatz zu Schmoch (2007) anders motiviert. Neben den Problemen der wissenschaftlichen Forschung sind, wie diese Arbeit zeigt, eine Reihe weitere Faktoren, insbesondere die fehlenden Marktaussichten für den Entwicklungsverlauf verantwortlich. Diese identifizierten Treiber gilt es im Sinne einer positiven Entwicklung der PEM-Technologie zielorientiert einzusetzen. So ist es nur noch eine Frage der Zeit, bis die beteiligten Akteure konsequent auf diese Signale und Treiber reagieren. Die Brennstoffzelle als alternatives Antriebskonzept steht bereit, ihren Platz im Antriebsmix der Zukunft einzunehmen.

Literaturverzeichnis

Abernathy, William (1978): The Productivity Dilemma: Roadblock to Innovation; the Automobile Industry. Johns Hopkins Press, Baltimore.

Abernathy, William und Utterback, James (1978): Patterns of industrial innovation; in Technology Review 50, Seiten 41–47, Heise Zeitschriften Verlag, Hamburg.

Albrecht, Frank (1993): Strategisches Management der Unternehmensressource Wissen; Europäische Hochschulschriften, Reihe 5, Band 1367, Peter Lang Verlagsgruppe, Frankfurt/M., Berlin, Bern, New York, Paris, Wien.

Apfelthaler, Gerhard und Fuchs, Manfred (2009): Management internationaler Geschäftstätigkeit; Springer, Wien.

Archibugi, Daniele und Iammarino, Simona (1999): The policy implications of the globalisation of innovation; Research Policy 28 (1999), Seiten 317-336.

Arrow, Kenneth (1959): Economic Welfare and the Allocation of Resources for Invention; The RAND Corporation, Santa Monika, P-1856-RC, 15.12.1959.

Arrow, Kenneth (1962): The Economic Implications of Learning by Doing; The Review of Economic Studies, Vol. 29, No. 3 (Jun., 1962), Seiten 155-173, Oxford University Press, Oxford.

Aso, Shinji; Kiziaki, Mikio und Nonobe, Yasuhiro (2007): Development of Fuel Cell Hybrid Vehicles in Toyota; in IEEE Power Conversion Conference 2.-5. April 2007, IEEE, Nagoya, Seiten. 1606-1611.

Atteslander, Peter (2008): Methoden der empirischen Sozialforschung; 12.Auflage, Erich Schmidt Verlag, Berlin.

Bakker, Sjoerd; van Lente, Harro und Meeus, Marius (2010): The emergence of a dominant design in the prototyping phase – an analysis of hydrogen car prototypes, Innovation Studies Utrecht (ISU) working paper series, Utrecht.

Bass, Frank (1969): A new product growth model for consumer durables; in Management Science 15 (5), Seiten 215–227, Informs

Beise, Marian (2006): Die Lead-Markt-Strategie - Das Geheimnis weltweiter erfolgreicher Innovationen; Springer-Verlag, Berlin Heidelberg.

Berger, Timo (2006): Methode zur Entwicklung und Bewertung innovativer Technologiestrategien; HNI-Verlagsschriftenreihe, Heinz Nixdorf Institut, Universität Paderborn.

Bertalanffy, Ludwig von (1968): General System Theory – Foundations, Developement, Application; Georg Braziller, New York.

BGR (2009): Energierohstoffe 2009 - Reserven, Ressourcen, Verfügbarkeit; Bundesanstalt für Geowissenschaften und Rohstoffe, Hannover, Stand 10.11.2009.

Biedermann, Peter et al. (2001): Systemvergleich: Einsatz von Brennstoffzellen in Straßenfahrzeugen; Schriften des Forschungszentrums Jülich, Reihe Energietechnik, Band 17

Birdzell, Larry und Rosenberg, Nathan (1986): How the West get Rich, The Economic Transformation of the Industrial World; New York, Basic Books.

Blättel-Mink, Birgit (2006): Kompendium der Innovationsforschung; VS Verlag für Sozialwissenschaften, München.

Blechinger, Doris und Pfeiffer, Friedhelm (1997): Humankapital und technischer Fortschritt, in Humankapital und Wissen – Grundlagen einer nachhaltigen Entwickung, Berlin, 1997, S. 255-276.

Blind, Knut (2006): Deutsche Normen im internationalen Kontext; Studien zum deutschen Innovationssystem Nr. 14-2006, Bundesministerium für Bildung und Forschung, Berlin.

BMBF (2008): Grundlagenforschung Energie 2020+ - Die Förderung der Energieforschung durch das Bundesministerium für Bildung und Forschung, Berlin.

BMJ (2009): Kraftfahrzeugsteuergesetz; zuletzt geändert durch Art. 2 G v. 29.5.2009 I 1170, Bundesministeriums der Justiz, Berlin.

BMU (2007): Das Integrierte Energie- und Klimaprogramm der Bundesregierung; Hintergrundpapier des Bundesministerium für Umwelt, Naturschutz und Reaktorsicherheit.

BMU (2009b): Konferenz der Vereinten Nationen für Umwelt und Entwicklung im Juni 1992 in Rio de Janeiro- Dokumente - Agenda 21; Bundesministerium für Umwelt, Naturschutz und Reaktorsicherheit, Berlin.

BMVBS (2004): Die Kraftstoffstrategie – Alternative Kraftstoffe und innovative Antriebe; Abschnitt E. III., Seiten 170 -196 in Perspektiven für Deutschland – Unsere Strategie für eine nachhaltige Entwicklung, Presse- und Informationsamt der Bundesregierung, Berlin.

BMWA (2005): Strategiepapier zum Forschungsbedarf in der Wasserstoff-Energietechnologie; Strategiekreis Wasserstoff des Bundesministeriums für Wirtschaft und Arbeit, Berlin, Forschungsbericht Nr. 546.

BMWI (2006): Zukünftiger F&E-Bedarf im Bereich Brennstoffzellen und Wasserstoff; im Rahmen des 5.Energieforschungsprogrammes der Bundesregierung, erstellt vom Arbeitskreis „F&E-Bedarf im Bereich Brennstoffzellen und Wasserstoff“ des Strategierates Wasserstoff Brennstoffzellen im Auftrag des Bundesministeriums für Wirtschaft und Technologie, Berlin.

BMWI (2006b): Verfügbarkeit und Versorgung mit Energierohstoffen; Arbeitsgruppe Energierohstoffe BMWi, Abteilung III; Kurzbericht, Berlin.

BMWI (2009): Bericht zur Innovationsorientierung öffentlicher Beschaffung – Fortschritte seit Oktober 2007, Bundesministerium für Wirtschaft und Technologie, Berlin.

BMWI et al. (2009a): Auszug aus dem Bericht an den Haushaltsausschuss, Konjunkturpaket 2, Ziffer 9 Fokus „Elektromobilität, Bundesministerium für Wirtschaft und Technologie, Berlin.

Bolund, Per (2009): The clean vehicle ordinance; in Green Public Procurement – Taking it to the Next Level, November 26, 2009, Stockholm, Sweden, Conference Review.

Bonhoff, Klaus (2009): Market Preparation for Future Drivetrain Technologies in Germany; f-cell, Stuttgart, September 28, 2009.

Bothe, David und Seeliger, Andreas (2006): Erdgas – sichere Zukunftsenergie oder knappe Ressource? EWI Working Paper, Nr. 06/2, Energiewirtschaftliches Institut an der Universität zu Köln.

Bouwer, Maarten et al. (2005): Green Public Procurement in Europe 2005 - Status overview; Virage Milieu & Management bv, Korte Spaarne 31, 2011 AJ Haarlem, the Netherlands.

Bradke, Harald et al. (2007): Developing an assesment framework to improve the efficiency of R&D and the market diffusion of energy technologies; Fraunhofer Institute System and Innovation Research, Karlsruhe.

Brinkman, Norman et al. (2005): Well-to-Wheels Analysis of Advanced Fuel/Vehicle Systems — A North American Study of Energy Use, Greenhouse Gas Emissions, and Criteria Pollutant Emissions, Argonne National Laboratory.

Brinner, Andreas und Steeb, Hartmut (2002): Das deutsch-saudi-arabisches Technologie-Entwicklungsprogramm HYSOLAR; DLR, Stuttgart.

Brockhoff, Klaus (1999): Forschung und Entwicklung; 5.Auflage, München.

Brooks, Harvey (1982): Towards an Efficient Public Technology Policy: Criteria and Evidence; in Emerging Technologies: Consequences for Economic Growth, Structural Change and Employment, The National Academies Press, Washington DC.

Brose, Peter (1982): Planung, Bewertung und Kontrolle technologischer Innovationen; Erich Schmidt Verlag, Berlin.

Brunetti, Aymo (2008): Ressourcenknappheit und Preissignale – eine Übersicht; in Die Volkswirtschaft, Das Magazin für Wirtschaftspolitik 9-2008, Argus der Presse AG, Zürich.

Bullinger, Hans-Jörg (1994): Einführung in das Technologiemanagement – Modelle, Methoden, Praxisbeispiele; B.G. Teubner Stuttgart.

Büschken, Joachim und Blümm, Christian (2000): Zur Rolle von implizitem Wissen im Innovationsprozess; Diskussionsbeiträge der Katholischen Universität Eichstätt, Nr. 142; Ingolstadt.

Bush, Vannevar (1945): Science, the endless frontier - Three centuries of science in America Baptist Tradition; United States. Office of Scientific Research and Development.

Callon, Michel (1986): The Sociology of an Actor Network: The Case of the Electric Vehicle; in Mapping the Dynamcis of Science and Technology – Sociology of Science in the Real World Edited by Callon, Law and RIP, Sheridan House Inc, New York.

Callon, Michel (1997): Analysis of strategic relations between firms and university laboratories; Conference on the Need for New Economics of Science", University of Notre-Dame, March 13-16, 1997.

Cantner, Uwe und Graf, Holger (2006): The network of innovators in Jena: An application of social network analysis; Research Policy 35 (2006), Seiten 463-480, Elsevier Science B.V., Amsterdam.

Cantner, Uwe; Graf, Holger und Meder, Andreas (2009): Urbane Innovationssysteme: Das Innovationsnetzwerk in Jena; erschienen in: Blättel-Mink, Birgit und Ebner, Alexander: Innovationssysteme – Technologie, Institutionen und die Dynamik der Wettbewerbsfähigkeit, Vs Verlag, München.

Canzler, Weert und Knie, Andreas (2009): Vorsicht! E-Mobility-Hype; changeX, in die Zukunft denken, Ressort: Arbeit und Leben, Erscheinungsdatum 22.10.2009.

Caracostas, Paraskevas und Soete, Luc (1997): The Building of Cross-Border Institutions in Europe: Towards a European System of Innovation; in Systems of Innovation. Technologies, Institutions and Organisations. London, Seiten 395-419.

Carlsson, Bo (2005): Internationalization of innovations systems: A survey of literature; Research Policy 35 (2006), Seiten 56-67, Elsevier Science B.V., Amsterdam.

Carlsson, Bo (2007): Innovation systems: a survey of the literature from a schumperterian perspective; in Elgar Companion to Neo-Schumperterian Economics, Seiten 857-871, Edward Elgar Publishing Ltd.

Carlsson, Bo et al. (2002): The analytical approach and methodology; in: Technological Systems in the Bio Industries – An International Study, 2002.

Carlsson, Bo et al. (2008): Analyzing the functional dynamics of technological innovation systems: A scheme of analysis; Research Policy 37 (2008), Seiten 407-429.

Carlsson, Bo; Jacobsson, Staffan; Holmen, Magnus und Rickne, Annika (2002): Innovation systems: analytical and methodological issues; Research Policy 31 (2002), Seiten 233-245, Elsevier Science B.V., Amsterdam.

Carrizo Sainero, Gloria (2000): Toward a Concept of Bibliometrics, Journal of Spanish Research on Information Science, 1 (2), 2000, 5986.

CEP (2007): Clean Energy Partnership – Bericht 2002 – 2007; Herausgeber ist Clean Energy Partnership, Berlin.

Chesnais, Francois (1992): National Systems of Innovation, Foreign Direct Investments and the Operations of Multinational Enterprises, in Bengt-Ake Lundvall: National systems of innovation, London, Seiten. 265-295.

Christ, Julian (2007): Varieties of Systems of Innovation: A Survey of their Evolution in Growth Theory and Economic Geography; Schriftenreihe des Promotionsschwerpunkts Globalisierung und Beschäftigung, Hohenheim.

Clark, John und Holton, Derek Allan (1994): Graphentheorie – Grundlagen und Anwendungen; Spektrum Akademischer Verlag GmbH, Heidelberg.

Cohen, Wesley und Levinthal, Daniel (1990): Absorptive Capacity: A New Perspective on Learning and Innovation; Administrative Science Quarterly, Vol. 35, 1990, The Johnson School at Cornell University, Ithaca NY.

Cooper, Robert (1994): Third-Generation New Product Processes; in: Journal of Product Innovation Management, Jahrgang 11, Seiten 3-14, Blackwell Publishing, Oxford.

Corsten, Hans; Gössinger, Ralf und Schneider, Herfried (2006): Grundlagen des Innovationsmanagements; Vahlens Handbücher, München.

Dalum, Bent et al. (1992): Public Policy in the Learning Society; In: Bengt-Ake Lundvall (ed.): National systems of innovation; Seiten 296-317, Frances Pinter Publishers Ltd, London.

Dasgupta, Partha und David, Paul (1994): Toward a new economic of science; Research Policy 23 (1994) 487-521, Elsevier Science B.V., Amsterdam.

Die Bundesregierung (2009): Nationaler Entwicklungsplan Elektromobilität der Bundesregierung, August 2009, Presse- und Informationsamt der Bundesregierung, Berlin.

Dierkes, Meinolf und von Thienen, Volker (1982): Akzeptanz und Akzeptabilität der Informationstechnologien; Berlin, Wissenschaftszentrum Berlin für Sozialforschung.

Diestel, Reinhard (2006): Graphentheorie; 3.Auflage, Springer-Verlag, Berlin Heidelberg.

Dildey, Andreas (2005): Die PEM-Brennstoffzelle als alternativer PKW-Antrieb; Schriftenreihe des Instituts für Fahrzeugtechnik TU Braunschweig Nr.8, Shaker Verlag Aachen.

Dinse, Gundi (2005): Akzeptanz von wasserstoffbetriebenen Fahrzeugen – Eine Studie über die Verwendung eines neuen und ungewohnten Kraftstoffs; ifmo-studien, Institut für Mobilitätsforschung, Berlin.

Dolata, Ulrich (2007): Technik und sektoraler Wandel - Technologische Eingriffstiefe, sektorale Adaptionsfähigkeit und soziotechnische Transformationsmuster; MPIfG Discussion Paper 07/3.

Dosi, Giovanni (1982): Technological paradigms and technological trajectories – A suggested interpretation of the determinats and directions of technical change; Research Policy 11 (1992), Seiten 147-162.

DPMA (2006): Patentatlas Deutschland; Regionaldaten der Erfindungstätigkeit Deutsches Patent- und Markenamt, München.

Dunwoody, Catherine (2009): Hydrogen Fuel Cell Vehicles and Stations: Moving toward an early market; F-Cell Symposium, Stuttgart, 28.09.2009.

Durkheim, Emile (1895): Regeln der soziologischen Methode; Neuwied: Hermann Luchterhand Verlag.

Edler, Jakob; Döhrn, Roland und Rothgang, Michael (2003): Internationalisierung industrieller Forschung und grenzüberschreitendes Wissensmanagement; Schriftenreihe des Fraunhofer-Instituts für Systemtechnik und Innovationsforschung (ISI), Karlsruhe.

Edquist, Charles (2005): Systems of Innovation: Perspectives and Challenges; in: Fagerberg, Jan, Mowery, David C. and Nelson, Richard R. (eds.), The Oxford Handbook of Innovation, Oxford University Press 2005, Seiten 181-208.

Edquist, Charles und Johnson, Björn (1997): Institutions and Organisations in Systems of Innovation; in: Ch. Edquist (ed.), Systems of Innovation: Technologies, Institutions and Organizations, London, 1997, Pinter Publishers.

Edquist, Charles; Hommen, Leif und Tsipouri, Lena (2000): Public Technology Procurement and Innovation, Springer, Berlin Heidelberg.

Eichlseder, Helmut und Klell, Manfred (2008): Wasserstoff in der Fahrzeugtechnik – Erzeugung, Speicherung, Anwendung; Vieweg und Teubner Verlag, Wiesbaden 2008.

EUB (2009): Förderquoten im 7. FRP; EU-Büro des BMBF für das Forschungsrahmenprogramm, Januar 2009, Bundesministerium für Bildung und Forschung, Berlin.

Europäische Union (2009): Verordnung des europäischen Parlaments und des Rates über die Typgenehmigung von wasserstoffbetriebenen Kraftfahrzeugen und zur Änderung der Richtlinie 2007/46/EG; Straßburg, den 14. Januar 2009.

European Commission (2003): Hydrogen Energy and Fuel Cell – A vision of our future; Final report of the high level group; Brüssel EUR 20719 EN.

European Commission (2003b): World energy, technology and climate policy outlook, WETO 2030; Directorate-General for Research Energy, Brüssel 2003 EUR 20366.

European Commission (2007): Well-to-Wheels analysis of the future automotive fuels and powertrains in the European Context; Well-to-Wheels Report, Version 2c, March 2007, Brüssel.

Evangelista, Rinaldo; Iammarino, Simona; Mastrostefano, Valeria und Silvani, Alberto (2002): Looking for Regional Systems of Innovation: Evidence from the Italian Innovation Survey; in: Regional Studies, Vol. 36 (2), Seiten 173-186, Routledge, London.

EVI (2009): Gutachten zu Forschung, Innovation und technologischer Leistungsfähigkeit Deutschlands 2009; Expertenkommission Forschung und Innovation, Berlin.

EVI (2010): Gutachten zu Forschung, Innovation und technologischer Leistungsfähigkeit Deutschlands 2010; Expertenkommission Forschung und Innovation, Berlin.

Fagerberg, Jan (2005): Innovation: A Guide to Literature; in The Oxford Handbook of Innovation, Oxford University Press 2005, Seiten 1-26.

Fauser, Richard (1990): Soll informationstechnische Bildung Computerakzeptanz fördern? Mensch – Gesellschaft – Technik: Orientierungspunkte in der Technikakzeptanzdebatte, Vs Verlag, München.

Fornahl, Dirk und Tran, Chung Anh (2010): The developement of local-global linkages in the biotech districtts, Routledge, London.

Forrester, Jay (1972): Grundsätze einer Systemtheorie (Principles of Systems); Gabler, Wiesbaden.

Freeman, Christopher (1982): Technological infrastructure and international competitiveness; Industrial and Corporate Change, Oxford University Press, vol. 13(3), Seiten 541-569, June.

Freeman, Christopher (1987): Technology Policy and Economic Performance: Lessons from Japan; Pinter Publishers, London.

Frietsch, Rainer und Jung, Taehyun (2009): Transnational Patents – Structures, Trends and Recent Developments; Studien zum deutschen Innovationssystem Nr. 7-2009, Bundesministerium für Bildung und Forschung, Berlin.

Frietsch, Rainer; Köhler, Florian und Blind, Knut (2008): Weltmarktpatente – Strukturen und deren Veränderungen; Studien zum deutschen Innovationssystem Nr. 7.2008, Bundesministerium für Bildung und Forschung, Berlin.

Gassmann, Oliver und von Zedtwitz, Maximilian (1996): Internationales Innovationsmangement – Gestaltung von Innovationsprozessen im globalen Wettbewerb; Verlag Vahlen, München.

Gassmann, Oliver; Boutellier, Roman und von Zedtwitz, Maximilian (2008): Managing Global Innovation - Uncovering the Secrets of Future Competitiveness; 3. Auflage, Springer Berlin Heidelberg.

Geitmann, Sven (2004): Wasserstoff und Brennstoffzellen; Chrisiani, Technisches Institut für Aus- und Weiterbildung, Konstanz.

Gerl, Bernhard (2002): Innovative Automobilantriebe – Konzepte auf der Basis von Brennstoffzellen, Traktionsbatterien und alternativen Kraftstoffen; Verlag Moderne Industrie, Landsberg.

GermanHy (2009): Woher kommt der Wasserstoff in Deutschland bis 2050; Studie im Auftrag des Bundesministeriums für Verkehr, Bau und Stadtentwicklung (BMVBS) und in Abstimmung mit der Nationalen Organisation Wasserstoff- und Brennstoffzellentechnologie (NOW), Berlin.

Gerpott, Torsten (2005): Strategisches Technologie- und Innovationsmanagement; 2. Auflage, Schäffer-Poeschel Verlag, Stuttgart.

Geschka, Horst (1993): Wettberwerbsfaktor Zeit – Beschleunigung von Innovationsprozessen, Landsberg/Lech.

Giesecke, Susanne (2000): Innovationssysteme von Nationen, Regionen und Technologien – Ein Überblick über Literatur und Diskussion; Politische Vierteljahresschrift, Issue Volume 41, Number 1 / March, 2000, Seiten 135-146, VS Verlag, Wiesbaden.

Glänzel, Wolfgang und Schubert, Andras (2004): Analysing scientific networks through co-authorship, in: Moed, H., Glänzel, W., Schmoch, U. (Hrsg.), Handbook of Quantitative Science and Technology Research. The Use of Publication and Patent Statistics in Studies of S&T Systems, Dordrecht/Boston/London: Kluwer Academic Publishers, Seiten. 257–276.

Grahl, Marc (2000): Ökonomische Systemanalyse zum Antrieb von Personenwagen mit Polymer-Elektrolyt-Brennstoffzellen unter Verwendung neuer Kraftstoff; Beiträge zur Energiesystemforschung, dissertation.de-Verlag, Berlin.

Griffith, Rachel et al. (2008): The location of innovative activity in Europe: Institute for Fiscal Studies, London, July 2008.

Grünwald, Reinhard (2006): Perpektiven eines CO2- und emissionsarmen Verkehrs – Kraftstoffe und Antriebe im Überblick; Vorstudie zum TA-Projekt, Arbeitsbericht Nr.111, Büro für Technikfolgen-Abschätzung beim Deutschen Bundestag, Berlin.

Grupp, Hariolf (1997): Messung und Erklärung des technischen Wandels – Grundzüge einer empirischen Innovationsökonomik; Springer Verlag, Berlin Heidelberg.

Grupp, Hariolf (2002): Was wir über Innovationen wissen – Konturen einer Wissenswirtschaft; in Kunststück Innovation – Praxisbeispiele aus der Fraunhofer Gesellschaft, Springer Verlag, Berlin.

Grupp, Hariolf und Schmoch, Ullrich (1992): Wissenschaftsbindung der Technik – Panorama der internationalen Entwicklung und sektorales Tableau für Deutschland; Wirtschaftswissenschaftliche Beiträge 69, Physica-Verlag Heidelberg.

Grupp, Hariolf und Schmoch, Ullrich (1992b): At the Crossroads in Laser Medicine and Polyimode Chemistry: Patent Assessment of the Expansion of Knowledge; in Dynamics of science-based innovation; Springer, Berlin.

Grupp, Hariolf; Leger, Harald und Licht, Georg (2004): Technologie und Qualifikation für neue Märkte – Ergänzender Bericht zur technologischen Leistungsfähigkeit Deutschlands 2003/2004; BMBF, Berlin.

Hall, Jeremy und Kerr, Robert (2003): Innovation dynamics and environmental technologies: the emergence of fuel cell technology; in Journal of Cleaner Production 11 (2003), Seiten 459-471, Elsevier Science B.V., Amsterdam.

Haller, Inna (2009): Dynamics in Science-Based Markets:Two Phases of Development; Dissertation der Fakultät fürWirtschaftswissenschaften der Universität Fridericiana Karlsruhe (Technische Hochschule).

Haß, Hans-Joachim (1983): Die Messung des technischen Fortschritts; München.

Hausschildt, Jürgen (1997): Innovationsmanagement; 2. Auflage, Verlag Vahlen, München.

Heinze, Thomas (2005): Wissensbasierte Technologien, Organisationen und Netzwerke – Eine Analyse der Kopplung von Wissenschaft und Wirtschaft; Zeitschrift für Soziologie, Jg. 34, Heft 1, Februar 2005, Seiten 60-82, Lucius & Lucius Verlagsges. mbH, Stuttgart.

Heinze, Thomas (2006): Die Kopplung von Wissenschaft und Wirtschaft-Das Beispiel der Nanotechnologie; Campus Forschung Band 900, Campus Verlag, Frankfurt.

Heinzel, Angelika; Mahlendorf, Falko und Roes, Jürgen (2006): Brennstoffzellen – Entwicklung, Technologie und Anwendung; 3.Auflage, Müller (C.F.), Heidelberg.

HFP (2005): Deployment Strategy; European Hydrogen & Fuel Cell Technology Platform; August 2005, Bundesministerium für Verkehr, Innovation und Technologie, Wien.

Hicks, Diana (1995): Published Papers, Tacit Competencies and Corporate Management of the Public/Private Character of Knowledge; Industrial and Corporate Change, Volume 4, Number 2, Seiten 401-424, Oxford University Press.

Hinze, Sybille et al. (2007): Leistungsfähigkeit und Strukturen der Wissenschaft im internationalen Vergleich 2007; Studien zum deutschen Innovationssystem Nr. 6-2008, Bundesministerium für Bildung und Forschung, Berlin.

Hirooka, Masaaki (2003): Nonlinear dynamism of innovation and business cycles; in: Journal of Evolutionary Economics 13, Seiten 549-576, Springer Verlag, Berlin.

Hobday, Mike und Rush, Howard (1999): Technology management in complex product systems (CoPS) - ten questions answered; International Journal of Technology Management 1999 - Vol. 17, No.6, Seiten 618-638, Interscience Enterprises Ltd, Geneva.

Hodgson, Geoffrey (1988): Economics and Institutions; Cambridge, Polity Press.

Holland, Geoffrey (2007): The Hydrogen Age – Improving a clean energy, Gibbs Smith, Layton.

Holzhausen, Antje und Wein, Frouwa (1999): Wissensmangement als Betrachtungsobjekt der Organisationstheorie; in Wissen managen – Strategien, Methoden und Modelle zum Umgang mit dem 4. Produktionsfaktor.

HOP (2008): High Oil Prices: Quantification of direct and indirect impacts for the EU – Final Report; Project HOP - Macro-economic impact of high oil price in Europe; D5, Fraunhofer-Institut fürSystem- und Innovationsforschung ISI, Karlsruhe.

Hughes, David and Chafin, Don (1996): Turning New Product Developement into a Conztinuous Leraning Process; in: Journal of Product Innovation Management, Jg. 13, Seiten 89-104, Blackwell Publishing, Oxford.

Hullmann, Angela (2001): Internationaler Wissenstransfer und technischer Wandel; Schriftenreihe des Fraunhofer-Instituts für Systemtechnik und Innovationsforschung ISI, Karlsruhe.

IEA (1999): Automotive Fuels for the future – the search for Alternatives; International Energy Agency, Paris.

IFEU (2009): Abwrackprämie und Umwelt – eine erste Bilanz; Institut für Energie-und Umweltforschung Heidelberg GmbH im Auftrag des Bundesministerium für Umwelt, Naturschutz und Reaktorsicherheit.

Irvine, John und Martin, Ben (1984): Forsight in Science – Picking the winners; London.

Jochem, Eberhard (2007): Wie lässt sich der Innovationsprozess zur Steigerung der Energieeffizienz beschleunigen? Vortrag am 21.07.2007; Energie Trialog Schweiz; Kompetenzzentrum für Energie und Mobilität des ETH-Bereichs (CCEM) koordiniert vom Paul Scherrer Institut PSI.

Jochem, Eberhard (2009): Improving the Efficiency of R&D and the Market Diffusion of Energy Technologies; Physica Verlag, Heidelberg.

Jörissen, Ludwig und Garche Jürgen (2000): Brennstoffzellen für den Fahrzeugantrieb; in Innovationsprozess vom Verbrennungsmotor zur Brennstoffzelle, Hrsg: Wengel, Jürgen und Schirrmeister, Elna, Fraunhofer ISI, WBK, IWW u.a.,Karlsruhe.

Karamanolis, Stratis (2003): Brennstoffzellen – Schlüsselelement der Wasserstofftechnik; Vogel Fachbuch, Dortmund.

Karl, Jürgen (2006): Dezentrale Energiesysteme – neue Technologie im liberalisierten Technologiemarkt; 2. Auflage, Oldenbourg Wissenschaftsverlag, München.

Katz, Sylvan und Hicks, Diana (1998): Indicators for systems of innovation – a bibliometric-based approach; IDEA paper.

KBA (2010): Kraftfahrt-Bundesamt- Fahrzeugzulassungen, Bestand, Emissionen, Kraftstoffe, 1.Januar 2010; Kraftfahrt-Bundesamt, Flensburg.

Kieser, Alfred, Beck, Nikolaus und Tainio, Risto (1998): Limited rationality, formal organizational rules, and organizational learning (OL); Sonderforschungsbereich 504, Rationalitätskonzepte, Entscheidungsverhalten und ökonomische Modellierung ; Bandnummer 98-02.

Kirchhoff, Sabine et al. (2008): Der Fragebogen – Datenbasis, Konstruktion und Auswertung; 4. Überarbeitete Auflage, VS Verlag für Sozialwissenschaften, München.

Kline, Stephen and Rosenberg, Nathan (1986): An Overview of Innovation; in: The Positive Sum Strategy – Harnessing Technology for Economic Growth, National Academy Press, Washington D.C., 1986.

Köhler, Uwe (2007): Batterien für Elektro- und Hybridfahrzeuge; in Hybrid-, Batterie- und Brennstoffzellen-Elektrofahrzeuge: Technik, Strukturen und Entwicklungen, 4.Auflage, Expert-Verlag, Renningen.

KOM (2007): Mitteilung der Kommission an den europäischen Rat und das europäische Parlament – Eine Energiepolitik für Europa, SEK(2007) 12, Brüssel.

Komar, Walter (2005): Kooperationsneigung, Vernetzung und Erfolg von Unternehmen - Das Beispiel der Biotechnologiebranche; IWH-Diskussionspapiere, Halle.

Kondratieff, Nikolai (1926): Die langen Wellen der Konjunktur; Archiv für Sozialwissenschaft und Sozialpolitik 56, Seiten 573-606.

Krawczyk, Olaf et al. (2007): Die Bedeutung von Aufhol-Ländern im globalen Technologiewettbewerb; Studien zum deutschen Innovationssystem Nr. 21-2007, BMBF, Berlin.

Krugman, Paul (1991): Geography and Trade; MIT Trade, Cambridge.

Kuhlmann, Stefan (1998): Politikmoderation – Evaluationsverfahren in der Forschungs- und Technologiepolitik; Nomos Verlagsgesellschaft, Baden-Baden.

Kurzweil, Peter (2003): Brennstoffzellentechnik – Grundlagen, Komponenten, Systeme, Anwendungen; Vieweg Verlag, Wiesbaden.

Larminie, James und Dicks, Andrew (2003): Fuel Cell Systems Explained; Second Edition, John Wiley & Sons, Weinheim.

Leschus, Leon und Vöpel, Henning (2008): Wasserstoff im Verkehr – Anwendungen, Perspektiven und Handlungsoptionen; HWWI Policy, Report Nr.9 des HWWI-Kompetenzbereichs Wirtschaftliche Trends, Hamburg.

List, Friedrich (1841): Die Nationalität und die Ökonomie der Nation; Cotta Verlag.

LME (2008): Bericht über den Vollzug der Pkw-Energieverbrauchskennzeichnungsverordnung (Pkw-EnVKV) in Rheinland-Pfalz; Landesamt für Mess- und Eichwesen Rheinland-Pfalz, Bad Kreuznach.

Luhmann, Niklas (1997): Die Gesellschaft der Gesellschaft; Suhrkamp VerlagFrankfurt.

Lundvall, Bengt-Ake (1992): National Systems of Innovation, Towards a Theory of Innovation and Interactive Learning; Pinter Publishers, London.

Lundvall, Bengt-Ake (1995): The social dimension of the learning economy. Inaugural Lecture, Aalborg University.

Lundvall, Bengt-Ake (2007): National Innovation Systems – Analytical Concept and Development Tool; Industry and Innovation, Vol. 14, No.1, Seiten 95-119, February 2007, Routledge, London.

Machlup, Fritz (1962): The Production and Distribution of Knowledge in the United States; Princeton University Press.

Malerba, Franco (2005): Sectoral Systems of Innovation: A Framework for linking Innovation to the Knowledge Base, Structure and Dynamics of Sectors; in: Econ. Innov. New Techn., Vol. 14(1-2), 2005, Seiten 63-82, Routledge, London.

Mali, Rudolf und Steiger, Wolfgang (2003): Strategie für nachhaltige Kraftstoff/Antriebs-Systeme; in Kraftstoffe und Antriebe der Zukunft – Synergien für eine nachhaltige Zukunft, VDI-Berichte 1808.

Markard, Jochen und Truffer, Bernhard (2008): Technological innovation systems and the multi-level perspective: Towards an integrated framework; Research Policy 37 (2008), Seiten 596-615, Elsevier Science B.V., Amsterdam.

Marscheider-Weidemann, Frank et al. (2004): Masterplan – Aus- und Weiterbildung Brennstoffzellen, Stand 24.02.2004 (V1); für Bildungsnetzwerk Brennstoffzelle.

Marx, Karl (1953): Das Kapital – Kritik der politischen Ökonomie; Erster Band – Buch 1, Der Produktionsprozess des Kapitals; Dietz Verlag Berlin.

Marx, Karl (1979): Das Kapital, Bd.1, MEW 23; Berlin.

Matis, Herbert und Bachinger, Karl (2004): Joseph A. Schumpeter – Entwicklung als unternehmerische Innovation; Wirtschats- und Sozialgeschichte, Wien 2004.

Mayer, Horst (2002): Interview und schriftliche Befragung – Entwicklung, Durchführung und Auswertung; Oldenbourg Verlag, München.

Mazzeloni, Roberto und Nelson, Richard (1998): The benefits and costs of strong patent protection: a contribution to the current debate; Research Policy 27, 1998, Seiten 273–284, Elsevier Science B.V., Amsterdam.

Mehlin, Markus et al. (2003): Flottenverbrauch 2010 – Aktivierung des Reduktionspotentials und Beitrag zum Klimaschutz; Deutsches Zentrum für Luft- und Raumfahrt e.V., Forschungsbericht 2003-17.

Menzen, Georg (2007): Nationales Innovationsprogramm Wasserstoff und Brennstoffzellen; in Wasserstoff aus erneuerbaren Energien, Workshop Forschungsverbund Sonnenenergie, Mai 2007, Weiterbildungszentrum Brennstoffzelle Ulm e.V.

Milling, Peter und Maier, Frank (1996):Invention, Innovation und Diffusion – Eine Simulationsanalyse des Managements neuer Produkte; Abhandlungen aus dem Industrieseminar der Universität Mannheim.

Moe, Vera Ingunn (2009): Developing a hydrogen infrastructure; F-Cell Symposium, Stuttgart, 28.09.2009.

Mohr, Hans-Walter (1977): Bestimmungsgründe für die Verbreitung von neuen Technologien; Beiträge zur Verhaltensforschung, Heft 21, Duncker & Humblot, Berlin.

Mohrdieck, Christian (2009): H2-Mobility – Aufbau der Wasserstoffinfrastruktur in Deutschland; F-Cell Symposium, Stuttgart, 28.09.2009.

Moosbrugger, Helfried und Kelava, Augustin (2007): Testtheorie und Fragebogenkonstruktion; Springer Medizin Verlag, Heidelberg.

MPS (2008): Autofahren in Deutschland 2008; Motor Presse Stuttgart, 10.Auflage.

Mummendey, Hans Dieter und Grau, Ina (2008): Die Fragebogen-Methode; 5.Auflage, Hogrefe Verlag, Göttingen.

Murmann, Johann Peter und Frenken, Koen (2006): Toward a systematic framework for research on dominant designs, technological innovations, and industrial change; in Research Policy 35 (2006), Seiten 925–952, Elsevier Science B.V., Amsterdam.

Nardi, Peter (2006): Doing Survey Research; Pearson Education.

Naunin, Dietrich (2007): Hybrid-, Batterie- und Brennstoffzellen-Elektrofahrzeuge – Technik, Strukturen und Entwicklungen, 4.Auflage, Expert-Verlag, Renningen.

Nelson, Richard und Rosenberg, Nathan (1993): Technological innovation and National Systems; In: Richard Nelson (ed.) National Innovation Systems – A Comparative Analysis, Seiten 3-22, Oxford University Press.

Nemet, George (2009): Demand-pull, technology-push, and government-led incentives for non-incremental technical change; Research Policy 38 (2009), Seiten 700–709, Elsevier Science B.V., Amsterdam.

Neumann, Klaus und Morlock, Martin (2002): Operations Research; 2. Auflage.

NIP (2007): Nationales Innovationsprogramm Wasserstoff- und Brennstoffzellentechnologie – Nationaler Entwicklungsplan, Version 2.1; vorgestellt vom Strategierat Wasserstoff und Brennstoffzellen, BMVBS, Berlin.

Nitzsche, Manfred (2009): Graphen für Einsteiger, Rund um das Haus vom Nikolaus; 3.Auflage, Vieweg und Teubner, GWV Fachverlage GmbH, Wiesbaden.

Nonaka, Ikujiro und Takeuschi, Hirotaka (1997): Die Organisation des Wissens : wie japanische Unternehmen eine brachliegende Ressource nutzbar machen; Campus-Verlag Frankfurt

Nooy, de Wouter; Mrvar, Andrej und Btagelj, Vladimir (2005): Exploratory Social Network Analysis with Pajek; Cambridge University Press.

North, Douglass C (1981): Structure and Change in Economic History: W.W.Norton, New York und London.

North, Douglass C (1990): Institutions, Institutional Change, and Economic Performance; Cambridge University Press, Cambridge.

North, Douglass C (1994): Economic performance trough time; The American Economic Review, Vol. 84, No. 3 (Jun., 1994), Seiten 359-368, American Economic Association, Saratoga.

OECD (1996): The knowledge-based economy; Paris 1996.

OECD (2002): Frascati Manual 2002 - Proposed Standard Practice for Surveys on Research and Experimental Development. Herausgegeben von OECD Organisation for Economic Co-Operation and Development. Paris.

OECD (2005): Oslo Manual 2005 – Guideline for Collecting and Interpreting Innovation Data, OECD Publishing, Paris.

OECD (2008): OECD Factbook 2008 - Economic, Environmental and Social Statistics; Investment in knowledge, OECD Publishing, Paris.

Oertel, Dagmar und Fleischer, Torsten (2001): Brennstoffzellen-Technologie: Hoffungsträger für den Klimaschutz – Technische, ökonomische und ökologische Aspekte ihres Einsatzes in Verkehr und Energiewirtschaft; Büro für Technikfolgen-Abschätzung beim Deutschen Bundestag, Forschungszentrum Karlsruhe Technik und Umwelt.

Parson, Talcott (1961): Der Begriff der Gesellschaft: Seine Elemente und ihr Verknüpfungen; in Jensen und Parson: Zur Theorie sozialer Systeme, Seiten 121-160, VS Verlag für Sozialwissenschaften, München.

Patel, Pari and Pavitt, Keith (1994): The nature and economic importance of national innovation systems; in Science, Technology Industry Review, 14, Seiten 9-32, OECD Publishing, Paris.

Pavitt, Keith (1984): Sectoral patterns of technical change: towards an taxonomy and a theory; Research Policy 13, Seiten 343–373, Elsevier Science B.V., Amsterdam.

Pehnt, Martin (2002): Energierevolution Brennstoffstelle – Perspektiven, Fakten, Anwendungen; Wiley – VCH, Weinheim.

Peitz, Martin (2006): Marktplätze und indirekte Netzwerkeffekte; Perspektiven der Wirtschaftspolitik 2006 7(3), Seiten 317–333, Wiley-VCH, Weinheim.

Peter, Viola (2001): Institutionen im Innovationsprozess; Schriftenreihe des Fraunhofer-Instituts für Systemtechnik und Innovatoionsforschung ISI, Band 46, Physica-Verlag, Heidelberg.

Pfeifer, Werner und Bischof, Peter (1982): Produktlebenszyklen – Instrument jeder strategischen Produktplanung; in Steinmann (1982): Planung und Kontrolle, Seiten 133-166, Vahlen Franz GmbH, München.

Pischinger, Stefan; Ogrzewalla, Jürgen und Schönfelder, Carsten (2006): Optimierung von Luftversorgungseinheiten für Brennstoffzellensysteme in

Fahrzeugantrieben; in: VDI-Berichte Nr. 1975: Innovative Fahrzeugantriebe: Tagung, Dresden 9.-10.11.2006, Seiten 317-333, VDI Verlag, Düsseldorf.

Pleschak, Franz (2003):Technologietransfer – Anforderungen und Entwicklungstendenzen; Dokumentation im Auftrag des Bundesministeriums für Wirtschaft und Arbeit, Berlin.

Pleschak, Franz und Sabisch, Helmut (1994): Innovationsmanagement, Stuttgart.

Pleschak, Franz und Stummer, Frank (2001): Erhöhung der Leistungsfähigkeit von Innovationssystemen durch Netzwerke. Das Innovative Unternehmen. Wiesbaden: Gabler Verlag.

Polanyi, Karl (1957): The Great Transformation; Beacon Hill, Boston.

Polanyi, Michael (1985): Implizites Wissen; Frankfurt am Main, Suhrkamp.

Porst, Rolf (2008): Fragebogen – Ein Arbeitsbuch; Verlag für Sozialwissenschaften, Wiesbaden.

Porter, Alan und Newman, Nils (2004): Patent Profiling for competitive Advantage – Deducing Who is Doing What, Where and When; in Handbook of Quantitative Science and Technology Research, Springer Netherlands, Dordrecht.

Prange, Christiane (1996): Interorganisationales Lernen: Lernen in, von und zwischen Organisationen; in Mangementforschung 6 (1996), hrgs. von G.Schreyögg und P.Conrad, Seiten 163-189, Berlin.

Pritchard, Alan (1969): Statistical bibliography or bibliometrics? Journal of Documentation 24, 1969, Seiten 348-349, Emerald Group Publishing, Bradford.

Puls, Thomas (2006): Alternative Antriebe und Kraftstoffe – Was bewegt das Auto von morgen; Forschungsberichte aus dem Institut der deutschen Wirtschaft Köln.

Pyka, Andreas (1999): Der kollektive Innovationsprozess – Eine theoretische Analyse informeller Netzwerke und absorptiver Fähigkeiten; Volkswirtschaftliche Schriften, Heft 498, Duncker & Humblot GmbH, Berlin.

Rabeharisoa, Vololona (1992): A special mediation between science and technology: when inventors publish scientific articels in fuel cell research; in Dynamics of science-based innovation; Springer.

Rammer, Christian und Czarnitzki, Dirk (2000): Innovationsimpulse aus der Wissenschaft – Ergbenisse aus der Innovationserhebnung; in Schmoch, Ulrich et al. (2000): Wissens- und Technologietransfer in Deutschland; Stuttgart, Fraunhofer IRB; Seiten 271-282.

Reger, Guido (1997): Koordination und strategisches Management internationaler Innovationsprozesse; Schriftenreihe des Fraunhofer-Instituts für Systemtechnik und Innovationsforschung (ISI), Karlsruhe.

Reinhold, Gerd et al. (1992): Soziologie-Lexikon, 2.Auflage, Oldenbourg Verlag München Wien.

Reinstaller, Andreas und Unterlass, Fabian (2008): What is the right strategy for more innovation in Europe? Drivers and challenges for innovation performance at the sectoral level, Synthesis Report, Vienna, June 2008, Europe INNOVA, Innovation Watch, Systematic.

Ren, Tao (2009): Barriers and drivers for process innovation in the petrochemical industry: A case study; Journal of Engineering and Technology Management 26 (2009), Seiten 285–304, Elsevier Science B.V., Amsterdam.

Rennings, Klaus (2000): Redefining innovation — eco-innovation research and the contribution from ecological economics; Ecological Economics 32 (2000), Seiten 319–332, Elsevier Science B.V., Amsterdam.

Rennings, Klaus et al. (2008): Instrumente zur Förderung von Umweltinnovationen - Bestandsaufnahme, Bewertung und Defizitanalyse; Forschungsprojekt im Auftrag des Umweltbundesamtes, Bundesministerium für Umwelt, Naturschutz und Reaktorsicherheit, Berlin.

Rickerby, David und Matthews, Allan (1991): Market Perspectives and Future Trends; In Rickerby, D. S. and A. Matthews (eds.): Handbook of Surface Engineering, Seiten 343-364, ASM International, Russell Township.

Rogers, Everett (2003): Diffusion of Innovation, 5th Edition, New York.

Romer, Paul M. (1990): Endogenous Technological Change; The Journal of Political Economy, Vol. 98, No. 5, Part 2: The Problem of Development: A Conference of the Institute for the Study of Free Enterprise Systems. (Oct., 1990), Seiten S71-S102, University of Chicago Press.

Ropohl, Günter (1989): Ein Systemmodell der technischen Entwicklung; in Fleischmann und Esser 1989: Technikentwicklung als sozialer Prozess, Seiten 1 bis 28.

Ropohl, Günter (2005): Allgemeine Systemtheorie als transdiziplinäre Integrationsmethode; Technikfolgenabschätzung – Theorie und Praxis Nr.2, 14 Jg., Juni 2005, Institut für Technikfolgenabschätzung und Systemanalyse, Karlsruhe.

Rosenberg, Nathan (1989): Why do firms do basic research (with their own money); Research Policy 19 (1990), Seiten 165-174, Elsevier Science B.V., Amsterdam.

Rothengatter, Werner und Schaffer, Axel (2006): Marko kompakt – Grundzüge der Makroökonomik; Physica-Verlag, Heidelberg.

Rothwell, Roy (1992): Succesfull industrial innovation: critical factors for the 1990s; R&D Management 22(3), 1992, Blackwell Publishing, Oxford.

Roy, Robin und Cross, Nigel (1983): Bicycles: Invention and Innovation (T263 Units 5-7); London.

Scheler, Max (1960): Die Wissensformen und die Gesellschaft; zweite Auflage; Francke Verlag Bern und München.

Schelsky, Helmut (1970): Zur Theorie der Institution; Düsseldorf: Bertelsmann Universitätsverlag.

Schmidt-Tiedemann, Joachim (1982): A new Model of the Innovation Process: In: Research Management, Vol.25, Nr.2, März, Seiten 18-21.

Schmoch, Ulrich (1990): Wettbewerbsvorsprung durch Patentinformation: Handbuch für die Recherchenpraxis; Schriftenreihe Zukunft der Technik, Verlag TÜV Rheinland.

Schmoch, Ulrich (1997): Indicators and the relations between science and technology; in Scientometrics, Vol. 38, No. 1 (1997), Seiten 103-116, Springer, Berlin.

Schmoch, Ulrich (2003): Hochschulforschung und Industrieforschung – Perspektiven der Interaktion; Campus Forschung, Frankfurt.

Schmoch, Ulrich (2004): Leistungsfähigkeit und Strukturen der Wissenschaft im internationalen Vergleich; Studien zum deutschen Innovationssystem Nr. 13-2004, BMBF, Berlin.

Schmoch, Ulrich (2006): Leistungsfähigkeit und Strukturen der Wissenschaft im internationalen Vergleich 2006; Studien zum deutschen Innovationssystem Nr. 11-2007, BMBF, Berlin.

Schmoch, Ulrich (2007): Double-boom Cycles and the Comeback of Science-push and Market-pull; Research Policy 36, pages 1000-1015, Elsevier Science B.V., Amsterdam.

Schmoch, Ulrich (2007b): Patentanmeldungen aus deutschen Hochschulen; Studien zum deutschen Innovationssystem, Nr. 10-2007, BMBF, Berlin.

Schmoch, Ulrich et al. (1993): Explorig the science and technology interface: inventor-author relations in laser medicine research; in Research Policy 23 (1994), Seiten 443-457, Elsevier Science B.V., Amsterdam.

Schmoch, Ulrich et al. (2000): Wissens- und Technologietransfer in Deutschland; Stuttgart, Fraunhofer IRB.

Schmoch, Ulrich und Reger, Guido (1996): Organisation of Science and Technology at the Watershed – The Academic and Industrial Perspective; Physica-Verlag.

Schneider, Dieter (2002): Einführung in das Technologie-Marketing; Oldenbourg Wissensschaftsverlag, München.

Schneider, Rainer (2007): Förderung der nichtnuklearen Energieforschung durch die Bundesländer; Forschungszentrum Jülich GmbH, Projektträger Jülich (PtJ-ERG).

Schröder, Prosper (2004): Modellisierung und Systemtheorie: Schlüsselbegriffe in der Natur-, Technik- und Umweltwissenschaften; Revue Technique Luxembourgeoise 3/2004, Seiten 149-158.

Schulz, Philippe; Przybyl, Siegbert und Schnell, Patrick (2005): Einstieg in den Umstieg; in Wasserstoffauto: zwischen Markt und Mythos Von Stephan Rammler, Lit Verlag, Berlin Münster.

Schumpeter, Joseph (1911): Theorie der wirtschaftlichen Entwicklung; Dritte Auflage, München und Leipzig, Verlag von Duncker und Humbold.

Schumpeter, Joseph (1939): Business Cycles. A Theoretical, Historical and Statistiscal Analysis of the Capitalist Process; New York London, (Dt. Übersetzung von 1961, Vandenhoeck und Ruprecht).

Schumpeter, Joseph (1942): Kapitalismus, Sozialismus und Demokratie; Verlag A.Franke AG, Bern.

Schwitalla, Beatrix (1992): Messung und Erklärung industrieller Innovationsaktivitäten; Schriftenreihe des Fraunhofer-Instituts für Systemtechnik und Innovationsforschung (ISI), Karlsruhe.

Scott, W. Richard (2008): Institutions and Organizations – Ideas and Interests; 3rd. Edition, Sage Publications.

Seethaler, Toni und Wolf, Claudia (2005): Wegweiser durch den Förderdschungel – Förderformen im Überblick; Freudenberg Forschungsdienste KG, Ausgabe 1/2005.

Seiwert, Martin (2009): Horrende Nachfrage – Der hohe Preis für Platin könnte den Autobauer Daimler bei der Entwicklung der Brennstoffzelle behindern; erschienen in Wirtschaftswoche, Ausgabe 48, 23.11.2009, Seite 55-56, Verlagsgruppe Handelsblatt GmbH, Düsseldorf.

Senker, Jacqueline (1995): Tacit Knowledge and Models of Innovation; in Industrial and Corporate Change, Vol.4, No.2, 1995, Seiten 425-447, Oxford University Press, Oxford.

Sharif, Naubahar (2006): Emergence and development of the National Innovation Systems concept; Research Policy 35 (2006), Seiten 745–766, Elsevier Science B.V., Amsterdam.

Sola Price de, Derek (1965): Networks of Scientific Papers; Science 149, Seiten 510-515, American Association for the Advancement of Science, Washington.

Solow, Robert (1956): A Contribution to the Theory of Economic Growth; The Quarterly Journal of Economics, Vol. 70, No. Seiten 65-94, Oxford University Press, Oxford.

Specht, Günter und Beckmann, Christoph (1996): F&E-Management; Schäffer-Poeschel Verlag.

Stan, Cornel (2005): Alternative Antriebe für Automobile – Hybridsysteme, Brennstoffzellen, alternative Energieträger, Springer Verlag, Stuttgart.

Steg, Horst (2005): Transnationalisierung nationaler Innovationssysteme; Arbeitspapier Nr. 11, Dezember 2005, Universität Dortmund.

Stehr, Nico und Meja, Volker (1992): Wissenschaftssoziologie; in Reinhold et al. (1992), Soziologie-Lexikon, 2.Auflage, Seiten 662-664, Oldenbourg Wissenschaftsverlag, München.

Straßberger, Florian (1998): Empirische Messung und ökonomische Bewertung der Nutzung von technischem Wissen; Dissertation der FU Berlin.

Theenhaus, Rolf und Bonhoff, Klaus (2000): Brennstoffzellen – Technologiefeld für das 21. Jahrhundert; in: Die Brennstoffzelle: Zukünftige Querschnittstechnologie für den Industriestandort Deutschland? Friedrich-Ebert-Stiftung, Berlin.

Thom, Norbert (1980): Grundlagen des betrieblichen Innovationsmanagements; Hanstein.

Tillmetz, Werner (2007): Strategiepapier zum Forschungsbedarf in der Wasserstoff-Energietechnologie; in Wasserstoff aus erneuerbaren Energien, WBZU und FVS.

TLF (2002): Bericht zur technologischen Leistungsfähigkeit Deutschlands 2002; BMBF, Berlin.

TLF (2007): Bericht zur technologischen Leistungsfähigkeit Deutschlands 2007; BMBF, Berlin.

Töppler, Johannes (2009): Die aktuelle Situation von Wasserstoff und Brennstoffzelle in Deutschland, - Batterie vs. Brennstoffzelle?; Vortrag in Herten, 22.Oktober 2009, Beiratsitzung h2-netzwerk-ruhr.

Traistaru, Iulia und Iara, Anna (2002): European Integration, Regional Specialization and Location of Industrial Activity in Accession Countries: Data and Measurement; Phare ACE Project P98-1117-R, ERSA conference papers.

Truffer, Bernhard; Rohrbacher, Harald und Markard, Jochen (2008): Doing Institutional Analysis of Innovation Systems – A conceptual framework; Paper presented at the Dime conference in Bordeaux, 11-13.09.2008.

Truffer, Bernhard; Rohrbacher, Harald und Markard, Jochen (2009): The Analysis of Institutions in Technological Innovation Systems – A Conceptual Framework Applied to Biogas Development in Austria; Paper presented at the Druid Sommer Conference 2009 Copenhagen.

UMBW (2006): Mehr Umwelt fürs gleiche Geld Anregungen und Erfolgsbeispiele für die umweltorientierte öffentliche Beschaffung; Umweltministerium Baden-Württemberg, Stuttgart.

Vahs, Dietmar und Burmester, Ralf (2002): Innovationsmanagement – Von der Produktidee zur erfolgreichen Vermarktung; Schäfer – Pöschel, Stuttgart.

Van den Ende, Jan und Dolfsma, Wilfred (2005): Technology-push, demand-pull and the shaping of technological paradigms – Patterns in the development of computing technology; Journal of Evolutionary Economics (2005) 15, Seiten 83–99.

Vannson, Philippe (2009): Towards a Hydrogen Fuelled Europe - A new way to implement research, technological development and demonstration for Fuel Cell and Hydrogen technologies in the EU; Presentation f-cell 28.09.2009.

Veblen, Thorstein (1909): The limitations of marginal utility; in: The Place of Science in Modern Civilization. New Brunswick/London, Seiten 231-251.

Vogel, Christoph (2000): Deutschland im internationalen Technologiewettlauf – Bedeutung der Forschungs- und Technologiepolitik für die technologische Wettbewerbsfähigkeit; Volkswirtschaftliche Schriften, Heft 510, Duncker & Humblot GmbH, Berlin.

Völker, Rainer und Kasper, Eric (2004): Interne Märkte in Forschung und Entwicklung; Physica-Verlag, Heidelberg.

Walsh, Michael et al. (2007): Status and Prospects for Zero Emission Vehicle Technology; Report of the ARB Independent Expert Panel 2007.

Wasserman, Stanley und Faust, Katherine (1994): Social Network Analysis: Methods and Applications; Cambridge University Press 1994.

Weber, Max (1921): Wirtschaft und Gesellschaft. Grundriss der verstehenden Soziologie; 5.Auflage von 1972, Tübingen.

Weindorf, Werner und Bünger, Ulrich (2009): Introduction to energychain analysis; in The Hydrogen Economy – opportunities and challenges, Hrsg. M. Ball und M. Wietschel, Cambridge University Press; Kapitel 7.2.

Weule, Hartmut (2002): Integriertes Forschungs- und Entwicklungsmanagement; Hanser Verlag, Hamburg.

Wiener, Norbert (1968): Kybernetik; Hamburg 1968, Rowohlt-Verlag.

Wietschel, Martin und Bünger, Ulrich (2010): Vergleich von Strom und Wasserstoff als CO2 freie Endenergieträger; Fraunhofer ISI & Ludwig-Bölkow-Systemtechnik GmbH (Hrsg.).

Wietschel, Martin et al. (2006): Vorreitermärkte Brennstoffzellentechnologie; Initiative „Partner für Innovation" Impulskreis „Innovationsfaktor Staat"

Themenbereich „Vorreitermärkte“ Konzeptpapier der Arbeitsgruppe, Vorläufige Version.

Wilhelm, Beate und Thierstein, Alain (1999): Technische Ausbildungsstätten, Entwickler und ihr Beitrag zum Innovationssystem; Raumforschung und Raumordnung, 1999, 57. Jg., Heft 2/3, S.108-119, Springer, Berlin.

Williamson, Oliver (1985): The Economic Institutions of Capitalism: Firms, Markets Relational Contracting; New York: The Free Press.

Willke, Helmut (2004): Einführung in das systemische Wissensmanagement; Carl-Auer-Verlag Heidelberg, Heidelberg.

Witt, Jürgen (1996): Produktinnovationen; Vahlen, München.

Literaturverzeichnis – Internetquellen

[Internetquellen werden im Text ohne Seitenzahlen angegeben. Neben dem Link ist hier auch das Abrufdatum angegeben]

ACEA (2009): Average Car Age in Europe; http://www.acea.be/images/uploads/files/20090529_average_car_age.pdf; 04.12.2009.

BMBF (2009): Innovationsallianzen und Strategische Partnerschaften mobilisieren privates Kapital; http://www.ideen-zuenden.de/de/693.php, 10.11.2009.

BMU (2009): Luft und Luftreinhaltung - Übersicht zu den Umweltzonen in Deutschland; http://www.umweltbundesamt.de/umweltzonen/, 10.12.2009.

BMU (2009a): Nationale Nachhaltigkeitsstrategie "Perspektiven für Deutschland"; http://www.bmu.de/nachhaltige_entwicklung/stategie_und_umsetzung/nachhaltigkeitsstrategie/doc/38935.php; 11.12.2009.

BMU (2009c): Klimaschutzpolitik in Deutschland; http://www.bmu.de/klimaschutz/nationale_klimapolitik/doc/5698.php; 11.12.2009.

BMU (2009d): Wir werden unseren CO 2-Ausstoß im Verkehr um mindestens 20 % senken; http://www.bmu.de/energieeffizienz/doc/43113.php; 11.12.2009.

BMU (2009e): Internationale Klimapolitik; http://www.bmu.de/klimaschutz/internationale_klimapolitik/doc/37650.php; 11.12.2009

BMWI (2009b): Richtlinie zur Förderung des Absatzes von Personenkraftwagen; http://www.bmwi.de/BMWi/Navigation/Wirtschaft/Konjunktur/Konjunkturpaket-2/umweltpraemie,did=312424.html; 10.12.2009.

BMWI (2009c): Mustervereinbarungen für Forschungs- und Entwicklungskooperationen; http://www.patentserver.de/Patentserver/Navigation/Patentpolitik/kooperation-wissenschaft-wirtschaft.html; 01.03.2010.

BMVBS (2009): Kraftstoffstrategie der Bundesregierung; http://www.bmvbs.de/Klima_-Umwelt-Energie/Mobilitaet-Verkehr-,2994/Kraftstoffstrategie.htm; 11.12.2009.

CAMA (2010): E-Mobility in China; http://www.cama-automotive.de/templates/comments/CAMA-Kommentar_11-2010-08-02.pdf; 04.10.2010.

CEP (2010): Wasserstoff im Fokus von Linde; http://www.cleanenergypartnership.de/index.php?id=37&L=0; 23.03.2010.

Cordis (2010): About the Joint Technology Initiatives; http://cordis.europa.eu/fp7/jtis/about-jti_en.html#initiatives; 05.01.2010.

CO_2-Handel (2010): Carbon Capture und Storage (CSS); http://www.co2-handel.de/article340_10638.html; 08.01.2010.

Daimler (2009): rEvolution für den Antrieb des Automobils wird Elektrizität in Zukunft immer mehr an Bedeutung gewinnen; http://www.daimler.com/dccom/0-5-1189740-49-1194310-1-0-0-1193782-0-0-8-876574-0-0-0-0-0-0-0.html, 17.11.2009.

Die Bundesregierung (2009a): Energieforschung und Energietechnik, Forschungsförderung des Bundes; http://www.foerderinfo.bund.de/de/316.php; 09.12.2009.

Die Bundesregierung (2009b): Kraftstoffstrategie der Bundesregierung – Wie geht es weiter mit den Kraftstoffen? (Magazin für Infrastruktur und die Neuen Länder, Nr. 009 03/2008); http://www.bundesregierung.de/Content/DE/Magazine/MagazinInfrastrukturNeueLaender/009/t5-kraftstoffenergie-der-bundesregierung.html; 11.12.2009.

DIN (2009): Innovationsmanagment; http://www.din.de/cmd?level=tpl-rubrik&menuid=47388&cmsareaid=47388&cmsrubid=47465&menurubricid=47465&languageid=de, 11.11.2009.

DIN (2009a): Forschung und Entwicklung; http://www.din.de/cmd?level=tpl-rubrik&cmsrubid=50442&languageid=de, 11.11.2009

DOE (2010): Vehicle Technologies Program - 1.0 Program Overview; http://www1.eere.energy.gov/vehiclesandfuels/pdfs/mypp/1_prog_over.pdf; 04.10.2010.

DWV (2010): Ziele des DWV; http://www.dwv-info.de/; 04.01.2010.

EHA (2010): EHA Mission; http://www.h2euro.org/2009/07/6; 04.01.2010.

Fökat (2009): Förderkatalog der Bundesregierung; http://foerderportal.bund.de/foekat/jsp/StartAction.do?actionMode=list, 08.12.2009.

Honda (2009): FCX Clarity – Spezifications; http://world.honda.com/FCXClarity/specifications/index.html, 17.11.2009.

H2 Mobility (2010): „H2 Mobility“ - Gemeinsame Initiative führender Industrieunternehmen zum Aufbau einer Wasserstoffinfrastruktur in Deutschland; http://www.bmvbs.de/Anlage/original_1096793/Memorandum-of-Understanding-mehr-Informationen.pdf; 07.01.2010

HyFLEET:CUTE (2010): What is HyFLEET:CUTE?; http://www.global-hydrogen-bus-platform.com/Home, 03.02.2010.

IEC (2010): TC 105 Fuel Cell Technologies; http://www.iec.ch/dyn/www/f?p=102:7:0::::FSP_ORG_ID:1309, 25.01.2010.

ISO (2010): TC 197 Hydrogen technologies; http://www.iso.org/iso/iso_technical_committee?commid=54560, 25.01.2010.

ISO (2010a): TC 22 Road vehicles; http://www.iso.org/iso/standards_development/technical_committees/list_of_iso_technical_committees/iso_technical_committee.htm?commid=46706; 26.01.2010.

ISO (2010b): TC 58 Gas cylinders; http://www.iso.org/iso/standards_development/technical_committees/list_of_iso_technical_committees/iso_technical_committee.htm?commid=49008; 26.01.2010.

MPI (2010): Das Institut stellt sich vor; http://www.de.mpi-magdeburg.mpg.de/institute/presentation.de.html; 07.09.2010.

NOW (2009): Leitlinien zur Bewertung von Leuchtturmprojekten; http://www.now-gmbh.com/index.php?id=44; 14.12.2009.

NOW (2010): Marktvorbereitung als Aufgabe; http://www.now-gmbh.de/index.php?id=21&L=1\\; 05.01.2010.

NOW (2010a): Über die Grenzen hinaus; http://www.now-gmbh.de/index.php?L=&id=39#c; 05.01.2010.

NKJ (2010): Wasserstoff- und Brennstoffzellenaktivitäten der deutschen Bundesländer; http://www.nkj-ptj.de/Bundeslaender/; 04.01.2010.

NKJ (2010a): Nationale Koordinierungsstelle Jülich für Wasserstoff und Brennstoffzellen; http://www.nkj-ptj.de/NKJ-Home/; 05.01.2010.

UST (2010): Pressemitteilung Nr. 26/1997 vom 18.4.1997; http://www.uni-stuttgart.de/aktuelles/presse/1997/26.html; 08.09.2010.

VDA (2009): Neuzulassungen von Personenkraftwagen in Deutschland; http://www.vda.de/de/zahlen/jahreszahlen/neuzulassungen; 03.12.2009.

VDA (2009a): Rede von Matthias Wissmann, Präsident des Verbandes der Automobilindustrie (VDA), anlässlich der VDA-Jahres-Pressekonferenz am 2. Dezember 2009 um 11.30 Uhr in Frankfurt am Main; http://www.vda.de/de/meldungen/news/20091202.html; 03.12.2009.

VDA (2009b): Kfz-Bestand; http://www.vda.de/de/zahlen/jahreszahlen/kfz_bestand/index.html, 03.12.2009.

VDA (2009c): Automobilproduktion; http://www.vda.de/de/zahlen/jahreszahlen/automobilproduktion/index.html; 04.12.2009.

VDA (2009d): Exporte;
http://www.vda.de/de/zahlen/jahreszahlen/export/index.html, 04.12.2009.

VDMA (2010): Netzwerke, Arbeitsgemeinschaft Brennstoffzellen;
http://www.vdma.org/wps/portal/Home/de/Branchen/B/BZ/Forschung_und_Innovation?WCM_GLOBAL_CONTEXT=/vdma/Home/de/Branchen/B/BZ/Forschung_und_Innovation; 04.01.2010.

KBA (2009a): Monatliche Neuzulassungen - Neuzulassungsbarometer im Oktober 2009;
http://www.kba.de/cln_015/nn_330190/DE/Statistik/Fahrzeuge/Neuzulassungen/MonatlicheNeuzulassungen/200910GV1monatlich/200910__n__barometer__teil1__tabelle.html; 03.12.2009.

KBA (2009b): Bestand an Kraftfahrzeugen und Kraftfahrzeuganhängern in den Jahren 1950 bis 2009 nach Fahrzeugklassen;
http://www.kba.de/cln_015/nn_191172/DE/Statistik/Fahrzeuge/Bestand/FahrzeugklassenAufbauarten/b__fzkl__zeitreihe.html; 03.12.2009.

KBA (2009c): Bestand an Kraftfahrzeugen und Kraftfahrzeuganhängern in den Jahren 2000 bis 2009 nach Fahrzeugklassen nach dem Durchschnittsalter der Fahrzeuge in Jahren;
http://www.kba.de/nn_191188/DE/Statistik/Fahrzeuge/Bestand/Fahrzeugalter/b__alter__kfz__z.html; 04.12.2009.

KBA (2009d): Neuzulassungen von Personenkraftwagen in den Jahren 1999 bis 2008 nach ausgewählten Haltergruppen;
http://www.kba.de/cln_015/nn_191100/DE/Statistik/Fahrzeuge/Neuzulassungen/Halter/z__n__halter.html; 04.12.2009.

KBA (2010): Typgenehmigungen nach EG-Richtlinien (Vorschriften der Europäischen Gemeinschaft);http://www.kba.de/cln_007/nn_124996/DE/Fahrzeugtechnik/Typgenehmigung/EGRichtlinien/egrichtlinien__node.html?__nnn=true; 27.01.2010.

KBA (2010a): Genehmigungen nach Regelungen der Economic Commission for Europe der Vereinten Nationen (ECE),
http://www.kba.de/cln_007/nn_125200/DE/Fahrzeugtechnik/Typgenehmigung/ECERegelungen/eceregelungen__node.html?__nnn=true; 27.01.2010.

KBA (2010b): Genehmigungen nach harmonisierten Vorschriften (Globale technische Regelungen)
http://www.kba.de/cln_007/nn_125196/DE/Fahrzeugtechnik/Typgenehmigung/GlobaleTechnischeRegelungen/globaletechnischeregelungen__node.html?__nnn=true; 27.01.2010.

KBA (2010c): Marken, Hersteller - Schwerpunkte der Pkw-Marken in Deutschland;
http://www.kba.de/cln_005/nn_191194/DE/Statistik/Fahrzeuge/Bestand/MarkenHersteller/2009__b__mark__schwerpunkt.html; 05.10.2010.

KBA (2010d): Marken, Hersteller - Zeitreihe 2001 bis 2010; http://www.kba.de/cln_005/nn_191194/DE/Statistik/Fahrzeuge/Bestand/MarkenHersteller/b__mark__pkw__zeitreihe.html; 05.10.2010.

ZBT (2010): Zentrum für BrennstoffzellenTechnik GmbH; http://www.zbt-duisburg.de/de/Strukturen/; 08.09.2010.

ZSW (2010): Zur Gründungsgeschichte des ZSW; http://www.zsw-bw.de/index.php?id=29; 07.09.2010.

ZIM (2009): Zentrales Innovationsprogramm Mittelstand (ZIM); http://www.zim-bmwi.de/; 05.12.2009.

ZUBRA (2010): Zulieferverbund PEM-Brennstoffzelleanlagen (ZUBRA+); http://www.pem-brennstoffzelle-sachsen.de/pitcms/.pem/home.htm; 08.09.2010.

Anhang: Fragebogen DWV

1. Beurteilen Sie die folgenden Punkte nach Ihrer Wichtigkeit für die **Durchsetzung** der PEM-Brennstoffzelle **am Markt**.

1=ohne Bedeutung, 2=geringe Bedeutung, 3=durchschnittliche Bedeutung, 4=große Bedeutung 5=sehr große Bedeutung	1	2	3	4	5
Demonstrationsaktivitäten (Demo-Fahrzeuge)					
Kundennachfrage					
Umweltkampagnen von Umweltorganisationen					
Öffentlichkeitsarbeit der Brennstoffzellen-Hersteller					
Berichterstattung in den Medien (Artikel, Reportagen, Berichte...)					
Sensibilisierung der Bevölkerung für Umweltaspekte					
Leuchtturmprojekte der Politik Umsetzung des Staates von neuartigen, prestigeträchtigen Projekten					
sonstige:					

2. Die PEM-Brennstoffzelle trifft am Markt auf eine Vielzahl konventioneller sowie alternativer Antriebssysteme. Beurteilen Sie bitte die folgenden Technologien bezüglich ihrer **Konkurrenzintensität** zum Brennstoffzellenantrieb.

1=keine Konkurrenz 2=geringe Konkurrenz, 3=mittlere Konkurrenz, 4=große Konkurrenz 5=sehr große Konkurrenz	1	2	3	4	5
Elektromotor					
Hybridantrieb					
Fahrzeuge betrieben mit					
Biogas					
Erdgas					
Bioethanol					
konventionelle Antriebssysteme, wie					
Otto-Motor					
Diesel					
3-Liter Auto Besonders sparsame Verbrennungsmotoren, die nach Kraftfahrzeugsteuergesetz §3b (Kohlenstoffdioxidemission < 90g CO_2/ km) steuerbegünstigt sind.					
sonstige:					

3. In welchen Bereichen besteht Ihrer Meinung nach Bedarf an grundlegender Forschung im Bereich der PEM-Brennstoffzellen. Beurteilen Sie bitte für die folgenden Punkte den ihrer Meinung nach notwendigen **Forschungsbedarf**.

1=keine Bedarf, 2=geringer Bedarf 3,=mittlerer Bedarf, 4=großer Bedarf, 5=sehr großer Bedarf	1	2	3	4	5
Kaltstart bei tiefen Umgebungstemperaturen					
Tankisolierung					
Wasserstoffspeicherung					
Membranbefeuchtung					
Fahrten bei hohen Umgebungstemperaturen					
Fahrten in großen Höhen					
Membranmaterialien					
Tankmaterialien					
Tankstellen-Infrastruktur					
Verringerung der Systemkomplexität					
Reduktion der Kosten					

4. Wie beurteilen Sie folgende Pläne / Kampagnen / Diskussionen der **deutschen Politik** hinsichtlich der Auswirkungen auf die Entwicklung der Brennstoffzellentechnologie?

1=ohne Bedeutung, 2=geringe Bedeutung, 3=durchschnittliche Bedeutung, 4=große Bedeutung 5=sehr große Bedeutung	1	2	3	4	5
Ökosteuer					
Umstellung auf CO_2 - Steuer					
Feinstaubplakette					
Erhöhung der Kraftfahrzeugsteuer für konventionelle Antriebssysteme					
Bereitstellung von Fördergeldern / Investitionsmitteln					
Gewährung von Krediten					
Steuervorteile für Brennstoffzellenfahrzeuge					
Aufbau einer einheitlichen Markteinführungsstrategie Markteinführungsstrategien beschreiben Herausforderungen, Entwicklungsstand und erforderliche Maßnahmen für eine Beschleunigung der Markteinführung					
Markteinführungsprogramme Unterstützung des Prozesses der Einführung und Etablierung von Brennstoffzellen am Markt durch die Politik					
Forschungsprogramme (Forschungswettbewerb „Herausforderung Brennstoffzelle",...)					
Koordination mit der Industrie (Abstimmung F&E Vorhaben, Demonstrationsprojekte,.... der Politik mit Industrie.)					
Einsatz von Brennstoffzellenfahrzeugen in der öffentlichen Verwaltung (green public procurement)					
Einführung von Quoten für die Anzahl der Brennstoffzellen-Fahrzeuge (analog Kalifornien)					
Verschärfung der Emissionsvorschriften (EURO-Norm)					
sonstige:					

5. Die **Europäische Union** ergreift Maßnahmen um die Markteinführung der Brennstoffzelle zu beschleunigen. Welche Maßnahmen halten Sie in diesem Zusammenhang für besonders wichtig?

1=ohne Bedeutung, 2=geringe Bedeutung, 3=durchschnittliche Bedeutung, 4=große Bedeutung, 5=sehr große Bedeutung	1	2	3	4	5
Standardisierung der Zulassung in den Mitgliedsstaaten					
Leuchtturmprojekte zum Aufbau kommerzieller Flotten					
Förderung hochinnovativer Projekte					
Aufbau einheitlicher Standards					
Vorschriften zum Ersatz von herkömmlichen Kraftstoffen					
Einführung von Quoten für die Zulassung von Neufahrzeugen (analog Kalifornien)					
F + E Vorhaben zur Wasserstoffwirtschaft					
sonstige:					

6. Wie beurteilen Sie die Wichtigkeit von **Normen** bezüglich...

1=ohne Bedeutung, 2=geringe Bedeutung, 3=durchschnittliche Bedeutung, 4=große Bedeutung 5=sehr große Bedeutung	1	2	3	4	5
gemeinsamer technische Standards					
Regeln zur Zusammenarbeit					
der Beurteilung angestrebter technischer Ziele					
der Erstellung sicherheitstechnischer Grundsätze					
der Beschleunigung der Marktreife					
sonstige:					

7. Nachfolgend sind exemplarisch einige **Förderprogramme** aufgeführt. Kreuzen Sie bitte an, welche Programme Ihnen bekannt sind bzw. an welchen Sie teilgenommen haben. Im Anschluss daran nennen Sie bitte weitere Programme, aus denen Sie Forschungsmittel beziehen konnten.

	bekannt und teilgenommen	bekannt, aber nicht teilgenommen	nicht bekannt
NIP (Nationales Innovationsprogramm Wasserstoff- und Brennstoffzellen-Technologie)			
PRO INNO II (Förderung der Erhöhung der Innovationskompetenz mittelständischer Unternehmen)			
Fachprogramm Energieforschung und -technik			
Fachprogramm Integrierte Umwelttechnik			
Fachprogramm Mobilität und Verkehr			
Innovation Processes in Economy and Society			
weitere:			

8. Wie beurteilen Sie die folgenden Faktoren hinsichtlich Ihrer **Verfügbarkeit**?

1=viel zu wenig vorhanden, 2=zu wenig vorhanden, 3=ausreichend vorhanden, 4=zu viel vorhanden 5=viel zu viel vorhanden	1	2	3	4	5
Fachkräfte mit spezifischen Kenntnissen im Bereich der Brennstoffzellentechnologie					
Forschungsgelder					
externe Geldgeber					
Risikokapital (Venture Kapital Gesellschaften)					
Berichterstattung in den Medien					
Ausbildung neuer Fachkräfte (spezielle Studiengänge / Vertiefungsrichtungen)					
Weiterbildungsmaßnahmen für Mitarbeiter					
sonstige:					

9. Wie beurteilen Sie die Wichtigkeit von **Wissensaustausch** und **Zusammenarbeit** ...

1=ohne Bedeutung, 2=geringe Bedeutung, 3=durchschnittliche Bedeutung, 4=große Bedeutung 5=sehr große Bedeutung	1	2	3	4	5
... zwischen Forschungseinrichtungen und Industrie					
... zwischen Politik und Industrie (in Bezug auf Abstimmung der Forschungsschwerpunkte)					
... zwischen Politik und Forschungseinrichtungen (in Bezug auf Abstimmung der Forschungsschwerpunkte)					
... innerhalb der Brennstoffzellenbündnisse					
... zwischen verschiedenen Akteuren der Brennstoffzellenbündnisse					
... zwischen den Akteuren durch die Teilnahme an Kongressen / Tagungen zum Thema Brennstoffzelle					
sonstiges:					

10. Durch vernetzte und globalisierte Märkte kann es auch zwischen geographisch weit entfernten Unternehmen zu Interaktionen kommen. Wie beurteilen Sie die Situation hinsichtlich **Kooperation** und **Konkurrenz?**

1=ohne Bedeutung, 2=geringe Bedeutung, 3=durchschnittliche Bedeutung, 4=große Bedeutung 5=sehr große Bedeutung	1	2	3	4	5
Internationale Aufmerksamkeit und Interesse geweckt durch Vorreitermärkte (z.B. Kalifornien)					
Kooperation mit ausländischen Organisationen:					
Unternehmen					
Universitäten					
Forschungseinrichtungen					
Kooperation mit inländischen Organisationen:					
Unternehmen					
Universitäten					
Forschungseinrichtungen					
Kooperieren Sie mit inländischen Organisationen? ☐ ja ☐ nein					
Falls ja, mit welchen:					
Kooperieren Sie mit ausländischen Organisationen? ☐ ja ☐ nein					
Falls ja, mit welchen:					
Für welchen Markt entwickeln Sie vorrangig Brennstoffzellentechnologie? ☐ ausländischer Markt ☐ heimischen Markt					
Welche Länder sehen Sie als Hauptkonkurrenten bei der Entwicklung von PEM-Brennstoffzellen?					
Welche Organisationen (Unternehmen, Universitäten oder Forschungseinrichtungen) sind Ihre Hauptkonkurrenten im Ausland?					
Welche Organisationen (Unternehmen, Universitäten oder Forschungseinrichtungen) sind Ihre Hauptkonkurrenten im Inland?					

11. Auf welcher Art von Brennstoffzellen liegt der Fokus Ihrer **Arbeits- und Forschungsaktivitäten**? Bitte kreuzen Sie an:

☐	AFC	Alkalische Brennstoffzelle
☐	PAFC	Phosphorsaure-Brennstoffzelle
☐	PEFC	Polymerelektroyt-Brennstoffzelle
☐	PEM	Brennstoffzelle mit Protonenaustauschmembran
☐	DMFC	Direktmethanol-Brennstoffzelle
☐	MCFC	Carbonatschmelzen-Brennstoffzelle
☐	SOFC	Festoxid-Brennstoffzelle

12. Der Begriff F+E umfasst **Grundlagen**- und **angewandte Forschung**, sowie **experimentelle Entwicklung**. Welchem Bereich ordnen Sie Ihre Unternehmung zu:

☐ Grundlagenforschung experimentelle und theoretischen Arbeiten, zur Gewinnung von Grundlagenerkenntnissen ohne Anstreben einer konkreten Anwendung oder Umsetzung.
☐ angewandte Forschung Aktivitäten, die auf ein bestimmtes Ziel oder einen Zweck im Bereich der praktischen Anwendung oder Umsetzung ausgerichtet sind. Ziel ist die Entwicklung eines einzigartigen Produktes, welches patentiert werden kann oder geheim gehalten wird.
☐ experimentelle Entwicklung nutzt die Erkenntnisse aus Forschung und Praxis zur Herstellung neuer Materialien, Produkte oder Verfahren. Ziel sind neue Herstellungsprozesse, Produktionsverfahren oder Dienstleistungssysteme bzw. die erhebliche Verbesserung bestehender Verfahren.

13. Allgemeine **Informationen** zu Ihrem Unternehmen / **Einschätzung**
Falls Ihnen keine genauen Zahlen vorliegen, geben Sie bitte eine Schätzung ab:

Anzahl der Mitarbeiter im Unternehmen/Organisation:	
davon direkt beschäftigt im Bereich Brennstoffzellentechnologie (Anzahl)	
Anteil der Ausgaben für F&E am Umsatz	%
Anzahl der angemeldeten Patente Ihrer Organisation zwischen 2003 und 2008	
Anzahl der Publikationen zu Brennstoffzellen zwischen 2003 und 2008	
Welchen Betrag in EUR betrachten Sie als kritische Kostenschwelle für die Durchsetzung der Brennstoffzelle am Markt? (Preis zu dem die Brennstoffzellen-Fahrzeuge am Markt konkurrieren können)	EUR
In wie vielen Jahren wird die Brennstoffzelle Ihrer Meinung nach marktreif sein? (Serienfertigung):	

14. weitere Kommentare:

Haben Sie weitergehende **Vorschläge / Anregungen / Anmerkungen** zur Beschleunigung der Markteinführung der Brennstoffzellentechnologie oder zu diesem Fragebogen?

Herzlichen Dank für Ihre Unterstützung!